普通高等教育材料科学与工程“十二五”规划教材

材料物理基础

吴　锵　黄洁雯　唐国栋　编

国防工业出版社

·北京·

内 容 简 介

第1章简要介绍量子力学,第2章介绍晶体衍射与结合,第3章介绍晶格振动与统计物理学基础,第4章介绍热学性质,第5章介绍金属电子论,第6章介绍能带理论,第7章介绍半导体,第8章介绍固体磁性。

书中包括大量供学生思考的问题,并安排了一定量的计算题。

本书可以作为高等院校材料科学与工程专业"材料物理基础"、"固体物理"、"材料物理性能"课程的教材或教学参考书。

图书在版编目(CIP)数据

材料物理基础/吴锵,黄洁雯,唐国栋编. —北京:国防工业出版社,2014.10

普通高等教育材料科学与工程"十二五"规划教材

ISBN 978-7-118-09719-1

Ⅰ.①材… Ⅱ.①吴… ②黄… ③唐… Ⅲ.①材料科学—物理学—高等学校—教材 Ⅳ.①TB303

中国版本图书馆CIP数据核字(2014)第234767号

※

国防工業出版社出版发行

(北京市海淀区紫竹院南路23号 邮政编码100048)

北京奥鑫印刷厂印刷

新华书店经售

*

开本 787×1092 1/16 **印张** 19 **字数** 428千字

2014年10月第1版第1次印刷 **印数** 1—3000册 **定价** 36.00元

国防书店:(010)88540777 发行邮购:(010)88540776

发行传真:(010)88540755 发行业务:(010)88540717

代　　序

学科基础课的重要性是不言而喻的。材料学科的基础课包括(材料)物理化学、材料科学基础、材料物理基础、材料物理性能、材料力学性能、固态相变、传输原理、材料分析方法等,其中(材料)物理化学、材料科学基础、材料物理基础(简称“三基”)是材料学科基础课群中的基础,因此最为重要。如何进一步强化“三基”,提升教学效果,完成它们的教育使命,既是重要的教学任务,也关乎材料学科建设,因为在西方发达国家,课程建设与教学改革本身就是学科建设的重要组成部分。

一、历史回顾

为了更加清晰地了解“三基”的现状,需要简要回顾它们的“形核与长大”过程。从发展历史看,材料学科源于传统的金属材料、陶瓷材料、高分子材料专业。在加强基础、拓宽专业的教育理念下,逐步融合成为材料科学与工程一级学科。因此,材料学科的基础课自然而然地选取了它们的“公因子”,如物理化学就是这3个专业的公共基础课,而材料科学基础则脱胎于经典的金属学,以金属学的结构框架为基,进一步融合了陶瓷与高分子。至于材料物理基础,则是由于现代材料研究以物理性能为主要诉求,故作为物理性能基础的固体物理在加以改造后变为材料物理基础,以弥补材料科学基础仅关照材料力学性能的缺陷。从时间上看,“三基”的发展历程都不长,其中较为成熟的材料科学基础,也不过十几年,以清华大学潘金生于1998年出版的《材料科学基础》教材为标志;而材料物理基础约为10年。至于材料物理化学,由于其内涵相对于传统的物理化学有明显变化,会在后面专门讨论。因此,“三基”都应该算是比较“年轻”的课程,其历史远不能与无机化学、化工原理、理论力学、机械原理、电工学、电磁场理论、信号与系统、控制理论等发展了几十甚至上百年的工科基础课相比。

历史的短暂与“形核”时拿来主义的操作策略,使得“三基”一方面迅速支撑起材料学科的知识主干,满足了学科发展初级阶段对理论知识的需求,但另一方面也带来了一些深层次问题。

二、面临的问题

1. 物理化学的对象与过程存在偏差

对于材料学科而言,以热力学第一、二定律为基础的经典物理化学,本来不应该存在问题,但实际情况却不尽然。现行的物理化学由于归属化工学科,因此课程体系中带有明显的化工特征。例如,绝大多数物理化学教材以气体为主要物质对象,同时特别重视化学反应。这些侧重对于化工学科是合情合理的,但对凝聚态为主要物质对象,且更为重视相变过程的材料学科，就暴露出理论与应用的双重问题。首先说应用问题，以相图一章为例，现行物理化学都是以气液相图为重点，而对更为丰富多彩、情况更为复杂的凝聚态相图则较少涉及；再如动力学部分，现行物理化学主要介绍化学反应的动力学，而且是气相化学反应，但就是没有与相变有关、主要研究凝聚态的动力学。不难看出，现行物理化学应该称为化工物理化学，而材料学科需要的是材料物理化学。再说理论体系上的问题，物质对象由气体转移到凝聚态，会带来理论体系不小的变化，因为凝聚态具备一系列不同于气体的特殊性，特别是它对于常压的不敏感，使得通常具有二元函数性质的热力学量（如内能、焓、熵、自由能）变为一元函数，从而使理论大为简化，这对知识体系复杂、公式众多的物理化学意义重大。

综上所述，物理化学既是经典（古老）的课程，也是非常年轻的课程，其经典体现在化工物理化学，而年轻体现在材料物理化学，因为迄今为止还没有一部真正意义上的材料物理化学教材。

2. 材料科学基础面临融合的困难

尽管材料科学基础相对比较成熟，但脱胎于金属学的材料科学基础也面临两个方面的问题：首先，当金属知识扩大到陶瓷，特别是高分子时，由于高分子的结合键分原子键与分子键两个层次，而金属与陶瓷的结合键都是原子（离子）层次的，故带来一些根本性的差异，具体就是高分子材料中熵的作用很大，而金属与陶瓷主要受结合能影响，所以这两类材料的从结构到性质，无论在特点和分析方法上，都有很大差异，造成融合的困难。在教学中实践中，虽然 3 种材料的知识都编入了材料科学基础，但高分子与另外两种材料形同陌路而难以融会贯通。其次，近年来一些教材把能带理论等属于固体物理的知识也纳入其中，但由于传统金属学以弹性力学和热力学为基础，而能带理论以量子力学与统计物理为基础，两者相去甚远。同时，金属学以原子为最基本的物质层次，且对于原子的认识是几何钢球，而固体物理则以电子、离子、声子等量子为基本物质层次，这就使问题进一步加重。从实际效果看，材料科学基础中引入能带理论等并没有得到实际应用，故并不成功。这种状况警示我们在知识体系设计中，要进行充分的反思，而不能一味地贪多求全。

3. 材料物理基础的难度过大

不难看出，固体物理还是应该独立设课，部分高校因此开设了材料物理基础，即工科版的固体物理，但剔除固体物理中晶体学（部分）、扩散、晶体缺陷等已包含在材料科学基础中的内容。据我们考察，10 年来国内材料物理基础的最大问题是：课程难度过大，学生理解非常困难，其原因是工科学生在量子力学、统计物理学和数学等方面知识的欠缺。

三、改革思路

明确了材料学科“三基”存在的问题，教学改革的思路变得清晰起来。

1. 知识体系重构

材料学科“三基”知识体系的重构必须内外结合。所谓“内”指从材料学科内部的视角看，知识的逻辑顺序合理、相互融合、体系完备，课程间相互协调，知识重叠较少。换言之，应该把“三基”看成统一的整体，而不是相互独立的“独联体”。所谓“外”指材料知识体系具有外部合理性，因此“三基”不仅要与先修的高等数学、大学物理合理衔接，而且对后续的专业课切实有用。

“三基”的知识体系还应该坚持实事求是的原则，这是对当下流行的贪多求全、一味追逐学科新知识的反思。现在的学科基础课教材以吸收最新科技成果为潮流，似乎知识之新就等于教材的创新，而对传统知识、经典内容却不肯进行深入的教学探索。从知识结构发展的角度看，知识体系的坚实是第一位的，而新知识属于锦上添花，对于学科基础课而言更是如此！因此，我们主张调整知识体系构建的方向，使流行的新颖性导向回归到坚实性这一根本诉求上，使“三基”扎扎实实地完成奠定知识基础的使命。

最后，还要对知识体系进行创新性地重构，对重点、特别是难点知识进行创新性的阐释，使学生真正建立起能够理解、懂得运用的概念。

2. 认知方法改造

从教育的角度看，比知识体系更为重要的是认知方法，这就著名的鱼—渔之辩。经过十多年的努力，我们逐渐摸索出概念—问题—探究的认知方法，以改造传统的灌输—记忆—计算模式。认知方法的变化使教材中问题的提炼至关重要，它是概念—问题—探究模式中承上启下的关键。问题能够丰富概念认识过程，使学生在概念上花更多的时间、做更多的对比、形成更多的判断，从而使抽象、枯燥、艰涩的概念变得鲜活起来，概念因为大量问题的导引而与实际情况相关联，概念之间形成了有机整体。进一步讲，没有大量高水平的问题，是不可能真正理解概念的。

按着现代教育理论，教材中所提问题的价值不仅限于让学生知道答案、增加知识，更为重要的是这些问题能够产生激发作用，在学生头脑中形成个性化的、真正属于学生的新问题，这样的问题是学生最为关心的，因此最有价值。学生问题的普遍特点是一知半解，有时甚至是完全茫然，这既是学生状况的写照，也衬托出教师的真正作用，即引导学生展开分析、明确概念、剔除谬误、形成新概念，而这些就是思维意义下的探究了。不难看出，概念—问题—探究的教学模式与科学研究过程中人的思维模式极为相似，尽管科研中表面上以问题为开端，但科学问题的背后一定是科学概念。这样一来，教学与科研有了思维意义下的直接联系，强化教学就是强化科研中的思维部分。在互联网普及，信息获取方便，国内实验仪器水平大幅度提升的时代背景下，科学研究中思维的重要性与日俱增，因此概念—问题—探究的认知模式具有巨大的价值。

3. 教育理念落实

教育教学之复杂还在于，仅仅解决知识体系与认知方法的问题是远远不够的，还必须在教学过程中秉承先进的教育理念，如以人为本、探索创新、自主学习、速度与效率；对于工科学生，还要重视实践，在理论课中就要传递实践第一的理念。

教育理念的课程落实一直是难题，其难度首先在于理念众多、莫衷一是；其次是教育理念要落实到课程的具体要素之中，即落实到教材、教师与学生；而最为困难的可能是理念如何转化为操作与行动，以便让先进的理念发挥实际的效能。

教育内部问题的解决有时需要从教育学的外部（如哲学）入手。从哲学的高度看教育理念众多的问题，自然会联想到抓主要矛盾的哲学方法。如果始终坚持以人为本这一核心教育理念，同时借鉴实事求是、深入实际的哲学方法，则绝大多数问题都能得到解决。

例如,创新能力是现代教育理念的重要内容,而在实际操作中,如果能够很好地诠释人之“本”的教育教学含义,实事求是地在教学中体现这个根本,则创新能力培养会转化为创新意识强化,进而与问题意识挂钩,最终真正落实到教学过程。

综上所述,拿来主义的材料学科知识构建方式,已经不能适应学科发展与人才培养要求,因此需要通过教学改革,对材料学科“三基”的课程知识体系与认知方法进行改造,在秉承先进教育理念的基础上,使材料学科基础课在教学与教育两个层次上得到长足发展。

目　　录

第1章　量子力学简介

量子力学是物理学的庞大分支体系，全面介绍量子力学对于本课程是不现实的。本章选取那些与本课程紧密相关的量子力学知识，以便为后续的内容（以晶体中电子的量子理论为主）奠定基础。

1.1　波粒二象性与不确定关系

1.1.1　波粒二象性

1. 经典物理中的波和粒子

波与粒子的概念在经典物理中非常重要。波与粒子是两种仅有的、又完全不同的能量传播的方式。例如，声音使耳膜感受到振动是声音以波的形式传播能量的结果；而用一块石头将玻璃击碎，则是以粒子的形式传递能量。经验指出这两个概念无法同时使用，即不能同时用波和粒子这两个概念去描写同一现象。

理想粒子具有完全的定域性，原则上可以无限精确地确定它的质量与动量。粒子可视为一质点，尽管“质点”概念是相对的。如气体分子可视为质点，虽然它有内部结构；而在银河系中，星球也可视为质点。对于质点，只要初始的位置和速度已知，就可以用牛顿力学完全描述它后续的状态。

波的特征量是波长和频率。理想的波具有确定的频率和波长。原则上，频率和波长可无限精确地测定，但这要求波不能被约束，而是在空间无限扩展。

因此，所谓的粒子的空间位置可无限精确地测定，意味着假定粒子是一无限小的质点；而要无限精确地测定一个波的频率或波长，则要求这个波在空间无限扩展。

实验中用“拍”的方法测量波长。如图1.1.1所示，取一振幅恒定、频率已知为ν_1的波，与一频率未知、设为ν_2的波发生干涉，就形成了拍（两波的振幅相同，仅频率不同）。从是否存在拍，可以判定ν_1与ν_2是否有差值。观察是否存在拍，至少要看到一个拍。从图1.1.1可知，观察一个拍所需时间是$1/\Delta\nu$，因此，“至少要看到一个拍”所需时间为

$$\Delta t \geqslant \frac{1}{\Delta\nu} \quad 或 \quad \Delta t\Delta\nu \geqslant 1 \tag{1.1.1}$$

设波速为v，则Δt内波所走过的路程为

$$\Delta x = v\Delta t$$

代入式（1.1.1），有

$$\frac{\Delta x}{v} \geqslant \frac{1}{\Delta\nu} \tag{1.1.2}$$

又因$\nu = v/\lambda$，则$\Delta\nu = \frac{v}{\lambda^2}\Delta\lambda$，代入式（1.1.2），得

$$\Delta x \Delta \lambda \geqslant \lambda^2 \tag{1.1.3}$$

式(1.1.1)表示,要无限精确地测准频率,就需要花费无限长的时间;式(1.1.3)表示,要无限精确地测准波长,就必须在无限空间中观察,量子力学中最重要的关系式之一(不确定关系)就源于此。

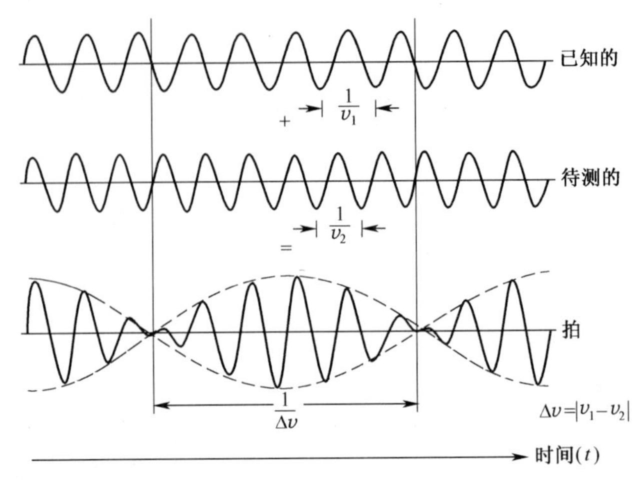

图 1.1.1　拍的形成

2. 光的波粒二象性

对于光的本质的认识,经历了复杂的历史过程。至 19 世纪末,麦克斯韦和赫兹肯定了光是电磁波,这时的光被普遍认为是一种波。但在 20 世纪初,对光的本性又有了新的认识。爱因斯坦在 1905 年用光的量子学说解释了光电效应,提出光子的能量为

$$E = h\nu \tag{1.1.4}$$

在 1917 年爱因斯坦又指出,光子不仅有能量,而且有动量

$$p = \frac{h}{\lambda} \quad 或者 \quad p = hk \tag{1.1.5}$$

式中:波矢 $k = 2\pi/\lambda$,从而把标志波动性质的 ν 和 $\lambda(k)$,通过一个普适常量(普朗克常量 h),与标志粒子性质的 E 和 p 联系起来了。光是粒子性和波动性的矛盾统一体。

光的这种特性在 1923 年的康普顿散射实验中得到了清晰的体现:在实验中,用晶体谱仪测定 X 射线波长,它的根据是波动的衍射现象;而散射对波长的影响又只能把 X 射线当作粒子来解释。可见,光在传播时显示出波动性,在转移能量时显示出粒子性。光既能显示出波的特性,又能显示出粒子的特性;但是在任何一个特定的事例中,光要么显出波动性,要么显出粒子性,二者绝不会同时出现。

1923 年,德布罗意将光的波粒二象性推广到任何物质,即“任何物体伴随以波,且不可能将物体的运动和波的传播分开”。德布罗意给出了与式(1.1.5)同样的表达式,以描述任意粒子(物体)的动量 p 与伴随着的波长 λ 之间的关系,即

$$p = \frac{h}{\lambda}$$

例 1.1.1　如果普朗克常量 $h \to 0$,对波粒二象性会有什么影响?如果光在真空中的速率 $c \to \infty$,对时间空间的相对性会有什么影响?

解　如果 $h \to 0$,则粒子的德布罗意波长 $\lambda = h/p \to 0$,粒子不会显示波动性;而光子的

能量 $E=h\nu\to 0$,质量 $m=E/c^2\to 0$,光子将不复存在,光将只显示波动性。这就是说,$h\to 0$ 时,我们周围的世界将完全是“经典”的,波是波,粒子是粒子,二者截然不同。

例 1.1.2　室温(300K)下的中子称为热中子,求热中子的德布罗意波长。

解　在室温下中子的平均动能

$$E_k=\frac{3}{2}kT=\frac{3}{2}\times 1.38\times 10^{-23}\times 300=6.21\times 10^{-21}\text{J}$$

中子的静能为

$$E_0=m_nc^2=1.67\times 10^{-27}\times 9\times 10^{16}=1.50\times 10^{-10}\text{J}$$

由于 $E_k\ll E_0$,可以不考虑相对论效应,从而有

$$\lambda=\frac{h}{\sqrt{2m_nE_k}}=\frac{6.63\times 10^{-34}}{\sqrt{2\times 1.67\times 10^{-27}\times 6.21\times 10^{-21}}}=1.46\times 10^{-10}\text{m}=0.146\text{nm}$$

例 1.1.3　电子显微镜的加速电压为 40keV,经过这一电压加速的电子的德布罗意波长是多少?

解　由于 40keV 比电子的静能 511keV 小许多,可以不考虑相对论效应,从而有

$$\lambda=\frac{h}{\sqrt{2m_eE_k}}=\frac{6.63\times 10^{-34}}{\sqrt{2\times 0.91\times 10^{-30}\times 4\times 10^4\times 1.6\times 10^{-19}}}=6.1\times 10^{-12}\text{m}$$

例 1.1.4　卢瑟福的 α 散射实验所用的 α 粒子的能量是 7.7MeV。α 粒子的质量为 6.7×10^{-27}kg。所用 α 粒子的波长是多少?对原子的线度10^{-10}m 来说,这种 α 粒子能像卢瑟福做的那样按经典力学处理吗?

解　α 粒子的静能为

$$E_0=mc^2=\frac{6.7\times 10^{-27}\times 9\times 10^{16}}{1.6\times 10^{-19}}=3.8\times 10^3\text{MeV}$$

由于 $E\ll E_0$,可按经典力学求其动量,其波长为

$$\lambda=\frac{h}{\sqrt{2mE}}=\frac{6.63\times 10^{-34}}{\sqrt{2\times 6.7\times 10^{-27}\times 7.7\times 10^6\times 1.6\times 10^{-19}}}=5.2\times 10^{-15}\text{m}$$

由于 $\lambda\ll 10^{-10}$m,所以可以把 α 粒子当做经典粒子处理。

例 1.1.5　为了探测质子和中子的内部结构,曾在斯坦福直线加速器中用能量为 22GeV 的电子做探测粒子轰击质子。这样的电子的德布罗意波长是多少?质子的线度为 10^{-15} m。这样的电子能用来探测质子内部的情况吗?

解　所用电子能量(22GeV)大大超过电子的静能(0.51MeV),所以需用相对论计算其动量,$p=E/c$。而其德布罗意波长为

$$\lambda=\frac{h}{p}=\frac{hc}{E}=\frac{6.63\times 10^{-34}\times 3\times 10^8}{22\times 10^9\times 1.6\times 10^{-19}}=5.7\times 10^{-17}\text{m}$$

由于 $\lambda\ll 10^{-15}$ m,所以这种电子可以给出质子内部各处的信息,即用来探测质子内部的情况。

1.1.2　不确定关系

1. 不确定关系的表述和含义

不确定关系,有时又称为测不准关系,是海森伯在 1927 年首次提出的。它反映了微

观粒子运动的基本规律，是物理学中极为重要的关系式。它包括多种表示式，其中两个是：

$$\Delta x \Delta p_x \geqslant \frac{\hbar}{2} \tag{1.1.6}$$

$$\Delta t \Delta E \geqslant \frac{\hbar}{2} \tag{1.1.7}$$

式中：$\hbar = h/2\pi$ 。

式(1.1.6)表明，当粒子被局限在 x 方向的一个有限范围 Δx 内时，它的动量分量 p_x 必然有一个不确定的数值范围 Δp_x ，两者的乘积满足 $\Delta x \Delta p_x \geqslant \hbar/2$。换言之，假如 x 的位置完全确定($\Delta x \to 0$)，那么粒子可以具有的动量 p_x 的数值就完全不确定($\Delta p_x \to \infty$)；当粒子处于一个 p_x 数值完全确定的状态时($\Delta p_x \to 0$)，我们就无法在 x 方向把粒子固定住，即粒子在 x 方向的位置是完全不确定的。

式(1.1.7)表明，若粒子在能量状态 E 只能停留 Δt 时间，则在这段时间内粒子的能量状态并非完全确定，它有一个弥散 $\Delta E \geqslant \hbar/2\Delta t$ ；只有当粒子的停留时间为无限长时(稳态)，它的能量状态才是完全确定的($\Delta E = 0$)。

应该指出，在不确定关系中，关键的量又是普朗克常量 h ，它是一个小量，因此不确定关系在宏观世界并不能得到直接的体现；但它不等于零，从而使得不确定关系在微观世界成为一个重要的规律。

2. 应用举例

例 1.1.6 束缚粒子的最小平均动能。

解 假如粒子被束缚在线度为 r 的范围内，即假定 $\Delta x = r$ 。根据式(1.1.6)，粒子动能的确定度至少为

$$\Delta p_x = \frac{\hbar}{2\Delta x} = \frac{\hbar}{2r}$$

Δp_x 的定义是

$$\Delta p_x = \sqrt{(p_x - \bar{p}_x)^2_{平均}}$$

对于束缚在空间的粒子，其动量在任何方向的平均分量必定为零，即 $\bar{p}_x = 0$，故 Δp_x 与均方动量的关系为

$$(\Delta p_x)^2 = (p_x^2)_{平均}$$

对于三维空间，有

$$(p_x^2)_{平均} = \frac{1}{3}(p^2)_{平均}$$

依照这些关系式，我们可以得到最小的平均动能

$$E_k = \frac{p^2_{平均}}{2m} = \frac{3h^2}{8mr^2}$$

式中：m 为粒子的质量。

由此可见，E 决不为零。这一结论从不确定关系得到，与束缚形式无关，只要粒子被束缚在空间内(换言之，粒子在势阱内)，粒子的最小动量就不能为零(粒子不能落到阱底)。

例 1.1.7 电子不能落入(被束缚在)原子核内。

解 玻尔的原子理论不能解释：作加速运动的电子，为什么既辐射能量而又不落入核

内。不确定关系对此作了回答。

随着电子离核越来越近,即 r 越来越小,它将从原子尺度(10^{-10}m)过渡到原子核尺度(10^{-15}m=fm)。依照不确定关系,电子的动量将越来越不确定,或依照式(1.1.6),电子的平均动能将越来越大。例如,电子的运动范围从 0.1nm 到 3fm 时,它的平均动能约从 1eV 量级增大到 0.1GeV 量级。电子不可能有这样大的能量来源,因此电子几乎不能靠近原子核,更不要说被束缚在核内了。

例 1.1.8　谱线的自然宽度。

解　在光谱线系中,如果与某谱线对应的两条能级(状态)都有确定的数值,则在它们之间发生的跃迁就会给出一确定的谱线,原则上就是一条线。但是,电子要从某一条能级往下跃迁,电子在这条能级上必有一定寿命,即 Δt 不能无限长。按照不确定关系,这条能级必定存在相应的宽度 ΔE ,因此,谱线不可能是几何线,而是有个宽度 ΔE ,此即谱线的自然宽度。例如,假定原子中某激发态的寿命为 $\Delta t = 10^{-8}$s ,由不确定关系式(1.1.7)可得

$$\Delta E \geqslant \frac{\hbar}{2\Delta t} = \frac{\hbar c}{2\Delta t c} = \frac{197 \times 10^{-15} \times 10^{6}}{2 \times 10^{-8} \times 3 \times 10^{8}}\mathrm{eV} = 3.3 \times 10^{-8}\mathrm{eV}$$

这就是与该激发态对应的谱线的自然宽度,它由能级的固有寿命决定。实验完全证明了谱线自然宽度的存在。

能级的寿命有时会受外界的影响,如气体中原子间的不断碰撞。当一激发态的原子遭到碰撞时,一般会改变它的激发能,激发态的寿命会缩短。按不确定关系,碰撞效应将增大跃迁谱线的宽度,由此增加的宽度远远大于自然宽度。为了减少碰撞引起的增宽,在光谱研究中采用的光源常处在低气压状态(如 1mmHg① 量级的压强)。

例 1.1.9　把热中子窄束投射在晶体上,由布拉格衍射图样可以求得热中子的能量。若晶体的两相邻布拉格面间距为 0.18nm,一级布拉格掠射角(入射束与布拉格面之间的夹角)为 30°,试求这些热中子的能量。

解　由布拉格公式 $2d\sin\theta = \lambda$,得

$$\lambda = 2d\sin\theta$$

一级布拉格掠射角 $\theta = 30°, d = 0.18\mathrm{nm}$,所以热中子对应的波长为

$$\lambda = 2 \times 0.18\mathrm{nm} \times \sin30° = 0.18\mathrm{nm}$$

则热中子能量为

$$E = \frac{p^2}{2m_{\mathrm{n}}} = \frac{h^2}{2m_{\mathrm{n}}\lambda^2} = \frac{(hc)^2}{2m_{\mathrm{n}}c^2\lambda^2} = \frac{(1.24\mathrm{nm}\cdot\mathrm{keV})^2}{2 \times 940\mathrm{MeV} \times (0.18\mathrm{nm})^2} = 0.025\mathrm{eV}$$

问题 1.1.1　电子和光子各具有波长 0.20nm。它们的动量与总能量各是多少?

问题 1.1.2　对于光子以外的实物粒子,请确定波长与动能之间的关系。假定不考虑相对论作用,即粒子速度不高的情形。

问题 1.1.3　为什么说“将一石子猛击玻璃使之破碎,则是以粒子的形式传递能量的例证”?

① 1mmHg=133.322Pa。

问题1.1.4 什么是谱线宽度？教材中所说的“几何线”是什么意思？

问题1.1.5 处于激发态的原子受到碰撞之后，激发态寿命会缩短，请问为什么？

1.2 薛定谔方程与波函数

量子力学中的薛定谔方程如同力学中的牛顿第二定律。与牛顿第二定律类似，薛定谔方程也是一个不能用更基本原理推导出来的方程，其正确性完全体现在经得起时间的长期考验。同样，我们也像对待牛顿第二定律那样来对待薛定谔方程，即努力搞清该方程的物理意义和适用条件，而不去探寻方程本身是如何得来的。

1.2.1 薛定谔方程的形式

在量子力学中，粒子（如电子、原子、质子等）的运动状态是由波函数描述的，而波函数的时空变化规律服从薛定谔方程。

1. 含时薛定谔方程

为了简化起见，先讨论一维含时薛定谔方程，其形式为

$$-\frac{\hbar^2}{2m}\frac{\partial^2 \Psi}{\partial x^2}+V(x)\Psi=\mathrm{i}\hbar\frac{\partial \Psi}{\partial t} \tag{1.2.1}$$

式中：$\hbar=h/2\pi$，h 为普朗克常数；$\mathrm{i}=\sqrt{-1}$ 为单位虚数；m 为粒子质量；$V(x)$ 为势能函数（简称势函数，势函数当做已知函数），$\Psi=\Psi(x,t)$ 是需要通过式(1.2.1)求解的波函数。

2. 定态薛定谔方程

根据驻波理论，若波函数中的时间变量与空间变量分离，则波函数就是驻波。因此，设式(1.2.1)中的波函数具有如下形式：

$$\Psi(x,t)=\psi(x)\mathrm{e}^{-\mathrm{i}Et/\hbar} \tag{1.2.2}$$

式中：E 为系统总能量，它是不随时空变化的常数。

将式(1.2.2)代入式(1.2.1)并消去公因子 $\mathrm{e}^{-\mathrm{i}Et/\hbar}$，就可以得到不含时间的定态薛定谔方程，即

$$-\frac{\hbar^2}{2m}\frac{\mathrm{d}^2\psi}{\mathrm{d}x^2}+V(x)\psi=E\psi \tag{1.2.3}$$

其三维形式为

$$-\frac{\hbar^2}{2m}\left(\frac{\partial^2\psi}{\partial x^2}+\frac{\partial^2\psi}{\partial y^2}+\frac{\partial^2\psi}{\partial z^2}\right)+V(x,y,z)\psi=E\psi \tag{1.2.4}$$

在三维空间中，定态波函数表达式为 $\psi=\psi(x,y,z)$。通常所说的薛定谔方程实际上是指定态薛定谔方程。

需要说明的是：①定态薛定谔方程中的势函数 $V=V(x,y,z)$ 非常重要。在建立一个具体的定态薛定谔方程时，首先需要确定势函数 $V=V(x,y,z)$ 的具体形式，而确定势函数的方法往往通过经典力学或电学。势函数 $V=V(x,y,z)$ 的作用类似于牛顿第二定律 $m\frac{\mathrm{d}^2\boldsymbol{r}}{\mathrm{d}t^2}=\boldsymbol{f}(t)$ 中的 $\boldsymbol{f}(t)$。对于一个具体问题的牛顿第二定律表达式，必须首先确定力函

数$f(t)$的具体形式，否则该问题是不确定的。②波函数$\psi=\psi(x,y,z)$在量子力学中具有基础地位，通过波函数$\psi=\psi(x,y,z)$能够求出量子力学中任何其他的物理量。不难看出，$\psi=\psi(x,y,z)$的作用类似于牛顿第二定律中的位矢函数$\boldsymbol{r}=\boldsymbol{r}(t)$。只要$\boldsymbol{r}=\boldsymbol{r}(t)$的具体形式能够确定，就能通过$\boldsymbol{r}=\boldsymbol{r}(t)$求得经典力学中其他物理量（如速度、动量等）。③定态薛定谔方程研究的是粒子的定态问题，即与时间无关的问题，因此其重点是粒子的空间变化规律，即波函数$\psi=\psi(x,y,z)$；而牛顿第二定律研究的是粒子的时变问题，此时最基本的自变量是时间，而粒子的空间位置$\boldsymbol{r}$作为时间的函数出现，即$\boldsymbol{r}=\boldsymbol{r}(t)$。

1.2.2　波函数的物理意义和数学性质

1. 波函数的物理意义

事实上，式(1.1.2)才是真正的波函数，这是因为$\Psi(x,t)=\psi(x)\mathrm{e}^{-\mathrm{i}Et/\hbar}$中既有空间变量又有时间变量。无论$\psi=\psi(x)$是实数还是复数，整个波函数必为复数，因为它的时间部分永远是个复数。

由于波函数是复数，所以它本身没有任何物理意义。但是，波函数与它的共轭复数的乘积（称为概率密度）就是粒子出现的概率，因此也称波函数为概率波函数，简称概率波。

根据共轭复数的乘积公式，式(1.2.2)所表示的波函数$\Psi(x,t)$与它的共轭复函数$\Psi^*(x,t)$的乘积为

$$\begin{aligned}|\Psi(x,t)|^2&=\Psi(x,t)\cdot\Psi^*(x,t)=[\psi(x)\mathrm{e}^{-\mathrm{i}Et/\hbar}][\psi(x)\mathrm{e}^{-\mathrm{i}Et/\hbar}]^*\\&=[\psi(x)\mathrm{e}^{-\mathrm{i}Et/\hbar}][\psi(x)^*\mathrm{e}^{\mathrm{i}Et/\hbar}]=\psi(x)\cdot\psi^*(x)=|\psi(x)|^2\end{aligned}\tag{1.2.5}$$

式(1.2.5)表明，波函数$\Psi(x,t)=\psi(x)\mathrm{e}^{-\mathrm{i}Et/\hbar}$的概率密度与时间无关，因此称这种形式的波函数为定态波函数，而定态波函数的求解可以通过较为简单的定态薛定谔方程。又因为定态波函数的概率密度与时间无关，所以常将$\Psi(x,t)=\psi(x)\mathrm{e}^{-\mathrm{i}Et/\hbar}$的空间部分$\psi(x)$直接称为波函数，虽然$\psi(x)$并不含时间变量。

2. 波函数的数学性质

从波函数的物理意义不难判断出它必有如下数学性质：

(1) 波函数是有限函数，即不能趋于无穷大。

(2) 波函数是单值函数，即同一空间位置上只能有一个值。

(3) 波函数是连续函数，其导函数也是连续的。

(4) 波函数满足归一化条件，即波函数与它的共轭复数的乘积在整个空间V内的积分为1，用数学公式表示就是

$$\int_V\psi(x,y,z)\cdot\psi^*(x,y,z)\mathrm{d}\tau=1\tag{1.2.6}$$

式中：$\mathrm{d}\tau$表示体积分，即$\mathrm{d}\tau=\mathrm{d}x\mathrm{d}y\mathrm{d}z$。

当使用位置矢量$\boldsymbol{r}$时，体积分用$\mathrm{d}\boldsymbol{r}$表示，则式(1.2.6)变为

$$\int_V\psi(\boldsymbol{r})\cdot\psi^*(\boldsymbol{r})\mathrm{d}\boldsymbol{r}=1$$

问题 1.2.1　什么是定态问题？它与物理化学中的状态有什么关系？

问题 1.2.2　什么是非定态问题？请举一个例子。

问题 1.2.3 请查阅资料以说明什么是束缚态。

1.3 薛定谔方程的解

求解薛定谔方程一般是非常困难的，下面仅对几个特例求出定态解的具体形式，重点说明解的物理意义。

1.3.1 一维无限深势阱中的粒子

求解定态薛定谔方程时，首先要给出势函数 $V(x)$ 的具体表达式。对于一维无限深势阱，势函数为

$$V(x)=\begin{cases}0 & (0<x<a)\\ \infty & (x\leqslant 0, x\geqslant a)\end{cases} \tag{1.3.1}$$

式(1.3.1)表明，粒子只能在区域 $0<x<a$ 内运动，粒子在 $0<x<a$ 以外出现的概率必然为零，否则粒子的势能将趋于无穷大。这样，描述粒子定态运动的式(1.2.3)变为

$$\frac{\mathrm{d}^2\psi(x)}{\mathrm{d}x^2}+k^2\psi(x)=0 \tag{1.3.2}$$

其中：$k^2=2mE/\hbar^2$。

式(1.3.2)的通解为

$$\psi(x)=A\sin(kx+\delta) \tag{1.3.3}$$

其中：A，δ 和 k 都是待定常数，它们的确定要依靠边界条件及归一化条件。

因为势阱无限深，可以将阱壁看成理想反射壁，即粒子不能透射过阱壁。因此按波函数的意义，在阱壁及阱壁外的区域，波函数应该为零。这样，整个区域上的解为

$$\psi(x)=\begin{cases}A\sin(kx+\delta) & (0<x<a)\\ 0 & (x\leqslant 0, x\geqslant a)\end{cases} \tag{1.3.4}$$

相应的边界条件为 $\psi(x=0)=0$ 和 $\psi(x=a)=0$。

由第一个边界条件得 $A\sin\delta=0$，由于 $A=0$ 对应的波函数没有意义，所以只有令 $\delta=0$。由第二个边界条件得 $A\sin ka=0$，由于 $A\neq 0$，所以，有

$$ka=n\pi, n=1,2,3,\cdots \tag{1.3.5}$$

因为 $n=0$ 给出的波函数 $\psi(x)\equiv 0$ 没有物理意义，而 n 取负整数给不出新的波函数，所以 n 只能取正整数。

由于 $k=\sqrt{2mE/\hbar^2}$，所以

$$E_n=\frac{\hbar^2n^2\pi^2}{2ma^2}, \quad n=1,2,3,\cdots \tag{1.3.6}$$

式(1.3.6)表明，当束缚于势阱中的粒子运动时，它所具有的能量不是任意的，而只能取由 n 决定的一系列不连续值，这种情况称为能量量子化，n 称为量子数。对某一个 n 值，式(1.3.4)变为

$$\psi_n(x)=\begin{cases}A\sin\dfrac{n\pi}{a}x & (0<x<a)\\ 0 & (x\leqslant 0, x\geqslant a)\end{cases} \tag{1.3.7}$$

其中的 A 值可利用如下的归一化条件确定。由于波函数与其共轭复数的乘积就是粒子出现的概率,因此

$$\int_{-\infty}^{\infty} |\psi(x)|^2 \mathrm{d}x = 1 \tag{1.3.8}$$

式(1.3.8)称为波函数的归一化条件。将式(1.3.7)代入归一化条件,即可得到 $A = \sqrt{2/a}$。这样,一维无限深势阱中粒子的波函数为

$$\psi(x) = \begin{cases} \sqrt{\dfrac{2}{a}} \sin \dfrac{n\pi}{a} x & (0 < x < a) \\ 0 & (x \leqslant 0, x \geqslant a) \end{cases} \qquad n = 1,2,3,\cdots \tag{1.3.9}$$

上式的前 3 个波函数及其概率如图 1.3.1 所示。

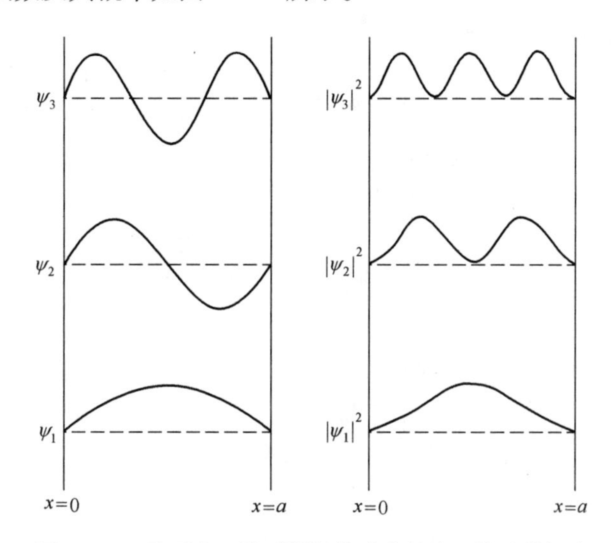

图 1.3.1　粒子在一维无限深势阱中的波函数及其概率

下面对得到的波函数进行分析:

(1) 粒子的能量只能是量子化的,这是一切束缚粒子的基本特征(而自由粒子是不存在能量量子化的)。得到这一结论无需任何假设,它是求解定态薛定谔方程中自然产生的。

(2) 当 $n=1$ 时,粒子所具有的最低能量也不为零,而是 $E_1 = \hbar^2\pi^2/(2ma^2)$。最低能量的存在表示物质世界不可能有绝对静止状态。即使处于最低能量状态,粒子也一定在运动(因为势能为零,而总能量等于动能与势能之和)。

(3) 相邻能级差为

$$\Delta E_n = E_{n+1} - E_n = \frac{\hbar^2\pi^2}{2ma^2}(2n + 1) \tag{1.3.10}$$

显然,能级分布是不均匀的,能级越高,能级差越大,而能级密度(能级差的倒数)越小。

(4) 从式(1.3.10)看出,由于 $\hbar$ 数值极小,所以能量量子化现象与势阱宽度 a 有关。当 a 很小时, ma^2 与 $\hbar^2$ 可比,所以能级差 ΔE_n 较大;而当 a 较大时,能级差 ΔE_n 很小,即能量基本是连续的。如电子($m = 9.1 \times 10^{-31}\mathrm{kg}$),若 $a = 10^{-9}\mathrm{m}$,则 $\Delta E_n \approx n \times 0.75\mathrm{eV}$,这个能级差并不算小;若 $a = 10^{-2}\mathrm{m}$,即宏观尺度,则 $\Delta E_n \approx n \times 0.75 \times 10^{-14}\mathrm{eV}$,此时能量

基本视为连续。

(5) 式(1.3.9)中的解不是一个,而是无穷多个。这无穷多个解表示处于无限深方势阱中的粒子可以有无穷多种运动方式,但究竟处于哪一种方式,则要从统计物理学的角度考察。一般来说,系统能量最低的方式就是平衡存在的具体方式。需要特别强调的是,具体运动方式并不是由量子力学本身确定的,量子力学仅仅提供了可能性。对于无限深方势阱中的粒子就是,粒子仅可能按式(1.3.9)表示的方式运动,而任何别的运动方式对于无限深方势阱中的粒子都是不可能的。

(6) 从数学角度讲,E_n 称为本征值,就是使微分方程式(1.3.2)得以满足时,式(1.3.2)中 E 必须选取的那些特定数值。E_n 是作为参数出现在式(1.3.2)中的,也就是说,尽管 E_n 可以取不同的值,但它不是式(1.3.2)中的变量。

例 1.3.1 丁二烯的离域效应。

解 丁二烯分子式为 C_4H_6(其结构见图 1.3.2)每个碳原子以 sp^2 杂化轨道成 3 个 σ 键后,尚余一个 p_z 轨道和一个 π 电子。假定有两种情况:①4 个 π 电子形成两个定域 π 键;②4 个 π 电子形成 π_4^4 离域 π 键。设相邻碳原子间距离均为 l,按一维无限深势阱模型,这两种情况下 π 电子的能级分布情况可估算如下:

$$E_{(a)} = \frac{2 \times 2h^2}{8ml^2} = 4E_1\ , \quad E_{(b)} = \frac{2h^2 + 2 \times 2^2h^2}{8m\,(3l)^2} = \frac{10}{9}E_1$$

估算结果如图 1.3.3(a)、(b)所示。

共轭分子(图 1.3.3(b))中的离域效应使体系 π 电子的能量比定域双键分子(图 1.3.3(a))中的电子的能量低,所以离域效应扩大了 π 电子的活动范围,即增加一维势箱的长度,使分子能量降低,稳定性增加。

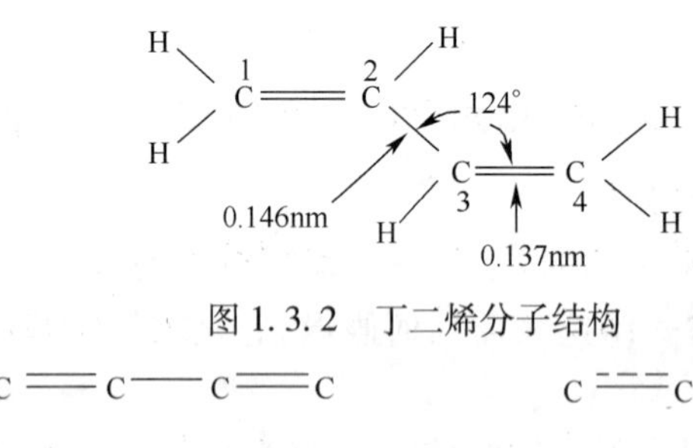

图 1.3.2 丁二烯分子结构

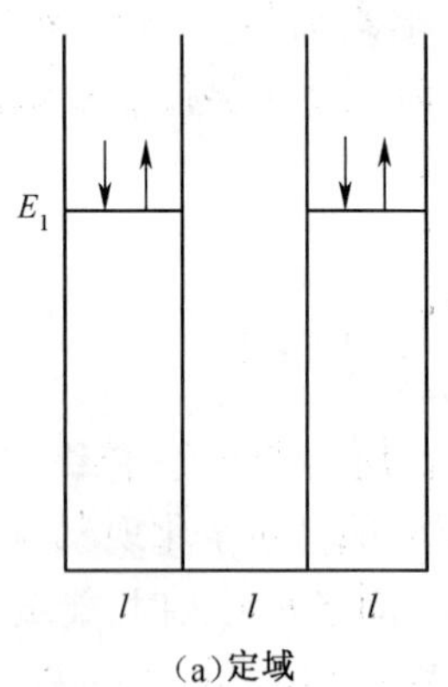

(a)定域

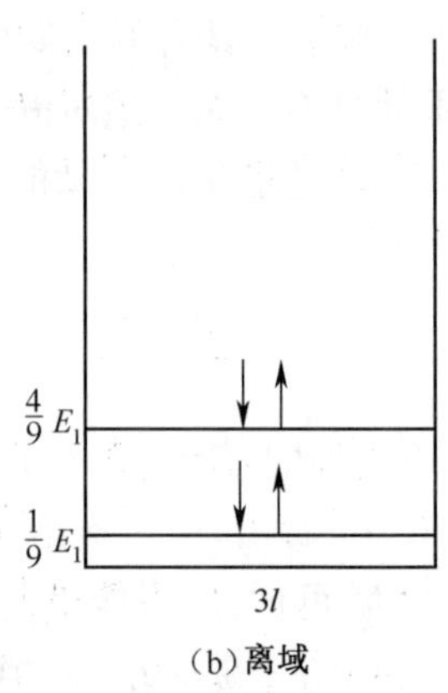

(b)离域

图 1.3.3 丁二烯分子中 π 电子的能级分布

例 1.3.2　如图 1.3.4 所示的一维阶梯式势阱中能量为 $E_5(n=5)$ 的粒子，比较 $0\sim a$ 与 $-a\sim 0$ 两个区域，该粒子的波长在哪个区域内较大？它的波函数的振幅又在哪个区域内较大？

解　由于粒子的动能 $E_k = E_5 - V_0$，$p=\sqrt{2mE_k}$ 以及 $\lambda = \dfrac{h}{p}$，所以势阱底（V_0）越高，E_k 就越小，p 也越小而 λ 就越大。所以在 $0\sim a$ 区域 λ 较大。由于 $p=mv$，p 越小，则粒子的速度越小，在相同的时间内，粒子被发现的概率就越大，因而波函数的振幅就越大。所以，在 $0\sim a$ 的区域内波函数的振幅较大。

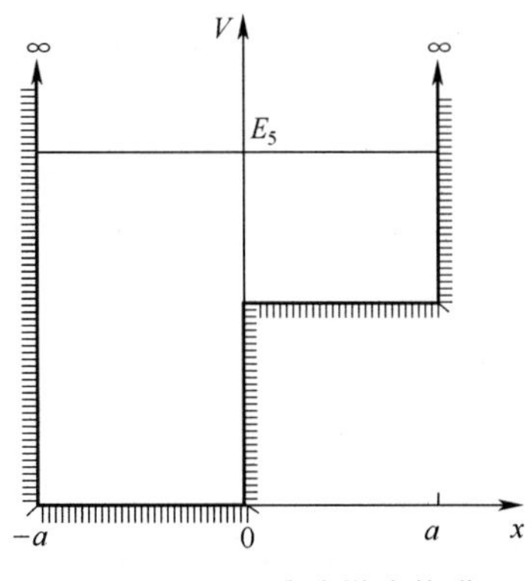

图 1.3.4　一维阶梯式势阱

例 1.3.3　一个氧分子被封闭在一个盒子内。按一维无限深方势阱计算，并设势阱宽度为 0.1m。

（1）该氧分子的基态能量有多大？

（2）设该分子的能量等于 $T=300\text{K}$ 时的平均热运动能量 $3k_BT/2$，相应的量子数 n 的值是多少？第 n 激发态到第 $n+1$ 激发态的能量差是多少？

解　氧分子的质量为 $m = 32\times10^{-3}/(6.02\times10^{23}) = 5.3\times10^{-26}\text{kg}$

（1）$E_1 = \dfrac{\pi^2\hbar^2}{2ma^2} = \dfrac{\pi^2\times(1.05\times10^{-34})^2}{2\times5.3\times10^{-26}\times0.1^2} = 1.0\times10^{-40}\text{J}$

（2）$\dfrac{3}{2}k_BT = E_n = \dfrac{\pi^2\hbar^2}{2ma^2}n^2 = E_1n^2$

$$n = \sqrt{\frac{3k_BT}{2E_1}} = \sqrt{\frac{3\times1.38\times10^{-23}\times300}{2\times1.0\times10^{-40}}} = 7.8\times10^9$$

$$\Delta E = E_1[(n+1)^2-n^2] = E_1(2n+1) \approx 1.0\times10^{-4}\times2\times7.8\times10^9 = 1.6\times10^{-30}\text{J}$$

例 1.3.4　对一维无限深势阱中的粒子，在能量本征值为 E_n 的本征态中，对阱壁的作用力多大？

解　由于 $E_n = \dfrac{\pi\hbar^2n^2}{2ma^2}$，所以

$$F = -\frac{\mathrm{d}E_n}{\mathrm{d}a} = \frac{\pi^2\hbar^2n^2}{ma^3}$$

例 1.3.5　一维无限深方势阱中的粒子的波函数在边界处为零。这种定态物质波相

当于两端固定的弦中的驻波,因而势阱宽度 a 必须等于德布罗意波的半波长的整数倍。请据此证明粒子的能量本征值为

$$E_n = \frac{\pi^2 \hbar^2}{2ma^2} n^2$$

解 粒子德布罗意波长为 $\lambda_n = \frac{2a}{n}$, $n=1,2,3,\cdots$;粒子的动量和能量分别为

$$p_n = \frac{h}{\lambda_n} = \frac{hn}{2a} = \frac{\pi \hbar n}{a}; \quad E_n = \frac{p_n^2}{2m} = \frac{\pi^2 \hbar^2}{2ma^2} n^2$$

1.3.2 一维有限深势阱中的粒子与隧道效应

1. 一维有限深势阱中的粒子

现在考虑一维有限深势阱中的粒子。一维有限深势阱(如图 1.3.5)可以表示为

$$V(x) = \begin{cases} 0 & \left(|x| < \dfrac{a}{2}\right) \\ V_a & \left(|x| \geqslant \dfrac{a}{2}\right) \end{cases} \tag{1.3.11}$$

其中阱内 $\left(\text{即} |x| < \dfrac{a}{2}\right)$ 的解已经在上一小节给出(自变量 x 的取值范围只要等于 a 即可,与具体的区间无关),波函数为正弦函数。在阱外 $\left(|x| \geqslant \dfrac{a}{2}\right)$,相应的薛定谔方程为

$$\frac{d^2\psi}{dx^2} = \frac{2m(V_a - E)}{\hbar^2}\psi \equiv k_a^2 \psi \tag{1.3.12}$$

$$k_a^2 \equiv \frac{2m(V_a - E)}{\hbar^2}$$

阱外薛定谔方程的解为指数函数,由波函数的有限性可得 $x \leqslant -\dfrac{a}{2}$ 和 $x \geqslant \dfrac{a}{2}$ 的两个解为

$$\psi(x) = \begin{cases} A_+ e^{k_a x} & \left(x \leqslant -\dfrac{a}{2}\right) \\ A_- e^{-k_a x} & \left(x \geqslant \dfrac{a}{2}\right) \end{cases} \tag{1.3.13}$$

其中:k_a,A_+ 与 A_- 均为常数。

上式显示了微观粒子与宏观粒子的一个根本差异:当 $E < V_a$ 时,按经典物理观点,粒子绝不会跑到阱外;但在量子力学中,粒子有一定概率出现在阱外。

现在从不确定关系考察势阱。

从物理概念上,或从数学方程上,都很容易理解,当阱外 $V(x)=\infty$时,波函数 ψ 在阱外为零。按照不确定关系:$\psi(x)=0$, $\Delta x=0$,则必有 $p=\infty$,那么只能相应于 $V(x)=\infty$。这就是无限深的势阱。假如 $V(x)$ 有限,那么 $\Delta p \neq \infty$,不确定关系就导致 $\Delta x \neq 0$,阱外就必然有出现粒子的概率。这就是有限深的势阱。

再考察图 1.3.6。依照经典观点,若粒子能量 $E < V$,那么粒子只能在阱内运动

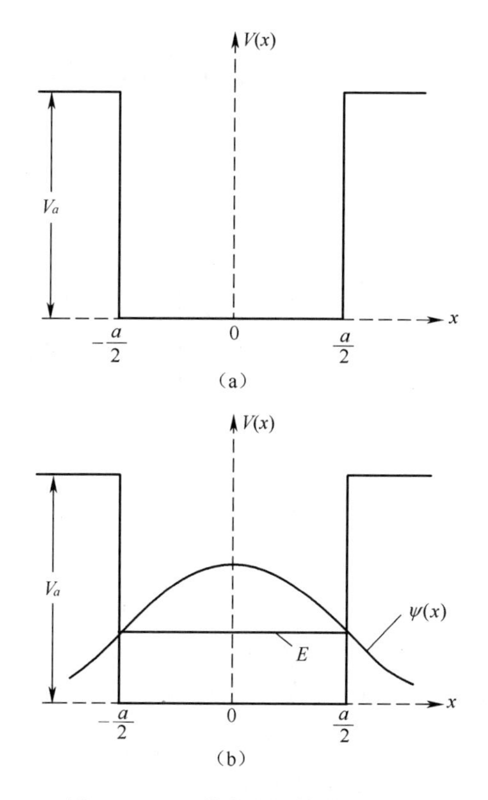

图 1.3.5　一维有限深势阱($E<V_a$)

(图 1.3.6(a));若粒子 $E > V$,势阱对粒子的运动可以没有任何影响(图 1.3.6(b));但按照量子观点,情况大为不同,当 $E < V$,粒子仍有在阱外出现的概率(图 1.3.6(c));当 $E > V$ 时,离子的动能在势阱的边界将发生变化,而动能的变化相当于波长的变化,这就说明粒子在势阱的边界上既有反射又有透射(图 1.3.6(d))。

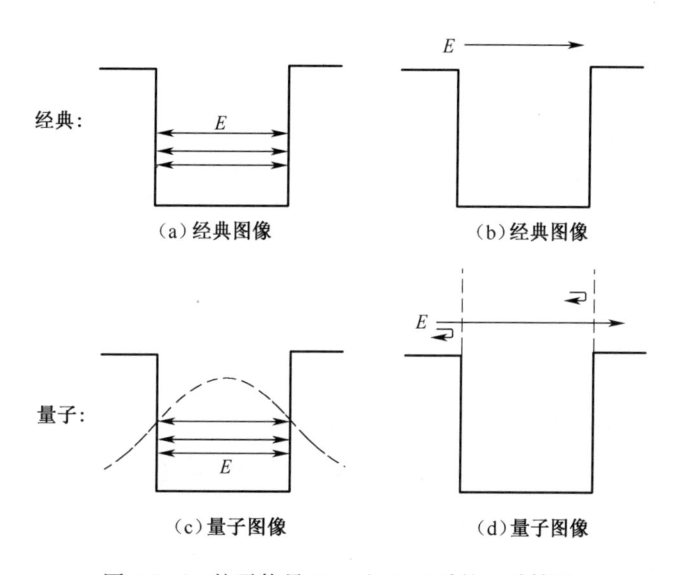

图 1.3.6　粒子能量 $E<V$ 和 $E>V$ 时的运动情况

2. 隧道效应

我们现在考虑方势垒的穿透问题。方势垒如图 1.3.7 所示,其数学表达式为

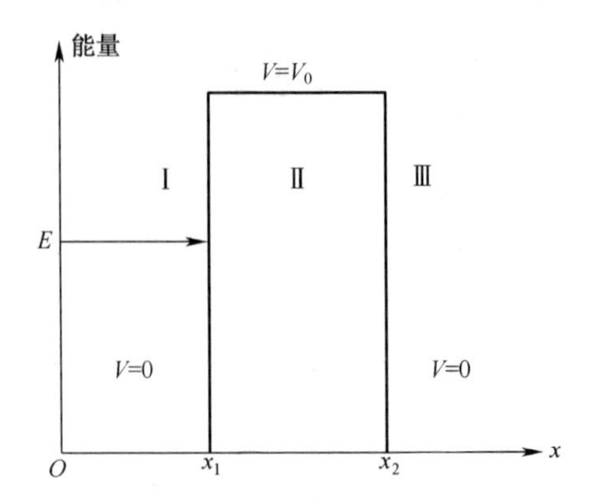

图 1.3.7 方势垒穿透

$$V(x)=\begin{cases}0 & (x<x_1, x>x_2)\\ V_0 & (x_1<x<x_2)\end{cases} \tag{1.3.14}$$

当入射粒子能量 E 低于 V_0 时,按照经典力学观点,离子不能进入势垒,将全部被弹回。但是,量子力学将给出全然不同的结论。我们从一维定态薛定谔方程出发,有

$$\frac{d^2\psi}{dx^2}=\frac{2m}{\hbar^2}[V(x)-E]\psi$$

然后分为 3 个区域求解。

在区域 Ⅰ$(x<x_1)$,$V(x)=0$,故方程变为

$$\frac{d^2\psi}{dx^2}=-\frac{2mE}{\hbar^2}\psi=-k_1^2\psi ,$$

$$k_1^2\equiv\frac{2mE}{\hbar^2} \tag{1.3.15}$$

其解是正弦波

$$\psi_1=A_1\sin(k_1x+\varphi_1) \tag{1.3.16}$$

式中:A_1, φ_1 均为常数。

在区域Ⅱ$(x_1<x<x_2)$, $V=V_0>E$,故方程为

$$\frac{d^2\psi}{dx^2}=\frac{2m}{\hbar^2}(V_0-E)\psi\equiv k_2^2\psi \tag{1.3.17}$$

$$k_2^2\equiv\frac{2m}{\hbar^2}(V_0-E)$$

其解是指数函数

$$\psi_2=A_2e^{-k_2x}+B_2e^{k_2x} \tag{1.3.18}$$

在区域Ⅲ$(x>x_2)$, $V=0$,故方程形式与式(1.3.15)类同,其解也是正弦波

$$\psi_3=A_3\sin(k_1x+\varphi_3) \tag{1.3.19}$$

式中:A_2, B_2, A_3, φ_3 均为常数,它们与 A_1、φ_1 一起可由波函数在 x_1、x_2 两点的连续条件和归一化条件求出。

由此可见,在区域Ⅲ的波函数并不为零;原来在区域Ⅰ的粒子有通过区域Ⅱ进入区域Ⅲ的可能,见图 1.3.8。可以算出粒子从Ⅰ到Ⅲ的穿透概率为

$$P = e^{-\frac{2D}{h}\sqrt{2m(V_0 - E)}}$$

或者

$$\ln P = -\frac{2D}{h}\sqrt{2m(V_0 - E)} \tag{1.3.20}$$

由此可见,势垒厚度($D = x_2 - x_1$)越大,粒子通过的概率越小;粒子的能量 E 越大,穿透概率也越大。两者都呈指数关系,因此,P 对 D 、E 的变化十分敏感。伽莫夫首先推导出这一关系式,并由此解释原子核发生 α 衰变的实验事实;他开创了量子力学用于原子核领域的先例,解释了经典理论无法回答的势垒穿透效应(又称隧道效应)。

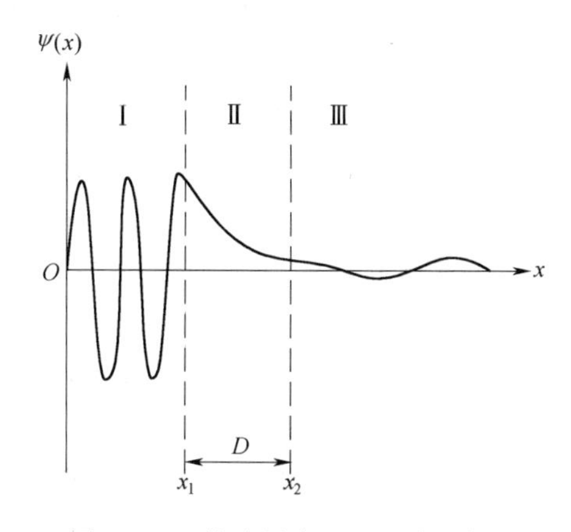

图 1.3.8　势垒贯穿过程的波函数

3. 隧道显微镜

由于电子的隧道效应,金属中的电子并不完全局限于表面边界之内。即电子密度并不在表面边界突然为零,而是在表面以外呈指数衰减,衰减长度约为 1nm,它是电子逸出表面势垒的量度。如果两块金属(例如,一块呈针状,称探针;一块呈平板状,为待测样品)互相靠的很近,且近到 1nm 以下时,它们的表面电子云就会重叠。如果在两块金属之间加以微小电压 U_T ,就可以观察到它们之间的电流 J_T (称为隧道电流)

$$J_T \sim U_T e^{-A\sqrt{\phi}\, s}$$

式中:A 为常数;s 为两金属间距;ϕ 为样品表面的平均势垒高度。

如果 s 以 0.1nm 为单位,则 $A = 1$, ϕ 的数量级为 eV。当 s 变化 0.1nm 时, J_T 呈数量级变化,十分灵敏。

由于针尖可以做得很细、很尖,其顶端甚至只有一个原子,所以当探针在样品上扫描时,表面上小到原子尺度的特征就显现为隧道电流的变化。因此,可以分辨表面上分立的原子,揭示出表面上原子的台阶、平台和原子列阵。这就是具有原子显像能力的扫描隧道显微镜(Scanning Tunneling Microscopy,STM)的基本原理。利用 STM 人类实现了直接"看"到单个原子的愿望。虽然对它的物理构思早在 1971 年就有人提出过,但是真正的成功研制是在 1982 年,毕宁(G. Binnning)、罗尔(H. Rohrer)和鲁斯卡(E. Ruska)因此分享 1986 年诺贝尔物理奖。

STM 的原理并不复杂,但制作并不简单。因为它必须消除外界震动等影响。使探针-表面间隙保持稳定;必须采用特殊技巧和方法,把探针放到离表面不到 1nm 的地方,又不与样品表面相碰;为保证原子分辨率,要制作尖端只能有一个原子的探针尖。

问题 1.3.1 在一维无限深势阱中的定态波函数中,求 $n=1$ 时粒子出现在 $0.25a \sim 0.75a$ 这一区域的概率。

问题 1.3.2 对于例 1.3.2 给出的情况,请根据波函数是连续的与阱内波函数有 $n-1$ 个零点这样两个事实,进一步画出阱内波函数示意图。

问题 1.3.3 如果丁二烯中的 π 电子变为石墨中的 π 电子,能级会变成什么样子?

问题 1.3.4 (1)式(1.3.13)给出的指数解具有如下的隐性前提,即 $(V_a - E) > 0$,否则给出的解将是正弦形式的,请问为什么不考虑 $(V_a - E) < 0$ 的情况?(2)式(1.3.13)为什么分为两个?

问题 1.3.5 (1)一维无限深势阱中,态的叠加是否有意义?(2)如果没有意义,波函数的具体形式是否也失去了原有价值,即薛定谔方程解的价值只剩下能量了?

问题 1.3.6 隧道效应与原子的核衰变有什么关系?

问题 1.3.7 对于自由电子系统,一维无限深斜底势阱可否通过施加外场来实现?

问题 1.3.8 教材中说:"由于电子的隧道效应,金属中的电子并不完全局限于表面边界之内,即电子密度并不在表面边界突然地降为零,而是在表面以外呈指数衰减;衰减长度约为 1nm",请问此时电子会不会跑掉,即变成完全自由的电子而彻底离开金属?

问题 1.3.9 金属表面外"电子衰减长度约为 1nm",请根据这一数据用不确定关系估计金属表面势垒的高度。

问题 1.3.10 查到的金属电子逸出功为 2~4eV,它与上一题的结果有较大差异,请对此给予解释。

1.3.3 一维谐振子

根据晶体结合理论,晶体中的原子势函数 $V(x)$ 与原子位移 x 满足

$$V(x) = \frac{1}{2}kx^2 \tag{1.3.21}$$

式中:k 为恢复力常数。

由于恢复力 $f(x) = -\mathrm{d}V(x)/\mathrm{d}x = -kx$ 是线性的,所以具有式(1.3.21)的原子振动是谐振动。因此,描述晶体中原子谐振动的一维薛定谔方程为

$$-\frac{\hbar^2}{2m}\frac{\mathrm{d}^2\psi(x)}{\mathrm{d}x^2} + \frac{1}{2}kx^2\psi(x) = E\psi(x) \tag{1.3.22}$$

式(1.3.22)的求解涉及数学中的厄米微分方程。由于解厄米方程要用到比较复杂的级数法,所以直接给出结论:

(1)能量量子化条件为

$$E_n = \hbar\omega\left(n + \frac{1}{2}\right), \quad n = 0,1,2,\cdots \tag{1.3.23}$$

式中：$\omega=\sqrt{k/m}$ 为原子振动体系的固有角频率。

式(1.3.23)表明：①一维谐振子的能级是均匀的，相邻能级差为 $\hbar\omega$；②$n=0$ 时，振子的能量（$E_0=\hbar\omega/2$）最低。这个能量称为零点能，对应的状态称为基态。$n=1,2,\cdots$ 的状态称为第一、第二激发态。

（2）$n=0,1,2$ 时，对应的几个具体波函数为

$n=0$（基态）
$$\psi_0(x)=\sqrt{\frac{\alpha}{\sqrt{\pi}}}\mathrm{e}^{-\alpha^2x^2/2}\tag{1.3.24}$$

$n=1$（第一激发态）
$$\psi_1(x)=\sqrt{\frac{\alpha}{2\sqrt{\pi}}}\mathrm{e}^{-\alpha^2x^2/2}\cdot 2\alpha x\tag{1.3.25}$$

$n=2$（第二激发态）
$$\psi_2(x)=\sqrt{\frac{\alpha}{2^2 2!\sqrt{\pi}}}\mathrm{e}^{-\alpha^2x^2/2}\cdot(4\alpha^2x^2-2)\tag{1.3.26}$$

其中：$\alpha=\sqrt{\dfrac{m\omega}{\hbar}}$。

（3）图 1.3.9(a)中实线表示 $n=0,1,2$ 等几个量子振子的概率密度，虚线表示具有相同能量的经典振子的概率密度（经典振子的概率密度与速度成反比）。对比发现：①经典振子的概率密度曲线是 U 形的，而量子振子的概率密度曲线在一定范围内起伏，随着 n 的增加，起伏越来越密集；②对 n 的前几个数值，两种曲线毫无共同之处；而当 n 较大时（如 $n=10$），两种曲线接近（见图 1.3.9(b)）。也就是说，n 较大时可以用经典振子代替量子振子；③量子振子可以出现在经典振子不可能出现的地方。

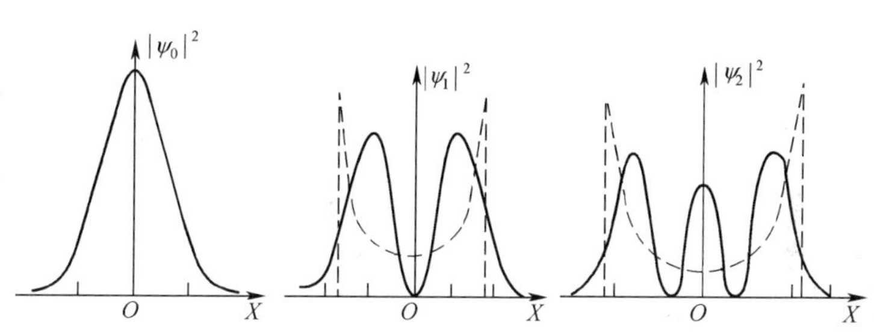

（a）n=0,1,2 的谐振子的概率分布

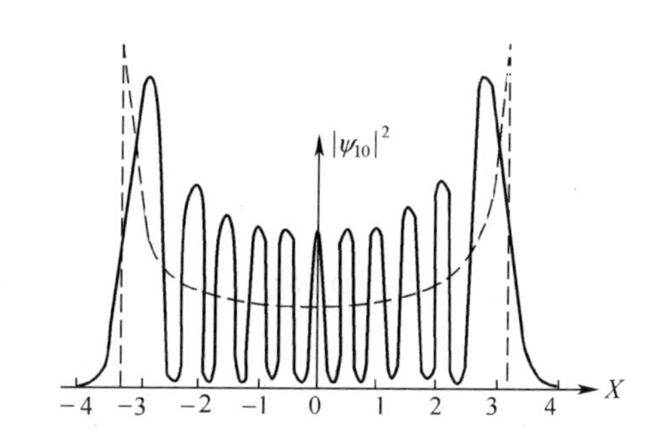

（b）n=10 时谐振子概率密度的分布

图 1.3.9　一维谐振子概率密度曲线

致 学 生

对于谐振子问题，波函数的具体表达式变得不那么重要了，而真正重要的是每一个波函数的能量本征值。这是因为谐振子的不同能级往往是独立的，因此不同波函数间很少相互影响。

例 1.3.6 H_2分子中原子的振动相当于一个谐振子,其力常数为 $k=1.13\times10^3\,\text{N/m}$,质量为 $m=1.67\times10^{-27}\,\text{kg}$,试求 H_2分子的能量本征值。当此谐振子由某一激发态跃迁到相邻的下一激发态时,所放出的光子能量和波长各是多少?

解 氢分子振动的频率为

$$\nu = \frac{1}{2\pi}\sqrt{\frac{k}{m}}$$

氢分子的振动能量为

$$E_n = \left(n+\frac{1}{2}\right)h\nu = \left(n+\frac{1}{2}\right)\frac{h}{2\pi}\sqrt{\frac{k}{m}}$$

$$= \left(n+\frac{1}{2}\right)\frac{6.63\times10^{-34}}{2\pi}\frac{\sqrt{1.13\times10^3/1.67\times10^{-27}}}{1.6\times10^{-19}} = \left(n+\frac{1}{2}\right)\times0.54\text{eV}$$

放出光子的能量等于

$$\Delta E = E_n - E_{n-1} = \left\{n+\frac{1}{2}-\left[(n-1)+\frac{1}{2}\right]\right\}h\nu = 0.54\text{eV}$$

波长为

$$\lambda = \frac{hc}{\Delta E} = \frac{6.63\times10^{-34}\times3\times10^8}{0.54\times1.6\times10^{-19}} = 23\times10^{-7}\text{m} = 2.3\times10^3\text{nm}$$

例 1.3.7 谐振子的基态波函数为 $\psi_0=A\mathrm{e}^{-ax^2}$,其中 A,a 为常量。将此式代入谐振子的薛定谔方程。根据所得出的式子,在 x 为任何值时均成立的条件下,证明谐振子的零点能为 $E_0=h\nu/2$。

解 谐振子薛定谔方程为

$$\frac{\mathrm{d}^2\psi}{\mathrm{d}x^2} + \frac{2m}{\hbar^2}\left(E-\frac{1}{2}m\omega^2x^2\right)\psi = 0$$

将 $\psi_0=A\mathrm{e}^{-ax^2}$ 代入,整理,得

$$\left(4a^2-\frac{m^2}{\hbar^2}\omega^2\right)x^2 = 2\left(a-\frac{m}{\hbar^2}E_0\right)$$

由于此式在 x 为任何值时均成立,应有 x^2 项的系数为零,且上式右侧也为零。由此得

$$4a^2-\frac{m^2}{\hbar^2}\omega^2 = 0,\quad a-\frac{m}{\hbar^2}E_0 = 0$$

由前式求出 a,代入后式即可得

$$E_0 = \frac{\hbar\omega}{2} = \frac{h\nu}{2}$$

1.3.4 氢原子中的电子

处理氢原子中电子的运动,可以假定原子核静止,这是因为电子质量远小于原子核。因此,将坐标原点放在原子核上。设电子到原子核的距离为 r,根据静电学,电子势函数 $V(r)=-Ze^2/r$,其中 Ze 是原子核的电荷(核电核)。将势函数代入三维定态薛定谔方程可得

$$\frac{\partial^2\psi}{\partial x^2}+\frac{\partial^2\psi}{\partial y^2}+\frac{\partial^2\psi}{\partial z^2}+\frac{8\pi^2M}{h^2}\left(E+\frac{Ze^2}{r}\right)\psi = 0 \tag{1.3.27}$$

式中：$\psi=\psi(x,y,z)$；M为电子质量（本节中，符号m表示磁量子数，所以电子质量使用M）。

为了求解此方程，需要采取以下步骤：

1. 坐标变换与变量分离

由于在球坐标中求解比较简单，所以首先要将式(1.3.27)从直角坐标变换到球坐标（图1.3.10）。两个坐标系的关系为

$$\begin{cases} x = r\sin\theta\cos\phi \\ y = r\sin\theta\sin\phi \\ z = r\cos\theta \end{cases} \tag{1.3.28}$$

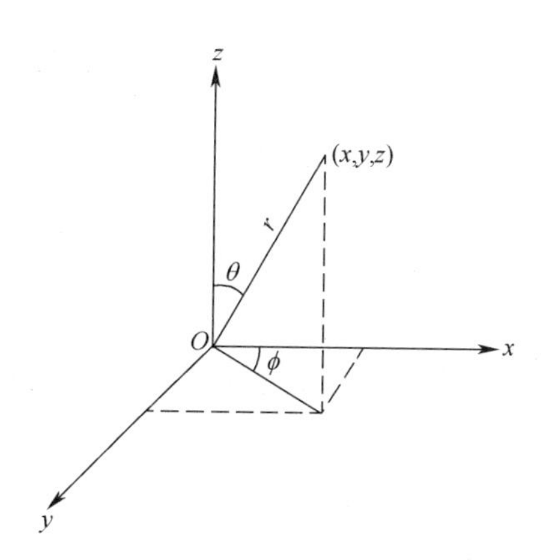

图1.3.10　球坐标

其中$0\leqslant\theta\leqslant\pi$，$0\leqslant\phi\leqslant2\pi$。经过坐标变换的薛定谔方程为

$$\frac{1}{r^2}\frac{\partial}{\partial r}\left(r^2\frac{\partial\psi}{\partial r}\right)+\frac{1}{r^2\sin\theta}\frac{\partial}{\partial\theta}\left(\sin\theta\frac{\partial\psi}{\partial\theta}\right)+\frac{1}{r^2\sin^2\theta}\frac{\partial^2\psi}{\partial\phi^2}+\frac{8\pi^2M}{h^2}\left(E+\frac{Ze^2}{r}\right)\psi=0 \tag{1.3.29}$$

求解式(1.3.29)需要用分离变量法，其要点如下：

(1) 假定波函数$\psi=\psi(r,\theta,\phi)$的自变量可以分离，即

$$\psi=\psi(r,\theta,\phi)=R(r)\cdot\Theta(\theta)\cdot\Phi(\phi) \tag{1.3.30}$$

(2) 将上式代入式(1.3.29)，得

$$\frac{\sin^2\theta}{R}\frac{\partial}{\partial r}\left(r^2\frac{\partial R}{\partial r}\right)+\frac{\sin\theta}{\Theta}\frac{\partial}{\partial\theta}\left(\sin\theta\frac{\partial\Theta}{\partial\theta}\right)+\frac{1}{\Phi}\frac{\partial^2\Phi}{\partial\phi^2}+\frac{8\pi^2Mr^2\sin^2\theta}{h^2}\left(E+\frac{Ze^2}{r}\right)=0 \tag{1.3.31}$$

重新排列上式，并将偏微分改为全微分，得

$$\frac{\sin^2\theta}{R}\frac{\mathrm{d}}{\mathrm{d}r}\left(r^2\frac{\mathrm{d}R}{\mathrm{d}r}\right)+\frac{\sin\theta}{\Theta}\frac{\mathrm{d}}{\mathrm{d}\theta}\left(\sin\theta\frac{\mathrm{d}\Theta}{\mathrm{d}\theta}\right)+\frac{8\pi^2Mr^2\sin^2\theta}{h^2}\left(E+\frac{Ze^2}{r}\right)=-\frac{1}{\Phi}\frac{\mathrm{d}^2\Phi}{\mathrm{d}\phi^2} \tag{1.3.32}$$

式(1.3.32)左侧只取决于r和θ，而右侧只取决于ϕ。显然，要使左侧始终恒等于右侧，只有令它们都等于同一常数，设为m^2。因此，式(1.3.32)变为两个方程

$$-\frac{1}{\Phi}\frac{\mathrm{d}^2\Phi}{\mathrm{d}\phi^2}=m^2 \tag{1.3.33}$$

$$\frac{\sin^2\theta}{R}\frac{\mathrm{d}}{\mathrm{d}r}\left(r^2\frac{\mathrm{d}R}{\mathrm{d}r}\right)+\frac{\sin\theta}{\Theta}\frac{\mathrm{d}}{\mathrm{d}\theta}\left(\sin\theta\frac{\mathrm{d}\Theta}{\mathrm{d}\theta}\right)+\frac{8\pi^2Mr^2\sin^2\theta}{h^2}\left(E+\frac{Ze^2}{r}\right)=m^2 \tag{1.3.34}$$

式(1.3.34)用$\sin^2\theta$除之，然后移项，得

$$\frac{1}{R}\frac{\mathrm{d}}{\mathrm{d}r}\left(r^2\frac{\mathrm{d}R}{\mathrm{d}r}\right)+\frac{8\pi^2Mr^2}{h^2}\left(E+\frac{Ze^2}{r}\right)=\frac{m^2}{\sin^2\theta}-\frac{1}{\Theta\sin\theta}\frac{\mathrm{d}}{\mathrm{d}\theta}\left(\sin\theta\frac{\mathrm{d}\Theta}{\mathrm{d}\theta}\right) \tag{1.3.35}$$

同理，使上式两侧始终恒等的唯一方法是令它们等于同一常数β，这样又得到两个方程

$$\frac{m^2}{\sin^2\theta}-\frac{1}{\Theta\sin\theta}\frac{\mathrm{d}}{\mathrm{d}\theta}\left(\sin\theta\frac{\mathrm{d}\Theta}{\mathrm{d}\theta}\right)=\beta \tag{1.3.36}$$

$$\frac{1}{R}\frac{\mathrm{d}}{\mathrm{d}r}\left(r^2\frac{\mathrm{d}R}{\mathrm{d}r}\right)+\frac{8\pi^2 Mr^2}{h^2}\left(E+\frac{Ze^2}{r}\right)=\beta \tag{1.3.37}$$

2. 波函数的确定

分别求解常微分方程式(1.3.33)、式(1.3.36)、式(1.3.37),可以得到 $\Phi(\phi)$、$\Theta(\theta)$、$R(r)$三个函数,进而最终得到波函数ψ。

1) Φ 方程的解

常数 m 不同,式(1.3.33)的解也不同,因此记为 Φ_m。显然,有

$$\Phi_m = A\mathrm{e}^{\mathrm{i}m\phi}$$

常数 A 可以用归一化条件确定。

常数 m 是不能任意取值的,这是因为 $\phi=0$ 与 $\phi=2\pi$ 对应同一空间位置,由解的单值性可知,m 只能是整数,只有这样才能保证 $\Phi_m(\phi=0)=\Phi_m(\phi=2\pi)$。所以

$$m=0,\ \pm1,\ \pm2,\ \pm3,\cdots \tag{1.3.38}$$

m 称为磁量子数。

2) Θ 方程的解

式(1.3.36)的求解较为复杂,它涉及著名的勒让德方程,要用到级数法。下面直接给出结论:

(1) 在求解过程中,由于必须使级数收敛,所以要引入另一量子数 l,称为角量子数。l 本身是正整数,即

$$l=0,1,2,\cdots \tag{1.3.39}$$

此外,由于 Θ 方程中包含 m,求解过程要求

$$l \geqslant |m| \tag{1.3.40}$$

因此,Θ 函数既与 l 有关,又与 m 有关,所以记为 $\Theta_{l,m}$。由式(1.3.40)可见,某一个 l 值只能对应 $2l+1$ 个 m 值。

(2) $\Theta_{l,m}$的具体形式为

$$\Theta_{l,m}=(\sin\theta)^{|m|}\left\{a_0+a_1\cos\theta+a_2\cos^2\theta+\cdots+a_{l-|m|}(\cos\theta)^{l-|m|}\right\} \tag{1.3.41}$$

其中的系数 $a_0,a_1,\cdots,a_v,\cdots$ 等由下式确定

$$\frac{a_{v+2}}{a_v}=\frac{v(v-1)+2(|m|+1)v+|m|(|m|+1)-l(l+1)}{(v+1)(v+2)} \tag{1.3.42}$$

例如,$l=1,m=0$ 时,有

$$a_{l-|m|}(\cos\theta)^{l-|m|}=a_1\cos\theta \tag{1.3.43}$$

故 $\Theta_{1,0}=a_0+a_1\cos\theta$。因此,$a_2=0,v=0$。将$l=1,m=0,a_2=0,v=0$代入式(1.3.42)可得 $a_0=0$,所以

$$\Theta_{1,0}=a_1\cos\theta \tag{1.3.44}$$

其中的 a_1 可以由归一化条件确定。

又如,$l=2,m=0$ 时,有

$$a_{l-|m|}(\cos\theta)^{l-|m|}=a_2\cos^2\theta \tag{1.3.45}$$

故 $\Theta_{2,0}=a_0+a_1\cos\theta+a_2\cos^2\theta$。因此,$a_3=0$,故 $a_1=0$。将 $l=2,m=0,v=0$ 代入

式(1.3.42)可得 $a_2/a_0=-3$,所以

$$\Theta_{2,0}=-a_0(3\cos^2\theta-1) \tag{1.3.46}$$

其中的 a_0 可以由归一化条件确定。

3) R 方程的解

同样,下面直接给出解 R 方程的结论:

(1) 由于求解过程中要求 R 函数是有界的,所以得到一个新的量子数 n,称为主量子数。n 是正整数,它必须满足

$$n \geqslant l+1 \tag{1.3.47}$$

(2) 氢原子的能级表达式为

$$E_n=-\frac{2\pi^2 Me^4 Z^2}{n^2 h^2}=-13.6\frac{Z^2}{n^2}(\mathrm{eV}),\quad n=1,2,3,\cdots \tag{1.3.48}$$

(3) 由于 R 函数既与 n 有关,又与 l 有关,所以记为 $R_{n,l}$。令 $a_0=\hbar^2/Me^2$,则

$$R_{n,l}=b_l\mathrm{e}^{-Zr/na_0}\left[r^l+\frac{l+1-n}{l+1}\left(\frac{Z}{na_0}\right)r^{l+1}+\frac{(l+1-n)(l+2-n)}{(2l+3)(l+1)}\left(\frac{Z}{na_0}\right)^2 r^{l+2}+\cdots\right] \tag{1.3.49}$$

其中:系数 b_1 可以由归一化条件确定。

4) 波函数 ψ

显然,波函数与 n、l、m 都有关系,故记为 $\psi_{n,l,m}$,因此

$$\psi_{n,l,m}=R_{n,l}\cdot\Theta_{l,m}\cdot\Phi_m \tag{1.3.50}$$

值得注意的是,在上面的求解中反复提到用归一化条件确定系数。从式(1.3.50)可以看出,这些系数在波函数 $\psi_{n,l,m}$ 中合并为一个,因此可以用如下的三维空间归一化条件确定这个系数

$$\int_0^{2\pi}\int_0^{\pi}\int_0^{\infty}\psi_{n,l,m}\psi_{n,l,m}^{*}r^2\mathrm{d}r\sin\theta\mathrm{d}\theta\mathrm{d}\phi=1 \tag{1.3.51}$$

综合上述几个求解定态薛定谔方程的实例,可以归纳总结出以下几点:

(1) 薛定谔方程的建立。

薛定谔方程只适用于量子力学意义的实物粒子,即该方程只能描述量子的运动规律。建立薛定谔方程的关键是:用经典力学或电磁学原理,找出势函数的表达式,即确定 $V=V(x,y,z)$ 的具体形式。

(2) 三维薛定谔方程的解法。

对三维薛定谔方程,要用分离变量法,即假定波函数 $\psi=\psi(x,y,z)$ 的 3 个自变量可分离。

(3) 维数与量子数的关系。

一维薛定谔方程有一组量子数,三维薛定谔方程有三组量子数。因此,空间维数等于量子数组的个数。对一维问题,一个量子数代表一个确定的运动状态,而对三维问题,一组量子数(共 3 个)代表一个确定的运动状态。例如,当量子数取 $n=1,l=0,m=0$ 时,氢原子中电子的运动状态完全确定,即

$$\psi_{100}=\frac{1}{\sqrt{\pi a_0^3}}\mathrm{e}^{-r/a_0} \tag{1.3.52}$$

量子数是在求解薛定谔方程的过程中自然产生的，其数学涵义就是本征值，而本征是固有的意思。也就是说，量子数是量子天然、固有的东西。

（4）不同量子数的含义。

对三维的氢原子问题，可以得到三组量子数，其中主量子数反映了电子的能级和电子活动平均范围的大小。根据式(1.3.48)，主量子数 n 越小，E_n 的绝对值越大，系统越稳定，因此电子的活动平均范围越小，即越靠近原子核。角量子数反映了电子运动的轨道形状；而磁量子数反映了电子运动的轨道角度。显然，氢原子能级不受角量子数和磁量子数的影响。不难证明，当 n 值一定时，允许的 l、m 值组合起来共有 n^2 个，即一个 n 值可以对应 n^2 个不同的状态。我们称这 n^2 个不同的状态为简并状态，称能级 n 的简并度为 n^2。

（5）解的含义。

薛定谔方程的解反映了量子所有可能的运动状态。例如，对一维无限深势阱中的粒子，其波函数为

$$\psi(x)=\begin{cases}\sqrt{\dfrac{2}{a}}\sin\dfrac{n\pi x}{a} & (0\leqslant x\leqslant a)\\ 0 & (x<0,x>a)\end{cases},\quad n=1,2,3,\cdots \tag{1.3.53}$$

显然，n 值不同，解的具体形式也不同。式(1.3.53)表明，这个粒子既可能以 $\psi_1=\sqrt{\dfrac{2}{a}}\sin\dfrac{\pi x}{a}$ 的规律运动，也可能以 $\psi_2=\sqrt{\dfrac{2}{a}}\sin\dfrac{2\pi x}{a}$ 的规律运动，或以其他的规律运动。换言之，式(1.3.53)只反映了这个粒子所有可能的运动规律，而究竟取哪一种则并不是量子力学所能确定的，这方面的知识涉及统计物理学。

3. 波函数的图形表示

氢原子中常见波函数 $\psi_{n,l,m}$ 的具体形式见表1.3.1。从表中看出，除 $\psi_{1,0,0}$ 较为简单外，其他波函数均比较复杂。对于类氢问题，即原子核中的电核数 $Z>1$，而核外只有一个电子的问题，电子波函数可以很方便地通过氢原子波函数求得。此时只要将表1.3.1中所有的 a_0 替换为 a_0/Z，就能得到含 Z 个核电荷的类氢问题的电子波函数，而波函数的其他部分不变。此外，表1.3.1给出的波函数都是实函数，而真正的波函数是复函数，只是由于含时间的复数部分不影响概率密度，所以通常不被写出。由于以上原因，波函数的图形表示非常困难。例如，即使对一维波函数 $\psi=\psi(x)$，也不能以 ψ、x 为纵坐标、横坐标，从而画出 $\psi\sim x$ 曲线。这是因为 ψ 的真实含义是个复数，而复数本身就需要两个坐标才能表示。

表1.3.1　氢原子中常见波函数 $\psi_{n,l,m}$ 的具体形式

n	l	m		$\psi_{n,l,m}$
1	0	0	ψ_{1s}	$\psi_{100}=\dfrac{1}{\sqrt{\pi a_0^3}}\mathrm{e}^{-\frac{r}{a_0}}$
2	0	0	ψ_{2s}	$\psi_{200}=\dfrac{1}{4\sqrt{2\pi a_0^3}}\left(2-\dfrac{r}{a_0}\right)\mathrm{e}^{-\frac{r}{2a_0}}$
2	1	0	ψ_{2p_z}	$\psi_{210}=\dfrac{1}{4\sqrt{2\pi a_0^3}}\dfrac{r}{a_0}\mathrm{e}^{-\frac{r}{2a_0}}\cos\theta$

（续）

n	l	m		$\psi_{n,l,m}$
2	1	±1	ψ_{2p_x}	$\psi_{211}=\frac{1}{4\sqrt{2\pi a_0^3}}\frac{r}{a_0}e^{-\frac{r}{2a_0}}\sin\theta\cos\phi$
			ψ_{2p_y}	$\psi_{211}=\frac{1}{4\sqrt{2\pi a_0^3}}\frac{r}{a_0}e^{-\frac{r}{2a_0}}\sin\theta\sin\phi$
3	0	0	ψ_{3s}	$\psi_{300}=\frac{1}{81\sqrt{3\pi a_0^3}}\left(27-18\frac{r}{a_0}+2\frac{r^2}{a_0^2}\right)e^{-\frac{r}{3a_0}}$
3	1	0	ψ_{3p_z}	$\psi_{310}=\frac{\sqrt{2}}{81\sqrt{\pi a_0^3}}\left(6-\frac{r}{a_0}\right)\frac{r}{a_0}e^{-\frac{r}{3a_0}}\cos\theta$
3	1	±1	ψ_{3p_x}	$\psi_{311}=\frac{\sqrt{2}}{81\sqrt{\pi a_0^3}}\left(6-\frac{r}{a_0}\right)\frac{r}{a_0}e^{-\frac{r}{3a_0}}\sin\theta\sin\phi$
			ψ_{3p_y}	$\psi_{311}=\frac{\sqrt{2}}{81\sqrt{\pi a_0^3}}\left(6-\frac{r}{a_0}\right)\frac{r}{a_0}e^{-\frac{r}{3a_0}}\sin\theta\sin\phi$
3	2	0	ψ_{3dz_2}	$\psi_{320}=\frac{1}{81\sqrt{6\pi a_0^3}}\frac{r^2}{a_0^2}e^{-\frac{r}{3a_0}}(3\cos^2\theta-1)$
3	2	±1	$\psi_{3d_{xz}}$	$\psi_{321}=\frac{\sqrt{2}}{81\sqrt{\pi a_0^3}}\frac{r^2}{a_0^2}e^{-\frac{r}{3a_0}}\sin\theta\cos\theta\cos\phi$
			$\psi_{3d_{yz}}$	$\psi_{321}=\frac{\sqrt{2}}{81\sqrt{\pi a_0^3}}\frac{r^2}{a_0^2}e^{-\frac{r}{3a_0}}\sin\theta\cos\theta\sin\phi$
3	2	±2	$\psi_{3d_{x^2-y^2}}$	$\psi_{322}=\frac{1}{81\sqrt{2\pi a_0^3}}\frac{r^2}{a_0^2}e^{-\frac{r}{3a_0}}\sin^2\theta\cos2\phi$
			$\psi_{3d_{xy}}$	$\psi_{322}=\frac{1}{81\sqrt{2\pi a_0^3}}\frac{r^2}{a_0^2}e^{-\frac{r}{3a_0}}\sin^2\theta\sin2\phi$

为了明确波函数的空间分布规律，首先需要建立两个概念：

(1) 电子云。

如果用小黑点的疏密变化表示波函数的概率密度，则黑点的空间分布称为电子云。例如，$\psi_{1,0,0}=e^{-r/a_0}/\sqrt{\pi a_0^3}$ 的电子云如图1.3.11所示，其中黑点较密处就是电子出现概率较大的地方。显然，越靠近中心（原子核），电子出现的概率越大，因此黑点也越密。电子云有时称为轨道。通常将 $l=0,1,2,3$ 的轨道分别称为s、p、d、f轨道。

根据氢原子3组量子数的相互关系，电子可能的运动状态只有以下组合：

$$n=1\quad l=0\quad m=0\quad \text{1s 轨道 1 个}$$

$$n=2\begin{cases}l=0\quad m=0\quad \text{2s 轨道 1 个}\\ l=1\begin{cases}m=0\\ m=\pm1\end{cases}\text{2p 轨道 3 个}\end{cases}\text{共 4 个轨道}$$

$$
n=3\begin{cases} l=0 \quad m=0 & \text{3s 轨道 1 个} \\ l=1\begin{cases} m=0 \\ m=\pm 1 \end{cases} & \text{3p 轨道 3 个} \\ l=2\begin{cases} m=0 \\ m=\pm 1 \\ m=\pm 2 \end{cases} & \text{3d 轨道 5 个} \end{cases} \text{共 9 个轨道}
$$

$$
n=4\begin{cases} l=0 \quad m=0 & \text{4s 轨道 1 个} \\ l=1\begin{cases} m=0 \\ m=\pm 1 \end{cases} & \text{4p 轨道 3 个} \\ l=2\begin{cases} m=0 \\ m=\pm 1 \\ m=\pm 2 \end{cases} & \text{4d 轨道 5 个} \\ l=3\begin{cases} m=0 \\ m=\pm 1 \\ m=\pm 2 \\ m=\pm 3 \end{cases} & \text{4f 轨道 7 个} \end{cases} \text{共 16 个轨道}
$$

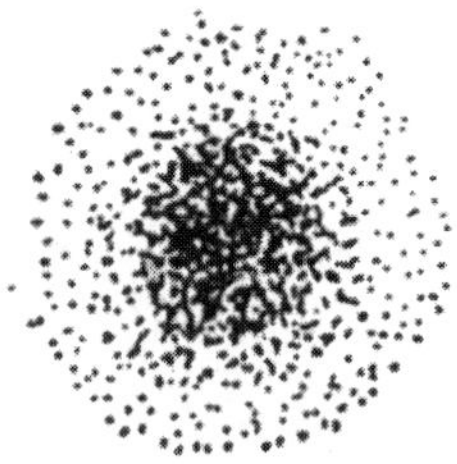

图 1.3.11 氢原子电子云

$n=n$ 时,轨道数为 n^2 个。

从上面的轨道表示法中看出,s、p、d、f 之前的数字就是主量子数。有时也称 $n=1$、2、3、4 的轨道为第一层、第二层、第三层、第四层,或称为 K、L、M、N 电子壳层。根据后面的内容,壳层的具体含义是电子出现概率相对比较大的某一球壳,而在其他的空间范围,电子出现的概率很小。

(2) 波函数的划分。

令 $Y(\theta,\phi)=\Theta(\theta)\Phi(\phi)$,则电子波函数 $\psi(r,\theta,\phi)=R(r)\Theta(\theta)\Phi(\phi)$ 可以写为 $\psi(r,\theta,\phi)=R(r)Y(\theta,\phi)$,其中 $R(r)$ 称为径向部分,而 $Y(\theta,\phi)$ 称为角度部分。由于波函数的这种划分,给几何分析带来很多方便。

有了以上两个概念,就可以进一步分析各种电子云的特点。

(1) s 电子云。

从表 1.3.1 看出,1s、2s、3s 等电子的波函数为

$$
\begin{cases} \psi_{1,0,0}=\psi_{1s}=\dfrac{1}{\sqrt{\pi a_0^3}}\mathrm{e}^{-r/a_0} \\ \psi_{2,0,0}=\psi_{2s}=\dfrac{1}{4\sqrt{2\pi a_0^3}}\left(2-\dfrac{r}{a_0}\right)\mathrm{e}^{-r/2a_0} \\ \psi_{3,0,0}=\psi_{3s}=\dfrac{1}{81\sqrt{3\pi a_0^3}}\left(27-18\dfrac{r}{a_0}+2\dfrac{r^2}{a_0^2}\right)\mathrm{e}^{-r/3a_0} \end{cases} \tag{1.3.54}
$$

显然,它们都与角度部分无关,因此是球对称的。也就是说,s 电子云具有球对称分布。

它们的概率密度沿径向的分布如图1.3.12所示，其中$\psi^2 = 0$处称为节面，如2s在$r = 2a_0$处就有一个节面。三维波函数节面的含义类似于一维驻波中的节点。

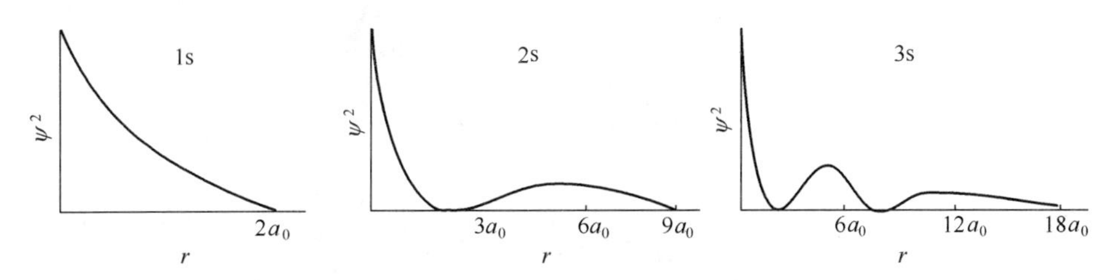

图1.3.12　s电子云概率密度的径向分布

为了比较不同球面上电子出现的概率，可以用$4\pi r^2\psi^2$（$4\pi r^2R^2$）对r作图，此时1s、2s、3s电子的径向分布如图1.3.13所示。图中最高峰对应电子出现概率最大的球面，对1s电子求最大值可得，最高峰对应$r = a_0 = 0.053\text{nm}$，它正是氢原子的玻尔半径。这一结果说明，近处的概率密度虽然较大，但因球面积很小，电子出现的总概率反而不如适当的远处。对概率密度函数ψ^2求体积分就能得到概率，因此对s电子，由于$\psi(r,\theta,\phi) = R(r)$，所以，概率$P$为

$$P = \int_{r_1}^{r_2}\mathrm{d}r\int_0^{2\pi}\mathrm{d}\varphi\int_0^{\pi}\psi^2 r^2\sin\theta\mathrm{d}\theta = \int_{r_1}^{r_2}4\pi r^2R^2\mathrm{d}r$$

由于图1.3.13中的纵坐标就是被积函数，根据积分的几何意义，上式表示从r_1到r_2这一区间的积分面积。又因为上式实际上是球坐标下的积分，因此这个积分面积的真实含义是从r_1到r_2的球壳中电子出现的概率。显然，在整个空间中（半径从0到∞）电子出现的概率为1。

对图1.3.13中的1s电子而言，从$0.5a_0$到$1.5a_0$的壳层中电子出现的概率占据了主要份额，也就是说，电子主要出现在这一壳层中。同样，对图1.3.13中的2s电子，电子主要出现在从$3a_0$到$7a_0$的壳层中。对3s电子，电子主要出现在从$8a_0$到$18a_0$的壳层中。尽管给出的这3个壳层范围的数据不一定十分精确，但其中仍然反映了几个重要的规律：

① 随着主量子数的增大，壳层离开原子核更远。

② 随着主量子数的增大，壳层的厚度增大。

③ 壳层的概念对于非球对称的p、d、f等电子仍然适用，而且上述两个规律仍然存在。

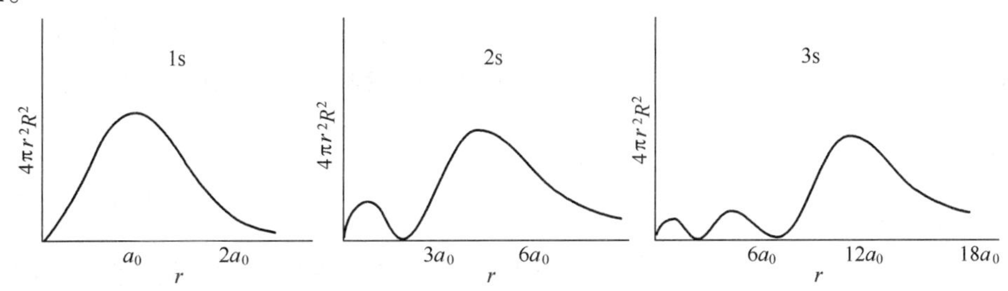

图1.3.13　$4\pi r^2R^2$对r的电子云径向分布

（2）p电子云。

根据定义，p电子波函数的通式为：$\psi_{n,1,0}$、$\psi_{n,1,1}$、$\psi_{n,1,-1}$。由表1.3.1，p电子波函数可写为

$$\begin{cases}\psi_{n,1,0}=f(r)\cdot r\cos\theta\\ \psi_{n,1,1}=f(r)\cdot r\sin\theta\cos\phi\\ \psi_{n,1,-1}=f(r)\cdot r\sin\theta\sin\phi\end{cases}\tag{1.3.55}$$

根据球坐标与直角坐标的变换关系,式(1.3.55)可改写为

$$\begin{cases}\psi_{n,1,0}=f(r)\cdot z=\psi_{np_z}\\ \psi_{n,1,1}=f(r)\cdot x=\psi_{np_x}\\ \psi_{n,1,-1}=f(r)\cdot y=\psi_{np_y}\end{cases}\tag{1.3.56}$$

不难看出,这三个电子云形状完全相同,ψ_{np_z}、ψ_{np_x}、ψ_{np_y} 分别绕 z、x、y 轴对称分布。这一结果说明了:在主量子数不变的前提下,角量子数 l 相同的电子云形状基本相同,但因磁量子数 m 的改变而有不同的取向。

下面进一步分析 p 电子云的分布状况:

① 角度分布。

从式(1.3.55)看出,np_z电子波函数角度部分的平方为 $Y^2=\cos^2\theta$。由于 np_x和 np_y轨道与 np_z轨道只是角度不同,所以将它们画出来(图1.3.14)。该图说明:a. 当 r 一定时,不同角度的电子云密度不同,密度数值用原点到曲面连线的长度表示。显然,每一p 电子云都有节面(密度为零)和密度最大的方向。例如 p_x电子云,它的节面为 yoz 平面,而 x 方向上电子云密度最大。b. 对于 np_z轨道,虽然 $\cos^2\theta$ 永远是正的,但 $\cos\theta$ 可正可负,图 1.3.14 中还将 $\cos\theta$ 取正、负的区域标出。这样做是为了分析化学键的形成过程,因为这一过程实际上是波函数的叠加,而这种叠加是在不同的 ψ 之间进行的,即不是 ψ^2 之间的叠加。

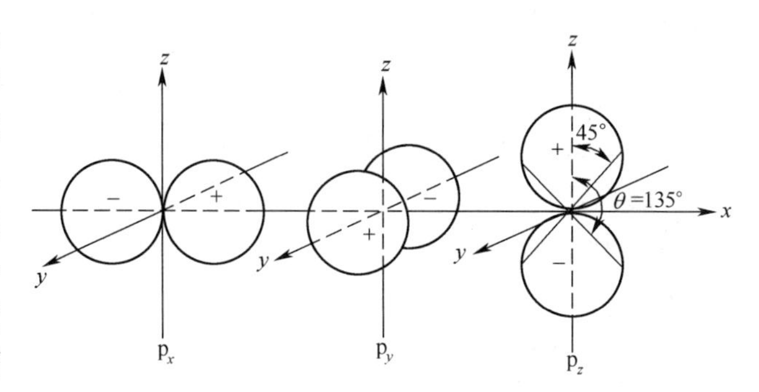

图 1.3.14 p 电子云角度分布

需要特别强调的是,图 1.3.14 虽然呈哑铃状,但它们描述的是某一球面上电子出现的概率,而哑铃表示在球面的不同方向上,电子出现的概率不同。例如对于 p_z电子,当选定半径为 a_0 的球面时,通过图 1.3.14 可知在 z 方向上电子出现的概率增大,而同在 a_0 球面上,与 xoy 平面相交的位置上电子出现的概率为零。

② 径向分布。

分析 p_z电子云的径向分布,可以先固定某一方向,如 $\theta=0(\cos\theta=1)$,然后作波函数径向部分的 $R^2(r)\sim r$ 曲线,具体见图 1.3.15。不难看出,随着主量子数的增加,p 电子云伸展得更远些;此外,主量子数越大,径向上的节面越多。

(3) d 电子云。

d 电子云的角量子数为 $l=2$,对应的不同取向(不同磁量子数)有 5 个,分别记为

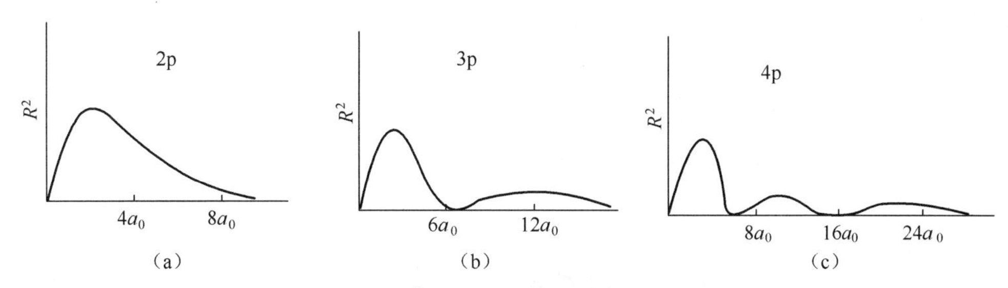

图 1.3.15　R^2 对 r 所作的 p 电子云径向分布

$\psi_{n,2,0}$、$\psi_{n,2,1}$、$\psi_{n,2,-1}$、$\psi_{n,2,2}$、$\psi_{n,2,-2}$。它们的角度部分为

$$\begin{cases} Y_{2,0} = 3\cos^2\theta - 1 & \mathrm{d}_{z^2} \\ Y_{2,1} = \sin\theta\cos\theta\cos\phi & \mathrm{d}_{xz} \\ Y_{2,-1} = \sin\theta\cos\theta\sin\phi & \mathrm{d}_{yz} \\ Y_{2,2} = \sin^2\theta\cos2\phi & \mathrm{d}_{x^2-y^2} \\ Y_{2,-2} = \sin^2\theta\sin2\phi & \mathrm{d}_{xy} \end{cases} \tag{1.3.57}$$

由于角度部分涉及两个自变量,所以画图时取电子云分布最多的截面。这样,Y^2 的图形表示见图 1.3.16。

d 电子云径向分布规律与前面的类似。

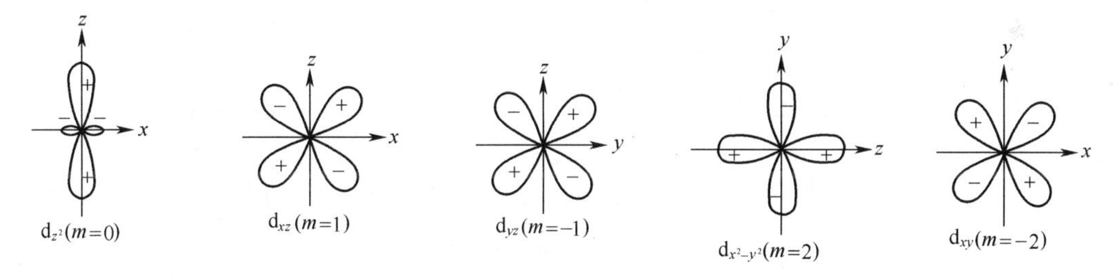

图 1.3.16　d 电子云角度分布

4. 电子自旋

上述的电子运动均为轨道运动,除此之外,电子还可以自旋。不能将自旋理解为绕自身轴线的机械旋转(如地球自转),因为这种概念会引发错误的结论,如得出电子自旋切线速度为光速的 170 倍。关于自旋,主要结论有:

(1) 自旋是一种独立的运动形式,它不能用上述薛定谔方程描述。需要说明的是,凡是电子都有自旋,即并非只有原子中的电子才有自旋。

(2) 自旋运动也是量子化的,描述自旋的角动量 $\boldsymbol{s}$ 有固定的值

$$|\boldsymbol{s}| = \sqrt{s(s+1)} \cdot \hbar, \quad s = \frac{1}{2} \tag{1.3.58}$$

此外,自旋角动量 $\boldsymbol{s}$ 在任意方向上的投影只可能取两个值。如在 z 轴上为

$$s_z = m_z\hbar = \pm\frac{1}{2}\hbar \tag{1.3.59}$$

式中:m_z 称为自旋量子数,它只有 1/2 和−1/2 两个数值。也就是说,自旋只有两种状态。由于自旋只有两种状态,通常将它们分别称为自旋向上或自旋向下。需要说明的是,这里

的向上、向下只表示状态不同,而不表示两者几何方向相反。

(3) 除电子外,原子核、中子等都有自旋运动,而且都是量子化的。

建立了自旋概念,则可得出如下结论:描述氢原子中电子运动状态除需要 3 个轨道量子数外,还需要 1 个自旋量子数,即 4 个量子数才能完全确定一个电子的运动状态。

例 1.3.8 用能量为 12.5eV 的电子去激发基态氢原子,受激发的原子向低能级跃迁时,能发射哪些波长的光谱线?

解 按氢原子能级公式 $E_n = -\dfrac{13.6\text{eV}}{n^2}$,得

$$E_1 = -13.60\text{eV},\quad E_2 = -3.4\text{eV},\quad E_3 = -1.51\text{eV},\quad E_4 = -0.85\text{eV}\cdots$$

与基态级差小于 12.5eV 的只有

$$\Delta E_{1\to2} = E_2 - E_1 = 10.2\text{eV},\qquad \Delta E_{1\to3} = E_3 - E_1 = 12.09\text{eV}$$

能量为 12.5eV 的电子只能把基态氢原子激发到 $n=2$ 和 3 能级,从那里向低能级跃迁时有 3 种可能:2→1, 3→1, 3→2,发射谱线的波长分别为

$$\lambda_{2\to1} = \frac{hc}{E_2 - E_1} = \frac{6.63\times10^{-34}\times3\times10^8}{10.2\times1.6\times10^{-19}}\text{m} = 121.8\text{nm}$$

$$\lambda_{3\to1} = \frac{hc}{E_3 - E_1} = \frac{6.63\times10^{-34}\times3\times10^8}{12.09\times1.6\times10^{-19}}\text{m} = 102.8\text{nm}$$

$$\lambda_{3\to2} = \frac{hc}{E_3 - E_2} = \frac{6.63\times10^{-34}\times3\times10^8}{1.89\times1.6\times10^{-19}}\text{m} = 657.7\text{nm}$$

例 1.3.9 两个分别处于基态和第一激发态的氢原子以速率 v 相向运动,要使基态原子吸收从激发态原子发出的光子后,刚好跃迁到第二激发态,求比值 v/c,其中 c 为光速。

解 设第一激发态原子核放出光子的频率在相对其本身静止的参考系中为 ν,由于多普勒效应,在相对基态原子静止的参考系中此光子的频率为

$$\nu' = \sqrt{\frac{1+\beta}{1-\beta}}\nu \quad\to\quad \beta = \frac{v}{c} = \frac{(\nu'/\nu)^2 - 1}{(\nu'/\nu)^2 + 1}$$

依题意

$$\nu = \frac{E_2 - E_1}{h} = \frac{R_H}{h}\left(1 - \frac{1}{2^2}\right) = \frac{3R_H}{4h},\quad \nu' = \frac{E_3 - E_1}{h} = \frac{R_H}{h}\left(1 - \frac{1}{3^2}\right) = \frac{8R_H}{9h},$$

$$\frac{\nu}{\nu'} = \frac{8}{9}\times\frac{4}{3} = \frac{32}{27} = 1.185,\quad \beta = \frac{v}{c} = \frac{(1.185)^2 - 1}{(1.185)^2 + 1} = 0.168$$

例 1.3.10 根据氢原子波函数的表达式证明:处于 1s 和 2p 态的氢原子中,电子被发现的最大概率分别是处在 $r = a_0$ 和 $4a_0$ 的球壳上。

解 电子被发现的径向概率为 $P_{nl} = r^2\,|R_{nl}(r)|^2$。

1s 态($n=1,l=0$),$R_{10}(r) = \dfrac{2}{a_0^{3/2}}\mathrm{e}^{-r/a_0}$,$P_{10} = \dfrac{4r^2}{a_0^3}\mathrm{e}^{-2r/a_0}$,

$$\frac{\mathrm{d}P_{10}}{\mathrm{d}r} = \frac{4}{a_0^3}\left(2r - \frac{2r^2}{a_0}\right)\mathrm{e}^{-2r/a_0} = 0 \to r = a_0$$

2p 态($n=2,l=1$),$R_{21}(r)=\dfrac{r}{2\sqrt{6}a_0^{5/2}}e^{-r/2a_0}$,$P_{21}=\dfrac{r^4}{24a_0^5}e^{-r/a_0}$,

$$\frac{dP_{21}}{dr}=\frac{1}{24a_0^5}\left(4r^3-\frac{r^4}{a_0}\right)e^{-r/a_0}=0\rightarrow r=4a_0$$

例 1.3.11 计算氢原子基态库仑势能 $V(r)=-e^2/r$ 的平均值。

解法一 设 $u=2r/a_0$,根据定义

$$\overline{V}(r)=\int_0^\infty r^2\ |R_{10}(r)|^2V(r)dr=-\int_0^\infty r^2|R_{10}(r)|^2\frac{e^2}{r}dr=-e^2\int_0^\infty\frac{4r}{a_0^3}e^{-2r/a_0}dr$$

$$=-\frac{e^2}{a_0}\int_0^\infty ue^{-u}du=-\frac{e^2}{a_0}[-(u+1)e^{-u}]_0^\infty=-\frac{e^2}{a_0}$$

解法二 势能的平均值为

$$\overline{V}(r)=\int_{-\infty}^{+\infty}\psi^*V(r)\psi d\tau=\int_0^\infty|\psi|^2\left(-\frac{e^2}{r}\right)4\pi r^2dr=\int_0^\infty\frac{1}{\pi a_0^3}e^{-\frac{2r}{a_0}}\left(-\frac{e^2}{r}\right)4\pi r^2dr$$

$$=-\int_0^\infty\frac{4e^2r}{a_0^3}e^{-\frac{2r}{a_0}}dr=-\frac{4e^2}{a_0^3}\int_0^\infty re^{-\frac{2r}{a_0}}dr=-\frac{4e^2}{a_0^3}\left(\frac{a_0}{2}\right)^2=-\frac{e^2}{a_0}$$

例 1.3.12 一次电离的氦离子 He^+从第一激发态向基态跃迁时所辐射的光子,能使处于基态的氢原子电离,从而放出电子,试求该电子的速度。

解 氦离子 He^+从第一激发态向基态跃迁时所辐射的光子能量为

$$\Delta E=E_2-E_1=-\frac{13.6\text{eV}\times Z^2}{2^2}+\frac{13.6\text{eV}\times Z^2}{1^2}=13.6\text{eV}\times 2^2\times\left(1-\frac{1}{4}\right)=40.8\text{eV}$$

基态氢原子的电离能为

$$E=E_\infty-E_1=0\text{eV}-(-13.6\text{eV})=13.6\text{eV}$$

电离时放出电子的动能为

$$E_k=\Delta E-E=40.8\text{eV}-13.6\text{eV}=27.2\text{eV}$$

该电子的速度为

$$v=\sqrt{\frac{2E_k}{m}}=\sqrt{\frac{2E_kc^2}{mc^2}}=\sqrt{\frac{2\times 27.2\text{eV}}{0.511\text{MeV}}}\times 3\times 10^8\text{m/s}=3.1\times 10^6\text{m/s}$$

问题 1.3.11 请用文字概括解氢原子波函数的主要步骤。

问题 1.3.12 (1)谐振子受到指向中心的力的作用,氢原子中的电子也受到类似的作用,除这一共性外,这两种作用有什么差异?(2)这两个问题中,薛定谔方程的解有什么共性的地方?

问题 1.3.13 已知氦原子的第一电离能为 24.6eV。请问:欲使这个原子的两个电子逐一电离,外界需要通过多少能量?

问题 1.3.14 (1)在态的叠加原理中,用于叠加的是波函数本身,还是波函数的平方?(2)叠加之后的概率密度应该如何确定?

问题 1.3.15 当不考虑自旋时,氢原子中电子的定态波函数取决于 3 个量子数 n、l、

m。请你对比量子数概念与物理化学中的状态参数概念,看看它们之间有无共性?

问题 1.3.16 (1)2s 与 2p 电子云的主要差别是什么?(2)通常所说 p 电子云呈哑铃状的具体含义是什么,哑铃以外就没有电子吗?

问题 1.3.17 请总结 3p 电子与 3d 电子的轨道特点,指出它们之间的共性与差异。

1.3.5 多电子原子结构

前面的分析都是针对氢原子的,其结构特点是核外只有一个电子。对核外有多个电子的原子,求解薛定谔方程就非常困难了,其原因是:分析某一个电子时,不但要考虑原子核的作用,还要考虑其他电子的作用,而且这些电子都在不停地运动之中。事实上,即使对最简单的双电子原子(氦原子),也无法求出薛定谔方程严格的解。因此,处理多电子问题时,往往需要作一些假设,以使问题简化。

1. 屏蔽效应

在多电子原子中,某一个电子除受到核的吸引外,还受到其他电子的排斥,综合结果好象核电荷数 Z 减去某一数值 σ ,称为屏蔽系数。换言之,其他电子屏蔽掉部分核电荷,这就是屏蔽效应。

考察多电子问题时,可以将电子分为被屏蔽电子和屏蔽电子两种。例如,金属 K ($Z=19$)的电子分布方式为:$1s^22s^22p^63s^23p^64s^1$。由于参与化学反应或原子结合的主要是最外层电子,所以可把最外层的那个 4s 电子选为被屏蔽电子,而其他 18 个内层电子都是屏蔽电子。研究这个 4s 电子行为的方法是:在类氢($Z=19$)问题解的基础上,考察 18 个屏蔽电子中的每一个对 4s 电子的作用,然后将所有的作用叠加起来。因此,需要一个个地考察屏蔽电子相对于 4s 电子(被屏蔽电子)的屏蔽系数。屏蔽系数的变化规律如下:

(1) 如果屏蔽电子在内层,而被屏蔽电子在外层,且层数差大于等于 2,则屏蔽系数 $\sigma=1$。这里的层数差就是主量子数之间的差。例如,K 中 1s 电子与 4s 电子的层数差为 3,2s 电子(或 2p)与 4s 电子的层数差为 2,3s 电子(或 3p)与 4s 电子的层数差为 1。层数差大于等于 2,表明屏蔽电子主要集中核的附近,而被屏蔽电子主要出现在屏蔽电子活动空间以外的地方。因此,相对于被屏蔽电子而言,屏蔽电子好像把原子核包围了起来,使核电核减少了一个,这就是屏蔽系数在这种情况下为 1 的原因。

(2) 当层数差为 1 时,内层的屏蔽电子对外层的被屏蔽电子的屏蔽系数分两种情况:①当被屏蔽电子为 s 电子或 p 电子时,$\sigma = 0.85$;②当被屏蔽电子为 d 电子或 f 电子时,$\sigma = 1$ 。产生这种差别的原因是:s 电子或 p 电子相对比较靠近原子核,所以被屏蔽的概率低一些,而 d 电子或 f 电子伸展得比较远,所以容易被屏蔽。

现在来考察金属 K 的 4s 电子的被屏蔽情况。显然,1s、2s、2p 轨道上的 10 个电子对 4s 电子的屏蔽系数都是 1,而 3s、3p 轨道上的 8 个电子对 4s 电子的屏蔽系数都是 0.85。因此,总屏蔽系数为 $\sigma = 1 \times 10 + 0.85 \times 8 = 16.8$,即金属 K 的 4s 电子实际感受到的核电核为 $C = Z - \sigma = 19 - 16.8 = 2.2$($C$ 称为有效核电荷),根据能量计算式(1.3.48),金属 K 的 4s 电子所具有的能量为 $E_{4s} = -13.6C^2/3.7^2 = -4.8\text{eV}$,此处的分母进行了修正,即没有直接代入主量子数 4,而是采用了 3.7。我们再来计算类氢问题中 4s 电子的能量。根据式(1.3.48)，$E_{4s} = -13.6Z^2/n^2 = -13.6 \times 19^2/4^2 = -306.9\text{eV}$。对比发现，由于金属 K 中存在屏蔽效应，所以 4s 电子的能量大幅度提高，即这个电子的稳定性大幅度下降。产生这种现象的原因是被屏蔽的 4s 电子受原子核的约束大为减弱，造成这个电子的稳定性下降。

有了屏蔽概念，多电子问题会大为简化，因为其他电子的作用全都体现在屏蔽系数 σ 上，而轨道、壳层、电子云形状等概念依旧，波函数形式与氢原子基本相同，例如：

$$\begin{cases} \psi(1s) = \left(\dfrac{C^3}{\pi}\right)^{1/2} e^{-Cr} & \psi(2s) = \left(\dfrac{C^5}{96\pi}\right)^{1/2} r e^{-Cr/2} \\ \psi(3s) = \left(\dfrac{2C^7}{5 \times 3^9 \pi}\right)^{1/2} r^2 e^{-Cr/3} & \psi(2p_x) = \left(\dfrac{C^5}{32\pi}\right)^{1/2} x e^{-Cr/2} \\ \psi(3p_x) = \left(\dfrac{2C^7}{5 \times 3^8 \pi}\right)^{1/2} x r e^{-Cr/3} & \psi(3d_{xy}) = \left(\dfrac{2C^7}{3^8 \pi}\right)^{1/2} x y e^{-Cr/3} \end{cases} \tag{1.3.60}$$

其中：$C = Z - \sigma$，括号部分的数值（如 $\sqrt{C^3/\pi}$ 等）由归一化条件确定。

由于屏蔽作用的复杂性，多电子原子中能级的概念需要进行修正（图 1.3.17），即能级虽然主要取决于主量子数，但也受角量子数的影响。徐光宪提出了两个有用规则：

（1）对原子的外层电子，$n+0.7l$ 数值越大，能级越高。因此，原子中的能级顺序是

$$1s < 2s < 2p < 3s < 3p < 4s < 3d < 4p < 5s < 4d < 5p < 6s < 4f < 5d$$

其中，4s < 3d 是因为 d 电子云伸展较远，被屏蔽的部分较大，所以能级提高了。

（2）对离子（指正离子）的外层电子，$n+0.4l$ 数值越大，能级越高。因此，离子中的能级顺序是

$$1s < 2s < 2p < 3s < 3p < 3d < 4s < 4p < 4d < 5s < 4f < 5p < 5d < 6s$$

在离子中，由于剩余正电荷的吸引，伸展较远的轨道收缩较大，故电子云形状对能级的影响较小。

由于类氢问题中电子到核的平均距离为

$$\bar{r} = \iiint_V \psi_{n,l,m}^* r \psi_{n,l,m} d\tau = \frac{n^2 a_0}{Z}\left\{1 + \frac{1}{2}\left[1 - \frac{l(l+1)}{n^2}\right]\right\}$$

所以有屏蔽效应时，电子的有效核电核大为降低，即上式中的 Z 变小。因此，屏蔽效应造成轨道膨胀。

2. 核外电子分布

原子中核外电子的具体分布情况遵循以下规律：

（1）泡利不相容原理。

同一原子中，由 3 个轨道量子数决定的某一轨道上，最多只允许有 2 个电子，且它们的自旋必须相反。

（2）能量最低原理。

在不违反泡利不相容原理的前提下，电子优先占据能量（能级）较低的轨道。

（3）洪特规则。

当主量子数一定时，3 个 p 轨道上的能级是相同的，即它们是简并轨道。现在的问题是，若有 3 个电子进入 p 轨道，它们如何分布，是占据两个轨道（如两个在 p_x 轨道而一个在 p_y 轨道），还是各占据一个轨道（即 p_x、p_y、p_z 上各有一个）？显然，上述两个原理都不

能回答这一问题,因此洪特进一步提出:

简并轨道上的电子,将尽可能占据不同轨道,且自旋平行,这就是洪特规则。按着洪特规则,3 个电子应该各占据一个 p 轨道。

根据以上原理和规则,可以写出绝大多数原子和离子的电子分布方式,例如

B($Z=5$) $1s^2 2s^2 2p^1$

C($Z=6$) $1s^2 2s^2 2p^2$

N($Z=7$) $1s^2 2s^2 2p^3$

O($Z=8$) $1s^2 2s^2 2p^4$

Zn($Z=30$) $1s^2 2s^2 2p^6 3s^2 3p^6 3d^{10} 4s^2$

Zn^{++} $1s^2 2s^2 2p^6 3s^2 3p^6 3d^{10}$

需要说明的有两点:①指数表示相应轨道上的电子数。故对原子来说,所有指数的和等于核电荷数;②在 Zn 原子中,3d 电子的能级高于 4s,但写出来时仍按主量子数的顺序,即 3d 轨道在前而 4s 轨道在后。

3. 原子结构与性能

根据轨道能级与电子云分布,可对原子的化学行为有较清楚的了解,下面简要介绍几个规律:

(1) 惰性原子。

惰性原子最为稳定。除 He 外,惰性原子的外层电子结构均为 s^2p^6,共 8 个电子。外层电子数比 8 多的金属原子易失去电子,而外层电子数比 8 少的非金属原子易形成共价键,它们都倾向于形成稳定的 s^2p^6 结构,即 8 电子结构。

8 电子结构特别稳定的原因是:①s 与 p 电子云的径向分布较密集,而 d 与 f 电子云的径向分布伸展较远。所以在同一壳层内,s 与 p 电子的能级差较小(约 2~4eV),而 d 与 f 电子的能级差较大(可达 10eV),且 d 电子与 s、p 电子的能级差也较大(见图 1.3.17);②根据洪特规则,每组轨道若全充满,则能量较低。

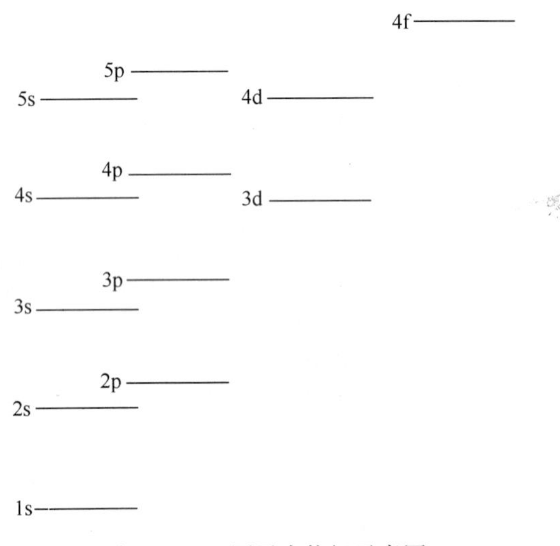

图 1.3.17 原子中能级示意图

(2) 主族与副族原子。

主族原子如 Li、Na、K、Mg 等较易失去电子而成为离子,而副族原子如 Cu、Ag、Zn、Hg 的电离能较大,故不易失去电子。主族与副族原子的差别在于电子结构 s^2p^6 与 $s^2p^6d^n$ 的差别。主族的次外层 s^2p^6 电子云较密集于核的附近,它们对最外层电子的屏蔽作用很大,故最外层电子易失去;而副族的次外层多了一些(最多 10 个)d 电子,当然也多了相应的核电荷。由于 d 电子伸展较远,它们对最外层电子的屏蔽作用远抵不上增加的核电荷,故副族原子的最外层电子不易失去。

问题 1.3.18 (1)屏蔽效应与气态 Mg 的第一、第二电离能的差异有什么关系?

(2)电离能为什么要强调原子处于气态?

问题 1.3.19　为什么徐光宪规则对于原子与离子有所不同?

问题 1.3.20　(1)计算 Zn 的 4s 电子的屏蔽系数(同层的 s 电子之间的屏蔽系数取 0.35);(2)计算 Zn 的 4s 电子的能量,同时计算类氢问题的 4s 电子能量;(3)计算 Zn 的 1s 电子的平均半径。

问题 1.3.21　教材中说:“s 与 p 电子云的径向分布较密集,而 d 与 f 电子云的径向分布伸展较远”,请给出这一说法的证据。

问题 1.3.22　请用一句话概括副族原子的特点及原因。

1.4　量子力学中的力学量

1.4.1　力学量的算符

在经典力学中,对粒子状态的描述,是直接采用一组确定的力学量。由于微观粒子具有波粒二象性,因此描述它的力学量,不可能同时都有确定值。所以经典力学描述粒子的方法在量子力学中是不适用的。下面通过与经典力学对比,确立量子力学中求平均值的方法。

设对某个力学量 F 共测量了 N 次,测量结果是: F_1 值出现了 n_1 次, F_2 值出现了 n_2 次, F_k 值出现了 n_k 次。因此,力学量 F 的平均值就是

$$\begin{aligned}\overline{F} &= \frac{n_1F_1 + n_2F_2 + \cdots + n_kF_k}{N} = \frac{n_1}{N}F_1 + \frac{n_2}{N}F_2 + \cdots + \frac{n_k}{N}F_k \\ &= \omega_1F_1 + \omega_2F_2 + \cdots + \omega_kF_k = \sum_{i=1}^{k}\omega_iF_i\end{aligned} \tag{1.4.1}$$

式中: $N = \sum\limits_{i=1}^{k} n_i$ 。

显然, ω_i 表示相应的 F_i 值出现的概率,因此 $\sum\limits_{i=1}^{k}\omega_i = 1$。

如果 ω 为坐标 x 的连续函数(这里只考虑一维问题),则称 $\omega(x)$ 为 x 点处的概率密度,因此在 $\mathrm{d}x$ 区间内,力学量 $F(x)$ 出现的概率为 $\mathrm{d}\omega = \omega(x)\mathrm{d}x$,所以 $F(x)$ 的平均值为

$$\overline{F} = \int_{-\infty}^{\infty} F(x)\omega(x)\mathrm{d}x \tag{1.4.2}$$

对三维空间,有

$$\overline{F} = \int_{-\infty}^{\infty}\int_{-\infty}^{\infty}\int_{-\infty}^{\infty} F(x,y,z)\omega(x,y,z)\mathrm{d}x\mathrm{d}y\mathrm{d}z = \int_{-\infty}^{\infty} F(x,y,z)\omega(x,y,z)\mathrm{d}\tau \tag{1.4.3}$$

其中的 $\int_{-\infty}^{\infty}\mathrm{d}\tau$ 是简化写法,以下均用它表示对整个三维空间进行三重积分。

上述经典力学求平均值的方法也可以应用到量子力学中。由于量子力学中的概率密度为

$$\omega(x,y,z,t) = |\psi(x,y,z,t)|^2 \tag{1.4.4}$$

所以,量子力学中坐标 x、y、z 的平均值,和以坐标为自变量的力学量 $F(x,y,z)$ 的平均值

如下：

$$\begin{cases} \bar{x} = \int_{-\infty}^{\infty} x \ |\psi(x,y,z,t)|^2 \mathrm{d}\tau = \int_{-\infty}^{\infty} \psi^*(x,y,z,t)\ x\psi(x,y,z,t)\ \mathrm{d}\tau \\ \bar{y} = \int_{-\infty}^{\infty} \psi^*(x,y,z,t)\ y\psi(x,y,z,t)\ \mathrm{d}\tau \\ \bar{z} = \int_{-\infty}^{\infty} \psi^*(x,y,z,t)\ z\psi(x,y,z,t)\ \mathrm{d}\tau \\ \bar{F} = \int_{-\infty}^{\infty} \psi^*(x,y,z,t)\ F(x,y,z)\psi(x,y,z,t)\ \mathrm{d}\tau \end{cases} \tag{1.4.5}$$

根据海森堡原理，粒子的坐标和动量不可能同时准确测量。因此，上述公式不能用于求动量的平均值。

为了求动量的平均值，必须用其他方法，由于推导过程非常复杂，故直接给出 3 个动量分量平均值的表达式

$$\begin{cases} \bar{p}_x = \int_{-\infty}^{\infty} \psi^*(x,y,z,t)\ \frac{\hbar}{\mathrm{i}} \frac{\partial}{\partial x}\psi(x,y,z,t)\ \mathrm{d}\tau \\ \bar{p}_y = \int_{-\infty}^{\infty} \psi^*(x,y,z,t)\ \frac{\hbar}{\mathrm{i}} \frac{\partial}{\partial y}\psi(x,y,z,t)\ \mathrm{d}\tau \\ \bar{p}_z = \int_{-\infty}^{\infty} \psi^*(x,y,z,t)\ \frac{\hbar}{\mathrm{i}} \frac{\partial}{\partial z}\psi(x,y,z,t)\ \mathrm{d}\tau \end{cases} \tag{1.4.6}$$

式(1.4.6)表明，当粒子处于状态 $\psi(x,y,z,t)$ 时，动量分量 p_x 的平均值，等于先用微分算符 $\frac{\hbar}{\mathrm{i}} \frac{\partial}{\partial x}$ 作用于 $\psi(x,y,z,t)$ 之后，再与 $\psi^*(x,y,z,t)$ 相乘，然后在整个空间中积分。需要说明的是，这里的波函数 $\psi(x,y,z,t)$ 是带时间部分的完整意义上的波函数，而时间部分中永远含虚数单位。如果引入动量算符

$$\begin{cases} \hat{p}_x = \frac{\hbar}{\mathrm{i}} \frac{\partial}{\partial x} \\ \hat{p}_y = \frac{\hbar}{\mathrm{i}} \frac{\partial}{\partial y} \\ \hat{p}_z = \frac{\hbar}{\mathrm{i}} \frac{\partial}{\partial z} \end{cases} \tag{1.4.7}$$

则

$$\begin{cases} \bar{p}_x = \int_{-\infty}^{\infty} \psi^*(x,y,z,t)\hat{p}_x\psi(x,y,z,t)\ \mathrm{d}\tau \\ \bar{p}_y = \int_{-\infty}^{\infty} \psi^*(x,y,z,t)\ \hat{p}_y\psi(x,y,z,t)\ \mathrm{d}\tau \\ \bar{p}_z = \int_{-\infty}^{\infty} \psi^*(x,y,z,t)\ \hat{p}_z\psi(x,y,z,t)\mathrm{d}\tau \end{cases} \tag{1.4.8}$$

对比发现，若采用了算符，则动量平均值的求法与前面完全一致。这就是说，在量子力学中，力学量可以用算符表示。这一说法对坐标也是成立的，因为可以定义坐标算符：$\hat{x} = x$、$\hat{y} = y$ 、$\hat{z} = z$ 。

由于$\nabla \equiv \boldsymbol{i}\frac{\partial}{\partial x}+\boldsymbol{j}\frac{\partial}{\partial y}+\boldsymbol{k}\frac{\partial}{\partial z}$,所以总的动量算符为

$$\hat{\boldsymbol{p}}=\frac{\hbar}{\mathrm{i}}\left(\boldsymbol{i}\frac{\partial}{\partial x}+\boldsymbol{j}\frac{\partial}{\partial y}+\boldsymbol{k}\frac{\partial}{\partial z}\right)=\frac{\hbar}{\mathrm{i}}\nabla \tag{1.4.9}$$

值得注意的是,上式中括号外的 i 是虚数单位,而括号内的 $\boldsymbol{i}$ 是 x 坐标的单位矢量。显然

$$\bar{\boldsymbol{p}}=\int_{-\infty}^{\infty}\psi^*(x,y,z,t)\hat{\boldsymbol{p}}\psi(x,y,z,t)\mathrm{d}\tau \tag{1.4.10}$$

注意,$\bar{\boldsymbol{p}}$ 是一个矢量,这是因为动量算符是一个矢量。

用类似方法可以推导出动能 T 和总能量 E 的平均值,即

$$\bar{T}=\int_{-\infty}^{\infty}\psi^*(x,y,z,t)\hat{T}\psi(x,y,z,t)\mathrm{d}\tau \tag{1.4.11}$$

$$\bar{E}=\int_{-\infty}^{\infty}\psi^*(x,y,z,t)\hat{H}\psi(x,y,z,t)\mathrm{d}\tau \tag{1.4.12}$$

其中:$\hat{T}$, $\hat{E}$ 分别称为动能算符和总能量算符。

我们已经获得了最基本的力学量 x、y、z 和 p_x 、p_y 、p_z 的算符形式,因此可以由它们确定其他力学量的算符形式。具体方法是:如果量子力学中的力学量 F 在经典力学中有相应的力学量,则算符 $\hat{F}$ 的形式就是将经典定义中的 $\boldsymbol{p}$ 换为 $\hat{\boldsymbol{p}}$。

1. 动能算符

经典的动能定义为 $T=\frac{p^2}{2m}$,则动能算符的形式为

$$\hat{T}=\frac{1}{2m}\left(\frac{\hbar}{\mathrm{i}}\nabla\right)^2=-\frac{\hbar^2}{2m}\nabla^2$$

显然,这是一个标量算符。

2. 总能量算符

经典的总能量定义为 $E=\frac{p^2}{2m}+V(\boldsymbol{r})$,则总能量算符的形式为

$$\hat{H}=\frac{1}{2m}\left(\frac{\hbar}{\mathrm{i}}\nabla\right)^2+V(\boldsymbol{r})=-\frac{\hbar^2}{2m}\nabla^2+V(\boldsymbol{r})$$

其中,$\boldsymbol{r}$ 为三维空间位置,而写成 $\hat{H}$ 是因为总能量算符也称哈密顿算符。显然,哈密顿算符是标量算符。有了哈密顿算符的概念,可以将薛定谔方程写成如下的简单形式,即

$$\hat{H}\psi=E\psi$$

3. 角动量算符

经典的角动量定义为 $\boldsymbol{L}=\boldsymbol{r}\times\boldsymbol{p}$,因此角动量算符的形式为

$$\hat{\boldsymbol{L}}=\boldsymbol{r}\times\hat{\boldsymbol{p}}$$

显然,这是一个矢量算符。

例 1.4.1　计算一维无限深势阱中基态粒子的坐标平均值和动量平均值。

解

$$\bar{x}=\int_{-\infty}^{\infty}\psi^*(x)\hat{x}\psi(x)\mathrm{d}x=\int_{-\infty}^{\infty}\psi^*(x)x\psi(x)\mathrm{d}x=\frac{2}{a}\int_0^a x\sin^2\frac{\pi x}{a}\mathrm{d}x=\frac{a}{2} \tag{1.4.13}$$

$$\bar{p}_x = \int_{-\infty}^{\infty} \psi^*(x)\hat{p}_x\psi(x)\mathrm{d}x = \frac{2}{a}\int_0^a \sin\frac{\pi x}{a}\left(\frac{\hbar}{\mathrm{i}}\frac{\mathrm{d}}{\mathrm{d}x}\right)\sin\frac{\pi x}{a}\mathrm{d}x = \frac{\hbar}{\mathrm{i}}\frac{2\pi}{a^2}\int_0^a \sin\frac{\pi x}{a}\cos\frac{\pi x}{a}\mathrm{d}x = 0 \tag{1.4.14}$$

1.4.2 算符的数学性质

算符概念不仅仅局限于物理中,它是一个普遍数学概念。

设有任意函数 u,对它施加某种运算后能得到一个新函数 v。若用 $\hat{F}$ 表示这种运算,则

$$\hat{F}u = v \tag{1.4.15}$$

运算符号 $\hat{F}$ 称为算符。例如,$\frac{\mathrm{d}}{\mathrm{d}x}u = v$,则 $\hat{F} = \frac{\mathrm{d}}{\mathrm{d}x}$ 就是算符;又如 $xu = v$,则 $\hat{F} = x$ 也是算符。下面介绍算符的有关规则。

1. 算符的运算规则

算符本身是可以运算的,如相等、相加、相乘。但是,由于算符只是一种运算符号,所以它的运算规则有别于普通的数字运算。

下面以算符相等为例来说明:

设算符 $\hat{F}$ 和 $\hat{G}$ 分别作用在任意函数 u 上,若得到的两个新函数 $\hat{F}u$ 和 $\hat{G}u$ 总是相等,则称算符 $\hat{F}$ 与 $\hat{G}$ 相等,即 $\hat{F} = \hat{G}$。

要注意的是,算符相等是指作用效果相等,而且作用对象不是某一个函数而是任意函数。例如,设

$$\begin{cases} u = x^3 \\ \hat{F} = \frac{\mathrm{d}}{\mathrm{d}x} \\ \hat{G} = \frac{3}{x} \end{cases} \tag{1.4.16}$$

不难证明

$$\hat{F}u = \frac{\mathrm{d}}{\mathrm{d}x}x^3 = 3x^2 = \frac{3}{x}(x^3) = \hat{G}u \tag{1.4.17}$$

但由于 $u = x^3$ 只是一个特例,换一个函数上式就不成立了,所以不能说 $\hat{F}$ 与 $\hat{G}$ 相等。作用效果与任意作用对象这两个概念,同样适用于算符相加和算符相乘。

2. 线性算符

设有算符 $\hat{F}$,u_1、u_2 为两个任意函数,当下式

$$\hat{F}(c_1u_1 + c_2u_2) = c_1\hat{F}u_1 + c_2\hat{F}u_2 \tag{1.4.18}$$

成立时,称 $\hat{F}$ 为线性算符,其中 c_1、c_2 是任意常数。显然,x、$\frac{\partial}{\partial x}$ 等是线性算符,而$\sqrt{\ }$ 不是线性算符。

3. 厄米算符

设 u、v 为两个任意函数,如果算符 $\hat{F}$ 满足

$$\int_{-\infty}^{\infty} u^{*} \hat{F} v \mathrm{d}\tau = \int_{-\infty}^{\infty} (\hat{F}u)^{*} v \mathrm{d}\tau \tag{1.4.19}$$

则称这个算符为厄米算符。下面举两个例子：

例 1.4.2　证明动量算符是厄米算符。

解　按定义，$\hat{F}_x = \frac{\hbar}{\mathrm{i}} \frac{\mathrm{d}}{\mathrm{d}x}$，$u = u(x)$，$v = v(x)$，因此有

$$\int_{-\infty}^{\infty} u^{*}(x) \frac{\hbar}{\mathrm{i}} \frac{\mathrm{d}}{\mathrm{d}x} v(x) \mathrm{d}x = \frac{\hbar}{\mathrm{i}} \int_{-\infty}^{\infty} u^{*}(x) \frac{\mathrm{d}v(x)}{\mathrm{d}x} \mathrm{d}x = \frac{\hbar}{\mathrm{i}} \int_{-\infty}^{\infty} u^{*}(x) \mathrm{d}v(x)$$

$$= \frac{\hbar}{\mathrm{i}} [u^{*}(x) v(x)] \Big|_{-\infty}^{\infty} - \frac{\hbar}{\mathrm{i}} \int_{-\infty}^{\infty} \frac{\mathrm{d}}{\mathrm{d}x} [u^{*}(x)] v(x) \mathrm{d}x = \int_{-\infty}^{\infty} \left[\frac{\hbar}{\mathrm{i}} \frac{\mathrm{d}}{\mathrm{d}x} u(x) \right]^{*} v(x) \mathrm{d}x \tag{1.4.20}$$

这样，命题得证。在证明中，利用了波函数的标准条件，即当 $x \to \infty$ 时，$u(x)$、$v(x)$ 均趋于零。

例 1.4.3　证明动能算符是厄米算符。

解　按定义，$\hat{F}_x = -\frac{\hbar^2}{2m} \frac{\mathrm{d}^2}{\mathrm{d}x^2}$，$u = u(x)$，$v = v(x)$。显然，只要证明 $\frac{\mathrm{d}^2}{\mathrm{d}x^2}$ 是厄米算符即可。

$$\int_{-\infty}^{\infty} u^{*}(x) \frac{\mathrm{d}^2}{\mathrm{d}x^2} v(x) \mathrm{d}x = \int_{-\infty}^{\infty} u^{*}(x) \mathrm{d}v'(x) = - \int_{-\infty}^{\infty} v'(x) \mathrm{d}u^{*}(x)$$

$$= - \int_{-\infty}^{\infty} \frac{\mathrm{d}}{\mathrm{d}x} [u^{*}(x)] \mathrm{d}v(x) = \int_{-\infty}^{\infty} \frac{\mathrm{d}^2}{\mathrm{d}x^2} [u^{*}(x)] v(x) \mathrm{d}x = \int_{-\infty}^{\infty} \left[\frac{\mathrm{d}^2}{\mathrm{d}x^2} u(x) \right]^{*} v(x) \mathrm{d}x \tag{1.4.21}$$

这样，命题得证。在证明过程中，两次利用了分部积分法，并利用了波函数的标准条件。

4. 算符的本征方程

设有算符 $\hat{F}$，u 为某一函数，λ 为常数。若

$$\hat{F}u = \lambda u \tag{1.4.22}$$

则称此方程为算符 $\hat{F}$ 的本征方程，u 为 $\hat{F}$ 的本征函数，λ 为 $\hat{F}$ 属于 u 的本征值。例如，设有总能量算符 $\hat{H}$，ψ 为波函数。由于

$$\hat{H}\psi = E\psi \tag{1.4.23}$$

所以总能量 E 是算符 $\hat{H}$ 属于波函数 ψ 的本征值。显然，上式就是薛定谔方程。

关于算符的本征方程，有以下几点需要说明：

（1）在这一概念中，最基本的出发点是一个已知的算符 $\hat{F}$，函数 u 和常数 λ 都必须按式(1.4.22)与算符 $\hat{F}$ 匹配。

（2）对于给定的算符 $\hat{F}$，能够满足式(1.4.22)的函数 u（和与 u 配套的常数 λ）往往不只一个。例如，在一维无限深势阱问题中，算符为 $-\frac{\hbar^2}{2m} \frac{\partial^2}{\partial x^2}$，它的本征函数有无穷多个，即式(1.3.9)表示的函数。顺带指出，不同的本征函数之间是正交的，即它们构成正交函数系。

当具体的本征函数确定后（相当于选定了式(1.3.9)中的 n 值），相应的本征值随之

确定,即表达式(1.3.6)。

(3)如果 $\hat{F}$ 是厄米算符,则 λ 一定是实数,其证明如下:

设有任意函数 $u=v$,λ 为 $\hat{F}$ 属于 u 的本征值。由厄米算符定义,有

$$\int_{-\infty}^{\infty} u^* \hat{F} v \mathrm{d}\tau = \int_{-\infty}^{\infty} (\hat{F}u)^* v \mathrm{d}\tau$$

$$\Rightarrow \int_{-\infty}^{\infty} u^* \hat{F} u \mathrm{d}\tau = \int_{-\infty}^{\infty} (\hat{F}u)^* u \mathrm{d}\tau \tag{1.4.24}$$

$$\Rightarrow \lambda \int_{-\infty}^{\infty} u^* u \mathrm{d}\tau = \lambda^* \int_{-\infty}^{\infty} u^* u \mathrm{d}\tau$$

因此,$\lambda=\lambda^*$,即 λ 一定是实数。下面再举两个例子:

例 1.4.4 证明自由粒子平面波函数 $\Psi_{p_x}=A\mathrm{e}^{\frac{\mathrm{i}}{\hbar}(p_x x-Et)}$ 是动量算符的本征函数,并求本征值。

解 用动量算符作用 Ψ_{p_x} 可得

$$\hat{p}_x \Psi_{p_x} = \frac{\hbar}{\mathrm{i}} \frac{\mathrm{d}}{\mathrm{d}x} [A\mathrm{e}^{\frac{\mathrm{i}}{\hbar}(p_x x-Et)}] = p_x \Psi_{p_x} \tag{1.4.25}$$

显然,这是一个本征方程,而本征值就是 p_x,它当然是个实数。

例 1.4.5 证明自由粒子平面波函数 Ψ_{p_x} 是动能算符的本征函数,并求本征值。

解 用动能算符作用 Ψ_{p_x} 可得

$$\hat{T}\Psi_{p_x} = -\frac{\hbar^2}{2m} \frac{\mathrm{d}^2}{\mathrm{d}x^2} [A\mathrm{e}^{\frac{\mathrm{i}}{\hbar}(p_x x-Et)}] = \frac{p_x^2}{2m} \Psi_{p_x} \tag{1.4.26}$$

显然,这是一个本征方程,而本征值就是 $\frac{p_x^2}{2m}$,它当然是个实数。

1.4.3 力学量算符的性质

在量子力学中,表示力学量的算符不只是一个单纯的数学运算符号,它还必须具备符合物理要求的特定性质。

1. 力学量算符必须是线性的

设 ϕ_1、ϕ_2 是两个任意态的波函数,由于薛定谔方程是线性齐次的,所以波函数满足叠加原理,即对任意常数 C_1、C_2,均有新波函数

$$\phi = C_1\phi_1 + C_2\phi_2 \tag{1.4.27}$$

用算符 $\hat{F}$ 作用式(1.4.27)两侧可得

$$\hat{F}\phi = \hat{F}(C_1\phi_1 + C_2\phi_2) \tag{1.4.28}$$

若 $\hat{F}$ 是线性的,则上式变为

$$\hat{F}\phi = \hat{F}(C_1\phi_1 + C_2\phi_2) = C_1\hat{F}\phi_1 + C_2\hat{F}\phi_2 \tag{1.4.29}$$

令

$$\begin{cases} \hat{F}\phi = \psi \\ C_1\hat{F}\phi_1 = \psi_1 \\ C_2\hat{F}\phi_2 = \psi_2 \end{cases} \tag{1.4.30}$$

则

$$\psi = C_1\psi_1 + C_2\psi_2 \tag{1.4.31}$$

式(1.4.31)表明,在线性算符 $\hat{F}$ 对原有波函数 ϕ 、ϕ_1、ϕ_2 作用下,所得新波函数也满足叠加原理。也就是说,波函数的叠加原理要求力学量算符必须是线性的。

2. 力学量算符必须是厄米的

设在状态 ψ 中,力学量 F 的平均值为

$$\overline{F} = \int_{-\infty}^{\infty} \psi^* \hat{F}\psi \mathrm{d}\tau \tag{1.4.32}$$

对式(1.4.32)左右两侧取共轭复数就是

$$\overline{F}^* = \int_{-\infty}^{\infty} \psi (\hat{F}\psi)^* \mathrm{d}\tau \tag{1.4.33}$$

因为力学量是可观测的,它必须是实数,故

$$\overline{F} = \overline{F}^* \tag{1.4.34}$$

因此

$$\int_{-\infty}^{\infty} \psi^* \hat{F}\psi \mathrm{d}\tau = \int_{-\infty}^{\infty} \psi (\hat{F}\psi)^* \mathrm{d}\tau = \int_{-\infty}^{\infty} (\hat{F}\psi)^* \psi \mathrm{d}\tau \tag{1.4.35}$$

显然,这是厄米算符的标准定义式。由此可见,表示力学量的算符必须是厄米的,这一结论是力学量必为实数的自然结果。

3. 厄米算符的本征函数必正交

若函数 ψ_1、ψ_2 满足

$$\int_{-\infty}^{\infty} \psi_1^* \psi_2 \mathrm{d}\tau = 0 \tag{1.4.36}$$

则称它们是正交的。

厄米算符的本征函数就具有这种性质,即任意两个不同本征值的本征函数满足上式。下面看一个例子,哈密顿算符 $\hat{H}$ 是厄米的,在一维无限深势阱中,它的本征函数为

$$\psi_n(x) = \sqrt{\frac{2}{a}} \sin \frac{n\pi x}{a} (0 \leqslant x \leqslant a) \tag{1.4.37}$$

对任意两个本征函数 ψ_k 、ψ_m ,设 $\xi = \pi x/a$,则有

$$\begin{aligned}\int_{-\infty}^{\infty} \psi_k^*(x)\psi_m(x)\mathrm{d}x &= \frac{2}{a}\int_{-\infty}^{\infty} \sin\frac{k\pi x}{a}\sin\frac{m\pi x}{a}\mathrm{d}x \\ &= \frac{2}{a}\int_{0}^{a} \sin\frac{k\pi x}{a}\sin\frac{m\pi x}{a}\mathrm{d}x \\ &= \frac{2}{\pi}\int_{0}^{\pi} \sin k\xi \sin m\xi \mathrm{d}\xi = 0\end{aligned} \tag{1.4.38}$$

1.4.4　算符的应用

1. 角动量的确定

力学量可以用适当算符表示这一原理的应用很广。例如,在波函数 ψ 已知的情况下,可以直接求某个算符 $\hat{F}$ 的本征值 λ ,即 $\hat{F}\psi = \lambda\psi$ 。下面以轨道角动量为例作介绍。

原子中电子的角动量有双重含义:①绕原子核运动的轨道角动量;②自旋角动量。前

面提及的角动量是轨道运动角动量,其算符是矢量形式的。由于轨道角动量是矢量,故可以分解到三轴上,因此就有分量形式的轨道角动量算符。设有某个粒子绕原点 O 转动(见图 1.4.1),则根据经典力学,z 轴角动量分量为

$$L_z = xp_y - yp_x \tag{1.4.39}$$

其中动量 p_x 对 z 轴是顺时针的,而动量 p_y 对 z 轴是逆时针的。同样可以写出

$$L_x = yp_z - zp_y \tag{1.4.40}$$

$$L_y = zp_x - xp_z \tag{1.4.41}$$

同时,还可以写出总角动量平方的表达式,即

$$L^2 = L_x^2 + L_y^2 + L_z^2 \tag{1.4.42}$$

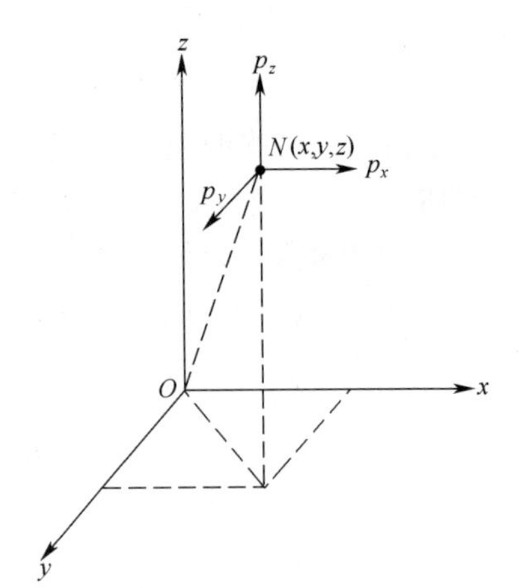

图 1.4.1 角动量分析示意图

将动量分量换为算符,即可得到轨道角动量分量的算符,即

$$\hat{L}_x = \frac{\hbar}{\mathrm{i}}\left(y\frac{\partial}{\partial z} - z\frac{\partial}{\partial y}\right) \tag{1.4.43}$$

$$\hat{L}_y = \frac{\hbar}{\mathrm{i}}\left(z\frac{\partial}{\partial x} - x\frac{\partial}{\partial z}\right) \tag{1.4.44}$$

$$\hat{L}_z = \frac{\hbar}{\mathrm{i}}\left(x\frac{\partial}{\partial y} - y\frac{\partial}{\partial x}\right) \tag{1.4.45}$$

同时,也可以得到总轨道角动量平方的算符,即

$$\hat{L}^2 = -\hbar^2\left[\left(y\frac{\partial}{\partial z} - z\frac{\partial}{\partial y}\right)^2 + \left(z\frac{\partial}{\partial x} - x\frac{\partial}{\partial z}\right)^2 + \left(x\frac{\partial}{\partial y} - y\frac{\partial}{\partial x}\right)^2\right] \tag{1.4.46}$$

为了运算方便,先将轨道角动量算符转换为用球坐标表示(过程从略),例如

$$\hat{L}_z = \frac{\hbar}{\mathrm{i}}\frac{\partial}{\partial \phi} \tag{1.4.47}$$

$$\hat{L}^2 = -\hbar^2\left[\frac{1}{\sin\theta}\frac{\partial}{\partial\theta}\left(\sin\theta\frac{\partial}{\partial\theta}\right) + \frac{1}{\sin^2\theta}\frac{\partial^2}{\partial\phi^2}\right] \tag{1.4.48}$$

由于氢原子波函数已知,有

$$\psi = R_{n,l}\Theta_{l,m}\Phi_m = R_{n,l}\Theta_{l,m}(A\mathrm{e}^{\mathrm{i}m\phi}) \tag{1.4.49}$$

用算符 $\hat{L}_z$ 作用式(1.4.49),得

$$\hat{L}_z\psi = \frac{\hbar}{\mathrm{i}}\frac{\partial}{\partial\phi}[R_{n,l}\Theta_{l,m}(A\mathrm{e}^{\mathrm{i}m\phi})] = m\hbar[R_{n,l}\Theta_{l,m}(A\mathrm{e}^{\mathrm{i}m\phi})] = m\hbar\psi = L_z\psi \tag{1.4.50}$$

按着定义,L_z 就是绕核运动电子的轨道角动量在 z 轴上的分量。显然,这个分量是量子化的。同样,也可以用算符 $\hat{L}^2$ 作用于波函数式(1.4.49),得到该算符的本征值 L^2 如下:

$$L^2 = l(l+1)\hbar^2 \tag{1.4.51}$$

显然,这也是量子化的。关于轨道角动量有两点说明:

(1) 原子内电子的轨道运动特点决定了它的动量为零,因此描述轨道电子的物理量选用角动量。

(2) 对于 s 电子,由于它的角量子数 l 和磁量子数 m 均为零,所以 s 电子的角动量为零。

2. 角动量耦合

从前面的介绍看出,原子中涉及转动的运动方式有电子轨道运动(绕核转动)和电子自旋。此外,原子核也有自旋运动。严格地讲,这些运动方式之间都会相互作用,如电子轨道运动产生的磁场和电子自旋产生的磁矩相互影响,使轨道运动角动量及自旋角动量稍有改变。不同运动方式的相互作用,及同一种运动方式下不同电子的相互作用都称为耦合。由于运动方式的相互作用体现在角动量上,所以称为角动量耦合。下面举两个例子来说明角动量耦合概念的应用。

例 1.4.6　两个电子的自旋耦合。

解　在原子(或分子)中,一个电子的总自旋量子数为 $S=1/2$。但是,由于自旋角动量是特殊矢量(向上或向下),因此两个电子自旋耦合起来的可能结果只有两个,反映到总自旋量子数上就是

$$S=\frac{1}{2}+\frac{1}{2}=1 \text{ 或 } S=\frac{1}{2}-\frac{1}{2}=0 \tag{1.4.52}$$

当 $S=1$ 时,相当于两个电子自旋同向,故按泡利不相容原理,它们只能处在不同轨道上。总自旋量子数沿磁场方向的分量有 1、0、-1 三种,因而这种原子(或分子)在磁场中会呈现 3 个能级,称为三重态。

当 $S=0$ 时,相当于两个电子反向自旋,并已配对。它们的总自旋量子数沿磁场方向的分量只有 0 一种,因而这种原子(或分子)在磁场中只有一个能级,称为单重态。

例 1.4.7　电子的轨道——自旋耦合。

解　由于这种作用,原来处于简并状态的轨道,其能级可以略有差别。反映在光谱就是原来单线的位置上会出现双线或多线,这种现象称为光谱的精细结构,它能反映原子的内部结构特点。

问题 1.4.1　请参照薛定谔方程的算符形式,说明下式的含义

$$\bar{\boldsymbol{p}}=\int_{-\infty}^{\infty}\psi^*(x,y,z,t)\hat{\boldsymbol{p}}\psi(x,y,z,t)\,\mathrm{d}\tau$$

问题 1.4.2　为什么例 1.4.1 中的平均动量为零?

问题 1.4.3　自旋角动量与轨道角动量为什么是量子化的?

问题 1.4.4　已知 $\Theta_{l,m}=\Theta_{2,0}=-a_0(3\cos^2\theta-1)$,请根据式(1.4.48)与式(1.4.49),证明 $M^2=l(l+1)\hbar^2$。

问题 1.4.5　自旋耦合问题中,外磁场与电子的磁作用,能否也看出是一种耦合作用?

1.5　定态微扰论

在量子力学中,定态问题原则上都可以由定态薛定谔方程解决。但是,由于实际情况往往非常复杂,使薛定谔方程一般无法精确求解。因此,要采用一些近似方法,其中定态微扰论就是常用的近似方法。它能解决体系在微小扰动下的运动规律。

微扰论的基本思想是:从已知的简单精确解出发,在一定的物理条件下,根据叠加原理,求出复杂问题的近似解。

1.5.1 非简并定态微扰论

假设体系在没有受到扰动作用时,已经知道其哈密顿算符为 $\hat{H}_0$、第 n 个本征态的波函数为 ϕ_n 、所对应的能量本征值为 ε_n ,因此本征方程为

$$\hat{H}_0\phi_n = \varepsilon_n\phi_n \tag{1.5.1}$$

需要强调的是:①式(1.5.1)左侧含已知算符 $\hat{H}_0$,而右侧的 ε_n 只是一个实数;②n 可以理解为主量子数,它能取无限多个值,如一维无限深势阱中的情形。

现在有了一个微扰 $\hat{H}'$,作用在该体系上,于是体系处于新的定态。由于量子力学中的力学量可以由算符表示,这个新定态的总哈密顿算符为

$$\hat{H} = \hat{H}_0 + \hat{H}' \tag{1.5.2}$$

$\hat{H}'$ 具有如下性质:

(1) $\hat{H}'$ 不显含时间 t,即在 $\hat{H}'$ 的表达式中看不到 t。

(2) $\hat{H}'$ 代表的微扰能量比定态能量或能级差都小得多,即

$$\hat{H}' \ll \hat{H}_0 \qquad \hat{H}' \ll \varepsilon_{n+1} - \varepsilon_n \tag{1.5.3}$$

其中 $\hat{H}' \ll \hat{H}_0$ 表示微扰算符 $\hat{H}'$ 对波函数的影响远远小于 $\hat{H}_0$。

(3)微扰算符 $\hat{H}'$ 的表达式是已知的。由于微扰一般来自势函数的变化,所以 $\hat{H}'$ 往往就是一个具有能量量纲的函数,而不是像 $\hat{H}_0$ 那样是一个纯算符。因此在式(1.5.3)中,$\hat{H}'$ 才可以与能级差 $(\varepsilon_{n+1} - \varepsilon_n)$ 比较。

如果用 ψ_n 表示 $\hat{H}$ 的本征函数(新定态的波函数), E_n 表示能量本征值(新定态的能量),则相应的本征方程为

$$\hat{H}\psi_n = E_n\psi_n \Rightarrow (\hat{H}_0 + \hat{H}')\psi_n = E_n\psi_n \tag{1.5.4}$$

式(1.5.4)是一个完全确定的微分方程,但由于算符 $\hat{H}$ 比较复杂,所以无法得到解析解。因此,需要用其他方法求解波函数 ψ_n 。由于 $\hat{H}' \ll \hat{H}_0$,所以 ϕ_n 、ε_n 分别构成了 ψ_n 、E_n 的主要部分,即

$$\begin{cases}\psi_n = \phi_n + \psi_n^{(1)} + \psi_n^{(2)} + \cdots = \psi_n^{(0)} + \psi_n^{(1)} + \psi_n^{(2)} + \cdots \\ E_n = \varepsilon_n + E_n^{(1)} + E_n^{(2)} + \cdots = E_n^{(0)} + E_n^{(1)} + E_n^{(2)} + \cdots\end{cases} \tag{1.5.5}$$

式中:$\psi_n^{(0)}(=\phi_n)$ 为新波函数的零级近似,即原来的波函数;$\psi_n^{(1)}$,$\psi_n^{(2)}$ 分别为新波函数的一级修正和二级修正;$E_n^{(0)}(=\varepsilon_n)$ 为新波函数能量的零级近似,即原来的能量;$E_n^{(1)}$,$E_n^{(2)}$ 分别为新波函数能量的一级修正和二级修正。

显然,$\psi_n^{(1)}$ 和 $\psi_n^{(2)}$ 均远小于 $\psi_n^{(0)}$,而 $E_n^{(1)}$ 和 $E_n^{(2)}$ 均远小于 $E_n^{(0)}$ 。不难看出,将波函数与能量本征值写成式(1.5.5),实际上是将其按大小层次展开。例如,波函数 ψ_n 最主要的部分是 $\psi_n^{(0)}(=\phi_n)$,其次是 $\psi_n^{(1)}$,再其次是 $\psi_n^{(2)}$,等等。显然,这种做法的原理与级数展开是一致的。

将式(1.5.5)代入式(1.5.4),再合并同一数量级的各项,即可得到

$$\begin{aligned}&\hat{H}_0\psi_n^{(0)} + (\hat{H}_0\psi_n^{(1)} + \hat{H}'\psi_n^{(0)}) + [\hat{H}_0\psi_n^{(2)} + \hat{H}'\psi_n^{(1)}] + \cdots \\ &= E_n^{(0)}\psi_n^{(0)} + (E_n^{(0)}\psi_n^{(1)} + E_n^{(1)}\psi_n^{(0)}) + [E_n^{(0)}\psi_n^{(2)} + E_n^{(1)}\psi_n^{(1)} + E_n^{(2)}\psi_n^{(0)}] + \cdots\end{aligned} \tag{1.5.6}$$

对零级主量

$$\hat{H}_0\psi_n^{(0)} = E_n^{(0)}\psi_n^{(0)} \Rightarrow \hat{H}_0\phi_n = \varepsilon_n\phi_n \tag{1.5.7}$$

对一级小量

$$\hat{H}_0\psi_n^{(1)} + \hat{H}'\psi_n^{(0)} = E_n^{(0)}\psi_n^{(1)} + E_n^{(1)}\psi_n^{(0)} \tag{1.5.8}$$

对二级小量

$$\hat{H}_0\psi_n^{(2)} + \hat{H}'\psi_n^{(1)} = E_n^{(0)}\psi_n^{(2)} + E_n^{(1)}\psi_n^{(1)} + E_n^{(2)}\psi_n^{(0)} \tag{1.5.9}$$

下面进一步考察一级修正式(1.5.8)。由于其中的 $\hat{H}_0$、$\hat{H}'$、$\psi_n^{(0)}$ 和 $E_n^{(0)}$ 都是已知的,而未知的只有 $\psi_n^{(1)}$ 和 $E_n^{(1)}$,因此从理论上讲,可以通过一级修正式(1.5.8)求出 $\psi_n^{(1)}$ 和 $E_n^{(1)}$,就好像当 $\hat{H}$ 已知时,可以通过式(1.5.3)求出 ψ_n 和 E_n 一样。更进一步,当 $\psi_n^{(1)}$、$E_n^{(1)}$ 求出后,二级修正式(1.5.9)中只有 $\psi_n^{(2)}$ 和 $E_n^{(2)}$ 是未知的,它们也可以通过式(1.5.9)求出。其他更高阶的项依此类推,这种逐级逼近的方法是微扰法的基本思想之一。

下面先求一级修正。

由于零级的 ϕ_n 都是已知的(n 可以取无穷多个值)所以能把一级修正波函数表示为

$$\psi_n^{(1)} = \sum_m C_m^{(1)}\phi_m \tag{1.5.10}$$

若能确定所有的展开系数 $C_m^{(1)}$,即可确定 $\psi_n^{(1)}$。式(1.5.10)体现了微扰法的另一基本思想,即将未知的波函数 $\psi_n^{(1)}$ 表示成众多已知波函数 ϕ_m 的线性组合。运算表明(过程从略)

$$\psi_n^{(1)} = \sum_m{}' \frac{H'_{mn}}{\varepsilon_n - \varepsilon_m}\phi_m \tag{1.5.11}$$

其中能量 ε_n 都是已知的,$\sum\limits_m{}'$ 表示求和时不包含 $m=n$ 这一项,而微扰矩阵元 H'_{mn} 为

$$H'_{mn} = \int_{-\infty}^{\infty} \phi_m^* \hat{H}'\phi_n \mathrm{d}\tau \tag{1.5.12}$$

进一步的运算表明,微扰能量的一级修正 $E_n^{(1)}$ 为

$$E_n^{(1)} = H'_{nn} = \int_{-\infty}^{\infty} \phi_n^* \hat{H}'\phi_n \mathrm{d}\tau \tag{1.5.13}$$

式(1.5.13)说明,微扰能量的一级修正等于微扰 $\hat{H}'$ 在未受微扰的状态 ϕ_n 中的平均值。

各级修正可以统一形成如下形式

$$\begin{cases} \psi_n = \psi_n^{(0)} + \psi_n^{(1)} + \psi_n^{(2)} + \cdots = \phi_n + \sum\limits_m{}' \dfrac{H'_{mn}}{\varepsilon_n - \varepsilon_m}\phi_m + \cdots \\ E_n = E_n^{(0)} + E_n^{(1)} + E_n^{(2)} + \cdots = \varepsilon_n + H'_{nn} + \sum\limits_m{}' \dfrac{|H'_{mn}|^2}{\varepsilon_n - \varepsilon_m} + \cdots \end{cases} \tag{1.5.14}$$

其中的对应项相等。

从式(1.5.14)可以看出,为了保证无穷级数收敛,必须使

$$\left|\frac{H'_{mn}}{\varepsilon_n - \varepsilon_m}\right| \ll 1 \tag{1.5.15}$$

这就是微扰法成立的条件。

1.5.2 简并定态微扰论

上面的介绍都是针对非简并问题的。根据定义,简并指能量相同而运动状态不同的现象。如在氢原子中,当主量子数 n 一定时,简并状态共有 n^2 个,称为 n^2 重简并。

对于 k 重简并体系,设未受微扰时能量算符 $\hat{H}_0$ 的本征值为 $E_n^{(0)}$,$E_n^{(0)}$ 对应的本征函数有 k 个,即 ϕ_{n1} ,ϕ_{n2} ,…,ϕ_{nk}(它们都是已知的)。因此,本征方程为

$$\hat{H}_0\phi_{ni} = E_n^{(0)}\phi_{ni},\quad i = 1,2,\cdots,k \tag{1.5.16}$$

设微扰哈密顿算符为 $\hat{H}'$,则总哈密顿算符为

$$\hat{H} = \hat{H}_0 + \hat{H}' \tag{1.5.17}$$

设受到微扰后新的波函数为 ψ_n ,本征方程就是

$$\hat{H}\psi_n = E_n\psi_n \tag{1.5.18}$$

接下来的处理与非简并问题中采用的方法类似,只是由于简并的存在,ϕ_n 不是唯一的,故还要确定零级波函数 $\psi_n^{(0)}$ 。同样,将 $\psi_n^{(0)}$ 表示为 k 个 ϕ_{ni} 的线性组合,即

$$\psi_n^{(0)} = \sum_{i=1}^{k} C_i^{(0)}\phi_{ni} \tag{1.5.19}$$

确定 k 个系数 $C_i^{(0)}$,要解如下 k 个齐次线性方程构成的方程组

$$\sum_{i=1}^{k}(H'_{li} - E_n^{(1)}\delta_{li})\,C_i^{(0)} = 0,\quad l = 1,2,\cdots,k \tag{1.5.20}$$

其中:δ_{li} 为克罗内克记号,当 $l = i$ 时,$\delta_{li}=1$,当 $l \neq i$ 时,$\delta_{li}=0$。而 H'_{li} 为

$$H'_{li} = \int_{-\infty}^{\infty}\phi_{nl}^{*}\hat{H}'\phi_{ni}\mathrm{d}\tau \tag{1.5.21}$$

根据线性代数,齐次线性方程组有非零解 $C_i^{(0)}$ 的条件为

$$\begin{vmatrix} H'_{11} - E_n^{(1)} & H'_{12} & \cdots & H'_{1k} \\ H'_{21} & H'_{22} - E_n^{(1)} & \cdots & H'_{2k} \\ \vdots & \vdots & & \vdots \\ H'_{k1} & H'_{k2} & \cdots & H'_{kk} - E_n^{(1)} \end{vmatrix} = 0 \tag{1.5.22}$$

这是以 $E_n^{(1)}$ 为未知量的 k 次代数方程,称为久期方程。解此方程得能量的一级修正值为

$$E_n = E_n^{(0)} + E_{nj}^{(1)},\qquad j = 1,2,\cdots,k \tag{1.5.23}$$

若 k 个实根均不相等,则一级微扰就可以将 k 重简并完全消除;如有重根,能级简并部分消除;若所有实根完全相同,则一级微扰完全没有消除简并,此时要进一步考虑二级微扰。

问题 1.5.1 定态微扰理论提出的背景是什么?它解决问题的主要思想有哪些?

问题 1.5.2 (1)教材中说:“$\psi_n^{(1)}$ 和 $\psi_n^{(2)}$ 均远小于 $\psi_n^{(0)}$ ”,请问这句话是什么意思?(2)你认为 $\psi_n^{(1)}$ 与 $\psi_n^{(2)}$ 之间有什么关系?

1.6 双原子分子

1.6.1 H_2分子与共价键

化学键指共价键、离子键和金属键。离子键与离子晶体结合的相关理论在第 2 中介

绍,金属键涉及能带理论,下面重点介绍共价键。因为H_2分子问题是共价键理论的基础,所以先对H_2分子进行量子力学分析。

1. H_2分子的量子力学分析

H_2分子结构如图1.6.1所示,其中1、2是两个电子,a、b是两个原子核。可以假定a、b固定,因此间距R为常数。体系的总势能表达式为

$$V = -\frac{e^2}{r_{a1}} - \frac{e^2}{r_{a2}} - \frac{e^2}{r_{b1}} - \frac{e^2}{r_{b2}} + \frac{e^2}{r_{12}} + \frac{e^2}{R} \tag{1.6.1}$$

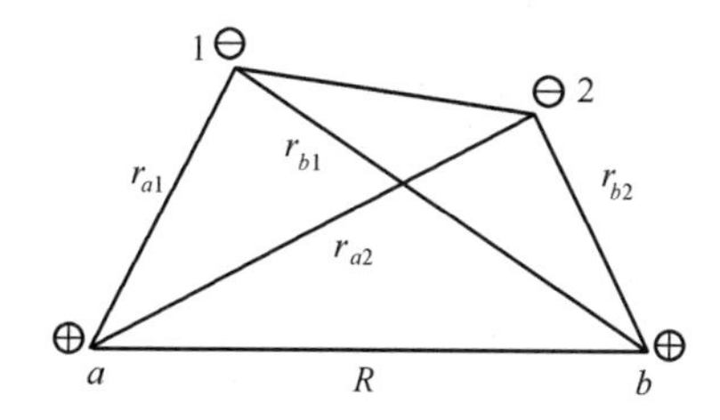

图1.6.1 H_2分子结构示意图

两个电子的总动能算符为

$$\frac{\hat{p}_1^2}{2m} + \frac{\hat{p}_2^2}{2m} = \frac{-\hbar^2}{2m}(\nabla_1^2 + \nabla_2^2) = \frac{-\hbar^2}{2m}\left[\left(\frac{\partial^2}{\partial x_1^2} + \frac{\partial^2}{\partial y_1^2} + \frac{\partial^2}{\partial z_1^2}\right) + \left(\frac{\partial^2}{\partial x_2^2} + \frac{\partial^2}{\partial y_2^2} + \frac{\partial^2}{\partial z_2^2}\right)\right] \tag{1.6.2}$$

式中:m为电子质量。

因此,两个电子总的薛定谔方程为

$$\nabla_1^2\psi + \nabla_2^2\psi + \frac{2m}{\hbar^2}(E - V)\psi = 0 \tag{1.6.3}$$

或

$$\hat{H}\psi = E\psi \tag{1.6.4}$$

式中:$\hat{H}$为哈密顿算符;ψ为这个分子的波函数(定态),它是两个电子空间坐标x_1、y_1、z_1和x_2、y_2、z_2的函数;E为整个H_2分子能量。

ψ^2表示概率密度,而

$$\psi^2 d\tau = \psi^2 d\tau_1 d\tau_2 \tag{1.6.5}$$

表示同时发现第1个电子在微体积$d\tau_1 = dx_1 dy_1 dz_1$和第2个电子在微体积$d\tau_2 = dx_2 dy_2 dz_2$内的概率。

由于太复杂,迄今为止尚不能严格求解此薛定谔方程。因此,必须采用近似解法。较常用的近似解法有变分法,其基本思想如下:

先假定一个试探的解函数ϕ(也称变分函数,但它不可能是算符$\hat{H}$的本征函数),代入薛定谔方程,有

$$\hat{H}\phi = E\phi \tag{1.6.6}$$

两侧乘ϕ^*,然后积分

$$\int_{-\infty}^{\infty}\phi^* \hat{H}\phi d\tau = \int_{-\infty}^{\infty}\phi^* E\phi d\tau = E\int_{-\infty}^{\infty}\phi^* \phi d\tau \tag{1.6.7}$$

所以

$$E = \frac{\int_{-\infty}^{\infty} \phi^* \hat{H} \phi \mathrm{d}\tau}{\int_{-\infty}^{\infty} \phi^* \phi \mathrm{d}\tau} \tag{1.6.8}$$

显然,变分函数 ϕ 不同,总能量值 E 也不同。变分法认为,那个具有最小 E 的 ϕ 函数,就是该方程的近似解 ψ ,而这个最小能量就是系统的真正能量(因为按能量最低原理,系统一定处于能量最低的状态)。需要说明的是,式(1.6.8)中的 $\int_{-\infty}^{\infty} \phi^* \phi \mathrm{d}\tau \neq 1$,这是因为 ϕ 不可能是算符 $\hat{H}$ 的本征函数。

下面以不同方式选择变分函数 ϕ ,并逐步改进,使 H_2 分子薛定谔方程的解趋于完善。

(1) $\phi = \psi_a(1)\psi_b(2)$。

若 a、b 两个核相距非常远,则 a 核有电子(1),b 核有电子(2)。此时它们相互独立,故波函数的形式为

$$\begin{cases} \psi_a(1) = \dfrac{1}{\sqrt{\pi}} \mathrm{e}^{-r_{a1}} \\ \psi_b(2) = \dfrac{1}{\sqrt{\pi}} \mathrm{e}^{-r_{b2}} \end{cases} \tag{1.6.9}$$

令 $\phi = \psi_a(1)\psi_b(2)$,代入求总能量的公式可得(过程从略)

$$E = 2E_{\mathrm{H}} + K = 2E_{\mathrm{H}} + \frac{e^2}{R} + \int_{-\infty}^{\infty} \int_{-\infty}^{\infty} \frac{e^2}{r_{12}} \psi_a^2(1) \psi_b^2(2) \mathrm{d}\tau_1 \mathrm{d}\tau_2 - 2\int_{-\infty}^{\infty} \frac{e^2}{r_{a2}} \psi_b^2(2) \mathrm{d}\tau_2 \tag{1.6.10}$$

式中:E_{H} 为单独一个氢原子的能量;K 为结合能(键能),也称库仑积分,其物理意义是:第一项 $\frac{e^2}{R}$ 表示两个核之间的推斥能;第二项 $\int_{-\infty}^{\infty} \int_{-\infty}^{\infty} \frac{e^2}{r_{12}} \psi_a^2(1) \psi_b^2(2) \mathrm{d}\tau_1 \mathrm{d}\tau_2$ 表示两个氢原子电子云之间的排斥能;第三项 $-2\int_{-\infty}^{\infty} \frac{e^2}{r_{a2}} \psi_b^2(2) \mathrm{d}\tau_2$ 表示 b 原子的电子云与 a 原子核的吸引能,加上 a 原子的电子云与 b 原子核的吸引能。当核间距较大时,第三项的数值大于前两项之和,因此 K 是负的,故两个氢原子有结合成 H_2 分子的趋势。

事实上,K 中各项都直接或间接地与 R 有关,因此 E 与 R 有关。计算表明,当 R=0.09nm时,分子能量 E 最低,约为 23.8kJ/mol。但是,它与实验值 456kJ/mol 相差极大,这说明上述变分函数很不理想。为此,进一步采用如下的变分函数。

(2) $\phi = C_1\psi_a(1)\psi_b(2) + C_2\psi_a(2)\psi_b(1)$ 。

这种方法称为海特勒-伦敦法,其中 C_1、C_2 是待定常数, $\psi_a(2)$ 、$\psi_b(1)$ 的含义是

$$\begin{cases} \psi_a(2) = \dfrac{1}{\sqrt{\pi}} \mathrm{e}^{-r_{a2}} \\ \psi_b(1) = \dfrac{1}{\sqrt{\pi}} \mathrm{e}^{-r_{b1}} \end{cases} \tag{1.6.11}$$

这个变分函数也可以写为

$$\phi = C_1\psi_1 + C_2\psi_2 \tag{1.6.12}$$

显然，ψ_1、ψ_2 是完全确定的函数。

将上式代入求总能量的公式可得（过程从略）

$$E = \frac{C_1^2H_{11} + C_2^2H_{22} + 2C_1C_2H_{12}}{C_1^2 + C_2^2 + 2C_1C_2S_{12}} \tag{1.6.13}$$

其中

$$\begin{cases} H_{11} = \int_{-\infty}^{\infty} \psi_1\hat{H}\psi_1\mathrm{d}\tau \\ H_{12} = \int_{-\infty}^{\infty} \psi_1\hat{H}\psi_2\mathrm{d}\tau \\ H_{22} = \int_{-\infty}^{\infty} \psi_2\hat{H}\psi_2\mathrm{d}\tau \\ S_{12} = \int_{-\infty}^{\infty} \psi_1\psi_2\mathrm{d}\tau \end{cases} \tag{1.6.14}$$

对式（1.6.13）求偏导数并联立方程可得

$$\begin{cases} \dfrac{\partial E}{\partial C_1} = 0 \\ \dfrac{\partial E}{\partial C_2} = 0 \end{cases}$$

解上式可以得出使 E 最低的 C_1、C_2，为此可简化上式，得

$$\begin{cases} C_1(H_{11} - E) + C_2(H_{12} - ES_{12}) = 0 \\ C_1(H_{12} - ES_{12}) + C_2(H_{22} - E) = 0 \end{cases} \tag{1.6.15}$$

式（1.6.15）称为久期方程。事实上，这是一个线性方程组，要使它有非零解（即 C_1、C_2 不同时为零）的条件有两个，即

$$\begin{cases} E_+ = \dfrac{H_{11} + H_{12}}{1 + S_{12}} \\ E_- = \dfrac{H_{11} - H_{12}}{1 - S_{12}} \end{cases} \tag{1.6.16}$$

与这两个特殊能量值对应的波函数分别是

$$\begin{cases} \psi_+ = \dfrac{1}{\sqrt{2 + 2S_{12}}}(\psi_1 + \psi_2) \\ \psi_- = \dfrac{1}{\sqrt{2 - 2S_{12}}}(\psi_1 - \psi_2) \end{cases} \tag{1.6.17}$$

下面对得到的结果进行讨论：

① H_2 分子的能量。

定义交换积分 J 为

$$J = \frac{e^2S_{12}}{R} + \int_{-\infty}^{\infty}\int_{-\infty}^{\infty} \frac{e^2\psi_a(1)\psi_b(2)\psi_a(2)\psi_b(1)}{r_{12}}\mathrm{d}\tau_1\mathrm{d}\tau_2 - 2\int_{-\infty}^{\infty}\psi_a(2)\psi_b(2)\mathrm{d}\tau_2\int_{-\infty}^{\infty}\frac{e^2}{r_{a1}}\psi_a(1)\psi_b(1)\mathrm{d}\tau_1 \tag{1.6.18}$$

可以证明

$$\begin{cases} E_{+} = 2E_{\mathrm{H}} + \dfrac{K + J}{1 + S_{12}} \\ E_{-} = 2E_{\mathrm{H}} + \dfrac{K - J}{1 - S_{12}} \end{cases} \tag{1.6.19}$$

式中:K 为前面提到的库仑积分。

在通常情况下,$S_{12} \ll 1$,因此式(1.6.19)变为

$$\begin{cases} E_{+} = 2E_{\mathrm{H}} + K + J \\ E_{-} = 2E_{\mathrm{H}} + K - J \end{cases} \tag{1.6.20}$$

不难发现,这一结果与用 $\phi = \psi_a(1)\psi_b(2)$ 变分函数只差一个 J 项。计算表明,当 $R =$ 0.086nm 时,最低能量为 $E_{+} = 2E_{\mathrm{H}} - 303\mathrm{kJ/mol}$。也就是说,$H_2$ 分子的结合能(键能)为 303kJ/mol,这一结果与实验值 456kJ/mol 已经很接近了,说明改进的变分函数较为理想。

前已述及,K 是与 R 有关的。显然,J 也与 R 有关。因此总能量 E 是 R 的函数。此外,由于 J 总是负的,因此 $E_{+}<E_{-}$。$E-R$ 曲线如图 1.6.2 所示,其中 E_{+}对应 H_2 分子的基态 ψ_{+},这就是 H_2 分子通常存在的状态;而 E_{-} 对应 H_2 分子的激发态 ψ_{-}。从图中可以看出,库仑积分数值较小,故交换积分的作用比较大。光谱研究发现,基态 H_2分子的两个电子自旋相反,这是构成稳定 H_2分子的必要条件。

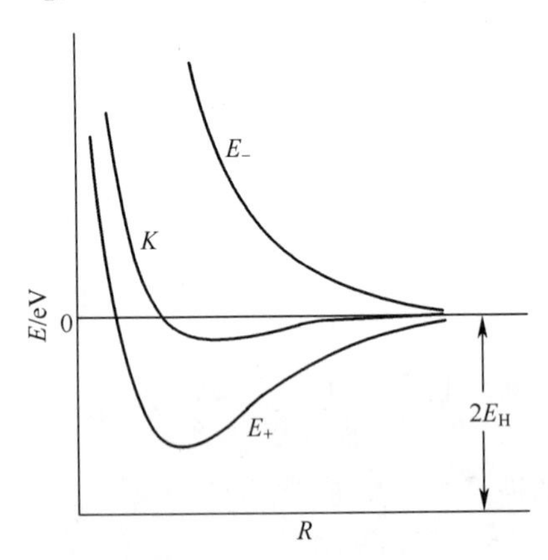

图 1.6.2 H_2 分子总能量随原子间距的变换

那么,主要是什么力使两个氢原子结合在一起呢?也许只能这样说:是量子力学的力。两个电子同时受到两个核的吸引,电子分布在两个核之间的概率比在其他地方大一些,且电子的运动比在氢原子中有较大的范围和自由度。一般来说,较大的自由度常伴随能量的降低。

② H_2 分子的电子云。

H_2 分子基态与激发态的电子云如图 1.6.3 所示,其中最小的圆圈表示原子核所在的位置,闭合曲线是等密度线,即 ψ_{+}^2(或 ψ_{-}^2)相等的曲线,曲线上的数值大小表示概率密度的相对大小。显然,基态电子云在两个核之间较为密集,而激发态电子云正相反。

例 1.6.1 用不确定关系估算氦原子(图 1.6.4)的基态能量。

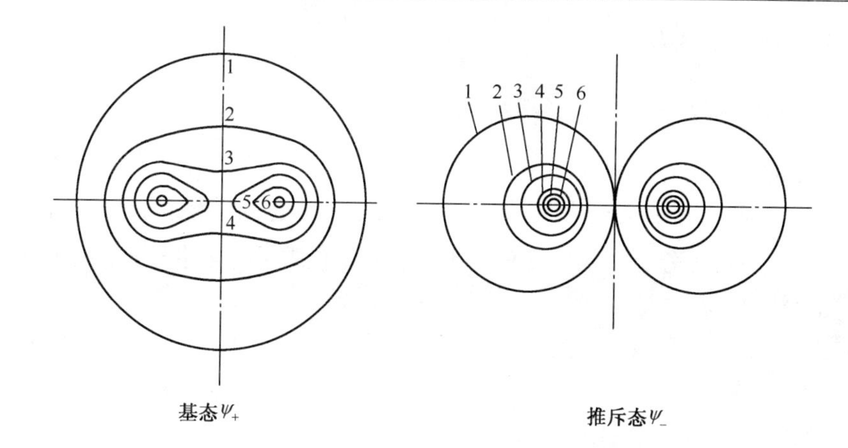

图 1.6.3　H_2 分子的基态与激发态电子云

解　氦原子共有两个电子,电荷各为$-e$,核电荷为 $2e$,总能量算符为

$$\hat{H} = \frac{1}{2m}(\boldsymbol{p}_1^2 + \boldsymbol{p}_2^2) - 2e^2\left(\frac{1}{r_1} + \frac{1}{r_2}\right) + \frac{e^2}{r_{12}}$$

设原子的最大概率半径为 R,上式在基态的平均值可取

$$\frac{1}{r_1} \approx \frac{1}{r_2} \approx \frac{1}{R}, \quad \frac{1}{r_{12}} \approx \frac{1}{2R}$$

根据不确定关系,有

$$\boldsymbol{p}_1^2 \approx \boldsymbol{p}_2^2 \approx \hbar^2/R^2$$

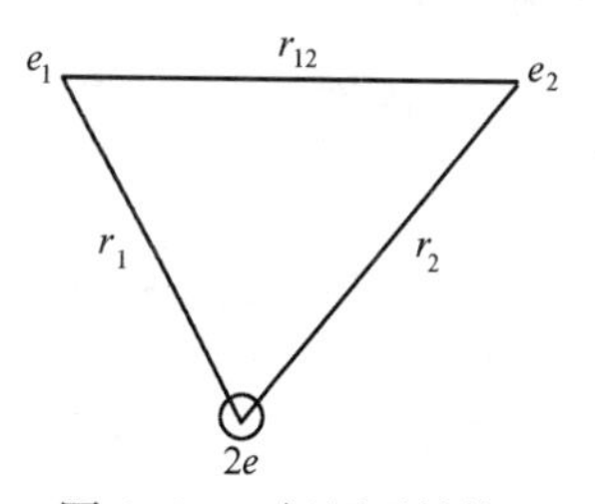

图 1.6.4　氦原子结构

因此基态能量约为

$$E = \hat{H} \approx \frac{\hbar^2}{2R^2} - \left(4 - \frac{1}{2}\right)\frac{e^2}{R}$$

令 $\frac{\mathrm{d}E}{\mathrm{d}R} = 0$,得

$$R = \frac{1}{2 - \frac{1}{4}}\frac{\hbar^2}{me^2} = \frac{4}{7}a_0$$

式中:$a_0 = \frac{\hbar^2}{me^2}$ 为玻尔半径。

将上式代入能量表达式可得基态能量为

$$E = -\left(\frac{7}{4}\right)^2\frac{e^2}{a_0} = -3.06\frac{e^2}{a_0}$$

而实际测量值为 $-2.90e^2/a_0$。

1.6.2 电子配对法与分子轨道法

1. 电子配对法

对一般分子来说，其结构远比 H_2 复杂，量子力学计算也困难得多，因此不得不更多地依赖近似方法。在处理分子结构问题的近似方法中，最常用的是电子配对法和分子轨道法。下面先介绍电子配对法。

这种方法可以说是海特勒-伦敦处理 H_2 问题所得结果的推广，其基本假设如下：

(1) 在 H_2 分子处理中，发现只有两个电子自旋相反时才能构成稳定的分子，这两个电子称为配对电子。将此概念推广就是：

若 a、b 两个原子各有一个未配对电子，且自旋相反，则可以相互配对构成一个共价键，若有几对未配对电子，则能形成几个共价键。总键能是各共价键能量之和。

(2) 一个电子与另外一个电子配对后，就不能再与第三个电子配对，这称为共价键的饱和性。

(3) 根据 H_2 分子的计算结果，对键能起主要作用的交换积分 J 的大小与 $\psi_a\psi_b$ 的数值密切相关，当重叠积分 $\int_{-\infty}^{\infty}\psi_a\psi_b\mathrm{d}\tau$ 较大时，J 也较大。因此有电子云最大重叠原理：电子云重叠越大，键能越大，共价键越牢固。

根据这一原理可以得到以下推论：①共价键有方向性，因为除 s 电子云是球对称的外，其他电子云都有方向性。因此，在参与配对的两个电子中，只要有一个不是 s 电子，形成的共价键必有方向性。此外，不同共价键之间有一定的角度，称为键角。例如，H_2S 分子有固定的 92°键角，主要是因为硫原子用来化合的两个未配对 p 电子云之间呈 90°夹角。②不同的原子轨道有不同的成键能力。这主要是因为原子轨道不同，电子云伸展程度不同。而伸展得越长，与另一原子的电子云重叠越大。当主量子数相同时，s、p、d、f 电子的相对成键能力为 1、$\sqrt{3}$、$\sqrt{5}$、$\sqrt{7}$。

2. 分子轨道法

(1) 基本概念。

这种方法认为分子中的电子沿着多个原子核周围的轨道(分子轨道)运动，其情形类似于 H_2^+ 离子(即失去一个电子的 H_2)中的电子。因此，分子轨道法可以说是 H_2^+ 处理方法的推广，其要点是：

① 分子中的每一个电子状态可以用一个波函数 ψ 描述，ψ 称为该电子的分子轨道函数，简称分子轨道。

② 每个 ψ_i 有相应的能量 E_i，E_i 近似代表该轨道上电子的电离能。分子总能量近似为各电子所占轨道能量之和，即

$$E = \sum n_i E_i \tag{1.6.21}$$

式中：n_i 为 ψ_i 轨道上的电子数。

③ 服从泡利原理，即每个分子轨道上最多只能有两个自旋相反的电子。即 n_i 的最大值是 2。

④ 在满足泡利原理的前提下,电子尽可能占据低能轨道。

对 H_2^+ 的计算表明,两个原子轨道(波函数)能线性叠加成两个分子轨道(波函数),其中一个分子轨道的能量比原子轨道低,而另一个比原子轨道高。前者称为成键轨道,电子处于该分子轨道上时,会释放能量,从而使两个原子结合成稳定的分子。而后者称为反键轨道,电子从原子轨道移入这种分子轨道时,需要补充能量。若价电子数不超过 2,处于基态时的电子显然先占据成键轨道。若价电子数多于 2,由于成键轨道已被占满,因此要占据反键轨道。

(2) 分子轨道分类。

根据原子电子云的重叠方式和分子轨道电子云的形状,可以将分子轨道分为:

① σ 轨道。

设有 a、b 原子,它们的 ns 原子轨道组合成分子轨道时,分子轨道电子云形状如图 1.6.5(a)所示;而各以 np_x 原子轨道组合时,分子轨道电子云形状如图 1.6.5(b)所示。

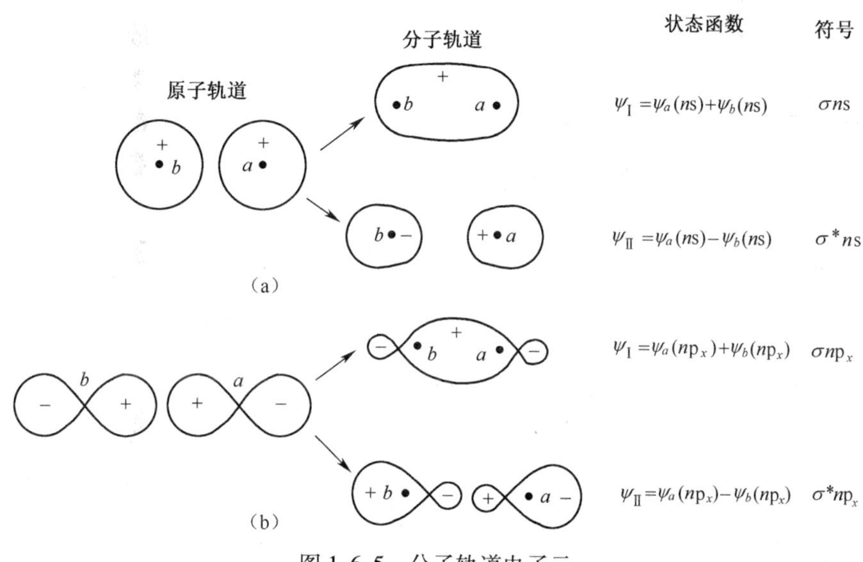

图 1.6.5　分子轨道电子云

这些图形的共同特点是,分子轨道电子云沿 a、b 原子核轴线(键轴)对称分布。这样的分子轨道称为 σ 轨道。反键 σ 轨道用 σ^* 表示。显然,若电子处在成键 σ 轨道上,核间电子云很密,这样构成的结合键称为 σ 键,它是一种比较牢固的键。若 σ 键上只有一个电子,则称为单电子 σ 键;若有两个电子,则为通常所说的 σ 键或单键;若有三个电子,则两个处在成键 σ 轨道上,而另一个处在反键 σ^* 轨道上,称为三电子 σ 键。显然,单电子 σ 键和三电子 σ 键都比通常的 σ 键弱。

② π 轨道。

原子轨道还能以另一种重叠形式组合成分子轨道。如两个原子的 p_z 电子云沿 x 轴接近时,能以图 1.6.6 的方式构成分子轨道。其特点是,无论成键还是反键分子轨道,电子云均分布在键轴的上下两侧,因此有一个电子云密度为零的平面(即过 $a-b$ 连线且垂直于纸面的平面)。这种分子轨道称为 π 轨道。同样,也有成键 π 轨道与反键 π 轨道之分,也有单电子 π 键、双电子 π 键和三电子 π 键。

π 键强度一般明显小于 σ 键。

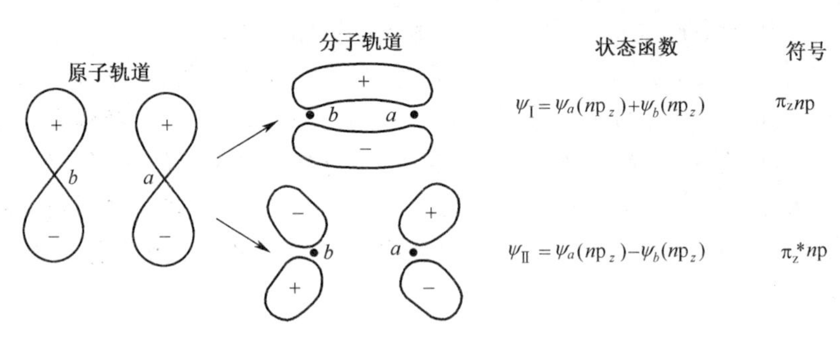

图 1.6.6 另一种分子轨道电子云

问题 1.6.1 式(1.6.1)所表示的势函数共有 6 项,而式(1.6.10)所表示的库伦积分实际上有 4 项。请问为什么少了 2 项?

问题 1.6.2 (1)H_2问题中,请用文字表述变分函数 $\phi=\psi_a(1)\psi_b(2)$ 的含义;(2)该变分函数为什么不是相加的形式,即 $\phi=\psi_a(1)+\psi_b(2)$?

问题 1.6.3 H_2问题中,为什么变分函数 $\phi=C_1\psi_a(1)\psi_b(2)+C_2\psi_a(2)\psi_b(1)$ 比变分函数 $\phi=\psi_a(1)\psi_b(2)$ 的效果更好。

问题 1.6.4 (1)H_2中,两个电子总的薛定谔方程为

$$\nabla_1^2\psi+\nabla_2^2\psi+\frac{2m}{\hbar^2}(E-V)\psi=0$$

请写出该方程的形式解(具体的函数是无法解出的),并解释其含义;(2)对于氦原子,也请写出作为两个电子问题的薛定谔方程的形式解,并解释其含义;

问题 1.6.5 $S_{12}=\int_{-\infty}^{\infty}\psi_1\psi_2\mathrm{d}\tau$ 在什么条件下等于零?为什么?

问题 1.6.6 库仑积分中,当核间距较大时,第三项的数值大于前两项之和,请问为什么?

问题 1.6.7 在式(1.6.10)中,库仑积分的第三项为 $-2\int_{-\infty}^{\infty}\frac{e^2}{r_{a2}}\psi_b^2(2)\mathrm{d}\tau_2$,它的一半表示"$b$ 原子的电子云与 a 原子核的吸引能"。请问式(1.6.10)中包含"b 原子的电子云与 b 原子核的吸引能"吗?

问题 1.6.8 如果库仑积分 K 是负的,则两个氢原子有结合的趋势,请问为什么?

问题 1.6.9 式(1.6.18)的 3 个项都具有交换积分的含义。请对每一项的意义做进一步的解释。

问题 1.6.10 H_2中"电子的运动比在氢原子中有较大的范围和自由度",请问为什么这样说?

问题 1.6.11 (1)仿照氢原子基态能量的估算方法,用不确定关系估算氢分子的基态能量;(2)在两者之间进行对比,解释对比结果。

问题 1.6.12 为什么说"π 键强度一般不及 σ 键"?

1.7 波的补充知识

尽管大学物理课程已经介绍过波,但一些与波有关的概念仍需要进一步加强。因此,

本节主要是:①进一步明确某些重要的概念;②补充一些没有学过的内容。为了简化起见,主要讨论谐波。

1.7.1 几个重要概念

在下面的讨论中,均以机械波为对象,但所说的概念同样适用于其他波。

1. 波源

激发扰动的源称为波源。若波源做谐振动,同时在波已传播到的区域中,处处按波源的频率做谐振动,则称这种波为简谐波或谐波。

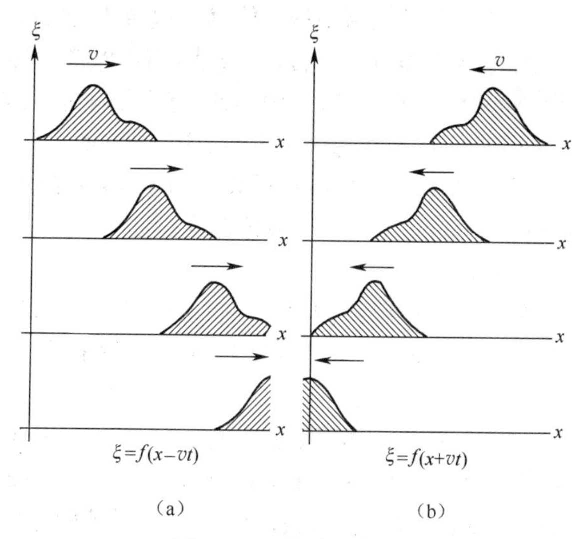

图 1.7.1 脉冲示意图

2. 脉冲与波列

波源振动一次并被传播出去的结果是一个脉冲(图 1.7.1),其中图 1.7.1(a)是向右行进的脉冲,而图 1.7.1(b)是向左行进的脉冲。脉冲行进的方向完全取决于波源。

波源多次振动并被传播出去的结果是波列。由于波是由波源产生的,所以波源振动多少次,能传播出去的周期波动图形就有多少个。例如,在图 1.7.2 中,谐振动波源振动了 3 次,因此传播出去的是 3 个周期的波形。

通常所说的波列是指:波源连续不停地振动并被传播出去。

3. 波的传播方向

波是要向某一方向传播的,这个方向称为波的传播方向。由于波是振动的传播,而振动是有方向性的,所以在一般情况下,传播方向与振动方向并非一致。

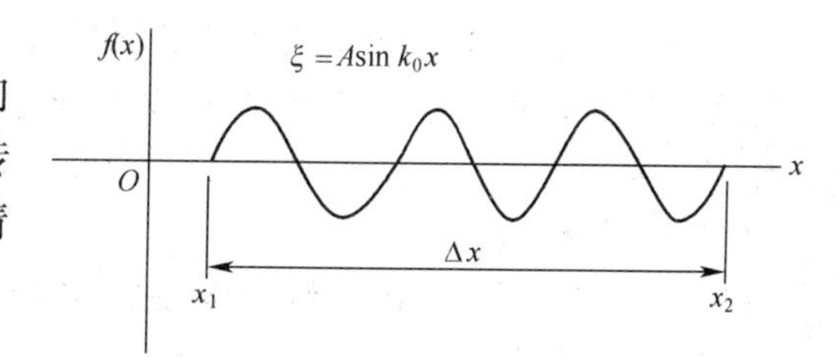

图 1.7.2 波列示意图

4. 波数与波速

设有沿 x 方向传播的谐波,振动方向为 y,则此谐波的表达式为

$$v = A\cos(\omega t - kx) \tag{1.7.1}$$

式中:v 为 y 方向上的位移;A、ω 为由波源性质决定的常数。

式(1.7.1)有时表示为 $v = A\cos\left[\omega\left(t - \frac{x}{V}\right)\right]$,这里忽略了初始相位 φ_0。显然,式(1.7.1)中的 $k = \omega/V$,它称为波数。由于 $\omega/V = 2\pi/\lambda$,所以波数的物理意义是:在 2π 距离上波长的数目。波数定义式中的 V 表示波速,它是由传播介质性质决定的(波速用大写字母以表示与 y 方向上的位移 v 区别)。因此,波源与传播介质的性质共同决定了谐波的性质。式(1.7.1)中 $\omega t - kx$ 也称位相,它表示由时间和空间位置共同决定的振动状态。

应该指出:

(1) 式(1.7.1)中的 x 在数学上是空间坐标,其物理本质是平衡时处于 x 位置的那团物质,即空间坐标 x 是用来表征某一物质集团的。强调空间坐标 x 的物质性是根据物理学的基本原理:所有的物理量都是属于物质的,没有离开物质的物理量。

因此,式(1.7.1)的语言描述就是:在波动发生 ts 后,平衡时处于x位置的那团物质,在 y 方向上位移了 $v = A\cos(\omega t - kx)$ 。

(2) k 是波动问题中最原始、最基本的概念,它的来龙去脉将在后面介绍。

(3) 如果固定坐标 x,式(1.7.1)描述的就是纯粹的谐振动问题,即平衡时处于 x 位置的那团物质的谐振动。由于此时变量为时间,所以称为随时间的谐振动。如果固定时间 t ,式(1.7.1)变为随空间坐标的谐振动,此时 k 起到角频率的作用,称为空间角频率。引入空间角频率概念后,谐波问题中的时间与空间变得对称起来,也就是说,凡是基于时间得到的概念,在空间中也应该存在。

5. 波形

仍以式(1.7.1)为例,当时间 t 一定时,分别以 x、v 为横坐标和纵坐标,得到的图形称为波形。不难理解,在不同的时刻,波形的形状不变,发生变化的只是波形在空间中的位置。

事实上,波形描述的是谐波的空间变化规律(时间固定),相应的有空间周期参数 λ;另一方面,将空间坐标 x 固定,式(1.7.1)还可以描述谐波的时间变化规律(某一点的谐振动),相应的有时间周期参数 T。在谐振动问题中,时间周期参数与空间周期参数由常数 V 联系起来:$V=\lambda/T$,V 仅仅取决于传播介质。

6. 位相的传播与相速度

与扩散或对流不同,在波的传播过程中,物质是没有长程迁移的(只能绕平衡位置振动)。那么,究竟是什么在传播呢?

事实上,是振动的位相在传播,也就是说,是振动状态在传播。对式(1.7.1)这样的谐波,可以将波的传播描述如下:每一个空间点 x 对应的物质集团都会将自身的振动状态,在下一时刻传递给它右侧的物质集团;或者说,每一个空间点 x 都会继承其左侧在前一时刻的振动状态。

既然是位相在传播,因此传播速度 V 也称为相速度。通常所说的波速均指相速度。

给定了谐波函数 $v = A\cos(\omega t - kx)$ 后,相速度 V 的确定方法如下:

令 $\omega t - kx =$ 常数,此时虽然 x、t 都是变量,但位移 v 却成了确定值,这就是跟踪某一振动状态。如令 $\omega t - kx = 0$,则有 $v = A$,即跟踪波峰。此振动状态要在不同的时刻 t 出现在不同的地点 x,才能满足 $\omega t - kx =$ 常数。对此式两侧取全微分得 $\omega \mathrm{d}t - k\mathrm{d}x = 0$,此振动状态沿 x 轴移动的速度是 $\mathrm{d}x/\mathrm{d}t$,因此

$$V = \mathrm{d}x/\mathrm{d}t = \omega/k \tag{1.7.2}$$

1.7.2 三维平面波与波矢

在下面的讨论中,均以平面波为对象。

上面介绍的谐波是一维平面波,即作为自变量的空间坐标只有一个,对于式(1.7.1)就是只有空间坐标 x。当空间坐标含 x、y、z 时,对应的平面波称为三维平面波,它分为两种情况:

（1）将传播方向与某一坐标轴重合，如在图1.7.3中与 z 轴重合。假定这个平面波的振动方向是 x，则相应的三维平面谐波表达式为

$$u = u(x,y,z,t) = A\cos(\omega t - kz) \tag{1.7.3}$$

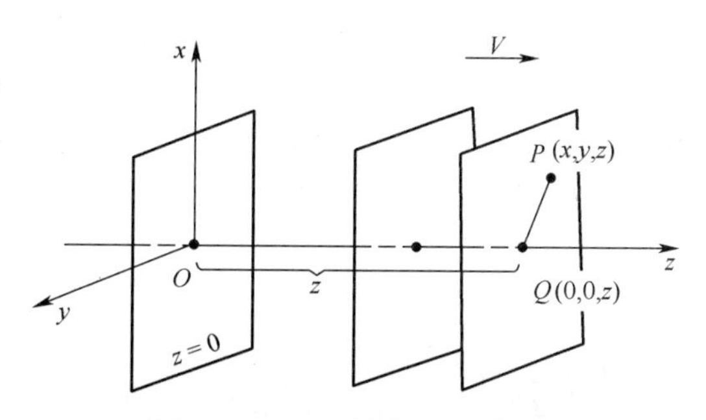

图1.7.3　沿 z 轴传播的平面波

式（1.7.3）表明，在 z 相同（与 x、y 无关）的平面上，任意一点的位相均相同，因此状态相同。

事实上，振动还可以沿 y 方向或 z 方向；也可以同时沿 x、y、z 三个方向（因为位移可以同时沿 x、y、z 三个方向）。这样，一般含义的波是“一纵两横”的复合波，即沿 z 方向的一个纵波分量，与沿 x 方向和 y 方向的两个横波分量，而这3个波分量的传播方向都是 z 方向。

（2）有些情况下，传播方向 $\boldsymbol{k}$（波速 V 的方向）与三轴均不重合（图1.7.4）。由于是平面波，所以在垂直于传播方向 $\boldsymbol{k}$ 的平面上，Q 点与 P 点的位相相同。设 $\boldsymbol{k}$ 的单位矢量为 $\boldsymbol{k}_0$，根据矢量投影关系，将 P 点投影到 Q 点就是 $\boldsymbol{r}\cdot\boldsymbol{k}_0$。因此，这时的三维平面谐波为

$$\xi = \xi(\boldsymbol{r},t) = A\cos(\omega t - \boldsymbol{k}\cdot\boldsymbol{r}) \tag{1.7.4}$$

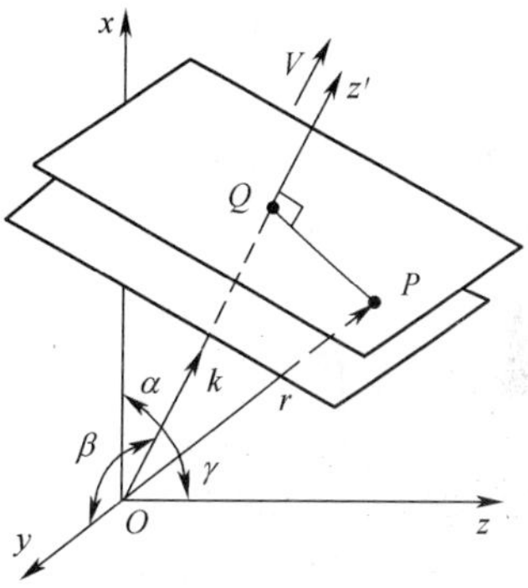

式中：ξ 为任意方向的位移；$\boldsymbol{k} = \boldsymbol{k}_0 \dfrac{\omega}{V}$ 为波的传播矢量，简称波矢。需要强调的是，波矢是一个极为重要的概念。显然，三维波的波矢在一维波中退化为波数。

图1.7.4　一般平面波

设波矢 $\boldsymbol{k}$ 在三轴上的分量为 k_x、k_y、k_z，同时考虑到 $\boldsymbol{r} = x\boldsymbol{i} + y\boldsymbol{j} + z\boldsymbol{k}$，则上式变为

$$\xi = \xi(x,y,z,t) = A\cos[\omega t - (k_x x + k_y y + k_z z)] \tag{1.7.5}$$

根据谐振动的复数表示法，很容易将式（1.7.5）表示为

$$\xi = Ae^{i(\boldsymbol{k}\cdot\boldsymbol{r} - \omega t)} = Ae^{i[(k_x x + k_y y + k_z z) - \omega t]}$$

同样，在这里也只取复数的实部。

1.7.3　弹性纵波与弹性横波

振动在线弹性固体中的传播称为弹性波。下面分别推导弹性纵波与弹性横波的波动微分方程。

1. 弹性纵波

设有一根圆棒沿 x 方向摆放（图1.7.5），根据弹性力学，x 处单元体

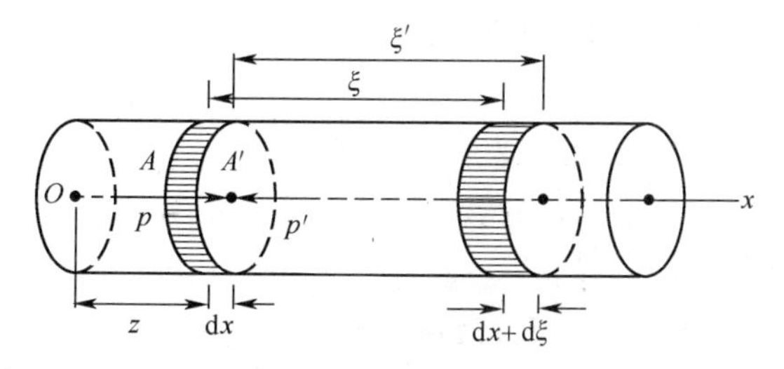

图1.7.5　弹性纵波微分方程

dx 的纵向位移为 $u = u(x,t)$，应变为 $\varepsilon_x = \dfrac{\partial u(x,t)}{\partial x}$。对这个单元体运用牛顿第二定律，有

$$\rho A\mathrm{d}x\frac{\partial^2 u}{\partial t^2}=AE\left[\frac{\partial u(x+\mathrm{d}x,t)}{\partial x}-\frac{\partial u(x,t)}{\partial x}\right]=AE\frac{\partial^2 u}{\partial x^2}\mathrm{d}x \tag{1.7.6}$$

式中：ρ,E 分别为弹性体的密度和弹性模量。

因此

$$\frac{\partial^2 u}{\partial t^2}=\frac{E}{\rho}\frac{\partial^2 u}{\partial x^2}=V^2\frac{\partial^2 u}{\partial x^2} \tag{1.7.7}$$

其中：$V=\sqrt{E/\rho}$。

式(1.7.7)就是弹性纵波的波动微分方程。

以钢棒为例，由于 ρ 和 E 分别等于 $7.8\times10^3\,\mathrm{kg/m^3}$ 和 $2\times10^{11}\,\mathrm{N/m^2}$，所以钢棒中弹性纵波的速度为 $5.06\times10^3\,\mathrm{m/s}$，而空气中声速仅为340m/s。

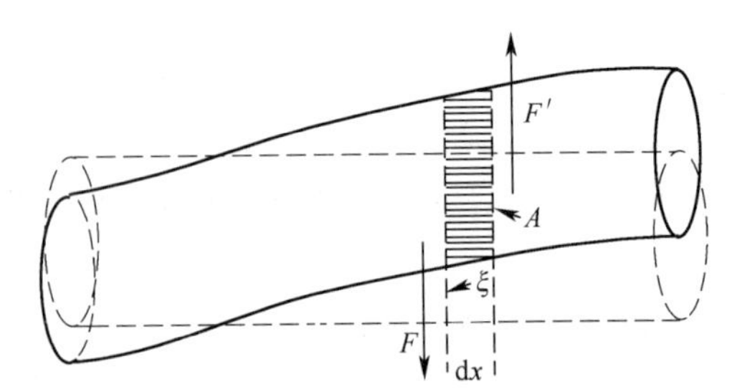

图 1.7.6 弹性横波微分方程

2. 弹性横波

设有一根圆棒沿 x 方向摆放，坐标系见图 1.7.6。根据弹性力学，x 处单元体 $\mathrm{d}x$ 的横向位移为 $v=v(x,t)$，应变为 $\gamma_{xy}=\frac{\partial v(x,t)}{\partial x}$。对这个单元体运用牛顿第二定律，有

$$\rho A\mathrm{d}x\frac{\partial^2 v}{\partial t^2}=AG\left[\frac{\partial v(x+\mathrm{d}x,t)}{\partial x}-\frac{\partial v(x,t)}{\partial x}\right]=AG\frac{\partial^2 v}{\partial x^2}\mathrm{d}x \tag{1.7.8}$$

式中：ρ,G 分别为弹性体的密度和剪切模量。

因此

$$\frac{\partial^2 v}{\partial t^2}=\frac{G}{\rho}\frac{\partial^2 v}{\partial x^2}=V^2\frac{\partial^2 v}{\partial x^2} \tag{1.7.9}$$

其中：$V=\sqrt{G/\rho}$。

式(1.7.9)就是弹性横波的微分方程。

由于 $G<E$，弹性横波的速度低于弹性纵波。因此，地震时纵波先到而横波后到。再强调一下，小写的 v 表示 y 方向的位移，而大写的 V 表示波速。

将试探解 $v=A\cos(\omega t-kx)$ 代入式(1.7.9)，得

$$\omega=Vk \tag{1.7.10}$$

式(1.7.10)的含义是：只要参量 ω、k 满足 $\omega=Vk$（其中 V 是已知的，因为传播介质的 G 与 ρ 都是已知的），则试探解 $v=A\cos(\omega t-kx)$ 就是能满足式(1.7.9)，即试探解变为真实解。需要说明的是：

(1) 式(1.7.10)更一般的形式为

$$\omega=\omega(k) \tag{1.7.11}$$

式(1.7.11)称为色散关系，它表示在两个参量 ω、k 中，更为基本的是波数（波矢）k。

(2) 参量 ω、k 是在解波动微分方程的过程中自然得到的，由于色散关系 $\omega=\omega(k)$，真正独立的参量是波数（波矢）k。从数学上讲，k 称为本征值。

3. k 与 x 的概念对比

(1) 空间坐标 x 是无法从任何其他物理量中导出的最基本的物理量,而波动问题中的 k 也具有类似的性质。

(2) x 是用来描述物质位置的,物质位置是牛顿力学中最为基本的状态参数;与此类似,k 是波动问题中最为基本的状态参数。

(3) 由于物质运动有时有一定范围,所以 x 的取值有时是有界的;同样,波动问题中 k 的取值有时也会有界;

(4) 在三维运动问题中,物质位置用矢径 $\boldsymbol{r}$ 表示,$\boldsymbol{r}$ 的引入隐含了已经建立了一套直角坐标系;在三维波动问题中,波矢的表达式为 $\boldsymbol{k}=k_x\boldsymbol{i}+k_y\boldsymbol{j}+k_z\boldsymbol{k}$,式右中的 $\boldsymbol{i}$、$\boldsymbol{j}$、$\boldsymbol{k}$ 就是已经建立的直角坐标系中3个正交方向上的单位矢量(注意,上式左侧的 $\boldsymbol{k}$ 表示波矢,而右侧的 $\boldsymbol{k}$ 表示 z 方向上的单位矢量)。波矢 $\boldsymbol{k}$ 的物理意义是:平面谐波沿直角坐标空间中 $k_x\boldsymbol{i}+k_y\boldsymbol{j}+k_z\boldsymbol{k}$ 所指的方向传播。除非某些具体问题中存在限制,否则波矢 $\boldsymbol{k}$ 的坐标分量 k_x、k_y、k_z 可以取任意的实数值,就像通常的运动问题中矢径 $\boldsymbol{r}=x\boldsymbol{i}+y\boldsymbol{j}+z\boldsymbol{k}$ 的坐标分量 x、y、z 可以取任意的实数值一样。

(5) 微分方程式(1.7.9)描述的传播介质的运动状况,它并不能支配波源的振动。因此波源的谐振动角频率 ω 与由色散关系得到的角频率 ω 并不是完全等同的概念。当波源以角频率 ω 振动,且周围介质的波动微分方程式(1.7.9)对应的色散关系确实能够解出与波源角频率相同的数值 ω,介质中才真正存在谐波。对于式(1.7.9),由于色散关系为 $\omega=Vk$,所以只要传播介质无限大,则 k 就可以取任何实数值,使介质中的 ω 也可以取任何实数值。因此,任意角频率的波源都能在线性连续介质(即满足式(1.7.9)的介质)中产生谐波,只要该介质无限大。

(6) 上述讨论对介质中的横波与纵波都是适用的,因此同一介质可以有两个(或两个以上)色散关系,如线性连续介质既可以有色散关系 $\omega=\sqrt{E/\rho}\,k$(与纵波对应),又可以有色散关系 $\omega=\sqrt{G/\rho}\,k$(与横波对应)。在这种情况下,同一波矢 $\boldsymbol{k}$ 对应两个角频率值,因此横波与纵波同时传播,就要求波源既要以角频率 $\omega=\sqrt{E/\rho}\,k$ 沿波的传播方向振动,又要以角频率 $\omega=\sqrt{G/\rho}\,k$ 沿垂直于波的传播方向振动。

4. 关于波矢 k 的进一步说明

大学物理中,始终没有出现波矢 $\boldsymbol{k}$ 的概念,而是把它当成 ω/V,或 $2\pi/\lambda$,但没有将 $\boldsymbol{k}$ 独立出来,特别是阐明该矢量的物理意义。

首先面临的问题是,什么是一个波?在粒子世界中,一个粒子很容易理解,因为不同粒子是可以区分的,我们都有区分不同粒子的生活体验。但是,如何区分两个波呢?我们要从最简单的平面谐波谈起,此时问题转化为如何区分两个平面谐波?而要解决这个问题,就要知道一个平面谐波的最基本的要素是什么?第一,波的角频率。因为波归根到底是振动引起的,而角频率是振动的基本物理量;第二,波的传播方向。如果不谈传播,问题就退化为振动了,波有别于振动的关键是其传播性,即振动状态沿某一方向传播开去。因此,传播方向必然是波的基本物理量。

应该注意到,波的传播速度(这里指不涉及方向的速度绝对值),只与介质的特性有关,而与波的要素无关。因此,传播速度(标量)就是常数。这样,我们就可以把波的角速度、波的传播方向，以及传播速度（常数）组合起来，用一个组合量集中描述一个波，这个量就是波矢，其作用相当于粒子的位置。这样，波矢的初步意义可以是：$\boldsymbol{k} \propto \boldsymbol{k}_0\omega$，其中$\boldsymbol{k}_0$是单位矢量，它指向传播方向。$\boldsymbol{k}_0$是纯数学的，因此没有量纲；$\omega$是波的角频率，量纲为$s^{-1}$。

其次面临的问题是，怎样描述一个波，即用什么坐标系描述？根据上面的讨论，这个新坐标系的方向应该与原来的毫无二致，即波的传播涉及的方向，就是原来谈论的方向。而方向概念不一定与长度量纲相关！关键是平行，只要与原来的以长度为量纲的坐标轴平行，就是同向。方向问题确定之后，面临的就是坐标轴的物理意义问题，它比较麻烦。首先应该排除的是长度，因为三维的长度空间描述的是一个静止的质点的几何位置，而对于波，一个几何位置用来描述一个波显然不合适。

既然不能是长度，那到底应该是什么呢？事实上，此时可以使用定义了，即人为规定一个坐标量纲，原则上讲，所规定的东西只要与已有的事实、原理不矛盾即可。

我们再来看看平面谐波的数学表达式：$\xi=\xi(\boldsymbol{r},t)=A\cos(\omega t-\boldsymbol{k}\cdot\boldsymbol{r})$，从量纲看，$\boldsymbol{k}$应该有1/长度的量纲。但是，上面的$\boldsymbol{k}\propto\boldsymbol{k}_0\omega$中，量纲是$s^{-1}$，所以令$\boldsymbol{k}=\boldsymbol{k}_0\omega/V$，就能最终解决问题，而$V$是传播速度（标量）。如果说$\omega$是（时间）角频率，那么$\boldsymbol{k}$就可以称为空间“角频率”，这里的时空有某种对称性。

1.7.4 群速度

即使对谐波，数学上一般地处理波的合成也非常困难，其原因显而易见：①不同波的传播方向可以不同；②不同波的振动（位移）方向可以不同；③不同波的角频率可以不同；④不同波的振幅可以不同；⑤不同波的振动初位相可以不同。因此，在谈到谐波合成时，总是以一些简单情况为例，如仅考虑振幅和初位相不同，这种情况下的数学处理与同频率谐振动的合成一致，结果也类似，即仍然得到一个谐波，只不过振幅和初位相发生了变化。

下面将要处理另外一种较复杂的情况，即上述5个因素中只有角频率不同，且假定两个谐波的角频率相差不大。因此，两个谐波方程为

$$\begin{cases}\xi_1=A\cos(\omega_1 t-k_1 z)\\ \xi_2=A\cos(\omega_2 t-k_2 z)\end{cases} \tag{1.7.12}$$

其中$\omega_1\approx\omega_2$。

上述两个谐波叠加后，合成波变为

$$\xi=\xi_1+\xi_2=2A\cos\left(\frac{\omega_1-\omega_2}{2}t-\frac{k_1-k_2}{2}z\right)\times\cos\left(\frac{\omega_1+\omega_2}{2}t-\frac{k_1+k_2}{2}z\right) \tag{1.7.13}$$

引入如下记号

$$\begin{cases}\bar{\omega}=(\omega_1+\omega_2)/2\\ \omega'=(\omega_1-\omega_2)/2\\ \bar{k}=(k_1+k_2)/2\\ k'=(k_1-k_2)/2\end{cases} \tag{1.7.14}$$

由于$\omega_1\approx\omega_2$，所以$\omega'\ll\bar{\omega}\approx\omega_1\approx\omega_2$。这样，合成波变为

$$\xi = 2A\cos(\omega' t - k'z)\cos(\bar{\omega}t - \bar{k}z) \tag{1.7.15}$$

若将 $2A\cos(\omega' t - k'z)$ 看成谐波 $\cos(\bar{\omega}t - \bar{k}z)$ 的“振幅”,则合成波 ξ 就是一个振幅缓慢变化的近似谐波。这里所说的缓慢是指 ω' 与 k' 都比较小,因此 $2A\cos(\omega' t - k'z)$ 随时间 t 及空间坐标 z 的变化缓慢。

下面直观地看一下这个合成过程,为了简单,取 $t=0$。在图 1.7.7(a)中,$t=0$ 时刻的实线、虚线波形分别代表 $A\cos k_1 z$ 、$A\cos k_2 z$;图 1.7.7(b)表示它们的合成;图 1.7.7(c)是 $t=0$ 时,合成曲线的振幅 $A'(z) = 2A\cos k'z$ 所对应的曲线;图 1.7.7(d)表示各处的振动强度,即“振幅”的平方 $A'^2(z)$ 。可以看到,图 1.7.7(b)是一群一群高高低低的波在空间的分布,此时可以把一群波(即 $\lambda'/2$ 长度上的那些波)看成一个基本单位。从图 1.7.7(d)看出,能量主要集中在 $A'(z)$ 绝对值较大的地方。

图 1.7.7 还有一些需要说明的地方:

(1) 从图 1.7.7(a)中看出,$\lambda_1 < \lambda_2$,因此 $\omega_1 > \omega_2$。这里的 λ_1、λ_2 都是事先给定的常数。

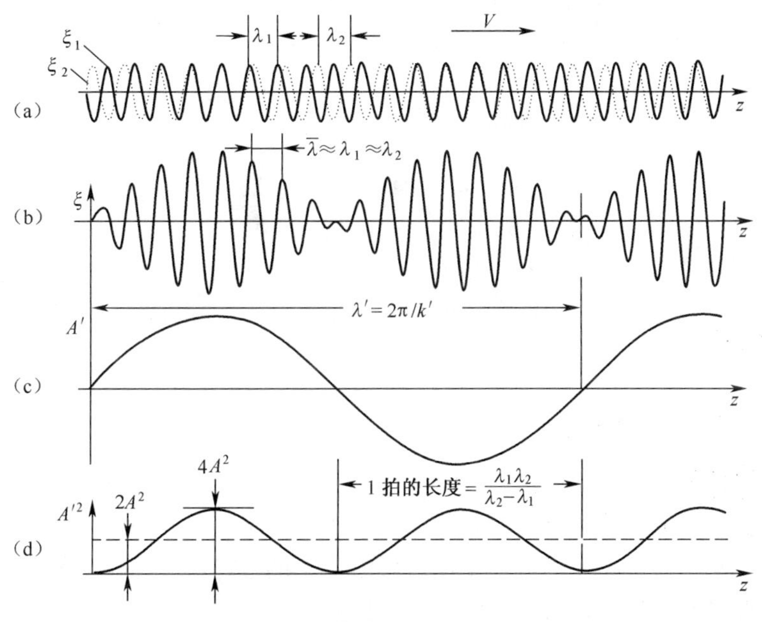

图 1.7.7　角频率相近的两个波的合成

(2) 从图 1.7.7(a)中还可以看出,波 ξ_1(实线)在长度为 λ'(图 1.7.7(c))的范围内变化了 17.5 个周期,而 ξ_2(虚线)在长度为 λ'(图 1.7.7(c))的范围内变化了 15.5 个周期,也就是说 $\lambda' = 17.5\lambda_1 = 15.5\lambda_2$。由于 $\lambda_1 \approx \lambda_2$,所以取平均值就是 $\lambda' = 16.5\lambda_1$。

随着时间的推移,图 1.7.7(a)、(c)中的曲线都要向右移动。但是,各曲线移动速度(即波速)的含义,会因为介质性质不同而变化,下面具体分析。

1. 线性介质(无色散介质)

将波形函数 $A\cos k_1 z$ 、$A\cos k_2 z$ 、$2A\cos k'z$ 还原,对应的波动方程为

$$\begin{cases} \xi_1 = A\cos(\omega_1 t - k_1 z) \\ \xi_2 = A\cos(\omega_2 t - k_2 z) \\ A'(z,t) = 2A\cos(\omega' t - k'z) \end{cases} \tag{1.7.16}$$

对于线性介质(如满足式(1.7.9)的介质),波速 V 是仅取决于介质材料的常数,而与角频率无关。因此,上述3个波的波速一致,均为 V。如果把某一时刻的波形看成一个具有余弦曲线形式的"框架",则波速的物理意义就是这个框架向右的运动速度。显然,框架本身的形状与它的运动速度是两个相互独立的概念。因此,虽然图1.7.7(a)中 $\xi_1 = A\cos(\omega_1 t - k_1 z)$ (或 $\xi_2 = A\cos(\omega_2 t - k_2 z)$)的波形与图1.7.7(c)中 $A'(z,t) = 2A\cos(\omega' t - k' z)$ 的波形明显不同,但这3个波的波速完全可以一致。

2. 色散介质(非线性介质)

此时介质运动的微分方程已经不是线性方程,因此色散关系也不是 $\omega = Vk$ 这种线性关系,即传播速度 V 不再是材料常数,而是随角频率 ω (或波矢 k)变化。尽管如此,由于 $\omega_1 \approx \omega_2$,所以图1.7.7(a)中两个波的波速相差不大。显然,这两个波速都是相速度。但是,对"振幅波" $2A\cos(\omega' t - k' z)$ 而言,由于 $\omega' \ll \bar{\omega} \approx \omega_1 \approx \omega_2$,所以其波速与图1.7.7(a)中的相速度有明显差异。也就是说,振幅变化速度与位相变化速度明显不同。这样,在色散介质中,出现了一个新的波速概念,称为群速度。显然,群速度是用来描述一群波的运动速度的,而相速度描述的是一个波的运动速度。

群速度的定义方式与前面所说的类似,也是令 $\omega' t - k' z =$ 常数,取全微分得到群速度 V_g 为

$$V_g = \frac{dz}{dt} = \frac{\omega'}{k'} = \frac{\omega_1 - \omega_2}{k_1 - k_2} = \left(\frac{d\omega}{dk}\right)_{\omega = \bar{\omega}} \tag{1.7.17}$$

需要说明的是,确定群速度 V_g 必须首先确定色散介质中色散关系 $\omega = \omega(k)$ 的具体形式,其具体步骤是:①建立色散介质的波动微分方程;②构造试探解;③将试探解代入波动微分方程。

1.7.5 驻波与简正模式

1. 驻波

给定传播介质和波的类型后(波的类型指机械波、电磁波这种分类),就有相应的波动微分方程。满足此方程的函数仅仅代表可能发生的波,这些可能的波中还满足边界条件的就是实际存在的波。设有如下的一维线性波动微分方程:

$$\frac{\partial^2 \xi}{\partial t^2} = V^2 \frac{\partial^2 \xi}{\partial z^2} \tag{1.7.18}$$

显然,以下两种形式的函数都满足此方程

$$\begin{cases} \xi(z,t) = A_1\cos(\omega t - kz) \\ \xi(z,t) = A_2\cos(\omega t + kz) \end{cases} \tag{1.7.19}$$

其中 $\omega = Vk$。这两种解分别代表沿 z 轴正向和反向传播的波。

需要强调,波在传播的时候,沿一定方向行进的波称为行波。"行进"体现在 $\omega t - kz$ 或 $\omega t + kz$ 作为一个整体出现。也就是说,综合形式的自变量(称为宗量) $\omega t - kz$ 或 $\omega t + kz$ 决定了 $\xi(z,t)$ 是行波。

与行波不同,上面的波动微分方程还有另外一种形式的解

$$\xi(z,t) = A\cos\omega t\cos kz \tag{1.7.20}$$

式中：$\omega = Vk$ 。

将式(1.7.20)代入波动微分方程,立即可以证明它的确是一个解。这种时间自变量与空间自变量分离的解称为驻波。

从物理意义上讲,驻波不是振动状态的传播过程。只要看一看驻波曲线上那些状态永不变化的节点,就知道驻波是不能传播振动状态的,或者说不能传播能量,因为振动状态(或能量)永远不能通过这些点。因此,只能将驻波理解为大量质点的一种集体振动状态。

2. 简正模式

下面将具体求解一个有限空间内的波动问题。假定介质存在的一维空间长度为 L,即 $0 \leqslant z \leqslant L$,边界条件为

$$\begin{cases}\xi(z=0,t)=0 \\ \xi(z=L,t)=0\end{cases} \tag{1.7.21}$$

显然,式(1.7.18)满足这两个边界条件的解不能是行波,因为行波要求任一空间点能够经历不同的振动状态。但由于边界条件的限制,在 $z=0$ 和 $z=L$ 这两个点上,只有一种振动状态。既然行波解不成立,就可以用驻波解试探,以得到既满足波动微分式(1.7.18),又满足两个边界条件的具体解。由于解方程的过程较为复杂,因此直接给出结论:

$$\xi(z,t) = A_n \sin\left(\frac{n\pi}{L}z\right)\cos\left(\frac{n\pi}{L}Vt + \varphi_n\right) \tag{1.7.22}$$

显然,这是一个驻波解。由于驻波表示振动,故按这种方式进行的振动称为简正模式。

式(1.7.22)表明,可能的解有无穷多个,其中 A_n 、φ_n 是与初始条件有关的常数,即仅仅靠边界条件式(1.7.21),还不能确定 A_n 和 φ_n 。将式(1.7.22)与驻波形式解对比可以发现,可能的角频率也有无穷多个,即

$$\omega_n = \frac{n\pi}{L}V,\ n = 1,2,3,\cdots \tag{1.7.23}$$

其中,角频率最低的 ω_1 称为基频。

需要特别指出的是,简正模式包含一系列分立的(非连续的)、角频率确定的振动状态。图 1.7.8 所示为两端固定弦的 5 个最低频率简正模式的振幅分布状况。

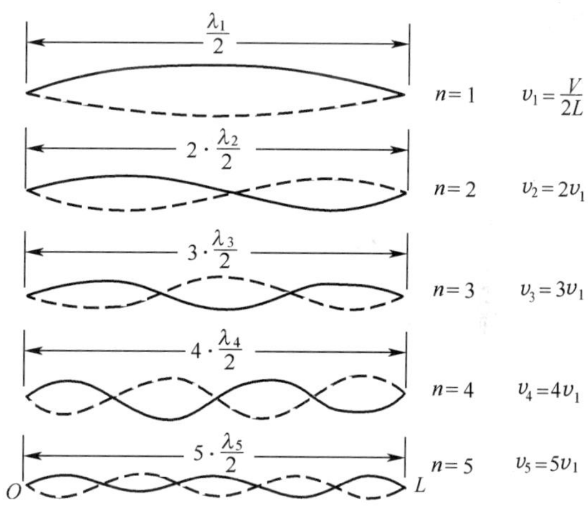

图 1.7.8 两端固定均匀弦的前 5 个模式

问题 1.7.1 通常所说的一个谐波具体指什么?

问题 1.7.2 机械波的形成有两个基本条件,请问是什么?

问题 1.7.3 请给波长下一个定义。

问题 1.7.4 (1)相位的概念如何理解?(2)什么叫"相位在传播"?

问题 1.7.5 (1)波的传播与热传导有什么相同与不同之处?(2)波的传播与物质的

扩散有什么不同？

问题 1.7.6 (1)波的传播最根本的物理含义是什么？并据此推导谐波的相速度；(2)请指出波速与质点速度之间的概念差异。

问题 1.7.7 对于表达式 $v = A\cos(\omega t - kx)$，其中的 $\omega t - kx$ 称为相位差。请据此给 ωt 和 kx 分别取名字。

问题 1.7.8 试写出球面谐波的数学表达式。

问题 1.7.9 弹性纵波的微分方程如下

$$\rho A\mathrm{d}x \frac{\partial^2 u}{\partial t^2} = AE\left[\frac{\partial u(x + \mathrm{d}x, t)}{\partial x} - \frac{\partial u(x, t)}{\partial x}\right] = AE\frac{\partial^2 u}{\partial x^2}\mathrm{d}x$$

请问写出该方程的思路是什么？

问题 1.7.10 (1)弹性体中为什么纵波总是比横波快，这一结果有什么实际应用？(2)水中能否有横波(表面波除外)，空气中能否有横波，为什么？

问题 1.7.11 对于声波、机械波与电磁波，请指出它们的共同特点。

问题 1.7.12 群速度能够用来表示能量的传播速度吗？相速度呢？

问题 1.7.13 (1)请具体说明为什么只要有节点就不能称为波？(2)什么叫集体振动？

问题 1.7.14 请从波的概念出发，说明驻波应该理解为物质的集体振动而不是(真正意义上的)波。

第 2 章　晶体的结构、衍射与结合

2.1　基元、原胞与基矢

晶体是由原子(或离子)通过特定的方式结合而成的,其中的微观粒子很有规则地排列起来,呈现出结构上的周期性。

2.1.1　基元与布拉菲点阵

晶体中原子(或离子)的规则排列一般称为晶格。在晶格中的任一方向上,会周期性地遇到完全相同的原子或原子团。也就是说,晶体可以看作是由完全相同的原子或原子团(结构单元)在空间的周期性排列。我们把最小的全同结构单元称为基元。例如,氯化钠晶格的基元为一个氯离子和一个钠离子所组成的单元;而面心立方结构的 Cu、Au 等的基元即为一个原子。如果把每个基元都代之以一个点,则这些点构成一个空间点阵,其中的每一个点(称为阵点)具有完全相同的几何环境。晶体结构可以用这个空间点阵及每个阵点所代表的基元来描述,即

$$\text{晶体结构}=\text{空间点阵}+\text{基元} \tag{2.1.1}$$

只要知道了某种晶体的空间点阵和基元情况(阵点代表的原子或原子团),则晶体结构就完全确定了。这样的点阵称布拉菲点阵。为了直观,人们常用直线将阵点连接为三维格子,故布拉菲点阵又称为布拉菲格子。

布拉菲点阵是一种数学上的抽象,只有当完全相同的基元以完全相同的方式被安置于每个阵点上时,才形成实际的晶格结构。阵点可以是基元的重心,也可以是某一个特定原子位置或其他任意的等价位置。图 2.1.1 所示为一个二维晶格,基元包含一个 A 原子和一个 B 原子。如果一个晶格的基元只包含一个原子,则称为简单晶格,如 Au、Cu 等的面心立方晶格结构,以及 Na、K 等的体心立方晶格结构。如果一个晶格的基元包含两个以上的原子,则称为复式晶格,如面心立方的氯化钠结构与体心立方的氯化铯结构。需要指出的是,对于密排六方结构和金刚石结构,虽然均由一种原子构成,但在空间分布方位的相互关系上,有两类不同的原子,即一个基元包含两个原子,故它们属于复式晶格。对于简单晶格,原子所在位置即为布拉菲点阵的阵点,因而原子阵列本身就是一个布拉菲格子。所以,有时也称简单晶格为布拉菲格子,在这种意义上,复式晶格可以看作不同原子的布拉菲格子套构而成。例如,氯化钠晶体可以看成是面心立方排列的钠离子与面心立方排列的氯离子套构而成。

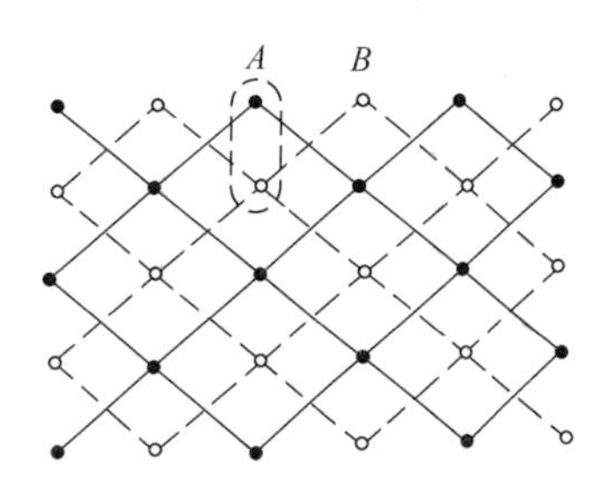

图 2.1.1　一种二维布拉菲格子

2.1.2 原胞与基矢

晶格的周期性还可以这样来看:它们是由一个平行六面体结构单元(一个晶胞)沿三个棱边方向重复排列而成。晶格最小的周期结构单元称为固体物理学原胞(简称原胞)。显然,一个原胞只包含该晶体布拉菲点阵的一个阵点(也就是说只包含一个基元),只在平行六面体的顶点处有阵点。对于简单晶格,原胞只包含一个原子;对于复式晶格,固体物理学原胞包含两个以上原子。以原胞的一个顶点为原点,可以引出三个矢量 $\boldsymbol{a}_1$、$\boldsymbol{a}_2$、$\boldsymbol{a}_3$,它们表示与该顶点相连的 3 个棱的长度与方向,称为原胞基矢。通过平移

$$\boldsymbol{T}_l=l_1\boldsymbol{a}_1+l_2\boldsymbol{a}_2+l_3\boldsymbol{a}_3 \tag{2.1.2}$$

(其中 l_1、l_2、l_3 为任意整数)可以得到全部布拉菲点阵,所以有时也称 $l_1\boldsymbol{a}_1+l_2\boldsymbol{a}_2+l_3\boldsymbol{a}_3$ 为布拉菲格子。如果我们用 $V(\boldsymbol{r})$ 表示 $\boldsymbol{r}$ 处的某一物理量(如静电势、电荷密度等),则由于晶体的周期性,有

$$V(\boldsymbol{r}+l_1\boldsymbol{a}_1+l_2\boldsymbol{a}_2+l_3\boldsymbol{a}_3)=V(\boldsymbol{r}) \tag{2.1.3}$$

因此,只要知道晶体中某个原胞的情况,则全部微观结构就都清楚了:原胞内原子排布情况反映了基元的构成,而原胞的 3 个基矢反映了基元在空间分布的周期性。

对于给定的晶体,原胞的选取不是唯一的,如图 2.1.2(a)、(b)都是可能的选法,都符合最小重复单元的要求。通常,人们总是选择对称性高的,如该图中(a)作为原胞显然比(b)的对称性要高。

为了同时反映出晶格的对称性,在有些问题中,人们常常采用结晶学单胞,又称晶胞(图 2.1.2(c))。晶胞通常也是平行六面体,也是晶格的重复单元,但不一定是最小的。在选取时要考虑它能反映出的晶格对称性,在此前提下应使单胞尽可能小。对于晶胞,布拉菲点阵的阵点除了位于顶点外,还可能位于晶胞的体心、底心或面心。

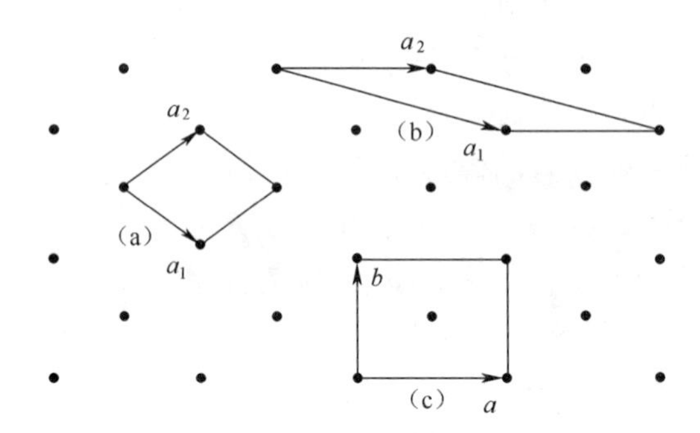

图 2.1.2 一种二维晶格的固体物理学原胞(a)、(b)和晶体学原胞(c)

以下对经常遇到的晶体结构的布拉菲格子、晶胞和原胞加以说明。图 2.1.3(a)表示简单立方晶格,其中所有原子都是等价的,图中所画立方体即为原胞。3 个基矢相互垂直而长度相等,可用 $\boldsymbol{a}_1=a\boldsymbol{i}$,$\boldsymbol{a}_2=a\boldsymbol{j}$,$\boldsymbol{a}_3=a\boldsymbol{k}$ 表示,其中 a 为立方体边长(点阵常数)。该原胞已经是晶胞了。由这 3 个基矢平移而形成的点阵称为简单立方布拉菲点阵。图 2.1.3(b)表示体心立方晶格结构,所有原子也都是等价的。图 2.1.3(b)中虚线所画立方体是晶格的重复单元,且显示出晶格的立方对称性,因此是该晶格结构的晶胞。但该晶胞含两

个等价原子，不是最小的重复单元，即不是原胞。可以从立方体一个顶点向最近的 3 个体心引 3 个矢量作为基矢，以之为棱构成的平行六面体即为原胞，如图 2.1.3(b)中实线所示。这 3 个基矢可写为

$$\boldsymbol{a}_1 = \frac{a}{2}(-\boldsymbol{i} + \boldsymbol{j} + \boldsymbol{k}) \tag{2.1.4}$$

$$\boldsymbol{a}_2 = \frac{a}{2}(\boldsymbol{i} - \boldsymbol{j} + \boldsymbol{k}) \tag{2.1.5}$$

$$\boldsymbol{a}_3 = \frac{a}{2}(\boldsymbol{i} + \boldsymbol{j} - \boldsymbol{k}) \tag{2.1.6}$$

其中：a 为晶胞边长。易证，这样得到的原胞体积是 $a^3/2$，其中只包含一个原子。图 2.1.3(c)表示面心立方晶格结构，所有原子也都是等价的。虚线所示立方体是晶格重复单元，且显示出晶体的立方对称性，因此是该晶格结构的晶胞。但该晶胞含 4 个等价原子，故不是原胞。可以由一个顶点向 3 个最近的面心引 3 个矢量作为基矢，所构成的平行六面体即为原胞，如图 2.1.3(c)中实线所示。这三个基矢为

$$\boldsymbol{a}_1 = \frac{a}{2}(\boldsymbol{j} + \boldsymbol{k}) \tag{2.1.7}$$

$$\boldsymbol{a}_2 = \frac{a}{2}(\boldsymbol{k} + \boldsymbol{i}) \tag{2.1.8}$$

$$\boldsymbol{a}_3 = \frac{a}{2}(\boldsymbol{i} + \boldsymbol{j}) \tag{2.1.9}$$

易证，这样得到的平行六面体体积为 $a^3/4$，它只含一个原子。图 2.1.3(d)表示密排六方结构，这是一个复式格子，A 层原子与 B 层原子是不等价的。

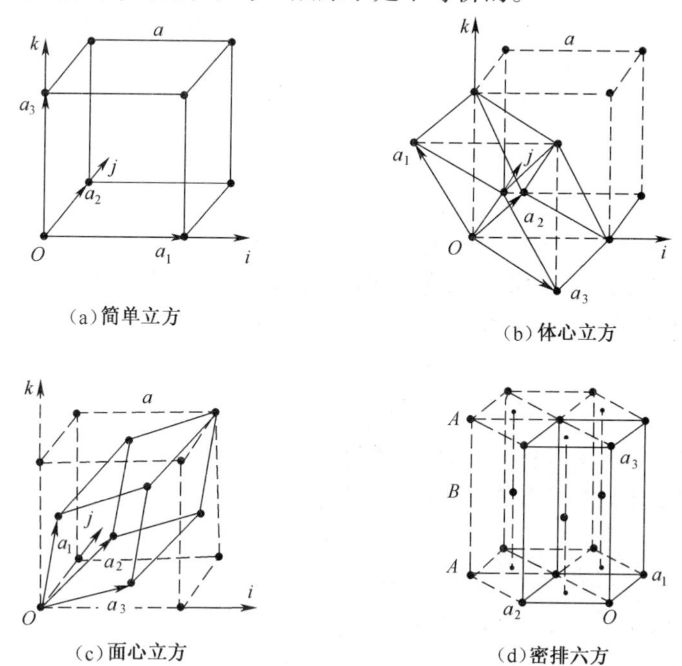

图 2.1.3　一些晶体结构的单胞与原胞

问题 2.1.1 将晶体写成“晶体结构=空间点阵+基元”的形式,是基于怎样的思想方法?

问题 2.1.2 晶胞概念与原胞概念最重要的差异是什么?

问题 2.1.3 在 14 种布拉菲点阵中,哪些晶胞属于原胞?

问题 2.1.4 在线性代数中,哪个概念与基矢对应?

问题 2.1.5 (1)晶体中静电势写成 $V(\boldsymbol{r}+l_1\boldsymbol{a}_1+l_2\boldsymbol{a}_2+l_3\boldsymbol{a}_3)=V(\boldsymbol{r})$,请问为什么?(2)其中的矢量 $\boldsymbol{r}$ 通常是点阵矢量吗? $\boldsymbol{r}$ 有什么特点?

2.2 晶体的衍射

2.2.1 独立电子对 X 射线的散射

在用量子力学处理 X 射线散射问题以前,汤姆逊(Thomson)曾用经典的电动力学方法研究过这个问题。在相干散射的前提下,电动力学方法和量子力学方法是一致的。

设有一束沿着 Y 轴传播的平面偏振电磁波,它的角频率 ω 避开该试样的吸收限频率,它的电矢量沿着 Z 方向,它的复振幅为 E_0,则该投射波在原点处可表示为

$$E = E_0 e^{i\omega t} \tag{2.2.1}$$

处在原点 O 的独立电子,在该电磁波的周期场作用下发生受迫振动,其运动方程式为

$$m\frac{d^2 Z}{dt^2} = -eE_0 e^{i\omega t}$$

这里 Z 表示电子的位移, E_0 之前的 e 表示元电荷。这个微分方程的解为

$$Z = \frac{e}{m\omega^2}E_0 e^{i\omega t} \tag{2.2.2}$$

因此电子在振动时的电矩 $\boldsymbol{P}$ 为

$$\boldsymbol{P}(t) = -eZ = -\frac{e^2}{m\omega^2}E_0 e^{i\omega t} \tag{2.2.3}$$

依照电动力学,振动着的偶极子发射电磁波,该电磁波即为散射的 X 射线,可以证明,在距离偶极子为 R 处(设 $R \gg \lambda$)的散射波电矢量的数值为

$$E = \frac{\omega^2}{c^2} \cdot \frac{1}{R}\boldsymbol{P}\left(t - \frac{R}{c}\right) \cdot \sin\phi \tag{2.2.4}$$

式中: ϕ 为 R 与电矩矢量 $\boldsymbol{P}$ 的夹角, c 为真空中的光速。

将式(2.2.3)代入式(2.2.4),得散射波的复振幅为

$$\overline{E'} = -\frac{e^2}{mc^2}\frac{\sin\phi}{R}E_0 e^{-\frac{i\omega R}{c}} \tag{2.2.5}$$

式中的负号表示散射时发生位相跃变 π,散射波的强度可表示为

$$I = \frac{c}{8\pi}\overline{E'}\,\overline{E'}^* = \left(\frac{e^2}{mc^2}\right)^2\frac{\sin^2\phi}{R^2}I_0 \tag{2.2.6}$$

式(2.2.6)称为汤姆逊散射公式,其中 $I_0 = \frac{c}{8\pi}E_0^2$。

如果投射波是非偏振的,则其电矢量可分解成两个互相垂直且相等的分量 E_{01} 与 E_{02},设其强度分别为 I_{01} 与 I_{02},则

$$I_{01} = I_{02} = \frac{I_0}{2} \tag{2.2.7}$$

选择坐标轴,使 Y 轴与 Z 轴在投射方向和散射方向所构成的平面内(见图 2.2.1),并设 E_{01} 也在这平面内,与此对应的 $\phi_1 = \frac{\pi}{2} - 2\theta$;这里 2θ 为散射方向与投射方向的夹角。E_{02} 则垂直于上述平面,与此对应的 $\phi_2 = \frac{\pi}{2}$。根据式(2.2.6),由这两个电矢量 E_{01} 与 E_{02} 引起的电子振动所散射的波分别为

$$\begin{cases} I_1 = I_{01}\left(\dfrac{e^2}{mc^2}\right)^2 \cdot \dfrac{\cos^2 2\theta}{R^2} \\ I_2 = I_{02}\left(\dfrac{e^2}{mc^2}\right)^2 \cdot \dfrac{1}{R^2} \end{cases} \tag{2.2.8}$$

因此在距离散射电子 R 处的 A 点上散射波的总强度为

$$I_e = I_1 + I_2 = I_0\left(\frac{e^2}{mc^2}\right)^2 \frac{1}{R^2}\frac{1 + \cos^2 2\theta}{2} \tag{2.2.9}$$

这是非偏振波的汤姆逊散射公式,这里的 $f_e = \frac{e^2}{mc^2} = 2.82 \times 10^{-13}$ 称为电子散射因数,而 $\frac{1 + \cos^2 2\theta}{2}$ 则称为偏振因数。由此可见,根据式(2.2.9)所算出的散射波强度是很弱的,即使取偏振因数为最大值,在距电子 1m 处的散射强度只有原强度的 8×10^{-30} 倍。

上述理论也适用于重粒子,如质子或原子核。质子的质量为电子的 1840 倍,相应地散射波强度只有电子散射波的 $\frac{1}{1840^2}$,可忽略不计。因此在计算原子散射时,可以忽略原子核对 X 射线的散射。

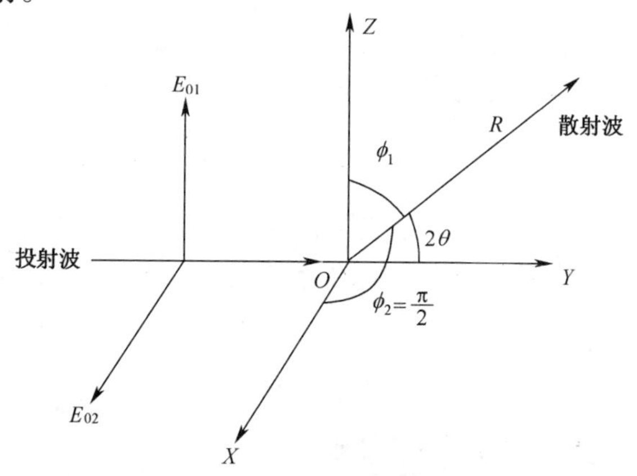

图 2.2.1　散射与投射方向的关系

汤姆逊散射公式(2.2.6)或式(2.2.9)在结构分析中占有重要地位,因为任一原子对X射线的散射相当于一定个数的汤姆逊电子的散射。

汤姆逊公式的正确性无法用实验来直接验证,因为无法获得一个由纯粹独立电子构成的散射体。可以设想最有利的散射体是较轻的元素,其电子的结合能比较小。但是,轻元素散射实验发现了经典理论没有预见的新现象,即康普顿效应。

问题 2.2.1 请将式(2.2.1)还原为平面电磁波的形式。

问题 2.2.2 验证汤姆逊公式时,使用了石墨,请问:(1)为什么是石墨?它有什么优点?(2)用金刚石可以吗?

问题 2.2.3 从能量转换的角度看,汤姆逊公式表达了怎样的含义?

问题 2.2.4 对于碳原子,计算其原子核的相干散射强度是一个自由电子相干散射强度的多少倍?对于氟原子做同样的计算。

问题 2.2.5 上述理论是针对X射线的散射。请问对于电子波,上述理论成立吗?对于光波呢?

问题 2.2.6 在X射线散射的经典电磁理论中,为什么强调长波?

问题 2.2.7 为什么说散射波是“球面波”?为什么最终仍然将散射波看成是平面波?

2.2.2 原子对X射线的相干散射

原子中的电子在原子核周围形成电子云,下面考察原子中第j个电子对入射X射线的散射。

设在原子内距原点为$\boldsymbol{r}$的点上(图2.2.2)发现第j个电子的概率密度为$\rho_j(\boldsymbol{r})$,则在这点的体元内发现这个电子的概率为$\rho_j(\boldsymbol{r})\mathrm{d}\tau$。令$\boldsymbol{k}_0$和$\boldsymbol{k}$分别表示投射方向和散射方向的波矢,$|\boldsymbol{k}_0|=|\boldsymbol{k}|=2\pi/\lambda$,之所以相等是因为散射是弹性的,因此散射波频率等于入射波频率,故散射波矢与入射波矢在数值上相等。从图2.2.2(a)可以看出,在P点的体元$\mathrm{d}\tau$内的电子所散射的线束和在原点处的电子所散的线束之间的光程差为$\overline{ON}-\overline{MP}$,其位相差则为

$$\varphi=\frac{2\pi}{\lambda}(\overline{ON}-\overline{MP})=(\boldsymbol{k}-\boldsymbol{k}_0)\cdot\boldsymbol{r}=\boldsymbol{s}\cdot\boldsymbol{r} \tag{2.2.10}$$

因为矢量$\boldsymbol{k}$和$\boldsymbol{k}_0$的数值相等,它们的矢量差$(\boldsymbol{k}-\boldsymbol{k}_0)$应正好平分投射线和散射线夹角的补角,见图2.2.2(b)。矢量$\boldsymbol{s}$称为散射矢量。由图2.2.2(b)可得散射矢量$\boldsymbol{s}$的大小为

$$|\boldsymbol{s}|=|\boldsymbol{k}-\boldsymbol{k}_0|=2|\boldsymbol{k}_0|\sin\theta=\frac{4\pi}{\lambda}\sin\theta \tag{2.2.11}$$

原子中的第j个电子所散射的振幅应是它分布在空间各点的电荷所散射的振幅的合成,在合成时应考虑各点位相不同所产生的干涉效应。故第j电子向$\boldsymbol{k}$方向散射的合成振幅为

$$E_j=E_\mathrm{e}\int\rho_j(\boldsymbol{r})\mathrm{e}^{\mathrm{i}\boldsymbol{s}\cdot\boldsymbol{r}}\mathrm{d}\tau \tag{2.2.12}$$

式中:E_e为按汤姆逊公式计算的一个电子所散射的振幅。

式(2.2.12)蕴含了一个重要概念,即散射振幅的焦点已经从大学物理中的点的干涉

(如水波干涉条纹),转变为“方向”干涉,而这完全是由于晶格很小,但测量点相对很远所致。同时,这个几何关系还使得散射波通常视为平面波。此外,“方向”干涉概念还与测量有关。这方面的细节可以参考钟锡华的《现代光学基础》中的“球面波向平面波的转化”,其前提是旁轴条件与远场条件。

为了简化表示式,定义第 j 个电子的散射因子为

$$f_j = \frac{E_j}{E_e} = \int \rho_j(\boldsymbol{r}) e^{i\boldsymbol{s}\cdot\boldsymbol{r}} d\tau \tag{2.2.13}$$

原子中共有 Z 个电子,令 $\rho(\boldsymbol{r})$ 为原子中总电子密度分布函数,则 $\rho(\boldsymbol{r}) = \sum_{j=1}^{Z} \rho_j(\boldsymbol{r})$,而整个原子所散射的振幅应为

$$E_a = \sum_{j=1}^{Z} E_j = E_e \sum_{j=1}^{Z} \int \rho_j(\boldsymbol{r}) e^{i\boldsymbol{s}\cdot\boldsymbol{r}} d\tau = E_e \int \rho(\boldsymbol{r}) e^{i\boldsymbol{s}\cdot\boldsymbol{r}} d\tau \tag{2.2.14}$$

定义原子散射因子为

$$f(\boldsymbol{s}) = \frac{E_a}{E_e} = \int \rho(\boldsymbol{r}) e^{i\boldsymbol{s}\cdot\boldsymbol{r}} d\tau \tag{2.2.15}$$

上式表明,一个原子散射的振幅相当于位于原点处的 f 个独立电子向同一个 $\boldsymbol{k}$ 方向所散射振幅的和(按汤姆逊公式计算)。

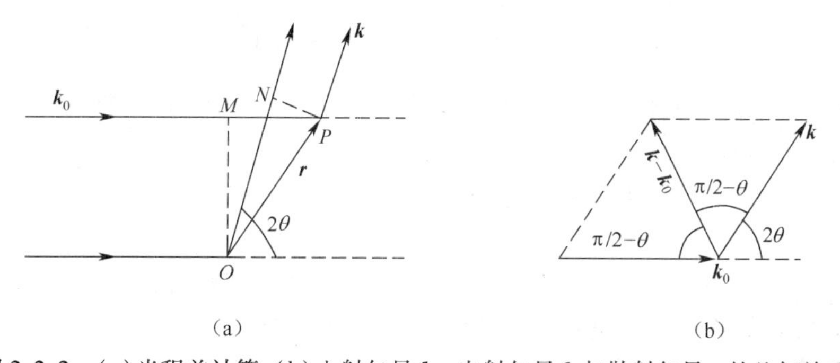

图 2.2.2　(a)光程差计算;(b)入射矢量 $\boldsymbol{k}_0$、出射矢量 $\boldsymbol{k}$ 与散射矢量 $\boldsymbol{s}$ 的几何关系。

从式(2.2.15)可以看出,原子散射因子是散射矢量 $\boldsymbol{s}$ 的函数,$\boldsymbol{s}$ 的绝对值等于 $\frac{4\pi\sin\theta}{\lambda}$,故 f 是 $\frac{\sin\theta}{\lambda}$ 的函数。$\theta = 0$ 时,不同电子的散射波的位相相同,故 $f = Z$ 。图 2.2.3 表示出 C、Si、Fe 和 Cu 四种元素的原子散射因子随 $\frac{\sin\theta}{\lambda}$ 的变化趋势。由图 2.2.3 可见,f 随 $\frac{\sin\theta}{\lambda}$ 的增加而相当快地下降。当波长 λ 一定时,f 随散射角 2θ 的增加而下降,即高角度散射振幅较小;当散射角 2θ 一定时,不同波长入射时 f 随 λ 的减小而很快减弱,即在同一散射角上,较短波长入射时散射振幅较小。

例 2.2.1　对于基态氢原子,证明原子散射因子为

$$f(\boldsymbol{s}) = \frac{16}{(4 + s^2 a_0^2)^2}$$

证　原子散射因子的定义为 $f(\boldsymbol{s}) = \int \rho(\boldsymbol{r}) e^{i\boldsymbol{s}\cdot\boldsymbol{r}} d\tau$。对于基态氢原子,电子波函数是球

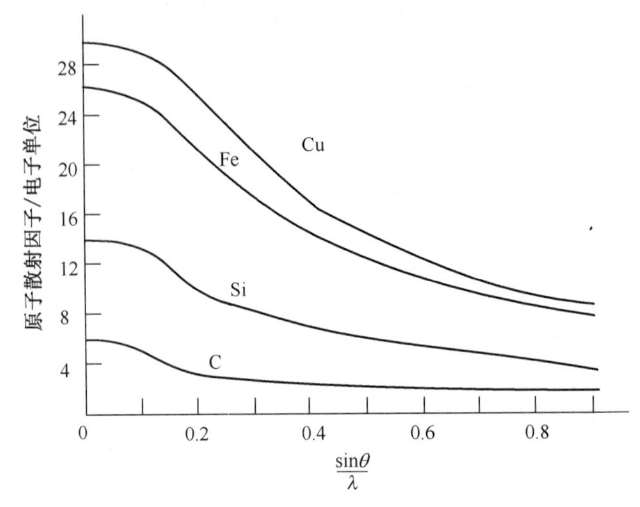

图 2.2.3 原子散射因子

对称的。因此取球坐标且球坐标极轴取 $\boldsymbol{s}$，则有 $\boldsymbol{s}\cdot\boldsymbol{r}=sr\cos\theta$ $\quad d\tau=2\pi r^2\sin\theta d\theta dr$，

$$f(\boldsymbol{s})=\int_0^{\pi}\int_0^{\infty}\rho(\boldsymbol{r})e^{is\cdot r\cos\theta}2\pi r^2\sin\theta d\theta dr=4\pi\int_0^{\infty}\rho(\boldsymbol{r})r^2\frac{\sin(sr)}{sr}dr$$

$$=4\pi\int_0^{\infty}\frac{e^{-2r/a_0}}{\pi a_0^3}\frac{r^2\sin(sr)}{sr}dr=\frac{16}{(4+\boldsymbol{s}^2a_0^2)^2}$$

问题 2.2.8 在上面的原子散射因子分析中，涉及 j 电子的运动吗？换言之，上面的讨论是如何看待 j 电子的？

问题 2.2.9 式(2.2.12)是积分形式，请问与它对应的求和形式在大学物理中见过吗？

问题 2.2.10 尽管电子散射波是球面波，但往往把它们看成平面波，请问为什么？

问题 2.2.11 用可见光能产生康普顿效应吗，即能观察到吗？

问题 2.2.12 试计算 0.07nm 的 X 射线的能量，并与石墨的外层电子结合能比较。

问题 2.2.13 (1)为什么用石墨做康普顿效应实验？(2)如果不考虑价格，可否用金刚石？(3)用 Pb 可能带来哪些问题？

问题 2.2.14 在康普顿效应中，自由电子概念似乎与电子静止相矛盾？请问如何理解电子的静止？

问题 2.2.15 原子内电子散射公式中(即式(2.2.12))，E_e是常数吗？如果不是为什么写在积分号外面？

问题 2.2.16 原子散射因子是散射矢量 $\boldsymbol{s}$ 的函数，即 $f=f(\boldsymbol{s})$，请问为什么？

问题 2.2.17 在图 2.2.3 中，横坐标 $\frac{\sin\theta}{\lambda}$ 的增大意味着什么？

问题 2.2.18 在图 2.2.3 中，与 Cu 相比 C 衰减得更快，请问为什么？

问题 2.2.19 对于式(2.2.15)，当 $\boldsymbol{s}=0$ 时，是否意味着不存在散射？

问题 2.2.20 (1)若入射波长远大于原子尺度，原子中电子的散射波差不多是同相的。请问为什么？(2)晶体衍射为什么不能使用可见光？

2.2.3　晶体对 X 射线的相干散射

前面已经计算了一个原子所散射的波的振幅，它相当于 f 个独立电子处在原子中心所散射的振幅，这里 f 是原子散射因子。这就是说，从散射振幅的计算看，可以认为一个原子中的电子是集中在原子中心的，只是其电子数不再是 Z，而是 f。

在考虑晶体衍射问题时，也可采用类似的思路。当投射电磁波被晶体内的原子所散射时，散射波好像是从一个个原子的中心发出，即从每一个原子中心发出的一个球面波。由于原子在晶体中是周期排列的，这些球面波之间存在着固定的位相关系，因而它们之间发生干涉，使得在某些方向上的散射波互相加强，而另一些方向上互相抵消，从而出现衍射现象，即只有某一些方向上有衍射线束，其余方向衍射强度为零。

衍射线束有一定方向和一定强度，这些都是可用实验测定的。X 射线衍射理论就是要导出这些物理量与晶体内原子的种类、个数及其排列、点阵相对于入射线束的取向以及入射线波长的关系，也就是导出 X 射线晶体学的基本计算公式。

1. 晶体衍射强度公式

本节只讨论具有简单结构的晶体对 X 射线的衍射。在这种结构中，一个晶胞只含一个原子。

设有一列平面波投射到晶体上，晶体中每一个原子就成为球面散射波的中心。下面的任务是推导出晶体外一点处这些元波的合成振幅。首先设折射率等于 1，因为 X 射线的折射率很接近 1。其次，设散射波不会被其他原子再次散射。应该指出，这样的再次散射现象是存在的，它对衍射强度影响有时相当大。但是，假如晶体很小，则再次散射可以忽略。第三，无论原线束或散射线束，在通过晶体时没有被吸收。这在晶体很小时近似地正确。需要指出，晶体样品尽管很小，但仍含有以亿亿计的原子。第二、三假设相当于假定每一个原子向晶体外一点散射的波振幅大小一致。第四，假设原子没有热振动，因为热振动将导致原子核位移，这会影响到散射波的相位差。

由于一个晶胞只含一个原子，可以认为散射集中在原子中心，故这类晶体的散射可看作空间点阵的散射。设晶胞的点阵基矢 $\boldsymbol{a}_1$、$\boldsymbol{a}_2$、$\boldsymbol{a}_3$ 方向上各含有 N_1、N_2 和 N_3 个结点，这块晶体的总结点数 $N=N_1N_2N_3$。点阵中任一结点的位矢为

$$\boldsymbol{r}=m\boldsymbol{a}_1+n\boldsymbol{a}_2+p\boldsymbol{a}_3$$

设有一束平行的单色 X 射线投射到这个晶体点阵上而发生散射。如果原子的散射因数为 f，则晶体中各个原子的散射波振幅都等于 fE_e，这里 E_e 是一个独立电子的散射振幅。各个原子的散射波相对于原点上原子的散射波的位相各不相同。由图 2.2.4 可见，

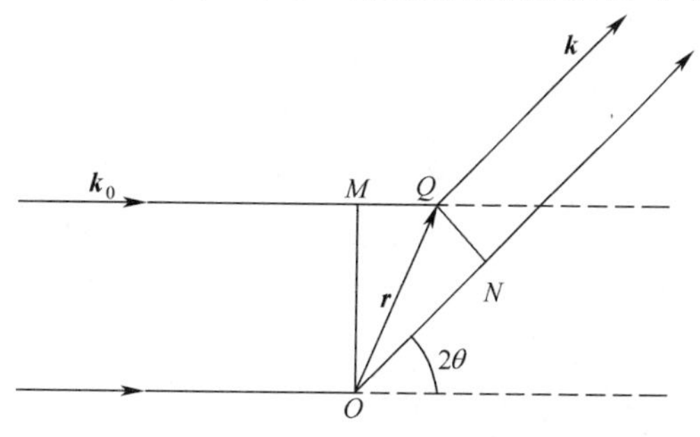

图 2.2.4　两个原子散射波间的相位差计算

处在 Q 点的原子相对于在原点 O 的原子的散射波位相差为

$$\varphi=\frac{2\pi}{\lambda}(\overline{ON}-\overline{MQ})=\boldsymbol{r}_Q\cdot(\boldsymbol{k}-\boldsymbol{k}_0)=\boldsymbol{r}_Q\cdot\boldsymbol{s} \tag{2.2.16}$$

式中:$\boldsymbol{k}-\boldsymbol{k}_0=\boldsymbol{s}$ 为散射矢量。

根据式(2.2.11),它的绝对值

$$|\boldsymbol{s}|=\frac{4\pi\sin\theta}{\lambda} \tag{2.2.17}$$

于是,由整个晶体所发出的散射波振幅为

$$E_c=fE_e\sum_{Q=0}^{N-1}e^{i\boldsymbol{r}_Q\cdot\boldsymbol{s}} \tag{2.2.18}$$

这里的求和遍及晶体所有的 N 个原子。将 $\boldsymbol{r}_Q=m\boldsymbol{a}_1+n\boldsymbol{a}_2+p\boldsymbol{a}_3$ 代入,可以把式(2.2.18)改写成

$$E_c=fE_e\sum_{m=0}^{N_1-1}e^{im\boldsymbol{a}_1\cdot\boldsymbol{s}}\cdot\sum_{n=0}^{N_2-1}e^{in\boldsymbol{a}_2\cdot\boldsymbol{s}}\cdot\sum_{p=0}^{N_3-1}e^{ip\boldsymbol{a}_3\cdot\boldsymbol{s}} \tag{2.2.19}$$

在式(2.2.18)的推导中,利用了谐波的复数表示法。根据数学中的欧拉公式 $Ae^{i\theta}\equiv A(\cos\theta+i\sin\theta)$,复数 $Ae^{i\theta}$ 的实部 $A\cos\theta$ 可写为 $\mathrm{Re}[Ae^{i\theta}]$,其中 Re 表示取复数的实部。因此,谐波 $u=A\cos(\boldsymbol{k}\cdot\boldsymbol{r}-\omega t)$ 可表示为 $u=\mathrm{Re}[Ae^{i(\boldsymbol{k}\cdot\boldsymbol{r}-\omega t)}]$。为了运算方便和书写简单,常常去掉 Re[ ],由此 $u=\mathrm{Re}[Ae^{i(\boldsymbol{k}\cdot\boldsymbol{r}-\omega t)}]$ 变为

$$u=Ae^{i(\boldsymbol{k}\cdot\boldsymbol{r}-\omega t)}=Ae^{i\boldsymbol{k}\cdot\boldsymbol{r}}e^{-i\omega t}$$

同时约定:这样写并不意味着"u 是复数",它只是一种简化写法。

不难看出,式(2.2.19)的 3 个求和式中的每一个,都是几何级数,式(2.2.19)因此可以进一步表示为

$$E_c=fE_e\cdot\frac{e^{iN_1\boldsymbol{a}_1\cdot\boldsymbol{s}}-1}{e^{i\boldsymbol{a}_1\cdot\boldsymbol{s}}-1}\cdot\frac{e^{iN_2\boldsymbol{a}_2\cdot\boldsymbol{s}}-1}{e^{i\boldsymbol{a}_2\cdot\boldsymbol{s}}-1}\cdot\frac{e^{iN_3\boldsymbol{a}_3\cdot\boldsymbol{s}}-1}{e^{i\boldsymbol{a}_3\cdot\boldsymbol{s}}-1} \tag{2.2.20}$$

例 2.2.2 对于从式(2.2.18)、式(2.2.19),以 8 个原子组成的晶体为例($8=2\times2\times2$),展开证明。

解 取立方体的一个角为原点,这 8 个原子的坐标分别为:(0,0,0)、(1,0,0)、(0,1,0)、(0,0,1)、(1,1,0)、(1,0,1)、(0,1,1)、(1,1,1)。根据式(2.2.18),有

$$\begin{aligned}E_c&=fE_e\sum_{Q=0}^{N-1}e^{i\boldsymbol{r}_Q\cdot\boldsymbol{s}}=fE_e[e^{i(0\cdot\boldsymbol{s})}+e^{i(\boldsymbol{a}_1\cdot\boldsymbol{s})}+e^{i(\boldsymbol{a}_2\cdot\boldsymbol{s})}+e^{i(\boldsymbol{a}_3\cdot\boldsymbol{s})}]\\&\quad+fE_e[e^{i(\boldsymbol{a}_1+\boldsymbol{a}_2)\boldsymbol{s}}+e^{i(\boldsymbol{a}_1+\boldsymbol{a}_3)\boldsymbol{s}}+e^{i(\boldsymbol{a}_2+\boldsymbol{a}_3)\boldsymbol{s}}+e^{i(\boldsymbol{a}_1+\boldsymbol{a}_2+\boldsymbol{a}_3)\boldsymbol{s}}]\end{aligned}$$

而根据式(2.2.19),有

$$\begin{aligned}E_c&=fE_e\sum_{m=0}^{N_1-1}e^{im\boldsymbol{a}_1\cdot\boldsymbol{s}}\sum_{n=0}^{N_2-1}e^{in\boldsymbol{a}_2\cdot\boldsymbol{s}}\sum_{p=0}^{N_3-1}e^{ip\boldsymbol{a}_3\cdot\boldsymbol{s}}\\&=fE_e[e^{i(0\cdot\boldsymbol{s})}+e^{i(\boldsymbol{a}_1\cdot\boldsymbol{s})}]\cdot[e^{i(0\cdot\boldsymbol{s})}+e^{i(\boldsymbol{a}_2\cdot\boldsymbol{s})}]\cdot[e^{i(0\cdot\boldsymbol{s})}+e^{i(\boldsymbol{a}_3\cdot\boldsymbol{s})}]\\&=fE_e[e^{i(0\cdot\boldsymbol{s})}+e^{i(\boldsymbol{a}_1\cdot\boldsymbol{s})}+e^{i(\boldsymbol{a}_2\cdot\boldsymbol{s})}+e^{i(\boldsymbol{a}_1+\boldsymbol{a}_2)\cdot\boldsymbol{s}}]\cdot[e^{i(0\cdot\boldsymbol{s})}+e^{i(\boldsymbol{a}_3\cdot\boldsymbol{s})}]\\&=fE_e[e^{i(0\cdot\boldsymbol{s})}+e^{i(\boldsymbol{a}_1\cdot\boldsymbol{s})}+e^{i(\boldsymbol{a}_2\cdot\boldsymbol{s})}+e^{i(\boldsymbol{a}_1+\boldsymbol{a}_2)\cdot\boldsymbol{s}}]\\&\quad+fE_e[e^{i(\boldsymbol{a}_3\cdot\boldsymbol{s})}+e^{i(\boldsymbol{a}_1+\boldsymbol{a}_3)\cdot\boldsymbol{s}}+e^{i(\boldsymbol{a}_2+\boldsymbol{a}_3)\cdot\boldsymbol{s}}+e^{i(\boldsymbol{a}_1+\boldsymbol{a}_2+\boldsymbol{a}_3)\cdot\boldsymbol{s}}]\end{aligned}$$

不难看出,上面的两个式子完全相同,因此证明结束。

下面要确定观测点处散射波的强度。由于强度等于 E_c 与其共轭复数 E_c^* 的乘积，故整个晶体衍射的强度

$$I_c = E_c \cdot E_c^* = f^2E_e^2 \cdot \frac{2-2\cos(N_1\boldsymbol{s}\cdot\boldsymbol{a}_1)}{2-2\cos(\boldsymbol{s}\cdot\boldsymbol{a}_1)} \cdot \frac{2-2\cos(N_2\boldsymbol{s}\cdot\boldsymbol{a}_2)}{2-2\cos(\boldsymbol{s}\cdot\boldsymbol{a}_2)} \cdot \frac{2-2\cos(N_3\boldsymbol{s}\cdot\boldsymbol{a}_3)}{2-2\cos(\boldsymbol{s}\cdot\boldsymbol{a}_3)}$$

$$= f^2E_e^2 \cdot \frac{\sin^2\left(\frac{1}{2}N_1\boldsymbol{s}\cdot\boldsymbol{a}_1\right)}{\sin^2\left(\frac{1}{2}\boldsymbol{s}\cdot\boldsymbol{a}_1\right)} \cdot \frac{\sin^2\left(\frac{1}{2}N_2\boldsymbol{s}\cdot\boldsymbol{a}_2\right)}{\sin^2\left(\frac{1}{2}\boldsymbol{s}\cdot\boldsymbol{a}_2\right)} \cdot \frac{\sin^2\left(\frac{1}{2}N_3\boldsymbol{s}\cdot\boldsymbol{a}_3\right)}{\sin^2\left(\frac{1}{2}\boldsymbol{s}\cdot\boldsymbol{a}_3\right)} \tag{2.2.21}$$

式(2.2.21)是衍射理论中的基本公式，以后的衍射问题都以它为出发点。

2. 干涉函数

如果令

$$I(\boldsymbol{s}) = \frac{\sin^2\left(\frac{1}{2}N_1\boldsymbol{s}\cdot\boldsymbol{a}_1\right)}{\sin^2\left(\frac{1}{2}\boldsymbol{s}\cdot\boldsymbol{a}_1\right)} \cdot \frac{\sin^2\left(\frac{1}{2}N_2\boldsymbol{s}\cdot\boldsymbol{a}_2\right)}{\sin^2\left(\frac{1}{2}\boldsymbol{s}\cdot\boldsymbol{a}_2\right)} \cdot \frac{\sin^2\left(\frac{1}{2}N_3\boldsymbol{s}\cdot\boldsymbol{a}_3\right)}{\sin^2\left(\frac{1}{2}\boldsymbol{s}\cdot\boldsymbol{a}_3\right)} \tag{2.2.22}$$

及

$$I_a = f^2E_e^2$$

则

$$I_c(\boldsymbol{s}) = I_aI(\boldsymbol{s}) \tag{2.2.23}$$

式中：$I(\boldsymbol{s})$ 为干涉函数；I_a 为一个原子的散射强度，是随散射角缓慢变化的函数，且在任何散射角上都不为零，因而晶体衍射强度按衍射方向的分布在很大程度上取决干涉函数 $I(\boldsymbol{s})$ 。

下面对干涉函数的性质做一些探讨。干涉函数中的 3 个因子是类似的，只研究其中一个就够了。

令 $\psi_a = \frac{1}{2}\boldsymbol{s}\cdot\boldsymbol{a}_1$，则 $\frac{\sin^2\left(\frac{1}{2}N_1\boldsymbol{s}\cdot\boldsymbol{a}_1\right)}{\sin^2\left(\frac{1}{2}\boldsymbol{s}\cdot\boldsymbol{a}_1\right)} = \frac{\sin^2N_1\psi_a}{\sin^2\psi_a}$。根据光学知识可知，这个函数的主极大是在

$$\psi_a = h\pi \tag{2.2.24}$$

式中：h 为任意整数。

将 $\psi_a = h\pi$ 代入干涉函数时，会得到不定式，它的主极大值要两次运用罗必达尔法则才能求出

$$\frac{\frac{\mathrm{d}}{\mathrm{d}\psi_a}\sin^2N_1\psi_a}{\frac{\mathrm{d}}{\mathrm{d}\psi_a}\sin^2\psi_a} = N_1\frac{\sin N_1\psi_a\cos N_1\psi_a}{\sin\psi_a\cos\psi_a},$$

$$N_1\left[\frac{\frac{\mathrm{d}}{\mathrm{d}\psi_a}\sin 2N_1\psi_a}{\frac{\mathrm{d}}{\mathrm{d}\psi_a}\sin 2\psi_a}\right] = N_1^2\left[\frac{\cos 2N_1\psi_a}{\cos 2\psi_a}\right]_{\psi_a=h\pi} = N_1^2 \tag{2.2.25}$$

因此主极大值等于 $\boldsymbol{a}_1$ 方向的晶胞数 N_1 的平方。

使干涉函数值为零的 ψ_a 值为

$$\frac{\sin^2 N_1\psi_a}{\sin^2\psi_a}=0$$

因此

$$\psi_a^0=\frac{p\pi}{N_1}+h\pi \tag{2.2.26}$$

式中：p 为非零整数。

与主极大邻近的零值在 $\psi_a^0=\pm\dfrac{\pi}{N_1}+h\pi$ 处，即主极大附近干涉函数值不为零的 ψ_a 值范围等于 $\dfrac{2\pi}{N_1}$，这个范围称为干涉函数主峰的宽度。图 2.2.5 表示 $N_1=5$ 时干涉函数 $\dfrac{\sin^2 5\psi_a}{\sin^2\psi_a}$ 的曲线。函数的主极大值，以及主极大、零值的位置都在图上标出。

从图 2.2.5 可以看出，干涉函数除了有主极大还有次极大等。计算结果表明，当 $N=5$ 时，次极大数值约为主极大数值的 4.5%，第三极大就更小些。因此，当 N 很大时（如 10^6），全部衍射能量实际都集中在主峰上。

上面已经证明了，主峰的宽度反比于 N_1。N_1 很大则峰宽很小。

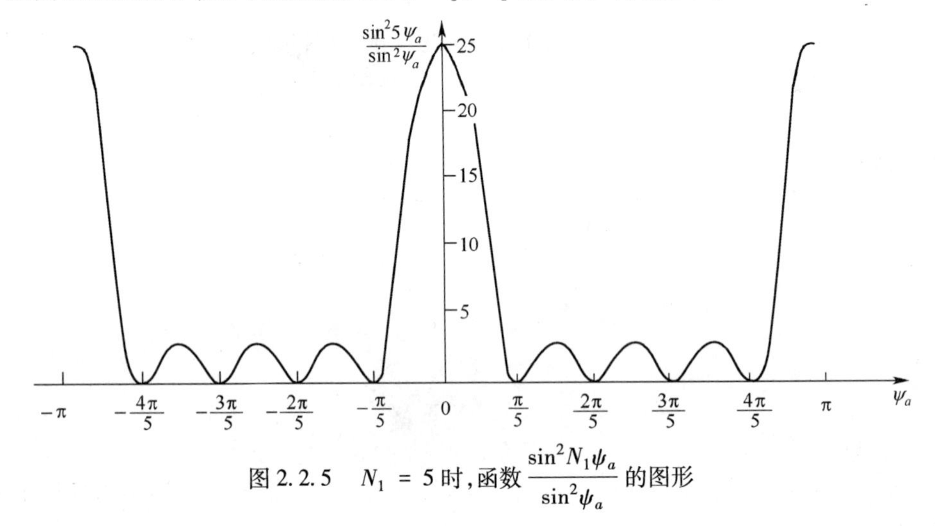

图 2.2.5 $N_1=5$ 时，函数 $\dfrac{\sin^2 N_1\psi_a}{\sin^2\psi_a}$ 的图形

3. 劳厄方程与布拉格方程

与主峰的衍射能量比，次峰的能量可以忽略不计，因此式（2.2.23）的干涉函数 $I(\boldsymbol{s})$ 只有在 3 个因子同时为主极大时才有不能忽略的数值。即使二个因子为主极大，只要第三个因子为次极大，$I(\boldsymbol{s})$ 的数值也趋近零。

按式（2.2.24），晶体发出的“不能忽略”的衍射线束的方向，必须同时满足如下条件：

$$\psi_a=\frac{1}{2}\boldsymbol{s}\cdot\boldsymbol{a}_1=h\pi,\qquad \psi_b=\frac{1}{2}\boldsymbol{s}\cdot\boldsymbol{a}_2=k\pi,\qquad \psi_c=\frac{1}{2}\boldsymbol{s}\cdot\boldsymbol{a}_3=l\pi$$

或

$$
\begin{cases}
\boldsymbol{s} \cdot \boldsymbol{a}_1 = 2h\pi \\
\boldsymbol{s} \cdot \boldsymbol{a}_2 = 2k\pi \\
\boldsymbol{s} \cdot \boldsymbol{a}_3 = 2l\pi
\end{cases}
\tag{2.2.27}
$$

式中：h,k,l 称为衍射指数，是包括零的任意整数。

这 3 个矢量式称为劳厄方程，是决定（不能忽略的）衍射方向的基本公式。

劳厄方程在实际应用中很不方便，这是由于要同时考虑 3 个方程式，因而不容易看出投射方向、基矢与衍射方向三者之间的几何关系。布拉格对劳厄方程进行了直观的解释，使衍射方向容易看出来，因而使 X 射线结构分析大为便利。

布拉格把衍射现象理解为晶体中平面族的选择性反射，也就是说把点阵平面看作反射面，投射线束、衍射线束及反射面法线三者之间的夹角关系遵循可见光的反射规律，不同的只是并非任何投射方向都会产生反射，要产生反射还要满足一个条件，即布拉格方程，故这种反射称为选择性反射。

下面根据劳厄方程推导布拉格方程。设晶体的 3 个基矢为 $\boldsymbol{a}_1$、$\boldsymbol{a}_2$、$\boldsymbol{a}_3$，该晶体中某相互平行的晶面（族）中，最靠近原点的那个平面在 $\boldsymbol{a}_1$、$\boldsymbol{a}_2$、$\boldsymbol{a}_3$ 上的截距分别为 $\frac{\boldsymbol{a}_1}{h}$、$\frac{\boldsymbol{a}_2}{k}$、$\frac{\boldsymbol{a}_3}{l}$。根据晶体学知识，该相互平行的晶面记为（$hkl$）。假定这里的 h、k、l 就是劳厄方程式中衍射线的衍射指数，则根据式（2.2.27），有

$$
\boldsymbol{s} \cdot \frac{\boldsymbol{a}_1}{h} = 2\pi, \qquad \boldsymbol{s} \cdot \frac{\boldsymbol{a}_2}{k} = 2\pi, \qquad \boldsymbol{s} \cdot \frac{\boldsymbol{a}_3}{l} = 2\pi
$$

将各方程两两相减，得

$$
\boldsymbol{s} \cdot \left(\frac{\boldsymbol{a}_1}{h} - \frac{\boldsymbol{a}_2}{k}\right) = 0\,, \quad \boldsymbol{s} \cdot \left(\frac{\boldsymbol{a}_2}{k} - \frac{\boldsymbol{a}_3}{l}\right) = 0\,, \quad \boldsymbol{s} \cdot \left(\frac{\boldsymbol{a}_3}{l} - \frac{\boldsymbol{a}_1}{h}\right) = 0
$$

根据矢量几何关系，$\left(\frac{\boldsymbol{a}_1}{h} - \frac{\boldsymbol{a}_2}{k}\right)$、$\left(\frac{\boldsymbol{a}_2}{k} - \frac{\boldsymbol{a}_3}{l}\right)$ 及 $\left(\frac{\boldsymbol{a}_3}{l} - \frac{\boldsymbol{a}_1}{h}\right)$ 恰好是 $(h\ k\ l)$ 晶面截 3 个基矢方向所得到的三角形的 3 个边（参考图 2.2.6），故矢量 $\boldsymbol{s} = \boldsymbol{k} - \boldsymbol{k}_0$ 垂直于 $(h\ k\ l)$ 晶面。但由于矢量 $\boldsymbol{k}$ 与 $\boldsymbol{k}_0$ 具有相同的数值 $2\pi/\lambda$，故两者与 $(h\ k\ l)$ 平面的夹角相等，都为 $\left(\frac{\pi}{2} - \theta\right)$，几何关系见图 2.2.7。这里 θ 称为掠射角或布拉格角，这就是说由式（2.2.27）规定的投射波矢与衍射波矢与 $(h\ k\ l)$ 面的夹角都相等，即发生了反射。

令 d_{hkl} 为 $(h\ k\ l)$ 晶面的面间距，它应等于图 2.2.6 中由原点到这个晶面的垂直距离，即

$$
d_{hkl} = \frac{\boldsymbol{s} \cdot \dfrac{\boldsymbol{a}_1}{h}}{|\boldsymbol{s}|} = \frac{\boldsymbol{s} \cdot \dfrac{\boldsymbol{a}_2}{k}}{|\boldsymbol{s}|} = \frac{\boldsymbol{s} \cdot \dfrac{\boldsymbol{a}_3}{l}}{|\boldsymbol{s}|}
$$

根据劳厄方程式（2.2.27），$\boldsymbol{s} \cdot \frac{\boldsymbol{a}_1}{h} = \boldsymbol{s} \cdot \frac{\boldsymbol{a}_2}{k} = \boldsymbol{s} \cdot \frac{\boldsymbol{a}_3}{l} = 2\pi$；而根据式（2.2.17），$|\boldsymbol{s}| = \frac{4\pi\sin\theta}{\lambda}$，故有

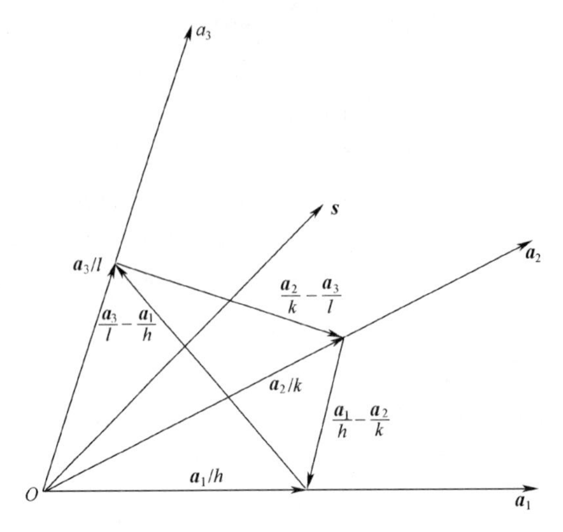

图 2.2.6 s 与$(h\ k\ l)$平面法线的关系

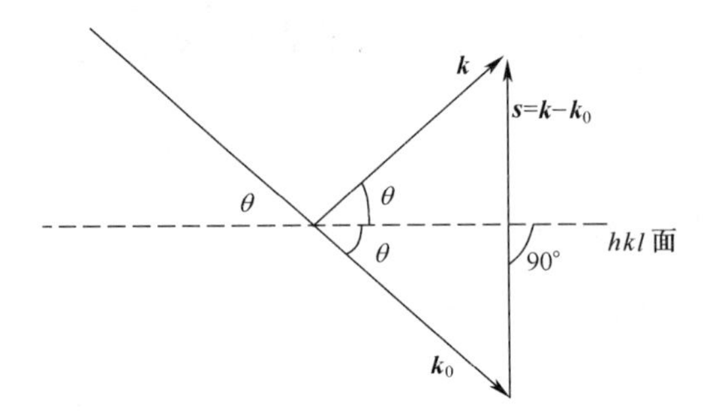

图 2.2.7 s、k、k_0与$(h\ k\ l)$平面的角度关系

$$2d_{hkl}\sin\theta = \lambda \tag{2.2.28}$$

这就是根据劳厄方程推导出来的发生干涉极大的条件,也就是著名的布拉格方程或布拉格定律。

布拉格方程表明,虽然从每个晶面反射是镜面式的,但只对某些 θ 值,来自所有平行晶面的反射才会同相位叠加,产生一个强反射束。当然,如果每一个面都是全反射的,那么只有平行晶面的第一个平面才能感受到入射束,而且任何波长的入射束都将被反射。但是,每个晶面只反射入射束的 $10^{-5}\sim10^{-3}$,因而对于一个理想晶体,来自 $10^3\sim10^5$个晶面的贡献将可以形成布拉格反射束。

例 2.2.3 请证明戴维孙-革末电子衍射实验的电子能量至少为 $\dfrac{h^2}{8md^2}$。如果所用镍晶体的散射平面间距 $d=0.091\text{nm}$,则所用电子的最小能量是多少?

证 电子在晶面上衍射的布拉格方程为

$$\lambda = 2d\sin\theta$$

由于电子动能较电子静能小得多,所以电子的动量为 $p = \sqrt{2mE}$,而波长为 $\lambda = \dfrac{h}{\sqrt{2mE}}$。将此波长代入上面布拉格方程,可得

$$2d\sin\theta = \frac{h}{\sqrt{2mE}}$$

由此

$$E = \frac{h^2}{8md^2 \sin^2\theta}$$

$\sin\theta$ 取最大值 1，得

$$E_{\min} = \frac{h^2}{8md^2}$$

当 $d=0.091\text{nm}$ 时有

$$E_{\min} = \frac{(6.63 \times 10^{-34})^2}{8 \times 9.11 \times 10^{-31} \times (0.091 \times 10^{-9})^2 \times 1.6 \times 10^{-19}} = 45.5\text{eV}$$

问题 2.2.21　表达式 $E_c = fE_e \sum_{Q=0}^{N-1} e^{i r_Q \cdot s}$ 的含义是什么？

问题 2.2.22　晶体对电子波的弹性散射机理主要是原子核对于电子波的吸引作用，它符合库仑定律。请根据这一情况判断，在垂直于入射方向上面，有无散射波。同时说明在类似的条件下，X 射线有无散射波。

问题 2.2.23　为什么说："I_a 是随散射角缓慢变化的函数，且在任何散射角上都不为零"？

问题 2.2.24　主极大的宽度是谁的函数？

问题 2.2.25　在式(2.2.16)中有位矢 $\boldsymbol{r}_Q$，而在原子散射因子表达式(2.2.15)中，也有表示位置的矢量 $\boldsymbol{r}$，请问这两类矢量最主要的差异是什么？

问题 2.2.26　布拉格方程 $2d_{hkl}\sin\theta = \lambda$ 显然并不适用于 $\theta = 0$ 的情况，布拉格方程要求 $2d_{hkl} \geq \lambda$，请从物理概念上对此给予解释。

问题 2.2.27　$\theta = 0$ 时存在散射是无疑的。但这个方向的散射能够测量到吗？为什么？

问题 2.2.28　对于表达式 $I_c(\boldsymbol{s}) = I_a I(\boldsymbol{s})$，教材重点分析了 $I(\boldsymbol{s})$ 中的散射矢量 $\boldsymbol{s}$ 的影响。但是，表达式中的 I_a 包含原子散射因子 f，而 f 内部也包含 $\boldsymbol{s}$，请问为什么不去关注这里的 $\boldsymbol{s}$？

问题 2.2.29　电子衍射的波长短，故满足布拉格衍射条件的衍射角很小，约 $10^{-3} \sim 10^{-2}$，这一点从布拉格公式不难解释。但是，从物理概念的角度呢？如何解释？

问题 2.2.30　从单个原子散射到晶体散射，似乎没有考虑原子之间的结合，请问原子的结合能对于晶体散射的影响大不大？

问题 2.2.31　晶面致密度与布拉格反射的强度有什么关系？

问题 2.2.32　置换固溶体中，假定原子半径相同，请问溶质原子与溶剂原子的差异(原子序数不同所致)对于布拉格方程有无影响？

问题 2.2.33　衍射振幅公式针对的是理想单晶体。如果有刃位错，衍射振幅会怎样变化？

4. 劳厄方程的几何意义

对于一维、二维与三维晶体，劳厄方程的几何意义是不同的，下面分别给予说明。

1）一维晶轴

此时劳厄方程退化为 $\boldsymbol{s} \cdot \boldsymbol{a}_1 = 2h\pi$，相应的几何关系在入射 X 线与一维晶轴成 α 角时

如图 2.2.8(a)所示。当入射 X 线垂直于晶轴时,如果在晶轴的后面放置底片,且该底片与晶轴平行,衍射花样为一系列双曲线,如图 2.2.8(b)所示。

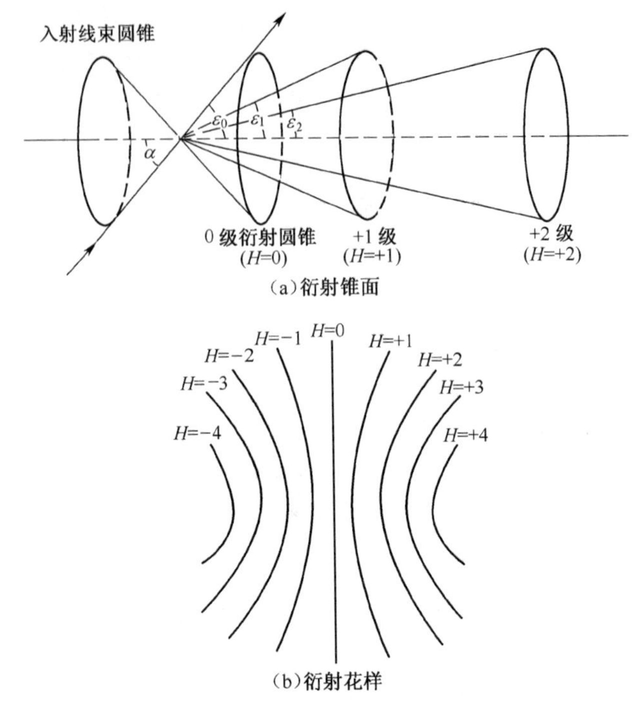

图 2.2.8 X 射线受到一维晶轴的衍射

2) 二维晶面

此时劳厄方程为 $\boldsymbol{s}\cdot\boldsymbol{a}_1=2h\pi$ 与 $\boldsymbol{s}\cdot\boldsymbol{a}_2=2k\pi$ 同时成立。当入射 X 线与二维晶面的 OA 轴夹角为 α_1、与 OB 轴夹角为 α_2 时,相应的衍射锥面如图 2.2.9(a)所示(事实上,这类锥面还有很多个)。当二维晶面的 OA 轴与 OB 轴相互垂直时,如果入射 X 线垂直该晶面,且在晶面的后方放置平行底片,底片上的衍射花样为一系列有规则的斑点,它们是两组双曲线的交点,如图 2.2.9(b)所示。

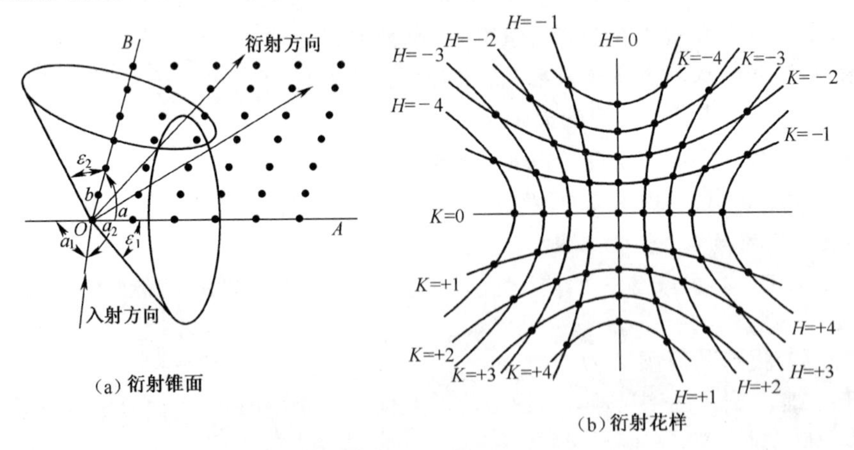

图 2.2.9 X 射线受到二维晶面的衍射

3）三维晶体

此时劳厄方程为式（2.2.27）。入射 X 线与三维晶体作用能够形成 3 组衍射锥，如图 2.2.10（a）所示。与前两种情况不同，此时形成相干必须同时满足劳厄方程的 3 个式子，从几何上就是要求 3 个衍射锥面能够交于同一直线。图 2.2.10（b）是正交晶体在入射 X 线平行于其中某一晶轴的衍射情况，两组双曲线仍然能够无条件相交，但图中的两个圆（它们对应第三组衍射锥）并不总能与已形成的（双曲线）交点相交。所谓满足劳厄方程指某些特殊情况下，圆与（双曲线）交点也相交了，即 3 个衍射锥共线，这就是劳厄方程的几何意义。

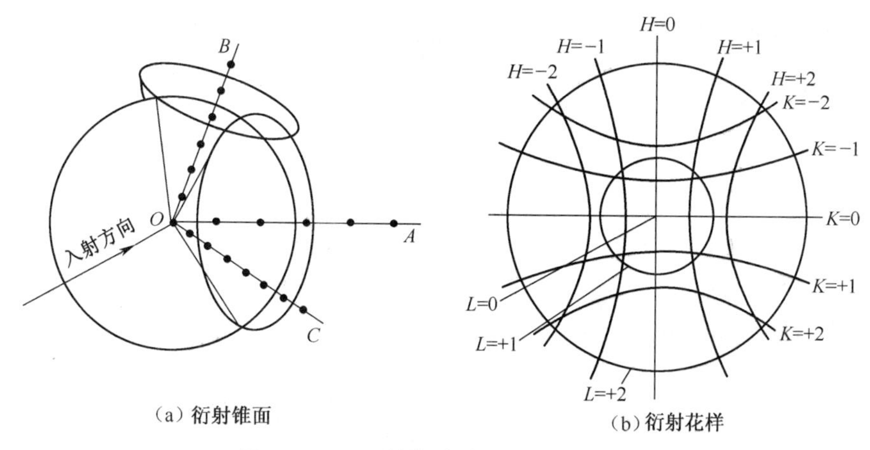

图 2.2.10　X 射线受到三维晶体的衍射

2.2.4　非晶体对 X 射线的相干散射

对于非晶体而言，尽管原子没有了空间的周期性排列，但非晶体仍然具有短程有序性。为了具体表征短程有序性，必须先介绍径向分布函数概念。

对于短程有序，如选择某一原子作为参考，则其周围原子的分布可用径向分布函数（简称 RDF）$R(r)$ 来表征。

取参考原子为坐标原点，其周围原子分布密度理论上应该是矢量 $\boldsymbol{r}$ 的函数，即 $R=R(\boldsymbol{r})$，R 的单位是：个原子/m^3。但是，考虑到非晶结构的球对称特点，即非晶体不存在晶体的各向异性，因此矢量函数 $R(\boldsymbol{r})$ 可以用标量函数 $R(r)$ 替代，而 $R(r)$ 定义如下：

$$dn = 4\pi r^2 R(r)\,dr \qquad (2.2.29)$$

其中 dn 表示在参考原子周围半径为 r、厚度为 dr 的球壳内的原子数。

在原子中电子散射（入射）X 射线的问题中，如果电子的分布函数已知，则与散射矢量 $\boldsymbol{s}$ 对应的相干散射的振幅与强度都能够确定。同时，根据 2.3.2 节的傅里叶变换知识，当散射强度函数 $I(\boldsymbol{s})$ 已知时，可以通过傅里叶变换，得到电子的分布函数 $\rho(\boldsymbol{r})$。也就是说，在相干散射强度与物质的分布函数之间，存在着对应关系。因此，可以通过非晶体的相干散射强度函数 $I(\boldsymbol{s})$，通过傅里叶变换得到非晶体的径向分布函数 $R(r)$。下面推导两者的数学关系。

取定坐标原点，令 $\boldsymbol{r}_j$ 为第 j 个原子的位矢，f_j 为其原子散射因子，$j=1,2,\cdots,N$，表示非晶体中共有 N 个原子。根据 2.2.2 节的知识，如入射 X 射线的波矢为 $\boldsymbol{k}_0$，则在 $\boldsymbol{k}(\boldsymbol{s}=\boldsymbol{k}-\boldsymbol{k}_0$

称为散射矢量)方向的散射振幅可表示为

$$E(\boldsymbol{s}) = fE_e \sum_j e^{i(\boldsymbol{k}-\boldsymbol{k}_0)\cdot \boldsymbol{r}_j} = fE_e \sum_j e^{i\boldsymbol{s}\cdot \boldsymbol{r}_j} \tag{2.2.30}$$

设 $\boldsymbol{r}_{ij}$ 为体系内第 j 个原子相对于第 i 个原子的位矢,即 $\boldsymbol{r}_{ij} = \boldsymbol{r}_j - \boldsymbol{r}_i$,则 $\boldsymbol{k}$ 方向 X 射线散射波的强度 $I(\boldsymbol{s})$ 为

$$I(\boldsymbol{s}) = E(\boldsymbol{s}) \cdot E^*(\boldsymbol{s}) = \sum_i f_i \cdot f_i^* + \sum_i \sum_{j\neq i} f_i \cdot f_j^* e^{i\boldsymbol{s}\cdot \boldsymbol{r}_{ij}} \tag{2.2.31}$$

上式展开后共有 N^2 项,即 $N^2 = N + N \cdot (N-1)$ 。

式(2.2.31)的双求和符号是离散表达式,将其连续化可以变为积分,其含义是将整个空间中原子的散射作用加和起来。可先对式(2.2.31)中的相位因子取角度平均值,即

$$\overline{e^{i\boldsymbol{s}\cdot \boldsymbol{r}_{ij}}} = \frac{1}{4\pi}\int_0^{2\pi}\int_0^{\pi} e^{i\boldsymbol{s}\cdot \boldsymbol{r}_{ij}} \sin\theta d\theta d\varphi = \frac{1}{4\pi}\int_0^{2\pi} d\varphi \int_0^{\pi} e^{isr_{ij}\cos\theta}\sin\theta d\theta = \frac{\sin sr_{ij}}{sr_{ij}} \tag{2.2.32}$$

代入式(2.2.31),得

$$I(\boldsymbol{s}) = \sum_i f_i \cdot f_i^* + \sum_i \sum_{j\neq i} f_i \cdot f_j^* \frac{\sin(sr_{ij})}{sr_{ij}} \tag{2.2.33}$$

式(2.2.33)称为德拜公式,其中的第二项表示已经对整个空间的角度部分取过平均值了,因此从三维空间积分看,只剩下径向部分尚未处理。因此,将式(2.2.29)代入上式,且假定所有原子的散射因子相同,即 $f_i = f =$ 常数 ,则式(2.2.33)变为

$$I(\boldsymbol{s}) = Nf^2 + f^2 \sum_i \int_0^{\infty} 4\pi r^2 R_{ij}(r) \frac{\sin sr}{sr} dr \tag{2.2.34}$$

式中: $R_{ij}(r)$ 为在第 i 个原子附近,其他原子的径向分布函数。

令 R_0 为系统中原子的平均密度,并将式(2.2.34)中 $R_{ij}(r)$ 改写成 $[R_{ij}(r) - R_0] + R_0$,则式(2.2.34)变为

$$\begin{aligned} I(\boldsymbol{s}) &= Nf^2 + f^2 \sum_i \int_0^{\infty} \frac{4\pi r^2 [R_{ij}(r) - R_0] \sin sr}{sr} dr + f^2 \sum_i \int_0^{\infty} \frac{4\pi r^2 R_0 \sin sr}{sr} dr \\ &\approx Nf^2 + f^2 \sum_i \int_0^{\infty} \frac{4\pi r^2 [R_{ij}(r) - R_0] \sin sr}{sr} dr \end{aligned} \tag{2.2.35}$$

略去第二个积分项是因为 $\sin sr/sr$ 是一个振荡函数,随着 r 的增大迅速减小,而 R_0 是常数,因此第二个积分值很小。对于非晶硅、非晶锗这一类无序体系,所有的原子都属于同一种元素,因此它们都满足式(2.2.35)。由于每一个原子的地位等价,因此上式变为

$$I(\boldsymbol{s}) = Nf^2 + Nf^2 \int_0^{\infty} \frac{4\pi r^2 [R(r) - R_0] \sin sr}{sr} dr \tag{2.2.36}$$

令 $\varphi(\boldsymbol{s}) = I(\boldsymbol{s})/Nf^2$ 及 $g(r) = R(r)/R_0$,则式(2.2.36)变为

$$\varphi(\boldsymbol{s}) = 1 + \int_0^{\infty} 4\pi r^2 R_0 [g(r) - 1] \frac{\sin sr}{sr} dr \tag{2.2.37}$$

式中: $\varphi(\boldsymbol{s})$ 为相干函数,它是无序系统中平均每个原子的相干衍射强度与单个孤立原子的相干衍射强度之比; $g(r)$ 为双体关联函数,是表征非晶态固体结构的分布函数。

图 2.2.11 示意地表示出物质的各种状态下的双体关联函数。

根据 δ 函数的定义

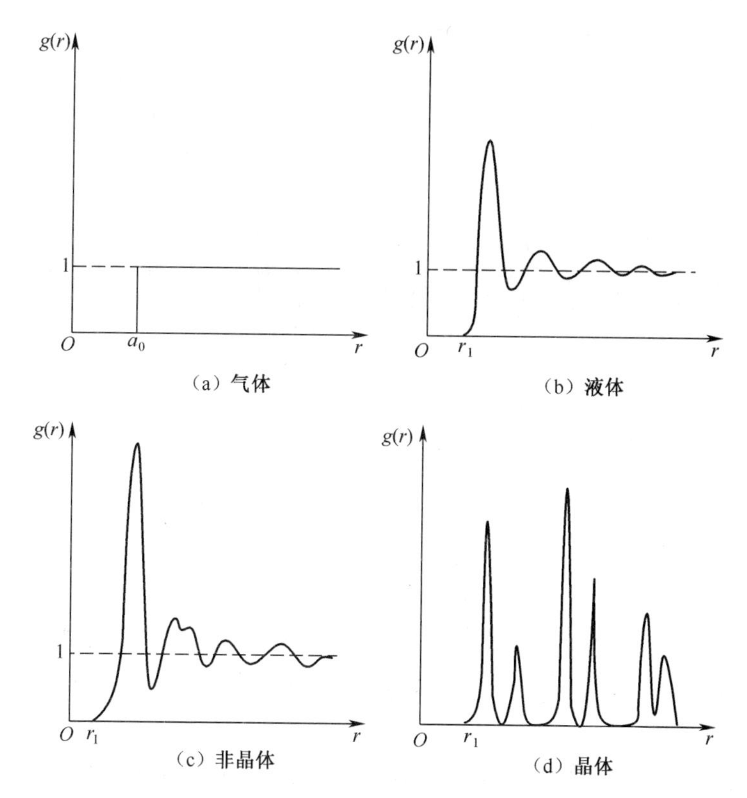

图 2.2.11 各种物态的双体关联函数

$$\begin{cases}\lim\limits_{s\to\infty}\dfrac{1}{2\pi}\displaystyle\int_{-s}^{s}\mathrm{e}^{\mathrm{i}sx}\mathrm{d}s=\lim\limits_{K\to\infty}\dfrac{1}{\pi}\dfrac{\sin sx}{x}=\delta(x)\\ \lim\limits_{s\to\infty}\dfrac{1}{2\pi}\displaystyle\int_{0}^{s}\mathrm{e}^{\mathrm{i}sx}\mathrm{d}s=\dfrac{1}{2}\delta(x)\end{cases}\tag{2.2.38}$$

得

$$\begin{aligned}\int_0^\infty\left(\frac{I(s)}{Nf^2}-1\right)\frac{2}{\pi}sr'\sin sr'\mathrm{d}s&=\int_0^\infty 4\pi r^2[R(r)-R_0]\frac{4r'}{r}\frac{1}{2\pi}\int_0^\infty\sin sr\sin sr'\mathrm{d}r\mathrm{d}s\\&=\int_0^\infty 4\pi r^2[R(r)-R_0]\frac{r}{}\delta(r-r')\mathrm{d}r\\&=4\pi r'^2[R(r')-R_0]\end{aligned}\tag{2.2.39}$$

不难看出,将衍射强度 $I(s)$ 换成相干函数 $\varphi(s)$ 之后,经傅里叶变换可求出原子的径向分布函数 $R(r)$ 。图 2.2.12 是非晶锗(a-Ge)的径向分布函数,曲线的峰值分别给出最近邻、次近邻及第三近邻的位置。图中第一个峰在 $r=0.235\mathrm{nm}$ 处,峰的宽度 $2\delta r$ 给出原子间距的涨落。第一个峰下的面积为

$$\int 4\pi r^2 R(r)\mathrm{d}r\approx 4$$

说明 a-Ge 和晶态锗一样,配位数都是 4。第二个峰下的面积为 11.62±0.5,也与晶态锗(c-Ge)的次近邻数 12 很接近。从图中还可以看出,a-Ge 的 RDF 曲线围绕单调曲线 $4\pi r^2R_0$ 上下涨落,距离 r 越大,涨落越小,这里 R_0 是平均密度。这说明 a-Ge 的结构只在几个近邻原子距离中短程有序,不再长程有序。

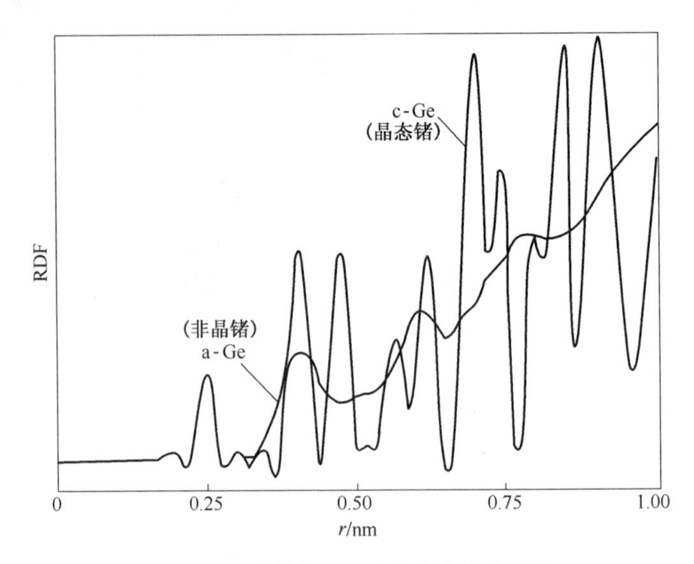

图 2.2.12 非晶锗(a-Ge)的径向分布函数

问题 2.2.34 在衍射三锥的底片中,中心斑对应什么?为什么说它的作用并不大?

问题 2.2.35 对于一维晶体,当入射线平行于晶轴时,在垂直于晶轴的背面,衍射图像是怎样的?

问题 2.2.36 入射波矢 $\boldsymbol{k}_0$ 通常都当成是确定的。请问这种确定性与 3 个基矢 $\boldsymbol{a}_1$、$\boldsymbol{a}_2$、$\boldsymbol{a}_3$ 的逻辑关系是什么?

问题 2.2.37 锥面是等强度面是什么意思?

问题 2.2.38 (1)假定晶体在 3 个空间尺度上都比较大,请问底片上的斑点的大小如何?(2)假如晶体的一个空间尺度比较小,而另外两个很大,请问底片上的斑点的大小如何?

问题 2.2.39 什么是零级、一级与二级衍射?

问题 2.2.40 请给出径向分布函数 $R(r)$ 的文字定义。

问题 2.2.41 (1)式(2.2.32)求平均值为什么除以 4π?(2)请给出式(2.2.32)最后一步的推导过程。

问题 2.2.42 对于 Si:(1)请计算它处于晶态的密度;(2)请估计它处于非晶态时 R_0 的大小。

问题 2.2.43 式(2.2.34)既然已经对角度求了平均值,为什么还会是散射矢量 $\boldsymbol{s}$ 的函数?之所以这样提问是因为散射矢量 $\boldsymbol{s}$ 的核心含义之一是角度变化。

问题 2.2.44 式(2.2.35)的第二个积分因为数值很小而被忽略了。请问在图 2.2.11 中,有没有第二个积分数值很小的证据?

问题 2.2.45 (1)请对比图 2.2.11 的(b)与(c),指出两者产生差异的原因;(2)请对比图 2.2.11 的(c)与(d),指出两者产生差异的原因。

问题 2.2.46 教材中说:"a-Ge 的 RDF 曲线(见图 2.2.12)围绕单调曲线 $4\pi r^2 R_0$ 上下涨落,距离 r 越大,涨落越小",请问:(1) $4\pi r^2 R_0$ 的含义是什么?(2)向上涨落是什么原因?向下涨落是什么原因?(3)为什么随着距离增大,涨落变小?

问题 2.2.47　金属 Cu 也能得到类似图 2.2.12 的曲线，请问非晶 Cu 的第一个峰下的面积大致是多少？

2.3　倒易空间与傅里叶变换

2.3.1　倒易空间

1. 倒矢量与倒格子定义

对于一个特定晶格，根据原胞基矢 $\boldsymbol{a}$、$\boldsymbol{a}_2$、$\boldsymbol{a}_3$，可以定义 3 个新的矢量，即

$$\boldsymbol{b}_1 = \frac{2\pi}{\Omega}(\boldsymbol{a}_2 \times \boldsymbol{a}_3) \tag{2.3.1}$$

$$\boldsymbol{b}_2 = \frac{2\pi}{\Omega}(\boldsymbol{a}_3 \times \boldsymbol{a}_1) \tag{2.3.2}$$

$$\boldsymbol{b}_3 = \frac{2\pi}{\Omega}(\boldsymbol{a}_1 \times \boldsymbol{a}_2) \tag{2.3.3}$$

其中

$$\Omega = \boldsymbol{a}_1 \cdot (\boldsymbol{a}_2 \times \boldsymbol{a}_3) \tag{2.3.4}$$

是原胞体积。称 $\boldsymbol{b}_1$、$\boldsymbol{b}_2$、$\boldsymbol{b}_3$ 为倒空间的基矢。以 $\boldsymbol{b}_1$、$\boldsymbol{b}_2$、$\boldsymbol{b}_3$ 为基矢进行平移可得到一个新的周期点阵，称为倒易点阵，或倒格子。因此 $\boldsymbol{b}_1$、$\boldsymbol{b}_2$、$\boldsymbol{b}_3$ 也称作倒格子基矢。倒格点的位矢可写作

$$\boldsymbol{G}_h = h_1\boldsymbol{b}_1 + h_2\boldsymbol{b}_2 + h_3\boldsymbol{b}_3 \tag{2.3.5}$$

式中：h_1, h_2, h_3 为整数；$\boldsymbol{G}_h$ 简称倒格矢。

应该指出，倒矢量或倒格子空间的“长度”量纲是 L^{-1}，即 m^{-1}，它与波矢的量纲是一样的。如果正晶格的原胞基矢是正交的（$\boldsymbol{a}_1$、$\boldsymbol{a}_2$、$\boldsymbol{a}_3$ 互相垂直），则 $\boldsymbol{b}_1$、$\boldsymbol{b}_2$、$\boldsymbol{b}_3$ 的方向分别与 $\boldsymbol{a}_1$、$\boldsymbol{a}_2$、$\boldsymbol{a}_3$ 方向一致，而数值大小分别为 $2\pi/a_1$、$2\pi/a_2$、$2\pi/a_3$。若不考虑 2π 因子，则 $\boldsymbol{b}_i$ 与 a_i 恰为倒数关系（$i = 1,2,3$）。但是，在一般情况下，$\boldsymbol{a}_1$、$\boldsymbol{a}_2$、$\boldsymbol{a}_3$ 不一定互相垂直，此时 $\boldsymbol{b}_1$ 虽垂直于 $\boldsymbol{a}_2$、$\boldsymbol{a}_3$，但不一定平行于 $\boldsymbol{a}_1$。$\boldsymbol{b}_2$、$\boldsymbol{b}_3$ 也类似。

对于二维晶格，我们可以想象有一个与 $\boldsymbol{a}_1$、$\boldsymbol{a}_2$ 垂直的单位矢量 $\boldsymbol{a}_3$（这样就把二维问题转化为三维问题），然后由式（2.3.1）、式（2.3.2）可求出 $\boldsymbol{b}_1$、$\boldsymbol{b}_2$（图 2.3.1）。注意 $\boldsymbol{b}_1 \perp \boldsymbol{a}_2$，$\boldsymbol{b}_2 \perp \boldsymbol{a}_1$。对于一维晶格，$\boldsymbol{b}$ 与 $\boldsymbol{a}$ 方向相同，而数值等于 $|\boldsymbol{a}|$ 的倒数的 2π 倍，即

$$\boldsymbol{b} = \frac{2\pi}{a} \cdot \frac{\boldsymbol{a}}{a} \tag{2.3.6}$$

2. 倒矢量的基本性质

用上述方法引入的倒矢量与倒格子之所以重要，是因为它们有一些重要性质，可使我们更简明地分析晶格中的问题。下面先介绍最基本的性质。

首先，正格子基矢 $\boldsymbol{a}_i$ 与倒格子基矢 $\boldsymbol{b}_j$ 之间满足

$$\boldsymbol{a}_i \cdot \boldsymbol{b}_j = 2\pi\delta_{ij} = \begin{cases} 2\pi & (i = j) \\ 0 & (i \neq j) \end{cases} \quad (i,j=1,\ 2,\ 3) \tag{2.3.7}$$

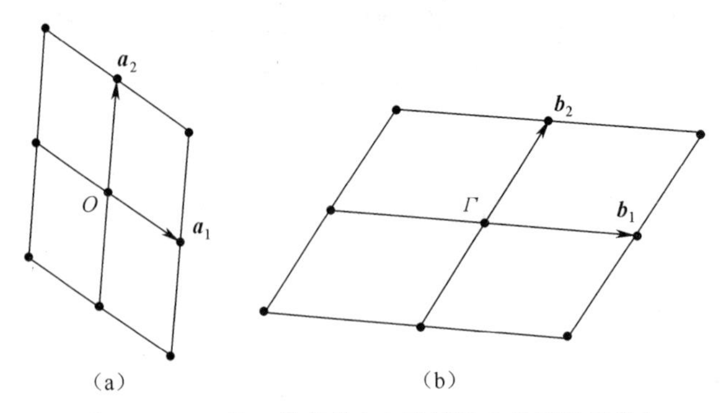

图 2.3.1 一种二维晶格(a)及其相应的倒格子(b)

这由 $\boldsymbol{b}_j$ 的定义式(2.3.1)~式(2.3.3)容易证明。实际上式(2.3.7)也可作为倒矢量的定义,对一维、二维、三维同样适用。

正格子中的任一矢量 $\boldsymbol{r}$ 可以按原胞基矢 $\boldsymbol{a}_1$、$\boldsymbol{a}_2$、$\boldsymbol{a}_3$ 展开,即

$$\boldsymbol{r} = \xi_1\boldsymbol{a}_1 + \xi_2\boldsymbol{a}_2 + \xi_3\boldsymbol{a}_3 \tag{2.3.8}$$

由于一般是斜坐标系,分量 ξ_i 不能像直角坐标系那样用 $\boldsymbol{r}$ 在方向 $\boldsymbol{a}_i$ 上的投影决定。但是,借助式(2.3.7),将式(2.3.8)两侧点乘 $\boldsymbol{b}_j$,立即就可得到:

$$\xi_i = \boldsymbol{r}\cdot\boldsymbol{b}_i/2\pi \qquad (i=1,2,3) \tag{2.3.9}$$

由倒矢量定义式(2.3.1)~式(2.3.3),容易证明由 $\boldsymbol{b}_1$、$\boldsymbol{b}_2$、$\boldsymbol{b}_3$ 构成的倒格子原胞体积 Ω^* 为

$$\Omega^* = \boldsymbol{b}_1\cdot(\boldsymbol{b}_2\times\boldsymbol{b}_3) = (2\pi)^3/\Omega \quad (\text{三维}) \tag{2.3.10}$$

也就是说,若不考虑 $(2\pi)^3$ 因子,倒格子原胞体积与正格子原胞体积互为倒数。注意,若晶格是二维或一维,则式(2.3.10)相应地变为 $S^* = (2\pi)^2/S$ 或 $L^* = 2\pi/L$,其中 S、L 分别为原胞面积(二维)和原胞长度(一维)。

由式(2.3.7),还可以很容易地推导出正格矢 $\boldsymbol{R}_l = l_1\boldsymbol{a}_1 + l_2\boldsymbol{a}_2 + l_3\boldsymbol{a}_3$ 与倒格矢 $\boldsymbol{G}_h = h_1\boldsymbol{b}_1 + h_2\boldsymbol{b}_2 + h_3\boldsymbol{b}_3$ 之间的如下关系:

$$\boldsymbol{R}_l\cdot\boldsymbol{G}_h = 2\pi\mu \ (\mu\text{ 为整数}) \tag{2.3.11}$$

反过来,如果一个矢量 $\boldsymbol{K}$ 与任意正格矢 $\boldsymbol{R}_l$(或任意倒格矢 $\boldsymbol{G}_h$)点积为 $2\pi\mu$(μ 为整数),则该矢量必为倒格矢(或正格矢),其证明如下:

将该矢量 $\boldsymbol{K}$ 按倒矢量展开为

$$\boldsymbol{K} = m_1\boldsymbol{b}_1 + m_2\boldsymbol{b}_2 + m_3\boldsymbol{b}_3 \tag{2.3.12}$$

则

$$\begin{aligned}\boldsymbol{R}_l\cdot\boldsymbol{K} &= (l_1\boldsymbol{a}_1 + l_2\boldsymbol{a}_2 + l_3\boldsymbol{a}_3)\cdot(m_1\boldsymbol{b}_1 + m_2\boldsymbol{b}_2 + m_3\boldsymbol{b}_3)\\ &= 2\pi(l_1m_1 + l_2m_2 + l_3m_3) = 2\pi\mu\end{aligned} \tag{2.3.13}$$

即

$$l_1m_1 + l_2m_2 + l_3m_3 = \mu \tag{2.3.14}$$

注意:l_1、l_2、l_3 为任意整数,μ 也是整数。显然此式成立的条件是 m_1、m_2、m_3 全为整数,这说明 $\boldsymbol{K}$ 是一个倒格矢。

3. 倒格子与晶面的关系

正空间的晶面($h_1h_2h_3$)与倒格矢 $\boldsymbol{G}_h = h_1\boldsymbol{b}_1 + h_2\boldsymbol{b}_2 + h_3\boldsymbol{b}_3$ 有着极为密切的关系:

(1) 以晶面指数 h_1、h_2、h_3 为系数构成的倒格矢 $\boldsymbol{G}_h = h_1\boldsymbol{b}_1 + h_2\boldsymbol{b}_2 + h_3\boldsymbol{b}_3$ 恰为 $(h_1h_2h_3)$ 晶面的公共法线方向,即

$$\boldsymbol{G}_h = \boldsymbol{G}_{h_1h_2h_3} \perp (h_1h_2h_3) \tag{2.3.15}$$

(2) 晶面 $(h_1h_2h_3)$ 的面间距为

$$d_{h_1h_2h_3} = \frac{2\pi}{|\boldsymbol{G}_{h_1h_2h_3}|} \tag{2.3.16}$$

证明如下:

在图2.3.2中,O 为某一格点,$\boldsymbol{a}_1$、$\boldsymbol{a}_2$、$\boldsymbol{a}_3$ 为原胞基矢,A、B、C 分别为距 O 最近的晶面 $(h_1h_2h_3)$ 与三基矢的交点(截距分别为 $s_1 = 1/h_1$, $s_2 = 1/h_2$, $s_3 = 1/h_3$),于是

$$OA = \boldsymbol{a}_1/h_1, \quad OB = \boldsymbol{a}_2/h_2, \quad OC = \boldsymbol{a}_3/h_3 \tag{2.3.17}$$

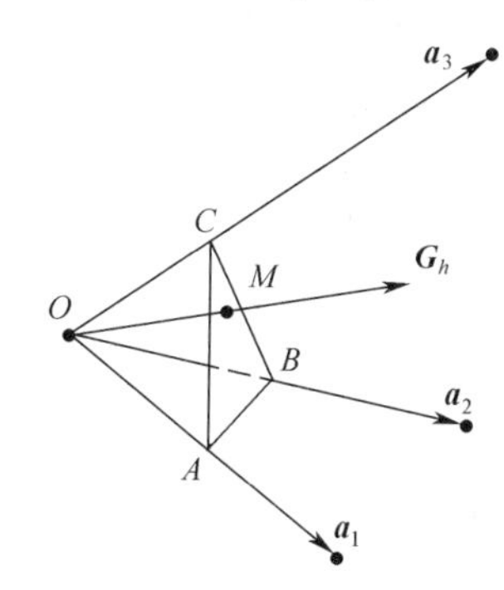

图2.3.2　晶面 $(h_1h_2h_3)$ 与倒格矢 $\boldsymbol{G}_h = h_1\boldsymbol{b}_1 + h_2\boldsymbol{b}_2 + h_3\boldsymbol{b}_3$ 的关系

设从 O 点引出的倒格矢

$$\boldsymbol{G}_h = h_1\boldsymbol{b}_1 + h_2\boldsymbol{b}_2 + h_3\boldsymbol{b}_3 \tag{2.3.18}$$

与 ABC 晶面交于 M 点。欲证 $\boldsymbol{G}_h \perp (h_1h_2h_3)$ 晶面,只须证 $\boldsymbol{G}_h \perp AB$,$\boldsymbol{G}_h \perp AC$。由式(2.3.17),再利用式(2.3.7),得

$$\begin{cases} \boldsymbol{G}_h \cdot AB = (h_1\boldsymbol{b}_1 + h_2\boldsymbol{b}_2 + h_3\boldsymbol{b}_3) \cdot \left(\dfrac{\boldsymbol{a}_2}{h_2} - \dfrac{\boldsymbol{a}_1}{h_1}\right) = \boldsymbol{b}_2 \cdot \boldsymbol{a}_2 - \boldsymbol{b}_1 \cdot \boldsymbol{a}_1 = 0 \\ \boldsymbol{G}_h \cdot AC = (h_1\boldsymbol{b}_1 + h_2\boldsymbol{b}_2 + h_3\boldsymbol{b}_3) \cdot \left(\dfrac{\boldsymbol{a}_3}{h_3} - \dfrac{\boldsymbol{a}_1}{h_1}\right) = \boldsymbol{b}_3 \cdot \boldsymbol{a}_3 - \boldsymbol{b}_1 \cdot \boldsymbol{a}_1 = 0 \end{cases} \tag{2.3.19}$$

于是式(2.3.15)得证。$(h_1h_2h_3)$ 晶面的面间距就是 OM 的长度,即

$$d_{h_1h_2h_3} = \overline{OM} = OA \cdot \frac{\boldsymbol{G}_h}{|\boldsymbol{G}_h|} = \frac{\boldsymbol{a}_1}{h_1} \cdot \frac{h_1\boldsymbol{b}_1 + h_2\boldsymbol{b}_2 + h_3\boldsymbol{b}_3}{|\boldsymbol{G}_h|} = \frac{2\pi}{|\boldsymbol{G}_h|} \tag{2.3.20}$$

因此式(2.3.16)成立。可知,对于给定的晶面 $(h_1h_2h_3)$,立刻可以写出倒格矢 $\boldsymbol{G}_h = h_1\boldsymbol{b}_1 + h_2\boldsymbol{b}_2 + h_3\boldsymbol{b}_3$,它就是该晶面的公共法线方向,并且其大小与该晶面间距成反比(比例系数 2π)。反之,对于给定的倒格矢 $\boldsymbol{G}_h = h_1\boldsymbol{b}_1 + h_2\boldsymbol{b}_2 + h_3\boldsymbol{b}_3$,将 h_1、h_2、h_3 化为同样比例的互质整数后,立刻就得到与之垂直的晶面的晶面指数。

利用上述关系,我们很容易写出晶面 $(h_1h_2h_3)$ 中距原点 O 为 $\mu d_{h_1h_2h_3}$ 的晶面方程:

$$\boldsymbol{r} \cdot \frac{\boldsymbol{G}_h}{|\boldsymbol{G}_h|} = \mu d_{h_1h_2h_3} \quad (\mu = 0, \pm 1, \pm 2, \cdots) \tag{2.3.21}$$

即

$$\boldsymbol{r} \cdot \boldsymbol{G}_h = 2\pi\mu \quad (\mu = 0,\ \pm 1,\ \pm 2,\cdots) \tag{2.3.22}$$

$\mu = 0$ 时该方程描述的是，由 $(h_1h_2h_3)$ 确定的一组平行晶面中过原点 O 的那个晶面，$\mu = \pm 1$ 时则描述 O 点两侧最近邻的平行晶面……

4. 关于倒易概念的进一步说明

为了说清楚倒易空间、倒易点阵的概念，有必要首先复习数学中线性空间的知识。线性空间，其本质是一个集合，但这个集合中的元素满足以下性质：

（1）元素间的加法满足结合律。

（2）存在零元素（也称单位元素）。

（3）存在逆运算，即每一个元素都存在一个与它互逆的逆元素，元素+逆元素=零元素。

除此之外，该集合中的元素与数的乘积满足结合律、分配率等。

在本课程中，并不用记忆上述严格的数学定义，大家只要知道大大小小、四面八方的矢量共同构成了矢量空间即可。矢量空间是线性的，因为矢量是满足上述3个条件的，如每一个矢量都有一个与它大小相等方向相反的矢量；又如矢量中存在零矢量。这里的矢量可以是力构成的矢量、速度构成的矢量、位移构成的矢量，等等。

在线性空间中，存在子空间的概念，上面所述的正空间与倒易空间，其实都是矢量空间（再次强调，它是线性的）的子空间。之所以说它们都是子空间，是因为它们都是（总的）矢量空间的一部分。例如，总的矢量空间是连续的，该空间中的每一个点都属于空间本身；但是，两个子空间分别是总矢量空间的一部分，因为它们都是离散的。

当某一具体的晶体点阵给定后，相当于给定了一个正的子空间；而倒易空间是与正的子空间对应的另一个子空间，只不过这个倒易空间的基矢要通过倒易变换式（2.3.1）~式（2.3.3）获得。当倒易空间的基矢计算出来之后，倒易空间不难生成，因为任意整数都是倒易空间中矢量的坐标。注意，这里的坐标含义完全是线性代数意义下的。同时，至此的陈述完全是数学的，其中不涉及物理量与量纲，如长度、速度，等等。

下面介绍为什么要定义倒易空间？或者说，当给定晶体点阵后（给定正空间），为什么从众多的子空间中选出该倒易空间？这个问题不能不与晶体散射联系在一起。在下面的陈述中，会涉及物理量与量纲。给定某一晶体之后，其晶体结构与点阵常数等随之确定。因此该晶体的正空间基矢也是确定的，正空间基矢具有长度的量纲（m）。

为了说清楚倒易空间概念，这里要暂时离开主题，先说说什么是正空间中的观察。习惯上，我们说能够看到正空间中的某个质点，如某个原子（至少理论上如此）。之所以能够看到，是因为该质点发射出的光（如通过反射发出）进入我们的双眼，相邻的另一个质点发出的光也进入我们的眼睛，眼睛有区分这两个点的功能。但要注意，这两个质点发出的光是不同的，如相位、频率、振幅，特别是发光点的几何位置不同，它们因此在视网膜的不同位置得到反映，故被区分开来。

下面回到倒易空间概念的引入问题。根据上一节的晶体散射知识，非弹性散射由于不能产生相干相长而不予考虑，故上一节中重要的是相干散射（弹性散射）。但是，相干散射能够被底片接受到的，是某些特定晶面的布拉格反射。注意，这里隐含了倒易空间最核心的概念，即在散射过程中，能够看到的是某些晶面的相干散射，这些晶面是正空间含义的。正空间的晶面在倒易空间中可以方便地用倒易矢量代表，故在讨论散射问题时，使用倒易矢量。请记住,无论倒易矢量或正空间矢量,都是总的矢量空间中的矢量,它们完全可以画在同一幅图中。至于倒易空间基矢定义中引入的 2π,是光程差转换为相位差所必须的,这一点在第1章的波矢物理意义讨论中已经做了交代,因为 $\boldsymbol{k}=\boldsymbol{k}_0\dfrac{\omega}{V}=\boldsymbol{k}_0\dfrac{2\pi}{\lambda}$,而波长 λ 属于正空间的概念,它具有长度量纲。

至此,倒易空间概念引入还剩最后一个问题,即相干散射束在底片上斑点的大小问题。前面说过,通过相干散射可以"看到"某一晶面。按着晶体学的严格说法,应该是看到了某一晶面族。但是,前面没有说明所看到的晶面族由多少层平行面构成。而通过式(2.2.36)及其相关讨论,可以看出斑点大小与晶体的几何尺寸成反比,且在3个空间维度上均如此。

问题 2.3.1 (1)教材中说:"如果一个矢量 $\boldsymbol{K}$ 与任意正格矢 $\boldsymbol{R}_l$ 的点积为 $2\pi\mu$(μ 为整数),则该矢量必为倒格矢",这句话隐含了如下意思:并不是所有的矢量都是倒格矢。请借助图2.3.1(b)说明;(2)这一句中的"任意正格矢 $\boldsymbol{R}_l$"应该如何理解?

问题 2.3.2 (1)正空间的某一格矢代表什么?倒空间的某一格矢代表什么?(2)空间的数学定义的基础是集合。如何从数学上理解倒易空间,它与正空间有什么关系?

问题 2.3.3 什么是面心立方空间?什么是体心立方空间?

问题 2.3.4 (1)倒易空间是不是线性空间?为什么?(2)倒格子构成的空间是连续空间还是离散的?为什么?

问题 2.3.5 有教材说:面心立方的倒格子是体心立方;体心立方的倒格子是面心立方。请问这是什么意思?

问题 2.3.6 对于如下劳厄方程规定的散射矢量 $\boldsymbol{s}$,请证明它一定是倒格矢。

$$\begin{cases}\boldsymbol{s}\cdot\boldsymbol{a}_1=2h\pi\\ \boldsymbol{s}\cdot\boldsymbol{a}_2=2k\pi\\ \boldsymbol{s}\cdot\boldsymbol{a}_3=2l\pi\end{cases}$$

问题 2.3.7 由于正空间与倒空间互为倒易,因此从正空间出发建立的所有概念,都可以换一个角度出发,即建立从倒空间出发的相关概念。根据这一原理,请说明正空间的晶向矢量与倒空间的晶面有什么关系。

2.3.2 傅里叶变换

1. 晶体中的傅里叶变换

一个具有晶格周期性的函数(如晶格的周期势场)可表示为

$$V(\boldsymbol{r})=V(\boldsymbol{r}+\boldsymbol{R}_l)=V(\boldsymbol{r}+l_1\boldsymbol{a}_1+l_2\boldsymbol{a}_2+l_3\boldsymbol{a}_3)\tag{2.3.23}$$

式(2.3.23)可以用倒格矢很方便地展开成傅里叶级数。对 $V(\boldsymbol{r})$ 作傅里叶变换,有

$$V(\boldsymbol{r})=\sum_{\boldsymbol{K}}V(\boldsymbol{K})\mathrm{e}^{\mathrm{i}\boldsymbol{K}\cdot\boldsymbol{r}}\tag{2.3.24}$$

式中:$\boldsymbol{K}$ 为与 $\boldsymbol{r}$ 对应的傅里叶变换量。

根据傅里叶变换理论,有

$$V(\boldsymbol{K})=\frac{1}{\Omega}\int_{\Omega}\mathrm{d}\boldsymbol{r}V(\boldsymbol{r})\mathrm{e}^{-\mathrm{i}\boldsymbol{K}\cdot\boldsymbol{r}} \tag{2.3.25}$$

将式(2.3.25)中的 $\boldsymbol{r}$ 换作 $\boldsymbol{r}+\boldsymbol{R}_l$，得

$$V(\boldsymbol{r}+\boldsymbol{R}_l)=\sum_{\boldsymbol{K}}V(\boldsymbol{K})\mathrm{e}^{\mathrm{i}\boldsymbol{K}\cdot(\boldsymbol{r}+\boldsymbol{R}_l)}=\sum_{\boldsymbol{K}}V(\boldsymbol{K})\mathrm{e}^{\mathrm{i}\boldsymbol{K}\cdot\boldsymbol{r}}\cdot\mathrm{e}^{\mathrm{i}\boldsymbol{K}\cdot\boldsymbol{R}_l} \tag{2.3.26}$$

比较式(2.3.24)和式(2.3.26)，注意二式应是恒等的。欲使此条件对任意正格矢 $\boldsymbol{R}_l$ 成立，必须有

$$\mathrm{e}^{\mathrm{i}\boldsymbol{K}\cdot\boldsymbol{R}_l}=1 \tag{2.3.27}$$

即

$$\boldsymbol{K}\cdot\boldsymbol{R}_l=2\pi\mu \quad (\mu\text{ 为整数}) \tag{2.3.28}$$

由前面的证明(式(2.3.11)的逆定理)可知，$\boldsymbol{K}$ 一定是倒格矢，即 $\boldsymbol{K}=h_1\boldsymbol{b}_1+h_2\boldsymbol{b}_2+h_3\boldsymbol{b}_3$ (h_1、h_2、h_3 为整数)。于是，式(2.3.24)、式(2.3.25)分别简化为

$$V(\boldsymbol{r})=\sum_{h_1h_2h_3}V(\boldsymbol{G}_h)\mathrm{e}^{\mathrm{i}\boldsymbol{G}_h\cdot\boldsymbol{r}} \tag{2.3.29}$$

$$V(\boldsymbol{G}_h)=\frac{1}{\Omega}\int_{\Omega}\mathrm{d}\boldsymbol{r}V(\boldsymbol{r})\mathrm{e}^{-\mathrm{i}\boldsymbol{G}_h\cdot\boldsymbol{r}} \tag{2.3.30}$$

也就是说，具有正格矢周期性的函数，作傅里叶展开时只须对倒格矢展开即可。可见，一个具有正格子周期性的物理量，在正格子中的表述与在倒格子中的表述之间遵从傅里叶变换的关系。

综上所述，我们看到倒格子(倒易点阵)的概念确实很重要。每个特定的晶体结构，有两个点阵同它联系：一个是晶格点阵，一个是倒易点阵。晶体的衍射图形是晶体的倒易点阵的映象，通过傅里叶变换可由之得出晶体的实际点阵结构。倒格子所在的倒空间，实际上就是波矢空间(量纲相同)，也称傅里叶空间。由于我们常用波矢来描述运动状态(如电子在晶格中的运动状态或晶格振动状态，详见以后各章)，故倒空间可理解为状态空间($\boldsymbol{k}$ 空间)。而正格子空间是位置空间，或坐标空间。倒空间中的每一点都有一定意义，而由式(2.3.5)所描述的倒格点 $\boldsymbol{G}_h=h_1\boldsymbol{b}_1+h_2\boldsymbol{b}_2+h_3\boldsymbol{b}_3$ 有着特别的重要性。

2. 傅里叶变换的物理意义

以上从晶体学的角度阐述了傅里叶变换，下面对傅里叶变换的物理意义做进一步的说明。

对于电子的密度分布函数 $\rho(\boldsymbol{r})$，其中 $\boldsymbol{r}$ 是正空间的位置矢量，经过傅里叶变换后得到

$$F(\boldsymbol{s})=\int\rho(\boldsymbol{r})\mathrm{e}^{-\mathrm{i}\boldsymbol{s}\cdot\boldsymbol{r}}\mathrm{d}\boldsymbol{r} \tag{2.3.31}$$

而上式的逆变换为

$$\rho(\boldsymbol{r})=\int F(\boldsymbol{s})\mathrm{e}^{\mathrm{i}\boldsymbol{s}\cdot\boldsymbol{r}}\mathrm{d}\boldsymbol{s} \tag{2.3.32}$$

式中：$F(\boldsymbol{s})$ 正比于 $\rho(\boldsymbol{r})$ 散射出的电子波的波幅，这里的 $\boldsymbol{s}$ 是倒易空间中的矢量。因此，傅里叶变换将实空间中的物质转换为倒空间中的散射波幅。

明确了傅里叶变换的物理意义后，再去认识式(2.2.12)就很容易理解了，它不过是对电子密度函数进行了傅里叶变换，因此变换结果是散射波的波幅，即

$$E_j = E_e \int \rho_j(\boldsymbol{r}) e^{is \cdot r} d\boldsymbol{r}$$

其中指数是否有负号并无本质影响,因为最后都要乘以共轭波幅。而根据式(2.3.31),$E_j = E_j(\boldsymbol{s})$。

问题 2.3.8　对表达式 $V(\boldsymbol{r}) = \sum_{\boldsymbol{K}} V(\boldsymbol{K}) e^{i\boldsymbol{K} \cdot \boldsymbol{r}}$,$V(\boldsymbol{K})$ 中的 V 表示它是势函数 $V(\boldsymbol{r})$ 展开式的系数,$\boldsymbol{K}$ 表示对于倒格矢展开。因此,从物理概念看使用记号 $V(\boldsymbol{K})$ 没有问题。但是,从数学上看,使用 $V(\boldsymbol{K})$ 很容易与 $V(\boldsymbol{r})$ 混淆,请你指出为什么容易混淆。

问题 2.3.9　教材中从式(2.3.23)到式(2.3.30)这一段,实际上可以分为两个部分,请问:(1)这两个部分的分界在哪里?(2)请各用一句话概念这两个部分的内容。

问题 2.3.10　教材中说:“具有正格矢周期性的函数,作傅里叶展开时只须对倒格矢展开即可”,请将这句话反过来表述(即从倒空间到正空间)。

问题 2.3.11　晶格周期函数 $V(\boldsymbol{r})$ 展开成傅里叶级数时,即 $V(\boldsymbol{r}) = \sum_{h_1 h_2 h_3} V(\boldsymbol{G}_h) e^{i\boldsymbol{G}_h \cdot \boldsymbol{r}}$,展开式中的系数 $V(\boldsymbol{G}_h)$ 在怎样的情况下绝对值比较大?其中 $\boldsymbol{G}_h$ 是倒格矢。

问题 2.3.12　体现非晶相关散射核心思想的式(2.2.32)以散射矢量 $\boldsymbol{s}$ 为自变量;而展示径向分布函数的图 2.2.12 以半径 r 为自变量,请问它们之间通过怎样的方式发生关联?

问题 2.3.13　从傅里叶变换的角度看,$E_j = E_e \int \rho_j(\boldsymbol{r}) e^{is \cdot r} d\tau$ 不过是对电子密度函数进行了傅里叶变换,变换结果(式左)是散射波的波幅,请问对于周期排列的原子,是否也存在类似该式的关系,即从密度函数变换到散射波波幅?

2.4　晶体的结合

2.4.1　晶体结合能

晶格能量 $U(T,V)$ 包含两个部分:一是晶格的静态平衡能量,即晶体结合能 $U(V)$。注意,这相当于假定晶体中的原子在未结合之前的能量均为零;二是同温度直接相关的晶格振动能 $\varepsilon(T)$。因此,晶体能量 $U(T,V)$ 表达式为

$$U(T,V) = U(V) + \varepsilon(T) \tag{2.4.1}$$

其中结合能 $U(V)$ 总是小于零的。

对于两个原子,晶体结合能 $U(V)$ 从与体积有关转化为与原子间距 r 有关。因此,双原子间的结合能可以写成 $u(r)$。图 2.4.1 给出了两个原子之间相互作用能 $u(r)$ 与相互作用力 $f(r)$ 随 r 的变化曲线,其中

$$f(r) = -\frac{du(r)}{dr} \tag{2.4.2}$$

当两原子距离无穷远时,作用力为零;当两原子逐渐靠近时,能量为负且绝对值逐渐增大,原子间产生吸引力;当原子间距很小时,作用力成为排斥力,并且力 $f(r)$ 的大小及能量 $u(r)$ 都随 r 的进一步减小而急剧上升。在中间的某个距离 $r = r_m$,吸引力最大;

$r = r_0$ 时 $u(r)$ 达到最低点而相互作用力为零(吸引力与排斥力平衡), r_0 为二原子处于平衡状态时的间距,即

$$f(r_0) = -\left(\frac{\mathrm{d}u(r)}{\mathrm{d}r}\right)_{r_0} = 0 \qquad (2.4.3)$$

$$\left(\frac{\mathrm{d}f(r)}{\mathrm{d}r}\right)_{r_\mathrm{m}} = -\left(\frac{\mathrm{d}^2u(r)}{\mathrm{d}r^2}\right)_{r_\mathrm{m}} = 0$$

能量曲线的拐点 r_m 对应着作用力曲线的最低点。

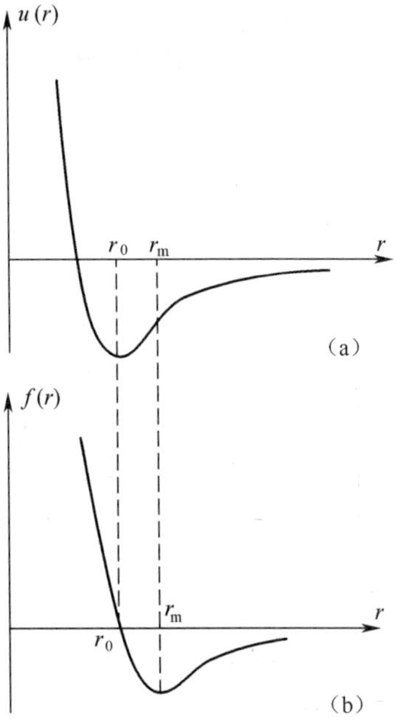

图 2.4.1 原子间相互作用

上述两原子间的结合能(也称互作用势)一般可用幂函数来表达,即

$$u(r) = -\frac{a}{r^m} + \frac{b}{r^n} \qquad (2.4.4)$$

其中: a , b , m , n 皆为正的参量。第一项是吸引能,第二项是排斥能。晶体结合类型结合不同,这些参量值不尽相同。如果晶体的总相互作用势能可近似认为是所有原子对之间的相互作用势能之和,则 N 个原子构成的晶体的总相互作用势能为

$$U(r) = \frac{1}{2}\sum_{i=1}^{N}\sum_{j}^{N} u(r_{ij}) \qquad (i \neq j) \quad (2.4.5)$$

式中: r_{ij} 为两个不同原子 i 与 j 之间的距离,1/2 的引入是因为 $u(r_{ij})$ 与 $u(r_{ji})$ 是同一个相互作用势能,而在求和中计算了两次。由于晶体内部原子数远大于晶体表面的原子数,所以可以忽略表层原子与内部原子的差异。也就是说,可以把晶体中的每一个原子都等同看待,于是上式可简化为

$$U(r) = \frac{1}{2}N\sum_{j=2}^{N} u(r_{1j}) \qquad (2.4.6)$$

上式中 r 的下标 1 代表任意选定的一个原子。

如果 $U(r)$ 已经知道(考虑到晶体的几何结构之后, U 作为晶体体积的函数 $U(V)$ 也就知道了),便可算出晶体的某些物理常数。当粒子结合成稳定的晶体时,势能 $U(r)$ 应该处于极小值。因而,由 $U(r)$ 的极小值条件

$$\left.\frac{\mathrm{d}U(r)}{\mathrm{d}r}\right|_{r=r_0} = 0$$

可解出晶格常数 r_0,即晶体中原子之间的最小距离。或者由

$$\left.\frac{\mathrm{d}U(V)}{\mathrm{d}V}\right|_{V=V_0} = 0$$

解出晶体平衡时的体积 V_0。当对晶体施加一定压强时,晶体体积将有所改变。这种性质可用压缩系数 κ (即物理化学中的等温压缩系数 κ_T)或体弹性模量 K 描述(二者互为倒数), κ 的定义是

$$\kappa = -\frac{1}{V}\left(\frac{\partial V}{\partial p}\right)_T \qquad (2.4.7)$$

其中：V 为晶体体积；p 为压强。

由于 $p\Delta V = -\Delta U$，所以

$$p = -\frac{\partial U}{\partial V}$$

于是晶体的体弹性模量为

$$K = \frac{1}{\kappa} = V\left(\frac{\partial^2 U}{\partial V^2}\right) \tag{2.4.8}$$

在 $T = 0\text{K}$ 时晶体平衡体积为 V_0，此时

$$K_0 = V_0\left(\frac{\partial^2 U}{\partial V^2}\right)_{V_0} \tag{2.4.9}$$

晶体所能承受的最大张力称为抗张强度。显然，抗张强度对应着二原子作用力曲线上的最低点，即最大吸引力。当 $r = r_m(V = V_m)$ 时，原子间引力最大；当外拉力更大时，原子间的结合就被破坏，晶体瓦解。由 $U(V)$ 函数很容易求出晶体抗张强度 $|P_m|$，通过 $p = -\frac{\partial U}{\partial V}$，得

$$|p_m| = -p_m = \left(\frac{\partial U(V)}{\partial V}\right)_{V=V_m} \tag{2.4.10}$$

式中的 V_m 可由

$$\left(\frac{\partial^2 U(V)}{\partial V^2}\right)_{V_m} = 0$$

求出。

晶体总势能 $U(r)$ 的函数形式，与二原子间的势能 $u(r)$ 类似，也可以用幂函数描述，即

$$U(r) = -\frac{A}{r^m} + \frac{B}{r^n} \tag{2.4.11}$$

式中：参量 m、n 即为式(2.4.4)中的 m、n。

知道了上式中的参量值，容易求出晶格常数 r_0、晶格平衡体积 V_0、体弹性模量 K 和抗张强度 $|p_m|$。实际上，人们常常根据这些物理量的实测值去反推式(2.4.11)中的参量值，以确定势能函数。

应当指出，上述讨论只是 $T = 0\text{K}$ 的情况。当 $T \neq 0\text{K}$ 时，还须考虑晶体中原子的热运动，即晶格振动。

例 2.4.1　对于简单立方晶体，设其点阵常数为 a，请根据体弹性模量的定义式及式(2.4.11)，求体弹性模量的表达式。

解　已知 $K = V\left(\frac{\partial^2 U}{\partial V^2}\right)$，其中 $V = Nr^3$，r 为两个原子的间距，它在平衡状态下等于点阵常数 a；N 为晶体中的原子个数。由于 $\frac{\partial U}{\partial V} = \frac{\partial U}{\partial r}\cdot\frac{\partial r}{\partial V}$，因此

$$K = V\left(\frac{\partial^2 U}{\partial V^2}\right) = V\left(\frac{\partial^2 U}{\partial r^2}\right)\left(\frac{\partial r}{\partial V}\right)^2 = V\left(\frac{\partial^2 U}{\partial r^2}\right)\left(\frac{1}{3N^{1/3}V^{2/3}}\right)^2$$
$$= \frac{1}{9}\left(\frac{\partial^2 U}{\partial r^2}\right)\frac{1}{N^{2/3}(Nr^3)^{4/3}}Nr^3 = \frac{1}{9Nr}\left(\frac{\partial^2 U}{\partial r^2}\right)$$

平衡状态下,有

$$K = \frac{1}{9Na}\left(\frac{\partial^2 U}{\partial r^2}\right)_{r=a}$$

将式(2.4.11)代入上式,得

$$K = \frac{1}{9Na}\left(\frac{\partial^2 U}{\partial r^2}\right)_{r=a} = \frac{m(n-m)A}{9Na^{m+3}} = \frac{mn|U|}{9Na^3}$$

式中:U 为晶体的结合能。

2.4.2 离子晶体中的结合

离子晶体中的结合依靠正、负离子之间的库仑引力作用。这种晶体称为离子晶体或极性晶体。最典型的离子晶体是碱金属元素 Li、Na、K、Rb、Cs 和卤族元素 F、Cl、Br、I 之间形成的化合物,如 NaCl、CsCl 等。

离子晶体中正、负离子是相间排列的,这样可以使异号离子之间的吸引作用强于同号离子之间的排斥作用,库仑作用的总效果是吸引的,晶体势能可达到最低值而使晶体稳定。

例如 NaCl 晶体,Na 原子失去一个外层电子成为正一价离子 Na^+,Cl 原子得到一个电子成为负一价离子 Cl^-,它们都是满壳层的离子,其排列方式如图 2.4.2 所示,称为氯化钠结构。注意,该图只给出了一个结构单元,应将之看作向各方向无限延伸的周期结构。Li、Na、K、Rb 与 F、Cl、Br、I 的化合物晶体都具有氯化钠结构。每个离子与 6 个异号离子为最近邻。

另一种典型的离子晶体的结构如图 2.4.3 所示,称为氯化铯结构,每个离子与 8 个异号离子为最近邻。除 CsCl 外,TlBr、TlI 晶体也是这种结构,由于离子晶体中正、负离子必须相间排列,因而其配位数(最近邻粒子数)是有限制的,最多是 8。

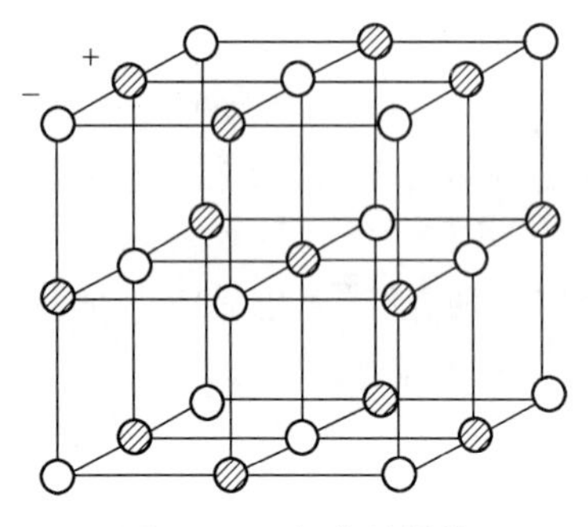

图 2.4.2 氯化钠结构

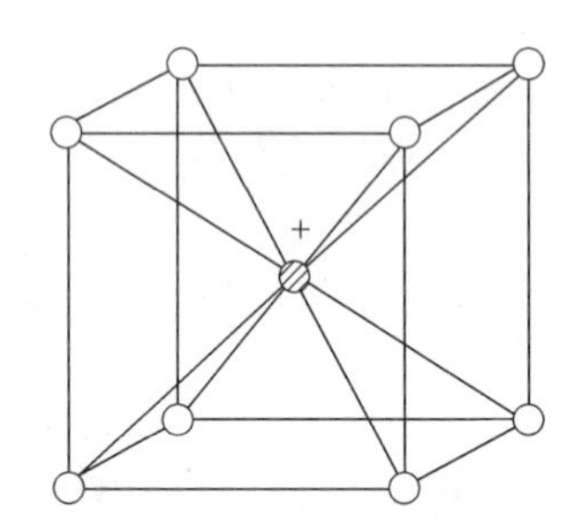

图 2.4.3 氯化铯结构

离子晶体主要依靠较强的库仑引力而结合,故结构很稳定,结合能很大,约为 800kJ/mol,这导致了离子晶体熔点高、硬度大、膨胀系数小。由于离子的满壳层结构,使得这种晶体的电子导电性差,但在高温下可发生离子导电,电导率随温度升高而加大。离子晶体的构成粒子是带电的离子,这种特点造成该种晶体易于产生宏观极化,与电磁波作用强烈。大多数离子晶体对可见光是透明的,在远红外区有一特征吸收峰。

下面对离子晶体的结合能进行讨论。在量子力学建立之前,玻恩、马德隆等已建立了离子晶体的经典理论,与实际符合相当好。考虑到离子的满壳层结构,电荷分布是球对称的,因而在计算库仑作用时将离子看作点电荷。设相邻离子的间距是 r ,则一个正离子的平均库仑能为

$$u_1 = -\frac{1}{2} \cdot \frac{q^2}{4\pi\varepsilon_0} \sum_j \left(\pm \frac{1}{a_j r} \right) \quad (j \neq 1) \tag{2.4.12}$$

式中: ε_0 为真空介电常数; q 为离子电荷; $a_j r$ 为第 j 个离子与中心离子的距离,求和中的±号分别对应相异离子与相同离子的情况。式(2.4.12)中的 1/2 是因为离子库仑能为两个离子所共有,对于所考虑的离子只能计及一半。对于 NaCl 晶体(见图 2.4.2),上式可具体写成

$$u_1 = -\frac{1}{2} \cdot \frac{q^2}{4\pi\varepsilon_0 r} \cdot \sum_{n_1, n_2, n_3} \frac{(-1)^{n_1+n_2+n_3}}{(n_1^2 + n_2^2 + n_3^2)^{1/2}} \quad (n_1、n_2、n_3 \text{不同时为零}) \tag{2.4.13}$$

容易看出,对负离子位置 $n_1 + n_2 + n_3 =$ 奇数,对正离子位置 $n_1 + n_2 + n_3 =$ 偶数,因而式中的 $(-1)^{n_1+n_2+n_3}$ 正好反映出正负离子对 u_1 的贡献的正负差异。显然,一个负离子的平均库仑能的表达式与式(2.4.13)完全相同。式(2.4.13)中的求和式为一无量纲的纯数值,小于零,我们以 $-\alpha$ 表示,α 称为马德隆常数。对于一般情况,有

$$\alpha = \sum_j \left(\pm \frac{1}{a_j} \right) \tag{2.4.14}$$

于是,离子晶体中一个离子的平均库仑能为

$$u_1 = -\frac{\alpha q^2}{8\pi\varepsilon_0 r} \tag{2.4.15}$$

对于 NaCl, $\alpha = 1.748$;对于 CsCl, $\alpha = 1.763$。

离子间除库仑能之外,还有排斥能项。如前所述,当粒子间相距很近时发生电子云的重叠,表现出强烈的排斥作用,这种作用可用势能函数 b/r^n 来描述。对于 NaCl 晶体,可以近似地只考虑最近邻离子间的排斥作用。NaCl 晶体的配位数是 6,所以一个离子的平均排斥能为

$$u_1' = \frac{1}{2} \times 6 \times \frac{b}{r^n} \tag{2.4.16}$$

引入 1/2 因子的原因同前面一样。设晶体有 N 对离子,则系统的总势能为

$$U(r) = 2N(u_1 + u_1') = N\left(-\frac{\alpha q^2}{4\pi\varepsilon_0 r} + \frac{6b}{r^n} \right) = N\left(-\frac{A}{r} + \frac{B}{r^n} \right) \tag{2.4.17}$$

其中: $A = \alpha q^2 / 4\pi\varepsilon_0$, $B = 6b$ 。

根据晶体平衡条件,即 $\left(\frac{\mathrm{d}U(r)}{\mathrm{d}r} \right)_{r=r_0} = 0$,得

$$\frac{B}{A} = \frac{1}{n} r_0^{n-1} \tag{2.4.18}$$

其中: r_0 为平衡时离子间的最小距离。

再由式(2.4.9),并注意晶体体积 $V = 2Nr^3$,得到体弹性模量表达式

$$K = \frac{1}{2}r_0^3\left\{\frac{\mathrm{d}}{\mathrm{d}r^3}\left[\frac{\mathrm{d}}{\mathrm{d}r^3}\left(-\frac{A}{r}+\frac{B}{r^n}\right)\right]\right\}_{r=r_0} \tag{2.4.19}$$

利用平衡条件 $\left[\frac{\partial U(r)}{\partial r}\right]_{r=r_0}=0$ 可将上式简化,再将式(2.4.18)代入,得

$$K = \frac{(n-1)\alpha q^2}{18r_0^4 \cdot 4\pi\varepsilon_0} \tag{2.4.20}$$

将式(2.4.18)代入式(2.4.17)可得平衡时晶体的结合能,即

$$U(r_0) = -\frac{N\alpha q^2}{4\pi\varepsilon_0 r}\left(1-\frac{1}{n}\right) \tag{2.4.21}$$

利用X射线衍射可测定晶格常数 r_0,再根据实验测定的 K 值,由式(2.4.20)即可推出排斥项中的参量 n 。从而由式(2.4.18)也可确定参量 B(注意 A 在马德隆常数算出后已由 $A=\alpha q^2/4\pi\varepsilon_0$ 确定),晶体势能 $U(r)$ 的形式就完全确定了,平衡时的晶体结合能则由式(2.4.21)确定。按上述方法确定出,$n \gg 1$,大约是5~9,其中NaCl为7.9左右,表明排斥力随距离减小上升极快。观察式(2.4.20)和式(2.4.21)可知,K 值大小主要取决于排斥项,即晶体的弹性强弱主要是由排斥力变化的陡峻程度(n 的大小)决定的;而结合能的大小则主要由库仑能项决定。

问题2.4.1 请问晶体结合能 $U(V)$ 与温度 T 有关吗?如果有关,温度通过怎样的途径影响 $U(V)$?

问题2.4.2 教材中说:“由于 $p\Delta V=-\Delta U$”,请问该式成立有什么前提条件吗?

问题2.4.3 “抗张强度”概念至少对于金属晶体而言并不重要。请从位错滑移的角度对这一论断做出说明。

问题2.4.4 (1)请证明 $K=\frac{1}{9Na}\left(\frac{\partial^2 U}{\partial r^2}\right)_{r=a}=\frac{m(n-m)A}{9Na^{m+3}}=\frac{mn|U|}{9Na^3}$;(2)试分析体弹性模量的影响因素。

问题2.4.5 教材中说:“离子晶体在高温下可发生离子导电,电导率随温度升高而加大”,请问为什么只在高温下发生离子导电?

问题2.4.6 共价键有饱和性与方向性是常识。请问离子键有饱和性吗?有方向性吗?

2.4.3 共价晶体中的结合

1. 共价键理论

共价结合的特点是原子之间通过形成共价键而成为晶体。这样的晶体称为共价晶体(也称同极晶体)。最典型的共价晶体是第Ⅳ族元素碳(金刚石)、硅、锗、锡(灰锡)的晶体。

共价键,就是相邻的二原子各自贡献一个电子,形成二原子共有的自旋相反的电子对,从而产生结合力。氢分子中两个氢原子之间是典型的共价键。在第1章中,介绍了海特勒-伦敦用变分法对 H_2 问题的处理方法。由于电子为费米子,故 H_2 中的双电子波函数

对于二电子的交换必须是反对称的。这可以有两种可能:空间波函数对称而自旋波函数反对称;或空间波函数反对称而自旋波函数对称。我们可以选择以下两个波函数反映这两种情况:

$$\phi_{\mathrm{I}} = c_1[\psi(r_{A1})\psi(r_{B2}) + \psi(r_{A2})\psi(r_{B1})]x_A(s_{1z}, s_{2z}) \tag{2.4.22}$$

$$\phi_{\mathrm{III}} = c_2[\psi(r_{A1})\psi(r_{B2}) - \psi(r_{A2})\psi(r_{B1})]x_S(s_{1z}, s_{2z}) \tag{2.4.23}$$

式中:$\psi(r_{A1})$,$\psi(r_{B2})$ 分别为第一个电子对氢核 A 、第二个电子对氢核 B 的单电子波函数,其他以此类推;x_A,x_S 分别为双电子的反对称和对称自旋波函数。

将 ϕ_{I} 、ϕ_{III} 分别代入下式

$$E = \int \phi^* \hat{H} \phi \mathrm{d}\tau \tag{2.4.24}$$

其中:$\hat{H}$ 为系统的哈密顿算符。

我们可以得到 ϕ_{I} 、ϕ_{III} 两种情况下的能量分别是

$$E_{\mathrm{I}} \approx 2E_H + K + J \tag{2.4.25}$$

$$E_{\mathrm{III}} \approx 2E_H + K - J \tag{2.4.26}$$

式中:E_H 为氢原子能量;K 为库伦积分;J 为交换积分,且有 $J < 0$。

不难看出,上述分析与第 1 章的相关内容很相似,只不过这里涉及了电子自旋波函数以及对称性概念。

我们知道,只有二电子自旋相反时才能构成反对称自旋波函数 $x_A(s_{1z}, s_{2z})$,并且只有一个,称为单重态,而对称自旋波函数 $x_A(s_{1z}, s_{2z})$ 则有三个,称为三重态。所以上述结构说明,电子自旋反平行的两个氢原子构成的单重态才能形成氢分子。上述分析与实验符合较好。这个结果的物理解释是:在单重态,双电子的空间波函数是对称的,电子云在两个氢核之间的区域有较大密度,反映电子和两个核都有较强吸引作用,导致能量下降;在三重态,电子云在两个核之间密度较小,故能量较高。

共价键的基本特征是饱和性和方向性。由于共价键只能由未配对的电子形成,故一个原子能与其他原子形成共价键的数目是有限制的,称为饱和性。氢原子只有一个电子,故可与其他原子形成一个共价键;氦原子有两个 1s 电子,已构成自旋相反的电子对,故不能与其他原子形成共价键。一般地,如价电子支壳层的电子数不到半满,则每个电子都可以是不配对的,因而能形成共价键的数目与价电子数相等;如果价电子数超过半满,根据泡利原理,其中必有部分电子已配对,因而能形成共价键的数目少于价电子数,一般符合 $8-N$ 定则,N 是价电子数,$8-N$ 等于最外壳层的空态数目。方向性指的是一个原子与其他原子形成的各个共价键之间有确定的相对取向。根据共价键的量子理论,共价键的强弱取决于 $|J|$ 值的大小,两个电子波函数交叠越大,$|J|$ 值越大,结合越强,故原子总是在价电子波函数最大的方向上形成共价键。例如 NH_3 分子的 3 个共价键是由氮原子的 3 个 2p 电子形成的,p 态价电子云为哑铃状,故这 3 个电子的电子云在相互垂直的六个方向上($\pm x$, $\pm y$, $\pm z$)最突出,所以 3 个共价键之间的夹角均为 90°左右。

2. 杂化轨道理论

最典型的共价晶体是金刚石,其中每个碳原子与邻近碳原子形成 4 个共价键,相互夹角均为 109°28′,构成金刚石结构。碳原子的 4 个价电子为 $2s^2 2p^2$,2s 态的两个电子已形成电子对,似乎不应形成共价键,这个矛盾可由"sp^3 轨道杂化"理论来解决:由于碳原子

的 2s 态与 2p 态能量相近，当形成金刚石晶体时，一个 2s 态电子会被激发到 2p 态，这样就有 4 个未配对的价电子，可以形成 4 个共价键。并且，这 4 个价电子将改变状态，重新组合成 4 个“杂化轨道”：

$$\psi_1 = \frac{1}{2}(\varphi_{2s} + \varphi_{2p_x} + \varphi_{2p_y} + \varphi_{2p_z}) \tag{2.4.27}$$

$$\psi_2 = \frac{1}{2}(\varphi_{2s} + \varphi_{2p_x} - \varphi_{2p_y} - \varphi_{2p_z}) \tag{2.4.28}$$

$$\psi_3 = \frac{1}{2}(\varphi_{2s} - \varphi_{2p_x} + \varphi_{2p_y} - \varphi_{2p_z}) \tag{2.4.29}$$

$$\psi_4 = \frac{1}{2}(\varphi_{2s} - \varphi_{2p_x} - \varphi_{2p_y} + \varphi_{2p_z}) \tag{2.4.30}$$

电子云分布如图 2.4.4 所示，电子云最突出的方向恰如前述的 4 个共价键方向。虽然一个 2s 电子激发到 2p 态提高了能量，但由于多形成两个共价键，并且杂化之后成键能力更强，使得系统能量又下降很多，足以补偿前者。单晶硅和单晶锗也属金刚石结构。

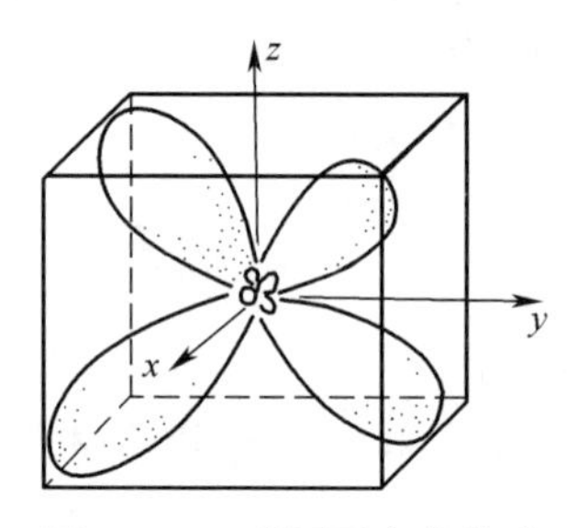

图 2.4.4　碳原子杂化轨道

共价键是一种强结合，并且其方向性使晶体具有特定结构，因而共价晶体结合能很大，约为 10^6J/mol，熔点高（如金刚石为 3280K，硅为 1693K，锗为 1209K）、硬度大、不易变形（脆性大）。由于共价键使电子形成封闭壳层结构，故共价晶体一般导电性差，如金刚石是一种良好的绝缘体。但硅和锗只在低温下才是绝缘体，电导率会随温度上升而很快上升（绝对值在常温范围并不很大），并且当掺入杂质时能显著提高导电性，是典型的半导体材料。

再以甲烷 CH_4 为例，杂化轨道理论认为，甲烷中 C 原子的 3 个 p 轨道和一个 s 轨道相互混合，形成了 4 个电子云对称分布的 sp^3 杂化轨道（图 2.4.5）。每一个 sp^3 杂化轨道中 s 电子云和 p 电子云所占的比例分别为 1/4 和 3/4。sp^3 杂化轨道圆满地解释了 CH_4 分子中 4 个共价键对称分布的问题，即键角互成

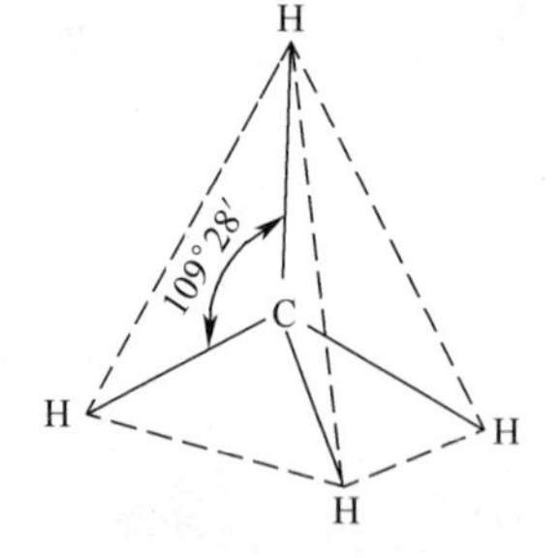

(a) 正四面体形结构的 CH_4 分子

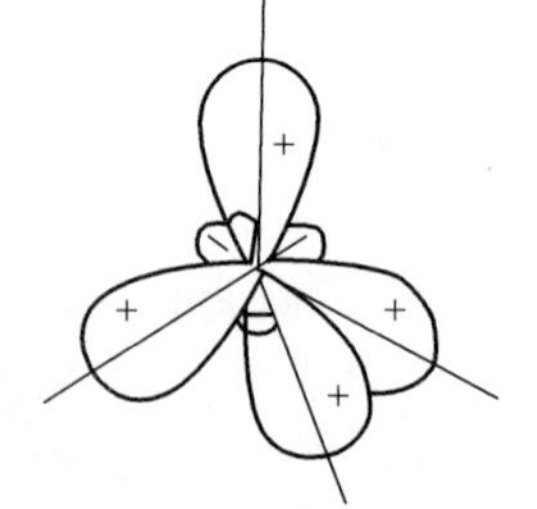

(b) 4 个 sp^3 杂化轨道角度分布

图 2.4.5　CH_4 分子的空间结构与 sp^3 杂化轨道角度分布

109.5°的问题。

除 sp^3 杂化轨道外，还有 sp 杂化轨道和 sp^2 杂化轨道。例如，sp^2 杂化轨道可以解释 BF_3 分子 3 个键角互成 120°这一现象。这是因为，硼原子的两个 p 轨道与一个 s 轨道杂化，形成平面对称分布的 3 个 sp^2 杂化轨道。

2.4.4　金属晶体中的结合

金属结合的特点是原子最外层电子的共有化，即这些价电子为整个晶体所共有，其波函数遍及整个晶体。带负电的电子云与沉浸于其中的带正电的诸离子实之间的库仑引力使金属晶体得以形成。由于电子的共有化，可使电子动能小于自由原子时的动能，从而能量下降。易于失去外层价电子的Ⅰ、Ⅱ族元素及过渡族元素都形成典型的金属晶体。

显然，金属结合对离子实的具体排列方式没有特殊要求，只要求排列紧密。这是一种体积效应：离子实排列越紧凑，能量就越低。由于这个原因，大部分金属采取"面心立方结构"或"密排六方结构"。前者如 Cu、Ag、Au、Ni、Al、γ-Fe 等，后者如 Mg、Zn、Cd 等。这两种结构的配位数均为 12。也有些金属采取"体心立方结构"，配位数为 8，也是比较紧密的堆积，如 Na、K、α-Fe、Cr、Mo、W 等。

金属结合也是一种较强的结合（特别是过渡族元素），结合能为 10^5 ~ 10^6 J/mol，并且由于配位数较高，所以金属一般具有稳定、密度大、熔点高的特点。由于金属中价电子的共有化，所以导电、导热性能良好。另外，金属在外力作用下容易重新排列，从而表现出很大的范性或延展性，容易进行机械加工。

以上关于金属结合的介绍只是一般性的，而真正的理论计算相当复杂，它需要利用能带理论。由于这部分内容将在后面详细介绍，所以下面只谈几个相关问题：

（1）金属键能一般低于离子键能或共价键能。但要说明的是，这一结论的例外很多。其原因非常简单，因为每一种化学键本身的键能范围就非常大。

（2）方向性和饱和性是共价键所特有的，金属键没有这些特性。

（3）不同化学键可以混合，如有些金属的结合是几种键同时作用的结果（当然以金属键为主）。事实上，键的混合是一个普遍现象。要注意的是，键的混合与轨道杂化是不同的概念。

2.4.5　范德瓦尔斯结合

前述 3 种结合的共同点是原子的价电子状态在形成晶体后都改变了。另一类晶体，组成粒子为具有稳定电子结构的原子或分子，形成晶体时它们的电子状态并不改变，而是相互间靠范德瓦尔斯力（或称分子力）结合。这种晶体称为分子晶体。CO_2、HCl、H_2、Cl_2 等，以及惰性元素 Ne、Ar、Kr、Xe 在低温下形成的晶体，都是分子晶体。大部分有机化合物的晶体也是分子晶体。

现在已经清楚，中性分子之间的范德瓦尔斯分子力主要是瞬时电偶极矩之间的感应作用力（伦敦力，又称色散力）；如果是极性分子，则还有分子固有偶极矩之间的力（葛生力）以及感应偶极矩产生的力（德拜力）。通常，伦敦力对分子力贡献最大。

范德瓦尔斯力（分子键）无方向性和饱和性。对于惰性元素，由于原子外形是球对称的，故其晶体采取最紧密排列方式以使势能最低。Ne、Ar、Kr、Xe 晶体均为面心立方结构。

范德瓦尔斯力是弱结合，结合能为 $10^3 \sim 10^4$J/mol 量级，比前 3 种结合弱得多，所以分子晶体熔点低、硬度小。如 Ne、Ar、Kr、Xe 的晶体熔点分别为 24K，84K，117K 和 161K，它们都是透明的绝缘体。

2.4.6　氢键结合

除以上 4 种结合类型外，还有所谓"氢键结合"，即氢原子可以同时和两个电负性大的原子形成一强一弱的两个键。它涉及许多由氢和电负性强的元素构成的化合物晶体，如冰、HF 及很多有机化合物晶体。氢键是基于这样的事实：氢原子是很特殊的，核外只有一个电子，它的外电子壳层饱和时也只有两个电子而不是绝大多数元素的 8 个电子；氢的离子实其实是一个裸露的质子，其线度比通常元素的离子实小 10^5 倍左右；氢的电离能（13.6eV）很大，不易失去电子。当氢原子与电负性强的元素结合时，形成共价键（而不是离子键），而且只能形成一个共价键。由于电子的配对，氢的电子云被拉向另一个原子一侧，从而氢核（质子）便处于电子云的边缘。这个带正电的氢核还可通过库仑引力与另一个电负性较大的原子结合，形成另一键，这个键弱于前述共价键。体积几乎为零的氢核夹在两团带负电的电子云之间，就阻止了其他原子接近氢核，不能再形成更多的键。所以氢键结合具有方向性和饱和性。在化学结构式中，氢键一般表为 X-H—Y，其中短线表示共价强健（键的长度较短，即原子间距小），而另一个为弱键（键的长度大）。

在冰（H_2O）晶体中，氢键起着关键的作用。H_2O 分子中氢氧之间是共价键，很稳定。在形成水分子的过程中，氧原子的外电子层（6 个电子）形成类似于 sp^3 的轨道杂化，电子云指向正四面体的 4 个顶点，但其中两条轨道由氧原子的 4 个电子填满，另外两条轨道则与氢原子形成共价键。所以在这个水分子的"四面体"形状上，两个顶点由于有氢核而带正电，另两个顶点则由于电子云而带负电。于是水分子之间就可通过带正电的顶点与带负电的顶点之间的库仑引力而形成晶体，因为这样"连接"的方式是很多的，所以冰的晶体结构具有很多形式。用氢键理论可以解释诸如冰在 0～4℃ 间的反常热膨胀之类的性质。

由于氢键较弱，结合能为 $10^4 \sim 10^5$J/mol，故氢键晶体熔点低、硬度小。

2.4.7　混合键晶体

值得注意的是，上述几种结合类型的划分只是为了研究的方便，实际晶体的结合往往是很复杂的。一方面，有些结合难以当作是某一种单纯的结合形式。例如，ZnS、AgI 一般称为离子晶体，但其中还含有相当的共价键成分；即使典型的离子晶体 NaCl，也含有少量共价键成分；而共价晶体 GaAs、GaP 等也含有离子键成分。另一方面，一种晶体中又可有多种层次的结合，如石墨晶体（图 2.4.6）。石墨是层状结构，每一层内碳原子以 3 个共价键与邻近原子结合成二维蜂房形结构，而多余的一个价电子则

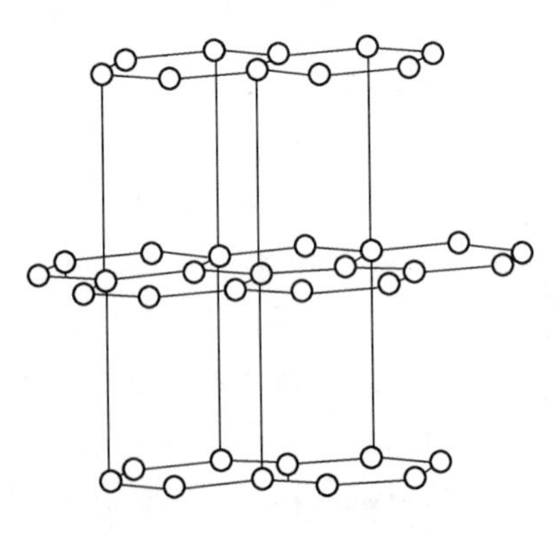
图 2.4.6　石墨的原子结构

成为层内的共有化电子(金属结合),在层与层之间则靠范德瓦尔斯力结合。这种结合特点使石墨性质与金刚石有天壤之别,它柔软而熔点高,导电性好。近年来,石墨插层化合物的研制引起人们的很大兴趣,这种人工材料可以具有很多特殊性质。

不少元素和化合物的晶体在不同温度和压强范围可具有不同的晶体结构,称为多形性变态(Polymorphic Modification),这是由结合性质的变化引起的。在金属中,这是很普遍的现象。例如锡在 13.3℃ 以下是金刚石结构,称为 α-Sn(灰锡),很脆,易解体为粉末状;在 13.3℃ 以上则采取体心四方结构,称为 β-Sn(白锡),具有良好的金属性。

第3章　晶格振动

晶体中的原子(离子)通常会围绕其平衡点做微小的振动。由于原子间是相互联系的,因此某一原子的振动会引发周围原子的振动,这就是波。晶体中原子振动的传播称为格波。根据量子理论,格波的能量是量子化的,这种能量量子称为声子。

3.1　一维原子链的振动

在第2章的讨论中,均假定晶体中的原子(或离子)静止不动。事实上,晶体中的原子(或离子)绕其平衡位置作微振动,称为晶格振动。晶格振动与温度密切相关,对晶体的电学、光学、声学、超导及相变等问题有直接影响。

晶体中原子的振动是彼此关联的,这种相互关联称为耦合。下面对耦合起来的简谐振动进行分析。

3.1.1　一维单原子链的振动

图3.1.1是 N 个原子的一维单原子链,每个原子完全相同,其质量为 m,原子间平衡距离为 a(即点阵常数)。沿原子链方向振动时,原子将稍微偏离其平衡位置。以 u_n 表示第 n 个原子相对它本身平衡位置的位移,以向右为位移正向。第 n 个原子相对于第 $n+1$ 个原子的位移为 $u_n - u_{n+1}$,第 n 个原子相对于第 $n-1$ 个原子的位移为 $u_n - u_{n-1}$。$u_n - u_{n+1}$ 等表示两个相邻原子间的位置差相对于平衡值(此时的位置差为 a)的变化。因此在简谐条件下,第 $n+1$ 个原子对第 n 个原子产生的恢复力为 $f=-k(u_n - u_{n+1})$,第 $n-1$ 个原子对第 n 个原子产生的恢复力为 $f=-k(u_n - u_{n-1})$。对第 n 个原子运用最近邻假设,即这个原子的运动只受左右两个最近邻原子的影响,而与其他原子无关。这样,第 n 个原子的牛顿运动方程为

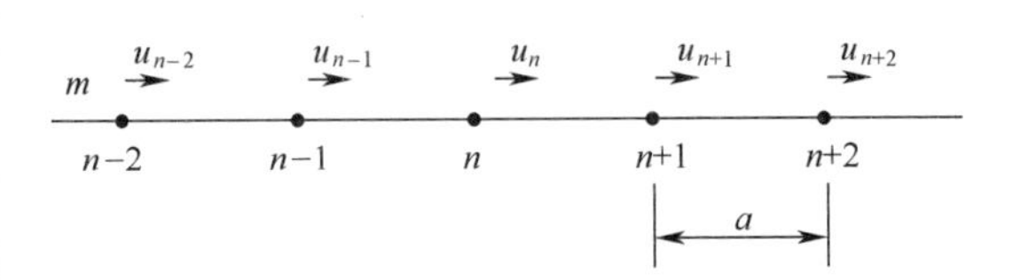

图3.1.1　一维单原子链的振动

$$m\frac{d^2u_n}{dt^2}=-k(u_n - u_{n+1})-k(u_n - u_{n-1}) \tag{3.1.1}$$

除了端部的两个原子外,每个原子都有类似式(3.1.1)的方程。虽然原子链端部的特殊性会带来困难,但是由于端部原子数远小于内部原子数,所以可采用玻恩-卡曼循环边界条件(图3.1.2)。这样,所有原子都是等价的,都遵循上述牛顿运动方程。因此,式(3.1.1)实际上有 N 个,且这 N 个方程相互影响(因为每一个方程中的未知位移函数是3个而不是一个)。

由于这 N 个方程相互影响(称为耦合),故要把式(3.1.1)看成方程组,从而联立求

解。原子振动的相互耦合意味着振动可以传播,因此采用与平面谐波相似的试探解,即

$$u_n = A\mathrm{e}^{\mathrm{i}(qna-\omega t)} \qquad (n = 1,2,3,\cdots,N) \qquad (3.1.2)$$

式中: $\mathrm{i} = \sqrt{-1}$, $\mathrm{e}^{\mathrm{i}\theta} = \cos\theta + \mathrm{i}\sin\theta$ 。

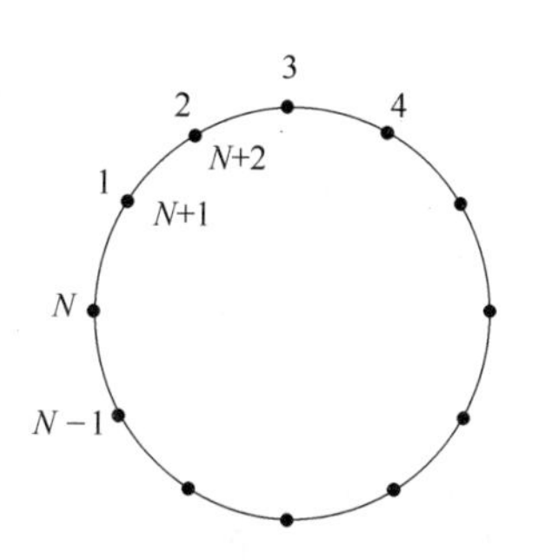

图 3.1.2 循环边界条件

这个试探解的含义是:所有原子均以角频率 ω、振幅 A 振动,相邻原子的位相差为 qa。将试探解代入式(3.1.2),得

$$-m\omega^2\mathrm{e}^{\mathrm{i}qna} = k(\mathrm{e}^{\mathrm{i}qa} + \mathrm{e}^{-\mathrm{i}qa} - 2)\mathrm{e}^{\mathrm{i}qna} \qquad (3.1.3)$$

由于式(3.1.3)与 n 无关,故试探解成立。经化简后,式(3.1.3)变为

$$\omega = 2\sqrt{\frac{k}{m}}\left|\sin\frac{qa}{2}\right| \qquad (3.1.4)$$

式(3.1.4)称为色散关系,其数学意义是:只要试探解中 ω 与 q 满足这个色散关系,则试探解就是真实的。$u_n = A\mathrm{e}^{\mathrm{i}(qna-\omega t)} = A\cos(qna - \omega t)$ 具有平面波的形式,称为格波。色散关系的曲线如图3.1.3所示。需要说明的是,q 就是波矢(在一维中为波数),这里没有把波矢记为 k 是因为已经用 k 表示弹性常数了。因此,式(3.1.4)正是角频率与波矢之间的关系,即色散关系。

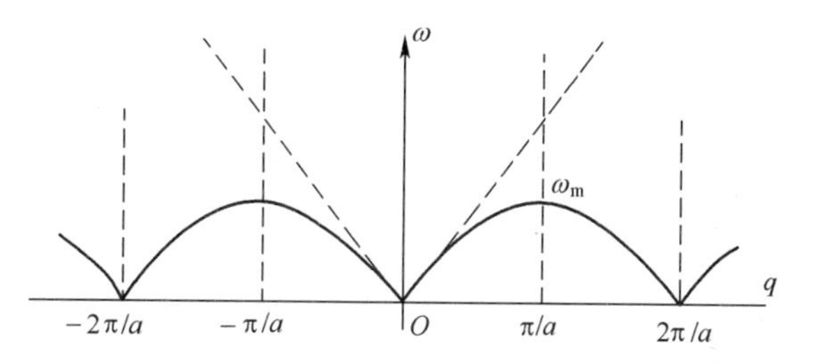

图 3.1.3 一维单原子链格波色散关系

由于格波起源于不连续晶格的振动,所以与连续介质的弹性波有许多差别:

(1) 格波的空间坐标是离散的。从格波表达式 $u_n = A\cos(qna - \omega t)$ 看出,表示空间位置的是 na,这一点只要与连续介质谐波 $u(x,t) = A\cos(kx - \omega t)$ 对比即可(其中 k 与 q 的含义完全一致)。na 指示的是一个个原子平衡时的空间坐标,这些坐标点的分布显然不连续;而连续介质中的空间坐标 x 可以任意选取,即任意一点上都有物质。需要强调的是,在波动问题中,空间坐标仅仅是物质的“代言人”,空间坐标有意义的地方才有物质,而有物质才有物理量。因此,在格波问题中,我们只关心空间坐标有意义的 N 个点(即 na),而其他空间位置毫无意义。

(2) 格波的角频率 ω 有极大值 ω_m ,即

$$\omega_m = 2\sqrt{k/m} \qquad (3.1.5)$$

ω_m 的含义是:当波源的振动角频率 ω 大于 ω_m 时,晶格介质(不连续介质)中不能以格波 $u_n = A\cos(qna - \omega t)$ 传播波源的振动状态。而在连续介质的平面波中,角频率是没有上限的,即任意角频率的源振动都能在连续介质中传播。

(3) 从色散关系式(3.1.4)不难看出,格波的角频率 ω 是波矢 q 的周期函数,即

$$\omega\left(q + \frac{2\pi}{a}\right) = \omega(q) \qquad (3.1.6)$$

图 3.1.4 是式(3.1.6)的图形说明,其中一个波的波长 $\lambda = 4a$,另一个为 $\lambda' = 4a/5$,因此从波形上看两者完全不同。但是,如果考察图中原子的位移情况(即处在 na 位置上的那些黑点的上下位移),则会发现两者完全一致。产生这种现象的原因是,根据波长与波矢的关系:$q = 2\pi/\lambda$,第一个波的波矢为 $q_1 = 2\pi/\lambda = 2\pi/4a = \pi/2a$,第二个波的波矢为 $q_2 = 2\pi/\lambda' = 5\pi/2a$ 。由于

$$q_2 = \frac{5\pi}{2a} = \frac{\pi}{2a} + \frac{2\pi}{a} = q_1 + \frac{2\pi}{a}$$

因此由式(3.1.6),$\omega(q_2) = \omega(q_1)$,所以这两个格波表达的是一回事。顺便指出,连续介质的色散关系是线性的,即 $\omega = Vq$,它就是图 3.1.3 中斜的虚线。

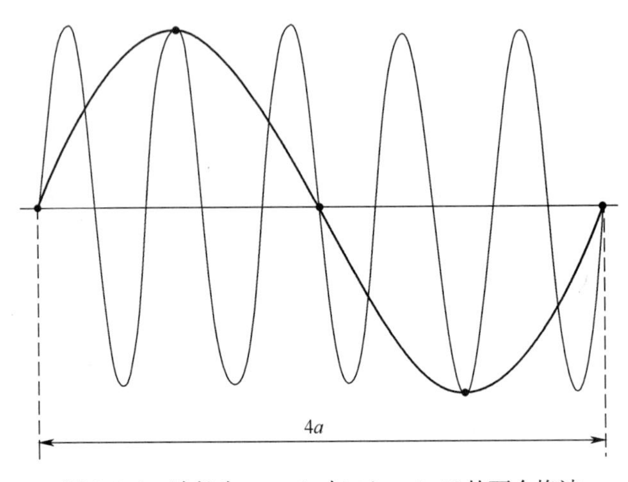

图 3.1.4 波长为 $\lambda = 4a$ 与 $\lambda' = 4a/5$ 的两个格波

(4) 格波的角频率 ω 只能取间断数值。由周期边界条件:

$$u_n = u_{n+N}$$

代入式(3.1.2)可得:$e^{iqNa} = 1$,因此

$$q = \frac{2\pi}{Na}l = \frac{2\pi}{L}l \tag{3.1.7}$$

式中:L 为原子链总长度,l 为整数。

因此,q 只能取一些间断数值,这样一来,ω 也只能取间断数值。根据色散关系,自变量 q 的周期为 $2\pi/a$,而由上式,q 的最小间隔(当 $\Delta l = 1$ 时)为 $2\pi/Na$,因此 q 的可取值数目(独立振动模式数)为 N,N 也是该系统的自由度。

(5) 连续介质与离散介质的区分。在上面的介绍中,并没有给连续介质(或离散介质)下一个完整的定义,好像说到晶体就把它看成离散介质,而别的物质就是连续介质。但是,根据物质结构,每一种物质从原子尺度看都是不连续的,一个个原子核占据不同的空间位置,而原子核之间似乎是空的。因此,天然的连续介质并不存在,这样就有必要仔细区分物质连续还是离散的界限。

我们先来考察格波表达式 $u_n = A\cos(qna - \omega t)$ 。根据第 1 章介绍的知识,宗量 $qna - \omega t$ 表示格波的位相,它由时间部分 ωt 与空间部分 qna 组合而成。当时间一定时,两个相邻原子的位相差为 qa ,称为最小空间位相差。不难看出,qa 取决于波的特性(波矢 q)和

物质的特性(点阵常数 a)。同时,qa 本身是一个无量纲的纯数,它的取值范围是 0 ~ 2π 。由于位相差就是状态之间的差别,所以 qa 表示两个最邻近的原子间的状态的差别。当 qa 很小时($qa \to 0$),相邻原子间的振动状态差别很小,故称为连续状态,也就是通常所说的连续介质;当 qa 明显大于零时,称为离散介质。一般来说,判断 qa 的大小看 $qa/2\pi$ 的数值,若 $qa/2\pi < 0.01$,就认为 qa 接近零;当 $qa/2\pi > 0.1$ 时,就认为 qa 比较大了。又因为 $q = 2\pi/\lambda$,所以 $qa/2\pi = a/\lambda$,即晶格常数与波长的比值可以作为判别连续与否的标准。

再强调一下,严格的连续(离散)概念是针对波的传播的,而通常所说的连续介质(或离散介质)只是一种通俗的说法。正因为是针对波的传播,所以判断连续(或离散)的标准 $qa/2\pi$ 中才既含波动参数 q,又含物质参数 a。由于连续与离散没有天然界限,所以从表达式 $\omega = 2\sqrt{k/m}\,|\sin(qa/2)|$ 中应该能推导出连续介质的某些特性。下面推导连续介质的波速。

由于连续的条件是 $qa \to 0$,根据波速的表达式 $V = \dfrac{\mathrm{d}\omega}{\mathrm{d}q}$,连续介质中的波速为

$$V = \lim_{qa \to 0} \frac{\mathrm{d}\omega}{\mathrm{d}q} = 2\sqrt{\frac{k}{m}}\,\frac{a}{2}\lim_{qa \to 0} \cos\frac{qa}{2} = \sqrt{\frac{ka^2}{m}} \tag{3.1.8}$$

式中:k 为弹性力常数; $m/a^3 = \rho$ (密度)。

根据胡克定律, $F = k\delta u = k\varepsilon a$,其中 δu 是相对位移, ε 是应变;而由弹性力学, $F = \sigma a^2 = E\varepsilon a^2$,因此 $E = k/a$,所以

$$V = \sqrt{\frac{ka^2}{m}} = \sqrt{\frac{k/a}{m/a^3}} = \sqrt{\frac{E}{\rho}} \tag{3.1.9}$$

上式正是连续介质波速的表达式。

问题 3.1.1 某教材对一维单原子链的运动方程做了如下推导:

在最近邻假设下,系统的总势能 V 为

$$V = \frac{k}{2}\sum_n (u_n - u_{n-1})^2$$

因此得到第 n 个原子的受力为

$$f_n = -\frac{\partial V}{\partial u_n} = -k(2u_n - u_{n-1} - u_{n+1})$$

故第 n 个原子的运动方程为

$$m\frac{\mathrm{d}^2 u_n}{\mathrm{d}t^2} = -k(2u_n - u_{n-1} - u_{n+1})$$

上式与式(3.1.1)完全一致。

请问:(1) 系统总势能 V 为什么写成上面的形式? (2) 证明 $\dfrac{\partial V}{\partial u_n} = k(2u_n - u_{n-1} - u_{n+1})$ 。

问题 3.1.2 对于表达式 $v = A\cos(\omega t - kx)$,既然其中的波矢 k 能够引发倒易空间概念,请问其中的角频率 ω 能够引发“倒易时间”概念吗?

问题 3.1.3 一维格波的自变量 q 只能取 N 个独立值,能否据此说:一维格波只有 N

个?

问题 3.1.4 一维格波中,当 $q=\pi/a$ 时(相应的波长为 $2a$),为什么格波的群速度为零?而 $q\to 0$ 时,格波速度最大?

问题 3.1.5 q 只能取 N 个值到底是什么意思?例如,假如 q 取了这 N 个值以外的数值,会发生什么情形?

问题 3.1.6 当 $\omega>\omega_m$ 时,一维单原子链中还有格波吗?假如此时在边界上以大于 ω_m 的角频率激发原子,会出现什么情况?

问题 3.1.7 面心立方晶体的[111]方向较硬,而[100]方向较软。请问同频率(且频率很低)的格波沿这两个方向传播时,哪一个波速更大?为什么?

问题 3.1.8 $q=\pi/a$ 处,一维单原子链的群速度为零。这种现象能否如下解释:此时满足了布拉格反射条件,入射波与反射波共同形成驻波,因此速度为零?

问题 3.1.9 波长的定义是振动状态在一个周期内传播的距离。请根据此说明一维单原子链中格波的最小波长一定大于晶格常数。

问题 3.1.10 对一维单原子链,当进一步考虑次紧邻作用时,色散关系中的 ω 是增大还是减小?

3.1.2 一维双原子链的振动

图 3.1.5 所示为一维双原子链,由质量为 m 和 M 的两种原子 P 和 Q 相间排列而成($m<M$),原子间距为 a。显然,晶格的周期是 $2a$,每个晶胞含两个不同的原子。设晶胞总数为 N,则链长 $L=2Na$。将原子顺序编号,单号为 P 原子,双号为 Q 原子。

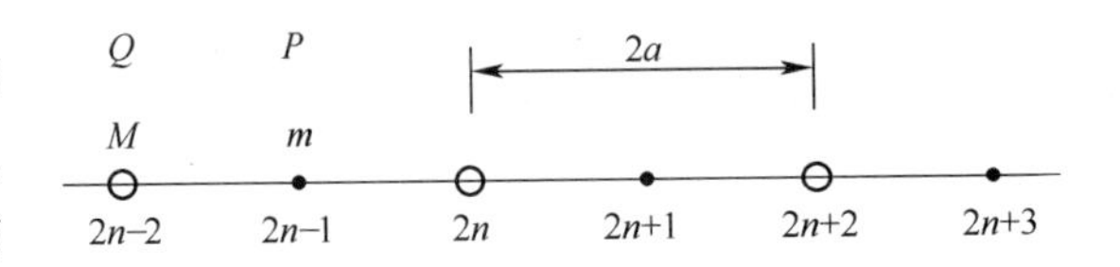

图 3.1.5 一维双原子链的振动

仍采用简谐近似(假定 k 为常数),并只考虑最近邻原子的作用。于是,两种原子的牛顿运动方程分别为

$$m\frac{d^2u_{2n+1}}{dt^2}=-k(u_{2n+1}-u_{2n+2})-k(u_{2n+1}-u_{2n}),\quad n=1,2,3,\cdots,N \tag{3.1.10}$$

$$M\frac{d^2u_{2n}}{dt^2}=-k(u_{2n}-u_{2n+1})-k(u_{2n}-u_{2n-1}),\quad n=1,2,3,\cdots,N \tag{3.1.11}$$

由于玻恩-卡曼循环边界条件仍然适用,故所有 P 原子等价,所有 Q 原子等价。两种原子的试探解分别为

$$u_{2n+1}=A\mathrm{e}^{\mathrm{i}[q(2n+1)a-\omega t]} \tag{3.1.12}$$

$$u_{2n}=B\mathrm{e}^{\mathrm{i}(2qna-\omega t)} \tag{3.1.13}$$

由于原子质量不同,所以试探解中的振幅不同,即 $A\neq B$。与一维单原子链振动类似,将试探解代入牛顿运动方程,经化简,得

$$(2k-m\omega^2)A-(2k\cos qa)B=0 \tag{3.1.14}$$

$$-(2k\cos qa)A+(2k-M\omega^2)B=0 \tag{3.1.15}$$

同样,这两个方程也与 n 无关,它们可以看成 A、B 的线性方程组。根据线性代数,A、

B 有非零解的条件是式(3.1.14)、式(3.1.15)构成的系数行列式为零,这样就得到关于 ω^2 的一元二次方程,解这个一元二次方程,得

$$\omega_{\mp}^2 = k\frac{m+M}{mM}\left\{1 \mp \left[1 - \frac{4mM}{(m+M)^2}\sin^2 qa\right]^{1/2}\right\} \tag{3.1.16}$$

式(3.1.16)说明,ω 与 q 之间的色散关系可以取两种形式,相应地,格波也就有两类。与 ω_- 对应的格波称为声学波,与 ω_+ 对应的格波称为光学波。

将非零解条件代入 A、B 的线性方程组,可以分别得到声学波和光学波情况下 A、B 的比值:

$$\left(\frac{A}{B}\right)_- = \frac{2k - M\omega_-^2}{2k\cos qa} = \frac{2k\cos qa}{2k - m\omega_-^2} \tag{3.1.17}$$

$$\left(\frac{A}{B}\right)_+ = \frac{2k - M\omega_+^2}{2k\cos qa} = \frac{2k\cos qa}{2k - m\omega_+^2} \tag{3.1.18}$$

由色散关系式(3.1.16)看到,$\omega_-(q)$ 、$\omega_+(q)$ 都是 q 的周期函数,周期为 π/a ,即

$$\omega_{\mp}(q + \pi/a) = \omega_{\mp}(q) \tag{3.1.19}$$

由于色散关系有式(3.1.19)表示的周期性,在 $-\pi/2a < q < \pi/2a$ 以外的 q 值不给出新的格波。图 3.1.6 是一维双原子链的色散曲线。

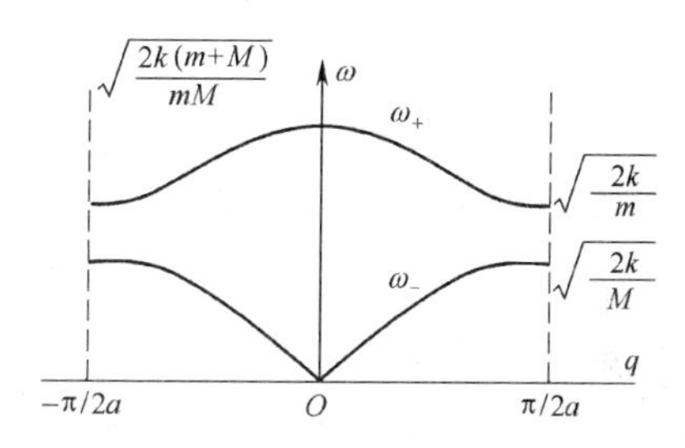

图 3.1.6 一维双原子链色散关系

不难看出,一维单原子格波与一维双原子格波有很大差别。一维单原子晶格只有一支格波(一个 q 对应一个格波)——声学波;而一维双原子晶格有两支格波(一个 q 对应两个格波)——声学波和光学波。两支格波的的频率各有一定范围:

$$(\omega_-)_{\min} = \omega_-(0) = 0 \tag{3.1.20}$$

$$(\omega_-)_{\max} = \omega_-(\pi/2a) = \sqrt{2k/M} \tag{3.1.21}$$

$$(\omega_+)_{\max} = \omega_+(0) = \sqrt{2k(m+M)/mM} \tag{3.1.22}$$

$$(\omega_+)_{\min} = \omega_+(\pi/2a) = \sqrt{2k/m} \tag{3.1.23}$$

关于一维双原子链的格波,需要说明以下几点:

(1) 虽然每一种原子的运动微分方程都涉及另一种原子,但格波表达式

$$u_{2n+1} = A\mathrm{e}^{\mathrm{i}[q(2n+1)a-\omega t]} = A\cos[\omega t - q(2n+1)a]$$

$$u_{2n} = B\mathrm{e}^{\mathrm{i}[2qna-\omega t]} = B\cos(\omega t - 2qna)$$

分别针对两种不同的原子。也就是说,奇数序号的轻原子(质量为 m)之间相互传递振动状态,相邻轻原子之间的最小空间位相差为 $2qa$。同样,相邻重原子(质量为 M)之间相互传递振动状态,其最小空间位相差也是 $2qa$。

(2) 在 $(\omega_-)_{\max}$ 与 $(\omega_+)_{\min}$ 之间有一频率间隙,说明在这一频率范围内的格波不能被激发。这里的格波激发是从单个原子的角度考虑的,因为无论对轻原子还是重原子,单个地考察它们就是固定空间坐标而研究随时间的变化,即考察单个原子的振动。根据上式,这两类原子的振动角频率 ω 是一致的。当 ω 取值范围在 $(\omega_-)_{\max} \sim (\omega_+)_{\min}$ 之间时,这些模式的谐振动不能在一维双原子链中产生。当然,$\omega > (\omega_+)_{\max}$ 的谐振动也不会在

一维双原子链中产生。

(3) 对声学格波,由于 $\omega_-^2 \leqslant 2k/M < 2k/m$ 以及 $\cos qa > 0$,所以由式(3.1.17),$(A/B)_- > 0$。在长波极限时(即 $\lambda \to \infty$ 或者 $q \to 0$),根据色散关系式(3.1.16),$\omega_- \to 0$。因此由式(3.1.17),$\lim\limits_{q \to 0}(A/B)_- \to 1$。这些关系说明,声学格波情况下的相邻异类原子,一般向同一方向振动,因为这些原子间的空间位相差很小。特别是长波极限下的声学格波,相邻原子不但向同一方向振动,而且振幅相同,此时两类原子的格波方程可以由两个合并为一个,即 $u_n = A\cos(\omega t - qna)$ 。也就是说,此时可以不去区分两类原子的质量差异,因为它们的振动(波动)行为好像是同一类原子。需要指出的是,$q \to 0$ 的一般含义是指 q 值很小(很接近零)。而当 q 严格等于零时,$u_n = A\cos(\omega t - qna)$ 变为 $u_n = A\cos\omega t$,即每一个原子的振动状态完全相等,而无论它处于什么空间位置。显然,这种极限情况反映的是晶格的整体振动,此时晶体是刚体而非弹性体。

(4) 对光学格波,类似的分析表明,$(A/B)_+ < 0$;同时 $\lim\limits_{q \to 0}(A/B)_+ \to -M/m$ 。这些关系说明,在光学格波情况下,相邻异类一般原子反向振动,特别是长波极限下的光学格波,$mA+MB=0$,说明晶胞质心不动。当 $q = 0$ 时,与长声学波不同的是晶体并非整体呈刚体,其中的轻原子与重原子分别构成刚性结构,而且两类原子永远反向振动。产生这种现象的原因是此时的格波为

$$u_{2n+1} = A\cos\omega t$$

$$u_{2n} = -A\frac{m}{M}\cos\omega t$$

即两类原子恰好反向位移。

(5) 当 $q = \pi/2a$ 时,有如下关系:

$$\begin{cases} \omega_- = \sqrt{2k/M}, & A/B = 0, \quad 即\ A = 0 \\ \omega_+ = \sqrt{2k/m}, & A/B = \infty, \quad 即\ B = 0 \end{cases}$$

上式表明,$q = \pi/2a$ 时其中的一种原子静止不动,频率由动的原子的质量决定。

离子晶体中的长光学波有特别重要的作用,因为不同离子之间的反向位移产生电偶极矩,因此可以与电磁波相互作用。电磁波只与波数相同的格波相互作用,如果它们具有相同的频率就可以发生共振。实际晶体的长光学波的 $\omega_+(q \to 0)$ 在 $10^{13} \sim 10^{14}$/s,对应远红外的光波。离子晶体中光学波的共振能够引起对远红外在 $\omega_+ (q \to 0)$ 附近的强烈吸收。

无论一维单原子振动还是一维双原子振动,它们的结果都可以直接推广到三维晶体中。在三维布拉菲晶体中,每个原子有 3 个独立平动自由度,因此振动波在每一个传播方向上有一支纵波和两支横波。由于自由度的独立性,每一支波有自己独立的振动频率,也就是说,每一个许可的 q 值对应 3 个独立的 ω 值,即 ω—q 曲线(也称频谱)将分为 3 支。但是,对具有特殊对称性的晶体,3 支频谱可能简并为两支。例如,立方布拉菲晶体沿 <100>方向的 3 支振动波中,有一支是纵波,另两支横波简并为单一横波支。如果晶体是双原子的,除 3 支声学支外,还将出现 3 支光学支(图 3.1.7)。理论上讲,如果晶胞数为 N,每个晶胞内有 s 个原子,则晶体总的独立振动模式数为 $3sN$。

问题 3.1.11 在 $u_{2n+1} = Ae^{i[q(2n+1)a-\omega t]}$ 与 $u_{2n} = Be^{i(2qna-\omega t)}$ 中,角频率是一致的,请问为什么?

问题 3.1.12 图3.1.8是纵波示意图,请针对横波的情况画出示意图。要求:只画出长波情况下的横波示意图即可。

问题 3.1.13 (1)图3.1.8(c)、(d),实际上是驻波,请问为什么?(2)请指出图3.1.8(c)、(d)有何异同?

问题 3.1.14 一维双原子链中,光学波的激发往往通过电磁波,请问为什么?这里的激发概念,在机械波中是否存在?

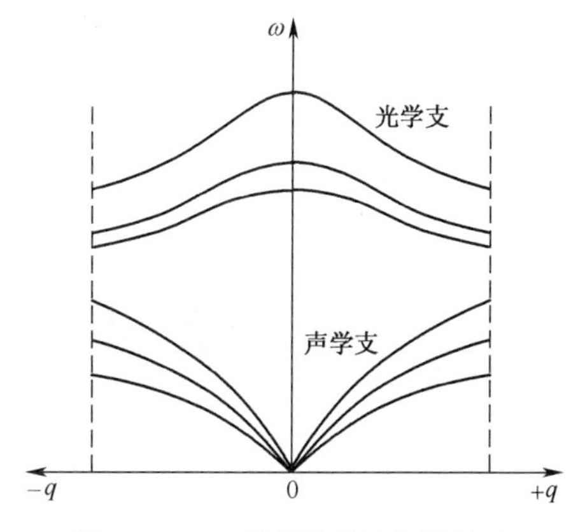

图3.1.7 三维晶格格波色散关系

问题 3.1.15 什么是软模?什么是软模声子?请查阅课外资料并写出定义。

问题 3.1.16 聚乙烯可以看成是一维原子链。请问其中可能存在格波吗?如果存在,请问是按着单原子链处理还是双原子链处理?

问题 3.1.17 金刚石晶体沿对角线振动时,相当于一维双原子振动,请问为什么?注意,这里原子质量并不变化。

问题 3.1.18 NaCl晶体的为立方系,晶胞边长为0.56nm,在[100]方向上可以看成一维双原子链,离子间距为0.28nm。已知NaCl晶体的弹性模量为 $5\times10^{10}\text{N/m}^2$,如果全反射的光频与 $q=0$ 的光频模的频率相等,求相应的光波波长。(实验值为61μm)

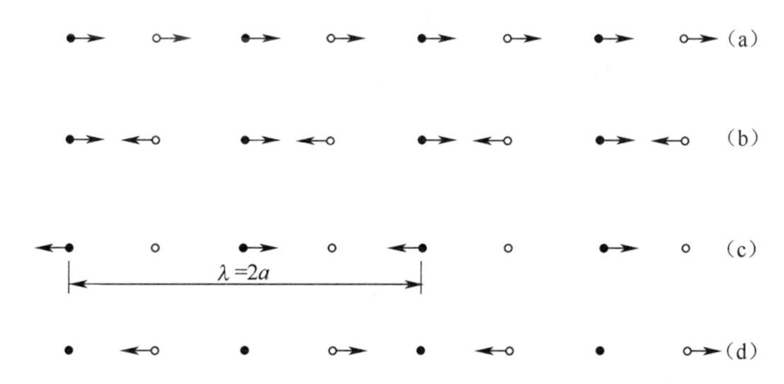

图3.1.8 双原子链格波在两种极限下的振动图像

•—重原子;○—轻原子。

(a)$q=0$ 时的声学波;(b)$q=0$ 时的光学波;(c)$q=\pi/a$ 时的声学波;(d)$q=\pi/a$ 时的光学波。

3.2 三维晶格的振动与频谱

一维单原子链和双原子链格波的讨论,已经显示出简单晶格和复式晶格的基本振动特点。对于三维晶体,讨论是相似的,只是数学形式更复杂一些。

3.2.1 动力学矩阵方法简介

动力学矩阵是求解晶格振动的一般方法。设晶体有 N 个原胞,每个原胞 n 个原子,原

子质量分别为 $m_s(s=1,2,\cdots,n)$，t 时刻第 l 个原胞中第 s 个原子的位置对平衡位置的位移记作 $u_{ls}^{\alpha}(t)$，$l=1,2,\cdots,N$，　$s=1,2,\cdots,n$，　$\alpha=x、y、z$。若以 V 表示晶格原子间的总势能,则它应是所有这些位移 $u_{ls}^{\alpha}(t)$ 的函数,而 $u_{ls}^{\alpha}(t)$ 共有 3sN 个,因此函数 V 是一个具有 3sN 个自变量的多元函数。由于考虑的是微振动($u_{ls}^{\alpha}(t)$ 很小),故可将函数 V 对自变量 $u_{ls}^{\alpha}(t)$ 在平衡点(全部 u_{ls}^{α} 等于零)作泰勒展开,并只保留到二次项(简谐近似),即

$$V=V_0+\sum_{l,s,\alpha}V_{s\alpha}(l)u_{ls}^{\alpha}+\frac{1}{2}\sum_{l,s,\alpha}\sum_{l',s',\alpha'}V_{s\alpha,s'\alpha'}(l,l')u_{ls}^{\alpha}u_{l's'}^{\alpha} \tag{3.2.1}$$

式中：V_0 为所有原子处于平衡位置(u_{ls}^{α} 全为零)时的晶体势能,它是一个常数,对晶格振动问题不起作用；$V_{s\alpha}(l)$ 为 V 的一阶导数在平衡点的值,等于零(因为平衡点 V 取极小值),即

$$V_{s\alpha}(l)=\left(\frac{\partial V}{\partial u_{ls}^{\alpha}}\right)_0=0 \tag{3.2.2}$$

$V_{s\alpha,s'\alpha'}(l,l')$ 为 V 的二阶导数在平衡点的值,即

$$V_{s\alpha,s'\alpha'}(l,l')=\left(\frac{\partial^2 V}{\partial u_{ls}^{\alpha}\partial u_{l's'}^{\alpha'}}\right)_0=V_{s'\alpha',s\alpha}(l',l) \tag{3.2.3}$$

所以,由式(3.2.1),第 l 个原胞中第 s 个原子在 α 方向的受力为

$$F_s^{\alpha}(l)=-\frac{\partial V}{\partial u_{ls}^{\alpha}}=-\sum_{l',s',\alpha'}V_{s\alpha,s'\alpha'}(l,l')u_{l's'}^{\alpha'} \tag{3.2.4}$$

于是可以建立原子的运动方程

$$m_s\frac{\partial^2 u_{ls}^{\alpha}}{\partial t^2}=-\sum_{l',s',\alpha'}V_{s\alpha,s'\alpha'}(l,l')u_{l's'}^{\alpha'} \tag{3.2.5}$$

$$(l=1,2,\cdots,N,\quad s=1,2,\cdots,n,\quad \alpha=x、y、z)$$

这是 3Nn 个耦合在一起的线性方程。仿照一维情况,可以设格波试探解为

$$u_{ls}^{\alpha}(t)=\frac{1}{\sqrt{m_s}}\mathrm{e}_{\boldsymbol{q},s}^{\alpha}\mathrm{e}^{\mathrm{i}(\boldsymbol{q}\cdot\boldsymbol{R}_l-\omega t)} \tag{3.2.6}$$

$$(l=1,2,\cdots,N,\quad s=1,2,\cdots,n,\quad \alpha=x、y、z)$$

其中 $\boldsymbol{q}$ 为波矢,上式为以 $\boldsymbol{q}$ 标志的一个格波试探解。$\mathrm{e}_{\boldsymbol{q},s}^{\alpha}$ 为对于此格波 s 原子的极化矢量(反映振动方向)的 α 分量,$\sqrt{m_s}$ 是为了运算的方便而引入的。将式(3.2.6)代入运动方程式(3.2.5),得到

$$\sum_{s',\alpha'}D_{s\alpha,s'\alpha'}(\boldsymbol{q})\mathrm{e}_{\boldsymbol{q},s'}^{\alpha'}=\omega^2\mathrm{e}_{\boldsymbol{q},s}^{\alpha} \tag{3.2.7}$$

上式相当于色散关系,其中

$$D_{s\alpha,s'\alpha'}(\boldsymbol{q})=\frac{1}{\sqrt{m_s m_{s'}}}\sum_{l'}V_{s\alpha,s'\alpha'}(l,l')\mathrm{e}^{\mathrm{i}\boldsymbol{q}\cdot(\boldsymbol{R}_l'-\boldsymbol{R}_l)} \tag{3.2.8}$$

由于平移对称性(各原胞完全等价),上式中 $\boldsymbol{R}_l$ 可选原点处的原胞($\boldsymbol{R}_l=0$),故上式可改写为

$$D_{s\alpha,s'\alpha'}(\boldsymbol{q})=\frac{1}{\sqrt{m_s m_{s'}}}\sum_{l'}V_{s\alpha,s'\alpha'}(0,l')\mathrm{e}^{\mathrm{i}\boldsymbol{q}\cdot\boldsymbol{R}_l'} \tag{3.2.9}$$

它是一个 $3n \times 3n$ 矩阵 $D(\boldsymbol{q})$ 的矩阵元(注意 $s, s' = 1, 2, \cdots, n; \alpha, \alpha' = x, y, z$), $D(\boldsymbol{q})$ 称为动力矩阵。从而式(3.2.7)就是一个 $3n \times 3n$ 的矩阵方程:

$$D(\boldsymbol{q})\boldsymbol{e}(\boldsymbol{q}) = \omega^2 \boldsymbol{e}(\boldsymbol{q}) \tag{3.2.10}$$

这样, $3Nn$ 个耦合方程的问题就归结为求一个 $3n \times 3n$ 矩阵方程的本征值 ω^2 与本征矢 $\boldsymbol{e}(\boldsymbol{q})$ 的问题。动力矩阵 $D(\boldsymbol{q})$ 的矩阵元式(3.2.9)可根据原子间唯象的力常数算出(注意,由式(3.2.4)可看出, $-V_{s\alpha,s'\alpha'}(l,l')$ 表示 l' 原胞中 s' 原子沿 α' 方向位移单位距离时,在 l 原胞中 s 原子上产生的力的 α 分量,因而直接与力常数有关)。本征值 ω^2 可根据齐次方程有非零解的条件,由如下的久期方程求出

$$\det \| D_{s\alpha,s'\alpha'}(\boldsymbol{q}) - \omega^2 \delta_{ss'}\delta_{\alpha\alpha'} \| = 0 \tag{3.2.11}$$

其中: $\det \| \cdots \|$ 表示行列式。

因为矩阵是 $3n \times 3n$ 维的,故 $\omega^2(\boldsymbol{q})$ 有 $3n$ 个解,即一个 $\boldsymbol{q}$ 对应 $3n$ 个 $\omega(\boldsymbol{q})$,记作 $\omega_\sigma(\boldsymbol{q})$, $\sigma = 1, 2, \cdots, 3n$。对于每一个 $\omega_\sigma(\boldsymbol{q})$,可由式(3.2.10)求出一个 $3n$ 维本征矢量,它包含着 n 种原子的相对极化矢量,反映出每种原子的振动方向及各种原子振幅的相对大小。

3.2.2 晶格振动的一般结论

上面已经指出,对于给定的波矢 $\boldsymbol{q}$,有 $3n$ 个振动模式,角频率和本征矢量分别为 $\omega_\sigma(\boldsymbol{q})$ 和 $\boldsymbol{e}_\sigma(\boldsymbol{q})$, $\sigma = 1, 2, \cdots, 3n$。当 $\boldsymbol{q}$ 变化时,就给出 $3n$ 支格波。由式(3.2.9)看出,动力矩阵 $D(\boldsymbol{q})$ 是 $\boldsymbol{q}$ 的周期函数,相差一个倒格矢 $\boldsymbol{G}_h$ 的两个波矢对应的动力矩阵是相同的,即

$$D(\boldsymbol{q} + \boldsymbol{G}_h) = D(\boldsymbol{q}) \tag{3.2.12}$$

因而它们给出的本征值 ω^2(或 ω) 及本征矢也是相同的,即

$$\omega_\sigma(\boldsymbol{q} + \boldsymbol{G}_h) = \omega_\sigma(\boldsymbol{q}) \qquad (\sigma = 1, 2, \cdots, 3n) \tag{3.2.13}$$

从格波解式(3.2.6)可看出, $\boldsymbol{q}$ 与 $\boldsymbol{q}+\boldsymbol{G}_h$ 所反映的晶格振动情况 $u_{\sigma,ls}^{\alpha}$ 也完全相同。所以,我们只须在一个倒格子原胞范围内讨论不同 $\boldsymbol{q}$ 值所对应的格波解即可。通常选取以 $\boldsymbol{q}=0$ 为中心、体积为倒格子原胞体积的对称区域为讨论范围,称为简约布里渊区(第一布里渊区,它是由 $\boldsymbol{q}$ 空间原点所引诸倒格矢的垂直平分面所围成的中心最小区域)。图3.2.1给出一个二维晶格的第一布里渊区,可以看出,它的"体积"(二维晶格,实为面积)等于一个倒格子原胞"体积",其形状的对称性与该晶格的布拉菲格子的对称性相同。第一布里渊区的对称性给讨论问题带来很大方便。

当波矢 $\boldsymbol{q}$ 在第一布里渊区中变化时,每个 $\boldsymbol{q}$ 对应 $3n$ 个振动模式,故格波分为 $3n$ 支,每一支格波有自己的色散关系 $\omega_\sigma(\boldsymbol{q})$ 。具体分析表明,这 $3n$ 支格波中有 3 支声学波(其特点是 $\omega(\boldsymbol{q} = 0) = 0$), $3n - 3$ 支光学波。与一维情况相似,长声学波 ($\boldsymbol{q} \to 0$) 反映原胞的整体振动,或原胞质心的振动;长光学格波则反映原胞内各原子之间的相对振动。一般情况下,原子的振动方向(极化矢量)既不平行、也不垂直于 $\boldsymbol{q}$(格波行进方向);只在一些特殊方向(通常是布里渊区的对称轴方向)格波才可分为横波(振动方向与格波行进方向垂直)和纵波(振动方向与格波行进方向平行)。通常人们用 *LA* 表示纵声学波, *TA* 表示横声学波, *LO* 表示纵光学波, *TO* 表示横光学波。当 $\boldsymbol{q} \to 0$ 时,声学波可看作连续介质弹性波,因此总可分为横波和纵波。如果晶体是简单晶格 ($n = 1$) ,则只有声学波(共 $3n$ 支)而无光学波。每支格波的频率都有上限和下限,其中声学波频率的下限是零(当 $\boldsymbol{q}=0$ 时)。

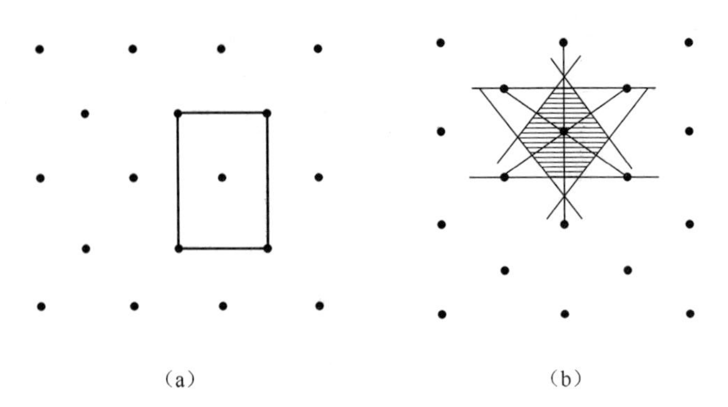

图 3.2.1 (a)一个二维晶格及其单胞;(b)相应的倒易点阵及第一布里渊区。

可以证明,格波的色散关系除具有周期性外,还具有反演对称性

$$\omega_\sigma(-\boldsymbol{q}) = \omega_\sigma(\boldsymbol{q}) \qquad (\sigma = 1,2,\cdots,3n) \tag{3.2.14}$$

及与晶体的宏观对称性相同的旋转反演对称性

$$\omega_\sigma(\alpha\boldsymbol{q}) = \omega_\sigma(\boldsymbol{q}) \qquad (\sigma = 1,2,\cdots,3n) \tag{3.2.15}$$

式中:α 为晶体的对称操作。式(3.2.13)~式(3.2.15)是格波色散关系的普遍性质。

格波的色散关系非常重要,除了可用前述动力矩阵方法作理论计算外,还可通过实验方法测量。由于不同类型晶体的结合力性质不同,格波色散关系也有所不同。通常给出的格波色散关系图都是波矢 $\boldsymbol{q}$(传播方向)沿晶体的某个对称轴方向变化时对应的 $\omega_\sigma(\boldsymbol{q})$ 的变化曲线(从而往往可区别出横波和纵波)。图 3.2.2 给出了硅晶体(复式晶格)的色散关系图。图 3.2.2 中 Γ 点为布里渊区的中点, L、K、X 分别为相应方向的布里渊区界面上的点。注意格波 TA 和 TO 是二重简并的; LO 和 TO 在 $\boldsymbol{q}=0$ 时的频率是相等的。具有离子键成分的晶体,格波 LO 和 TO 在 $\boldsymbol{q}=0$ 时的频率不再相等(LO 频率稍高于 TO 频率)。

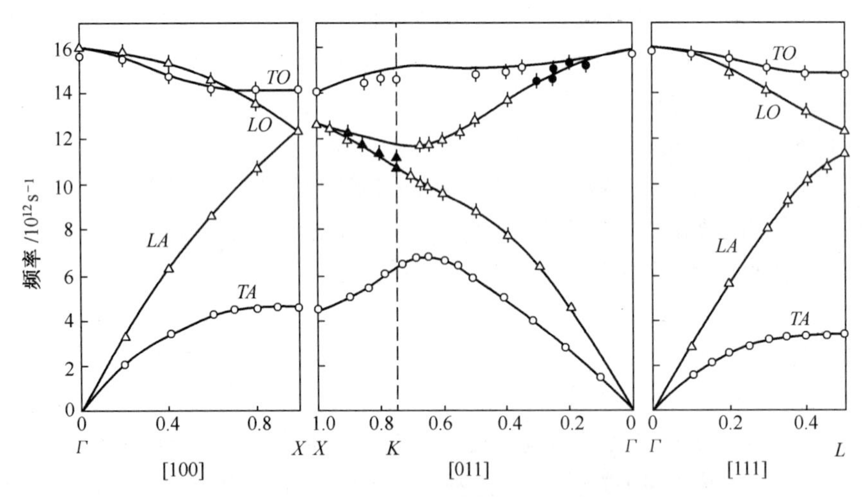

图 3.2.2 硅晶体(复式晶格)的色散关系

如果晶体是无限大的,那么波矢 $\boldsymbol{q}$ 在布里渊区内可以连续取值。但实际晶体是有边界的。所以同一维情况一样,也采用玻恩-卡曼循环边界条件来确定 $\boldsymbol{q}$ 的可取值。设晶体沿基矢 $\boldsymbol{a}_1,\boldsymbol{a}_2,\boldsymbol{a}_3$ 方向的原胞数分别为 N_1,N_2,N_3,原胞总数为 $N = N_1N_2N_3$,玻恩-卡曼循环边界条件为

$$\boldsymbol{u}_s(\boldsymbol{R}_l+N_i\boldsymbol{a}_i)=\boldsymbol{u}_s(\boldsymbol{R}_l)\qquad (i=1,2,3) \tag{3.2.16}$$

将此条件代入格波解式，得

$$\boldsymbol{q}\cdot N_i\boldsymbol{a}_i=2\pi \boldsymbol{n}_i\ (n_i\ 为整数,\ i=1,\ 2,\ 3) \tag{3.2.17}$$

即

$$\begin{cases}\boldsymbol{q}\cdot\boldsymbol{a}_1=2\pi n_1/N_1\\ \boldsymbol{q}\cdot\boldsymbol{a}_2=2\pi n_2/N_2\\ \boldsymbol{q}\cdot\boldsymbol{a}_3=2\pi n_3/N_3\end{cases} \tag{3.2.18}$$

设

$$\boldsymbol{q}=x_1\boldsymbol{b}_1+x_2\boldsymbol{b}_2+x_3\boldsymbol{b}_3 \tag{3.2.19}$$

代入式(3.2.18)，并注意 $\boldsymbol{a}_i\cdot\boldsymbol{b}_i=2\pi\delta_{ij}$，可求出 x_1,x_2,x_3，结果有

$$\boldsymbol{q}=\frac{n_1}{N_1}\boldsymbol{b}_1+\frac{n_2}{N_2}\boldsymbol{b}_2+\frac{n_3}{N_3}\boldsymbol{b}_3\qquad (n_1,n_2,n_3\ 为整数) \tag{3.2.20}$$

上式说明 $\boldsymbol{q}$ 只能取分立值，可取值点在 $\boldsymbol{q}$ 空间是均匀的，每个 $\boldsymbol{q}$ 点占据的 $\boldsymbol{q}$ 空间体积为

$$\frac{\boldsymbol{b}_1}{N_1}\cdot\left(\frac{\boldsymbol{b}_2}{N_2}\times\frac{\boldsymbol{b}_3}{N_3}\right)=\frac{1}{N}[\boldsymbol{b}_1\cdot(\boldsymbol{b}_2\times\boldsymbol{b}_3)]=\frac{Q^*}{N} \tag{3.2.21}$$

式中：Q^* 为倒格子原胞体积。

所以，$\boldsymbol{q}$ 空间中可取值点的分布密度为

$$\boldsymbol{q}\ 点分布密度=\frac{N}{Q^*}=\frac{NQ}{(2\pi)^3}=\frac{V}{(2\pi)^3} \tag{3.2.22}$$

式中：Q 为正格子原胞体积；V 为晶体体积（推导中应用了 $Q\cdot Q^*=(2\pi)^3$）。

前已述及，格波的波矢 $\boldsymbol{q}$ 只须在第一布里渊区内取值，所以由 $q=2\pi l/2Na=2\pi l/L$ 可知，$\boldsymbol{q}$ 的独立取值数为 N（晶体原胞数）。由于每个 $\boldsymbol{q}$ 对应着 $3n$ 个格波（n 为原胞内原子数），所以格波总数 $=3nN$。因此

$$原胞内自由度数\times原胞数=晶体自由度总数 \tag{3.2.23}$$

这个结果是很自然的，说明上述格波解包含了晶体全部可能的振动模式。

3.2.3　晶格振动的频谱（模式密度）

知道了波矢 $\boldsymbol{q}$ 的可取值式(3.2.20)和 $3n$ 支格波的色散关系 $\omega_\sigma(\boldsymbol{q})$（由式(3.2.11)给出），以及相应的格波式(3.2.26)，晶体中全部可能的振动模式就都清楚了。所有这些振动模式对晶体的物理性质（如热容等）都有一定贡献。因而，在考虑晶体的某些性质时，往往需要将与 $\boldsymbol{q}$ 有关的量对 $\boldsymbol{q}$ 取和。然而，$\boldsymbol{q}$ 的可取值数目（原胞数 $N\sim10^{23}$）是极大的，其分布是准连续的，相应的振动模式的频率也是准连续的，故实际计算时总是用 $\boldsymbol{q}$ 空间的积分代替对 $\boldsymbol{q}$ 的取和，即

$$\sum_{\boldsymbol{q}}(\cdots)=\frac{V}{(2\pi)^3}\iiint \mathrm{d}\boldsymbol{q}(\cdots) \tag{3.2.24}$$

式中：$V/(2\pi)^3$ 为 $\boldsymbol{q}$ 点分布密度（或 $\boldsymbol{q}$ 空间态密度，见式(3.2.23)），它是一个常量。在许多问题中，往往只涉及振动模式的频率而不管其波矢如何（只涉及数值大小而不管方向），因此问题可进一步简化，只须知道特定频率的振动模对晶体性质的贡献及振动模数目随频率

的变化情况(振动模频率的分布),问题就可解决。为此,引入振动模式密度 $g(\omega)$ 。它的含义是:在频率 $\omega \sim \omega + d\omega$ 之间的振动模数目为 $\Delta z = g(\omega)d\omega$($d\omega$ 为小量),即

$$g(\omega) = \frac{\Delta z}{d\omega} \tag{3.2.25}$$

$g(\omega)$ 又称频谱或频率密度。因而,对于与 $\boldsymbol{q}$ 无直接关系而仅与 ω 有关的微观量的求和可归结为对 ω 的一重积分:

$$\sum_{\boldsymbol{q}} (\cdots) = \int d\omega g(\omega)(\cdots) \tag{3.2.26}$$

所以, $g(\omega)$ 是很重要的。下面先从简单的一维单原子链开始讨论。由前面的分析可知,一维时 q 的取值间隔是 $2\pi/Na$,所以 $q \sim q + dq$ 之间的点数为

$$\frac{dq}{\left(\frac{2\pi}{Na}\right)} = \frac{Na}{2\pi}dq \tag{3.2.27}$$

相应地,设在此区间频率为 $\omega \sim \omega + d\omega$,则由 $g(\omega)$ 定义,应有

$$\frac{Na}{2\pi}dq = g(\omega)d\omega \tag{3.2.28}$$

注意到 $\omega(-q) = \omega(q)$,考虑沿 q 和 $-q$ 两个方向的格波后,上式左方应乘 2,于是有

$$g(\omega) = \frac{\frac{Na}{\pi}}{\left|\frac{d\omega(q)}{dq}\right|} \tag{3.2.29}$$

加上绝对值符号是考虑到前式中的 dq 、$d\omega$ 实际上都是指间隔的绝对大小,并无正、负的含义,将一维单原子链色散关系代入式(3.2.29),得

$$\frac{d\omega(q)}{dq} = a\sqrt{\frac{k}{m}}\cos\frac{qa}{2} = \frac{a\omega_{max}}{2}\sqrt{1-\sin^2\frac{qa}{2}} = \frac{a}{2}(\omega^2{}_{max} - \omega^2)^{1/2} \quad (\omega \leqslant \omega_{max}) \tag{3.2.30}$$

注意不存在 $\omega > \omega_{max}$ 的格波,于是,有

$$g(\omega) = \frac{2N}{\pi(\omega_{max}^2 - \omega^2)^{1/2}} \quad (\omega \leqslant \omega_{max}) \tag{3.2.31}$$

其中 $\omega_{max} = 2\sqrt{k/m}$,$g(\omega)$ 曲线如图 3.2.3 所示。当 $\omega = \omega_{max}$ 时(相应于 $q = \pm\pi/a$,即第一布里渊区边界), $g(\omega) \to \infty$。可以证明,曲线下总面积为 N(振动模式的数目),这符合 $g(\omega)$ 应满足的一般关系式

$$\int_0^{\infty} g(\omega)d\omega = \text{振动模总数} \tag{3.2.32}$$

对于一维双原子链, $g(\omega)$ 也可进行类似计算,结果如图 3.2.4 所示。可知,在 $d\omega(q)/dq = 0$ 处(对声学波,为频率极大点,对应布里渊区的界面点;对光学波,为频率极小点和极大点,分别对应布里渊区界面点和中点 $\boldsymbol{q} = 0$) ,$g(\omega) \to \infty$。模式密度 $g(\omega)$ 出现奇点(发散)是一维系统的特点。

对三维晶格的情况,有

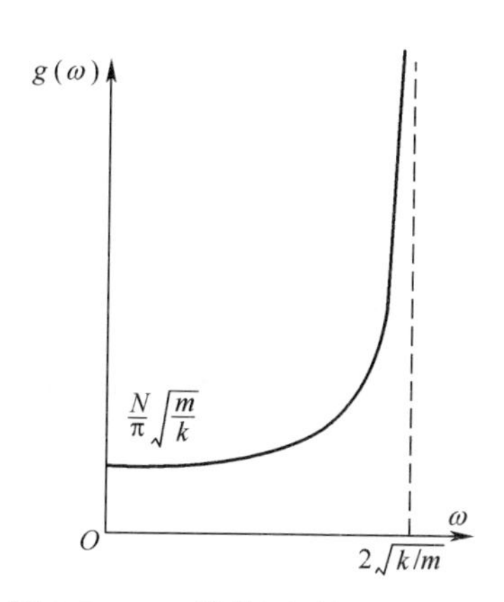

图 3.2.3 一维单原子链格波频谱

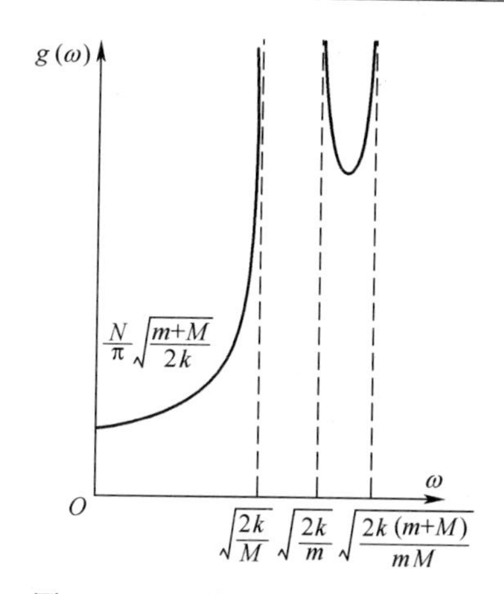

图 3.2.4 一维双原子链格波频谱

$$\int_0^\infty \mathrm{d}\omega g(\omega) = \iiint_{BZ} \mathrm{d}\boldsymbol{q} \frac{V}{(2\pi)^3} = N \tag{3.2.33}$$

因而,在 $\omega \sim \omega + \mathrm{d}\omega$ 之间的振动模数目 $g(\omega)\mathrm{d}\omega$ 就是

$$g(\omega)\mathrm{d}\omega = \frac{V}{(2\pi)^3} \int_{S_\omega}^{S_{\omega+\mathrm{d}\omega}} \mathrm{d}\boldsymbol{q} \tag{3.2.34}$$

其中等号右侧的积分就是 $\boldsymbol{q}$ 空间中等频面 ω 与等频面 $\omega + \mathrm{d}\omega$ 之间的体积,见图 3.2.5。小体元 $\mathrm{d}\boldsymbol{q}$ 可选二等频面间的一个小直柱体,底面积为 $\mathrm{d}S$,高为 $\mathrm{d}q_\perp$,因而

$$\mathrm{d}\boldsymbol{q} = \mathrm{d}S\mathrm{d}q_\perp \tag{3.2.35}$$

由于

$$\mathrm{d}\omega = |\nabla_{\boldsymbol{q}}\omega(\boldsymbol{q})|\mathrm{d}q_\perp \tag{3.2.36}$$

(注意 $|\nabla_{\boldsymbol{q}}\omega(\boldsymbol{q})|$ 为 $\omega(\boldsymbol{q})$ 沿等频面法向的变化率,$\mathrm{d}q_\perp$ 为二等频面间的距离),所以

$$\mathrm{d}\boldsymbol{q} = \frac{\mathrm{d}S\mathrm{d}\omega}{|\nabla_{\boldsymbol{q}}\omega(\boldsymbol{q})|} \tag{3.2.37}$$

代入式(3.2.34),得

$$g(\omega)\mathrm{d}\omega = \frac{V}{(2\pi)^3}\mathrm{d}\omega \iint_\omega \frac{\mathrm{d}S}{|\nabla_{\boldsymbol{q}}\omega(\boldsymbol{q})|} \tag{3.2.38}$$

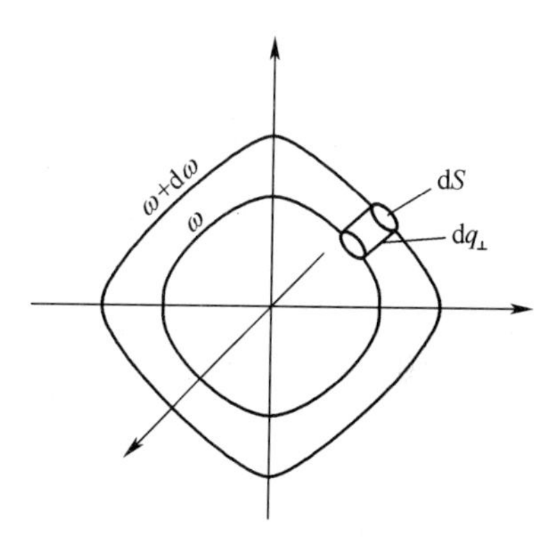

图 3.2.5 等频面,频率差为 dω

即

$$g(\omega) = \frac{V}{(2\pi)^3} \iint_\omega \frac{\mathrm{d}S}{|\nabla_{\boldsymbol{q}}\omega(\boldsymbol{q})|} \tag{3.2.39}$$

积分是对等频面 ω 的面积分。知道色散关系 $\omega(\boldsymbol{q})$,即可由式(3.2.39)求 $g(\omega)$。注意,上面考虑的只是一支格波的情况。由于格波不止一支,故总的模式密度应为各支格波(用 σ 标志)的贡献之和,即

$$g(\omega) = \frac{V}{(2\pi)^3} \sum_\sigma \iint_\omega \frac{\mathrm{d}S}{|\nabla_{\boldsymbol{q}}\omega(\boldsymbol{q})|} \tag{3.2.40}$$

由式(3.2.40)可以看出,满足 $\nabla_{\boldsymbol{q}}\omega_\sigma(\boldsymbol{q}) = 0$ 的 ω 点,使得被积函数发散,因而 $g(\omega)$

将显示出某种奇异性,这样的 ω 点称为范-霍夫奇点。前面提道的一维原子链 $g(\omega)$ 的发散点就是范-霍夫奇点。但是,在三维情况下,$g(\omega)$ 本身在范-霍夫奇点一般并不发散,而只是其斜率发散。范-霍夫奇点通常出现在布里渊区的高对称点上。由于一般情况 $\omega_\sigma(\boldsymbol{q})$ 的形式较为复杂,故 $g(\omega)$ 难于求出解析表达式,往往需要根据式(3.2.40)进行数值计算。利用对范-霍夫奇点的分析,有助于较快地确定 $g(\omega)$ 的结构。图 3.2.6 为计算出的铜的格波频谱 $g(\omega)$ 。

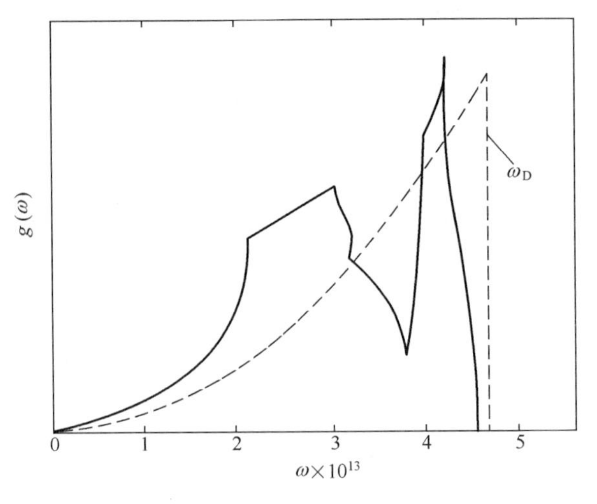

图 3.2.6 铜的格波频谱 $g(\omega)$

问题 3.2.1 将频率密度(能态密度)概念与通常意义的密度概念作对比,找出它们之间的相似之处。

问题 3.2.2 (1)对于原子数为 N 的一维单原子链,模式数(振动模式数)是多少?(2) 对于原子数为 N 的三维单原子晶体,模式数(振动模式数)是多少?

3.3 晶格振动的量子化与声子

3.3.1 简正坐标

晶格振动是微观粒子的运动状态,因而服从量子力学。在微振动情况下,利用简谐近似,可以写出用原子位移量 u_n(第 n 个原子的位移量)及其时间导数 $\dot{u}_n$ 表示的系统哈密顿量(其势能部分见式(3.2.1),动能部分为 $\frac{1}{2}\sum_n m\dot{u}_n^2$)。根据数学理论,总可以通过线性变换引入简正坐标 Q_i ,使哈密顿量表成 Q_i 及其相应的正则动量 $P_i(=\dot{Q}_i)$ 的平方和形式(Q_i^2 的系数为正值,记为 ω_i^2),即

$$H=\frac{1}{2}\sum_{i=1}^{3N}(P_i^2+\omega_i^2Q_i^2) \tag{3.3.1}$$

为了简化起见,式(3.3.1)假定每个晶胞只含 1 个原子。

由正则方程

$$\dot{P}_i=-\frac{\partial H}{\partial Q_i} \tag{3.3.2}$$

得

$$\ddot{Q}_i+\omega_i^2Q_i=0,\quad i=1,2,\cdots,3N\,(\text{晶体自由度数}) \tag{3.3.3}$$

$$\varepsilon_q(n)=\left(n_q+\frac{1}{2}\right)\hbar\omega(q)\quad(n_q=0,1,2,\cdots)\tag{3.3.12}$$

而晶格振动的总能量是各格波能量的总和,即

$$E=\sum_q\left(n_q+\frac{1}{2}\right)\hbar\omega(q)\tag{3.3.13}$$

格波能量的量子化表明格波运动的变化是跳跃式的,即格波的激发是量子化的,每次能量改变 $\hbar\omega(q)$ 。我们可以用另一种语言描述以上事实:格波的元激发(激发单元)可看作“粒子”,其能量是 $\hbar\omega(q)$;当格波处于 $\left(n_q+\frac{1}{2}\right)\hbar\omega(q)$ 能级时,我们说有 n_q 个这种“粒子”。这种粒子化了的格波元激发(格波量子)称为声子。一个格波(振动模)称为一种声子,而该种声子的数目是能级量子数 n_q 。

3.3.2 耦合谐振子的运动方程与坐标变换

为了更好地认识坐标变换对于方程特性的影响,下面考察一个简单的力学系统。图 3.3.1所示为两个谐振子耦合在一起的系统,质量均为 m 的两个谐振子用力常数均为 k 的 3 个轻弹簧相互连接。振子在水平面上位移可忽略摩擦。若振子限于沿两者之间的连线作直线运动,则该体系的自由度为 2。若以两谐振子所处的平衡位置各作坐标原点,那么选取坐标 x_1 和 x_2 作为广义坐标将是方便的。

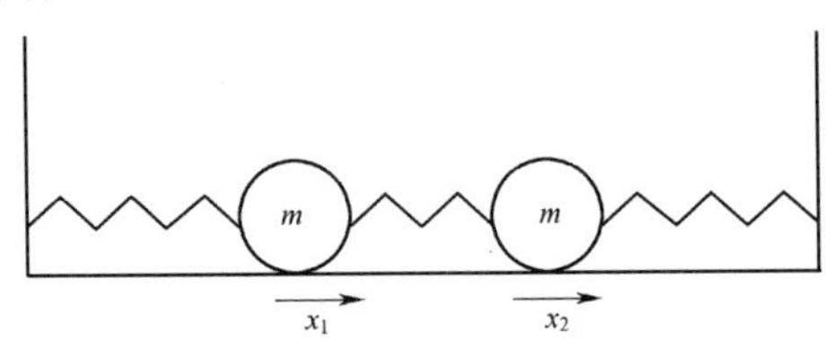

图 3.3.1 两个谐振子的耦合振动

根据经典力学运动方程 $m\dfrac{\mathrm{d}^2x}{\mathrm{d}t^2}=f=-kx$,得到下列运动方程:

$$\begin{cases}m\dfrac{\mathrm{d}^2x_1}{\mathrm{d}t^2}+k(2x_1-x_2)=0\\[2ex] m\dfrac{\mathrm{d}^2x_2}{\mathrm{d}t^2}+k(2x_2-x_1)=0\end{cases}\tag{3.3.14}$$

这是二阶齐次常微分方程组。只要体系作振动,方程的解必然呈现出时间 t 的周期函数。为此,可设想其试探解为

$$\begin{cases}x_1=A_1\cos\omega t\\ x_2=A_2\cos\omega t\end{cases}\tag{3.3.15}$$

将式(3.3.15)代入式(3.3.14),最后解得

$$\begin{cases}\omega_1=\sqrt{\dfrac{3k}{m}}\\[2ex] \omega_2=\sqrt{\dfrac{k}{m}}\end{cases}\tag{3.3.16}$$

ω_1 和 ω_2 称为体系的特征角频率。此时体系存在以下两个解：

$$\begin{cases} x_1 = A_1^1\cos\omega_1 t \\ x_2 = A_2^1\cos\omega_1 t \end{cases} \tag{3.3.17}$$

$$\begin{cases} x_1 = A_1^2\cos\omega_2 t \\ x_2 = A_2^2\cos\omega_2 t \end{cases} \tag{3.3.18}$$

由以上两组方程组可以看出，两谐振子都以同一角频率振动，振动相互耦合，可以看成是波动，即谐振子2继承谐振子1的振动状态。ω_1 和 ω_2 的意义在于只有取这两个角频率中的任一个，波才会传播。

以上两种振动模式是耦合谐振子基本的振动模式，相应的方程为体系的基本解。事实上，其一般解为这两个基本解的线性组合。不过，总可能找到一组作为时间 t 的函数的广义坐标，用以描述体系所出现的各种振动模式，即寻找一组新的坐标，相当于重新去定义一组新的坐标，在此坐标下，谐振子独立振动，互不影响。例如，令

$$\begin{cases} \xi_1 = a(x_1 - x_2) \\ \xi_2 = b(x_1 + x_2) \end{cases} \tag{3.3.19}$$

式中：a 和 b 为待定系数。

根据线性正交变换的性质，在变换前、后的量应保持不变，即有

$$\xi_1^2 + \xi_2^2 = x_1^2 + x_2^2 \tag{3.3.20}$$

将式(3.3.20)代入式(3.3.19)，立即可得 $a = b = 1/\sqrt{2}$，因此

$$\begin{cases} x_1 = \dfrac{1}{\sqrt{2}}(\xi_1 + \xi_2) \\ x_2 = \dfrac{1}{\sqrt{2}}(\xi_2 - \xi_1) \end{cases} \tag{3.3.21}$$

又把式(3.3.21)代入式(3.3.14)之中，得

$$\begin{cases} m\dfrac{d^2\xi_1}{dt^2} + 3k\xi_1 = 0 \\ m\dfrac{d^2\xi_2}{dt^2} + k\xi_2 = 0 \end{cases} \quad 或 \quad \begin{cases} \ddot{\xi}_1 + \dfrac{3k}{m}\xi_1 = 0 \\ \ddot{\xi}_2 + \dfrac{k}{m}\xi_2 = 0 \end{cases} \tag{3.3.22}$$

与式(3.3.14)对比可以看出，式(3.3.22)中每个方程只含有自己的坐标，即坐标 ξ_1 和 ξ_2 彼此独立，互不耦合，由此引得的两个线性常微分方程形式上也是彼此独立的。引入的新广义坐标 ξ_1 和 ξ_2 描述了体系做具有只对应自己单独的本征角频率 ω_1 和 ω_2 的简谐振动，如图3.3.2所示。

图3.3.2 坐标变换之后的独立振动系统

$E' = p'^2/2m$。然后测出不同散射方向的出射中子流的 $\boldsymbol{p}'$ 和 E'，就可根据式(3.3.31)推算出中子吸收或发射的声子的 $\boldsymbol{q}$ 和能量 $\hbar\omega(\boldsymbol{q})$，这样就可以获得各个 $\boldsymbol{q}$ 值所对应的 $\omega(\boldsymbol{q})$，即色散关系，也称声子谱。

问题 3.3.1 请解释式(3.3.25)。

问题 3.3.2 请对式(3.3.16)中的两个角频率数值做出解释，即为什么 $\omega_1 = \sqrt{3k/m}$？$\omega_2 = \sqrt{k/m}$？提示：请与一维单原子链问题中，当 $q = \pi/a$ 时的角频率 $\omega_m = \sqrt{4k/m}$ 作对比。

问题 3.3.3 从动量的角度说明引出声子概念的好处(要求与格波做对比)。

问题 3.3.4 使用声子概念之后，发现声子数并不是守恒的。请问声子数不守恒的事实在格波中与什么相对应？

问题 3.3.5 在波矢一定的前提下，横声子与纵声子的差异是什么？

问题 3.3.6 请对“声子理想气体”概念做进一步的描述。注意，要与通常意义的理想气体做对比才能说清楚。

3.4 离子晶体中的长光学波

前已述及，在格波中长波极限下的声学波与光学波最能反映出不同支格波的特点：长声学波反映原胞的质心振动，而长声学波反映原胞中不同原子间的相对振动。当波长较短($\boldsymbol{q}$ 较大)时，不同分支格波的上述特点变得不明显了。由于对晶体性质影响最大的格波往往也是长声学波和长光学波，因此小波矢、长波长格波具有特殊重要性，有必要加以特别讨论。另一方面，由于长波格波的波矢 $\boldsymbol{q}$ 很小，故可以利用这个特点采取比前面所述一般方法(动力矩阵方法或由牛顿运动方程求解)更简单的近似方法研究长波格波，这就是长波方法。

长声学波可以看作连续介质弹性波，它满足弹性理论基础上的宏观运动方程。弹性介质波关系式中的弹性模量、密度等宏观量与微观的晶格常数、原子间力常数、原子质量等有确定关系，因此不必进行复杂的动力矩阵计算，而仅凭宏观弹性介质波理论就可得到长声学格波解。

长光学波也可以在宏观理论的基础上做近似处理，这就是黄昆于 1951 年首先提出的黄昆方程。离子晶体在做长光学波振动时，由于原胞内正负离子作相对振动，因而产生宏观极化(出现宏观电偶极矩)，从而可以和电磁波产生强烈相互作用。所以长光学格波与离子晶体的电学、光学性质有着密切关系。下面用黄昆方程讨论离子晶体中的长光学波。

3.4.1 黄昆方程及其解

假定晶体为双离子晶体(每个原胞包含电荷量相等而符号相反的两个离子)，并且晶体是各向同性的，并用一个反映正负离子相对位移的矢量 $\boldsymbol{W}$(称为折合位移)来描述长光学波振动，即

$$\boldsymbol{W}=\sqrt{\rho}\,(\boldsymbol{u}_+-\boldsymbol{u}_-) \tag{3.4.1}$$

其中

$$\rho = \frac{M}{\Omega}, \quad M = \frac{M_+ M_-}{M_+ + M_-} \tag{3.4.2}$$

M 为约化质量；Ω 为原胞体积；ρ 为约化密度。因为是长波极限，波长很大，故 $\boldsymbol{W}$ 在空间的变化缓慢，可看作宏观量。

下面用分析力学方法建立 $\boldsymbol{W}$ 的运动方程。

由于离子间的相对位移产生宏观极化，即晶体中出现宏观极化强度 $\boldsymbol{P}$，极化又导致内电场 $\boldsymbol{E}$ 出现，而 $\boldsymbol{E}$ 又会影响离子的运动并使离子上的电子相对于原子核产生电子极化，所以极化强度 $\boldsymbol{P}$ 分为位移极化和电子极化两部分，即

$$\boldsymbol{P} = \gamma_{12}\boldsymbol{W} + \gamma_{22}\boldsymbol{E} \tag{3.4.3}$$

极化导致的极化势能密度为

$$V_{极} = -\int_0^E \boldsymbol{P} \cdot \mathrm{d}\boldsymbol{E} \tag{3.4.4}$$

将式(3.4.3)代入式(3.4.4)，得

$$V_{极} = -\left(\gamma_{12}\boldsymbol{W} \cdot \boldsymbol{E} + \frac{1}{2}\gamma_{22}\boldsymbol{E}^2\right) \tag{3.4.5}$$

另外，还有弹性势能密度，可唯象地表示为

$$V_{弹} = \frac{1}{2}\gamma_{11}\boldsymbol{W}^2 \tag{3.4.6}$$

上面引入的 γ_{12} 、γ_{22} 、γ_{11} 均为待定系数。总势能密度为

$$V = V_{极} + V_{弹} \tag{3.4.7}$$

至于动能密度 T，利用长光学波特点，有

$$M_+ \boldsymbol{u}_+ + M_- \boldsymbol{u}_- = 0 \tag{3.4.8}$$

容易证明

$$T = \frac{1}{Q}\left[\frac{1}{2}M_+ \dot{\boldsymbol{u}}_+^2 + \frac{1}{2}M_- \dot{\boldsymbol{u}}_-^2\right] = \frac{1}{2}\dot{\boldsymbol{W}}^2 \tag{3.4.9}$$

从而可得到拉格朗日量 $L = T - V$，由此可得 $\boldsymbol{W}$ 的共轭动量为 $\partial L/\partial \dot{\boldsymbol{W}} = \dot{\boldsymbol{W}}$。因此由 $\boldsymbol{W}$ 和 $\dot{\boldsymbol{W}}$ 共同表示的系统哈密顿量为

$$H = T + V = \frac{1}{2}\dot{\boldsymbol{W}}^2 + \frac{1}{2}\gamma_{11}\boldsymbol{W}^2 - \left(\gamma_{12}\boldsymbol{W} \cdot \boldsymbol{E} + \frac{1}{2}\gamma_{22}\boldsymbol{E}^2\right) \tag{3.4.10}$$

再由正则方程

$$\frac{\partial \dot{\boldsymbol{W}}}{\partial t} = -\frac{\partial H}{\partial \boldsymbol{W}} \tag{3.4.11}$$

得到折合位移 $\boldsymbol{W}$ 的运动方程

$$\ddot{\boldsymbol{W}} = -\gamma_{11}\boldsymbol{W} + \gamma_{12}\boldsymbol{E} \tag{3.4.12}$$

这个方程的物理意义是明显的：$-\gamma_{11}\boldsymbol{W}$ 代表由位移引起的短程弹性恢复力；$\gamma_{12}\boldsymbol{E}$ 则是极化电场对离子的作用力，是长程作用。

式(3.4.12)和式(3.4.3)是两个基本方程，称为黄昆方程。只要知道了 3 个系数 γ_{11} 、γ_{12} 、γ_{22}，再利用 $\boldsymbol{E}$ 和 $\boldsymbol{P}$ 之间的电磁关系式，即可求出长光学波的频率。在具体求解黄昆方

$$\begin{cases}\omega_{TO} = \omega_0 \\ \omega_{LO} = \sqrt{\dfrac{\varepsilon_0}{\varepsilon_\infty}}\omega_0\end{cases} \tag{3.4.33}$$

由此结果可看出

$$\frac{\omega_{LO}}{\omega_{TO}} = \sqrt{\frac{\varepsilon_0}{\varepsilon_\infty}} \tag{3.4.34}$$

此式称为 LST 关系(Lyddano-Sachs-Teller)。由于静态介电常数 κ_0 大于高频(光频)介电常数 κ_∞,所以长光学纵波频率 ω_{LO} 大于长光学横波频率 ω_{TO},其物理原因在于纵向极化电场加大了离子间的恢复力。对于非离子性晶体(如金刚石或硅晶体),由于没有这个附加的极化电场恢复力,故 $\omega_{LO} = \omega_{TO}$(参见图 3.2.2)。

利用式(3.4.32)、式(3.4.33)可将介电函数式(3.4.28)分别改写为

$$\varepsilon(\omega) = \varepsilon_\infty + \frac{\varepsilon_0 - \varepsilon_\infty}{\omega_0^2 - \omega^2} \cdot \omega_0^2 \tag{3.4.35}$$

$$\varepsilon(\omega) = \varepsilon_\infty \cdot \frac{\omega_{LO}^2 - \omega^2}{\omega_{TO}^2 - \omega^2} \tag{3.4.36}$$

这个表达式清楚地表明:ω_{TO} 是介电函数 $\varepsilon(\omega)$ 的极点($\varepsilon(\omega_{TO}) \to \infty$),而 ω_{LO} 是 $\varepsilon(\omega)$ 的零点($\varepsilon(\omega_{LO}) = 0$),见图 3.4.1。由于 $\omega_{LO} > \omega_{TO}$,当 ω 介于 ω_{TO} 与 ω_{LO} 之间时,将有 $\varepsilon(\omega) < 0$,这意味着这样频率的电磁波不能在离子晶体中传播(电磁波色散关系为 $\omega = cq/\sqrt{\varepsilon(\omega)}$,$\varepsilon(\omega) < 0$ 说明波矢 $\boldsymbol{q}$ 为虚数,故波 $e^{iqx} = e^{-|q|x}$ 会发生指数式衰减,无法探入晶体内部),它将在离子晶体表面被全反射。通过测量离子晶体电磁波全反射频率的上、下限,即可确定离子晶体内部长波纵声子和横声子的频率 ω_{LO} 和 ω_{TO}。这个全反射频段一般在红外区(约 $10^{13}\ s^{-1}$)。

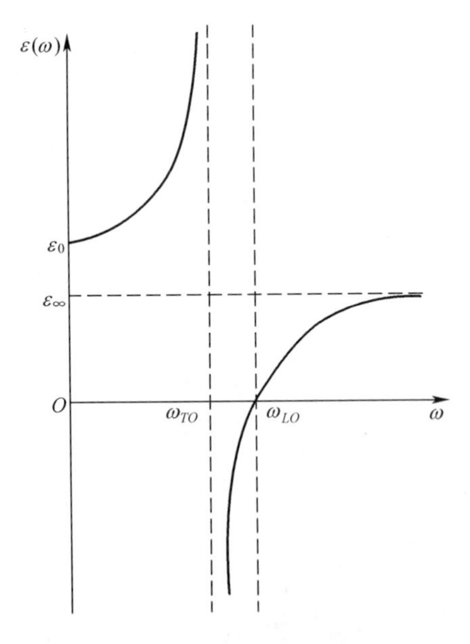

图 3.4.1 离子晶体介电函数 $\kappa(\omega)$

3.4.3 极化激元

上面计算 TO 声子频率时，假定了晶体中的电场只是无旋的静电场（$\nabla \times \boldsymbol{E} = 0$），即忽略了 TO 振动与电磁波的耦合。事实上，离子晶体的长光学横波振动总是伴随着交变电磁场。因此严格地讲，应当将黄昆方程与麦克斯韦方程联立（而不是前面的静电方程），求解这个耦合振动系统的振动模。不过，强烈的耦合只发生在电磁波频率 $\omega \approx \omega_{TO}$（无耦合时的 TO 声子频率）附近的一个小区域。考虑到电磁波 $\omega = cq$，$\omega_{TO} \approx 10^{13}$ /s，可得 $q \sim 10^4$ /m，而布里渊区界面处的波矢约为 10^{10} /m，可知在 TO 声子的色散关系 $\omega_{TO}(\boldsymbol{q})$ 中，仅对非常小的波矢才需要考虑电磁波的耦合作用。

现在利用前面的一些结果用下面的简单方法将电磁波与晶格振动耦合起来。由于 LO 声子（纵场）不与电磁波（横场）发生耦合，下面涉及的量均为横场量。真空中电磁波色散关系是 $\omega = cq$，而介质中电磁波色散关系则为

$$\omega = cq/\sqrt{\varepsilon} \text{ 或 } \omega^2 = c^2q^2/\varepsilon \tag{3.4.37}$$

式中：ε 为介电函数，反映了介质对电磁波波速的影响。

前面由黄昆方程推导出的离子晶体介电函数式（3.4.36），即反映了长光学格波振动对介质电学、光学性质的影响。因而将式（3.4.36）的 $\varepsilon(\omega)$ 代入电磁波色散关系式（3.4.37），就相当于将电磁波振动与光学格波振动耦合起来。事实上，求解黄昆方程与麦克斯韦方程的联立方程组，即可得到式（3.4.37），而其中的 $\varepsilon(\omega)$ 就是式（3.4.36）。式（3.4.36）代入式（3.4.37），得

$$\varepsilon_\infty \omega^4 - [c^2q^2 + \varepsilon_\infty \omega_{LO}^0]\omega^2 + c^2q^2\omega_{TO}^2 = 0 \tag{3.4.38}$$

由式（3.4.38）可求得耦合振动的两支色散关系 $\omega_+(q)$ 和 $\omega_-(q)$。我们略去其具体表达式而仅将 $\omega_\pm$—q 曲线画在图3.4.2。这种耦合振动模称为极化激元。可以看出，一支耦合振动模 $\omega_+(q) > \omega_{LO}$，$q \to 0$ 时为纯 TO 振动模，但频率为 ω_{LO}；$|q| \gg \omega_{LO}\sqrt{\varepsilon_\infty}/c$ 时为高频电磁波。另一支耦合模 $\omega_-(q)$ 满足 $0 < \omega_- < \omega_{TO}$，$q \to 0$ 时为低频电磁波，$|q| \gg \omega_{LO}\sqrt{\varepsilon_\infty}/c$ 时为纯 TO 振动模，频率即为无耦合时的横光学波频率 ω_{TO}。在中间的 q 值区域，$\omega_+(q)$ 和 $\omega_-(q)$ 代表的振动模是电磁波与横光学格波的混合模式，无法分清哪个模是格波，哪个模是电磁波。$\omega_{TO} < \omega < \omega_{LO}$ 是频率的禁区，这样频率的电磁波不能穿过晶体。表3.4.1给出了一些离子晶体的光学参数，其中 ε_0、ε_∞、ω_{TO} 由实验测得，ω_{LO} 由LST关系计算出。

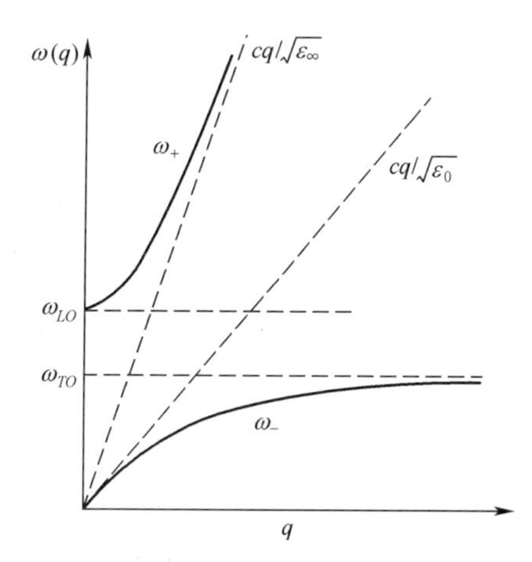

图3.4.2 离子晶体中极化激元色散关系曲线

第二种：$W(\{a_n\}) = 7!\ /(5!\times 1!\times 1!) = 42$

第三种：$W(\{a_n\}) = 7!\ /(5!\times 2!) = 21$

其中第三种的 21 个具体微观状态如下(用第 3 能级上的情况描述)：

①②,…,①⑦,有 6 种；

②③,…,②⑦,有 5 种；

③④,…,③⑦,有 4 种；

④⑤,…,④⑦,有 3 种；

⑤⑥,⑤⑦,有 2 种；

⑥⑦,有 1 种。

全部加起来为 6+5+4+3+2+1=21。

第四种：$W(\{a_n\}) = 7!\ /(4!\times 2!\times 1!) = 105$

第五种：$W(\{a_n\}) = 7!\ /(4!\times 3!) = 35$

其中第五种的 35 个具体微观状态如下(用能级 1 上的情况描述)：

①②×5+①③×4+①④×3+①⑤×2+①⑥×1=15；

②③×4+②④×3+②⑤×2+②⑥×1=10；

③④×3+③⑤×2+③⑥×1=6；

④⑤×2+④⑥×1=3；

⑤⑥×1=1。

其中①②×5 是①②③、①②④、①②⑤、①②⑥、①②⑦这 5 种微观状态的简写。上述微观状态数总共 35 个。

总结微观状态数的规律不难看出：

(1) 总粒子数越多,微观状态数越大。

(2) 总能量越高,粒子越会分布到高能级。

(3) 粒子越趋向于分布到不同能级,总的微观状态数越大。例如,当 7 个粒子分布到不同的能级时,$W(\{a_n\}) = 7! = 4050$。讨论这个问题时,与条件 $\sum_n \varepsilon_n a_n = E$ 无关。

(4) 无论在何种情况下,基本规律是低能级上粒子较多,而高能级较少。

3. 简并度对微观状态数的影响

讨论本问题的前提是：

(1) 某一 $\{a_n\} = (a_1, a_2, \cdots a_n, \cdots)$ 给定。

(2) 与能级 $\varepsilon_1, \varepsilon_2, \cdots, \varepsilon_n, \cdots$ 等对应的简并度 $g_1, g_2, \cdots g_n, \cdots$ 给定。例如,氢原子轨道中,能级为 2p 的轨道的简并度是 3,因为有 3 个相互独立的(正交的)2p 轨道。注意,这里不考虑电子自旋。存在自旋时,要另作考虑。再如,假如某(3 个)边长均为 L 的金属中,价电子为自由电子。通过量子力学可以解得自由电子 $E_{100} = \frac{h^2}{2mL^2}$ 能级的简并度为 6, $E_{111} = \frac{3h^2}{2mL^2}$ 能级的简并度为 8, $E_{211} = \frac{6h^2}{2mL^2}$ 能级的简并度为 18。相关知识见 5.1 节。

需要说明的是,这里暂时不去管 $\sum_n \varepsilon_n a_n = E$,而只从数学上计算当某一 $\{a_n\} =$

$(a_1, a_2, \cdots a_n, \cdots)$ 给定，且 $g_1, g_2, \cdots g_n, \cdots$ 已知的前提下，$\{a_n\}$ 所具有的微观状态数。

仍然以图 3.5.1(c)为例。如果 $g_1 = 6$，$g_3 = 4$，则微观状态数要在原有 21 的基础上，再乘以 $4^2 \times 6^5$，即

$$W(\{a_n\}) = 21 \times (4^2 \times 6^5) = 41807556$$

下面对其中的 $4^2 = 16$ 给予解释。这里显然是针对第 3 能级上的两个粒子，该能级简并度为 4。由于每一个简并度对应一个具体的波函数，因此简并度 4 表示有 4 个不同的波函数。由于粒子间相互独立，所以这里的每一个波函数(轨道)上，可以(同时)分布任意多个粒子，在本问题中就是：2 个粒子、1 个粒子、不存在粒子。因此，这 16 个微观态具体如表 3.5.1 所列。

表 3.5.1　16 种微观状态的具体形式

序　号	波函数 1	波函数 2	波函数 3	波函数 4
1	①②			
2		①②		
3			①②	
4				①②
5	①	②		
6	①		②	
7	①			②
8	②	①		
9		①	②	
10		①		②
11	②		①	
12		②	①	
13			①	②
14	②			①
15		②		①
16			②	①

综上所述，可以通过归纳的方法得到某一统计分布的微观状态数，即

$$W(\{a_n\}) = \frac{N!}{\prod_n a_n!} \prod_n g_n^{a_n} \tag{3.5.3}$$

式中：$\dfrac{N!}{\prod_n a_n!}$ 为不考虑简并(即 $g_n \equiv 1$)的情形，表示不同能级粒子间的交换对微观状态数的影响。

4. 最可几分布

在图 3.5.1 中，有 5 种统计分布，每一种有不同的微观状态数(微观状态数越多，它实际出现的概率越大)。由于统计分布问题通常涉及的粒子数为 10^{24} 量级，因此在众多的统计分布中，有一种分布非常特殊，它的微观状态数居然占据了所有可能微观状态数的绝大多数，这一情况如图 3.5.2 所示。需要说明的是，该图的横坐标是广义的点，它是多维空间的简略表示，而纵坐标是多元函数的函数值。

它称为子系配分函数。

当 $g_n \equiv 1$ 时，$Z = \sum_n \mathrm{e}^{-\beta\varepsilon_n}$。由于 $\mathrm{e}^{-\beta\varepsilon_n} \leqslant 1$，所以 $\mathrm{e}^{-\beta\varepsilon_n}$ 表示 ε_n 这个能级出现的概率，而 $Z = \sum_n \mathrm{e}^{-\beta\varepsilon_n}$ 表示所有能级出现的概率和，或称为加权和。

当 $g_n > 1$ 时，$g_n\mathrm{e}^{-\beta\varepsilon_n}$ 表示 ε_n 这个能级上的 g_n 个量子状态（波函数）出现的概率，因此 $Z = \sum_n g_n\mathrm{e}^{-\beta\varepsilon_n}$ 表示量子状态的概率和，或者说是加权和。

不难看出，形式 $Z = \sum_n \mathrm{e}^{-\beta\varepsilon_n}$ 是针对能级的，而 $Z = \sum_n g_n\mathrm{e}^{-\beta\varepsilon_n}$ 是针对量子状态的。而它们综合起来就是，Z 为系统中所有可能的状态（具体到独立波函数）的加权和。

显然

$$\alpha = \ln \frac{Z}{N} \tag{3.5.9}$$

从物理意义看，引入的参数 $\alpha = -\mu/k_{\mathrm{B}}T$，即 α 与化学势 μ 有关。不难证明

$$\beta = \frac{1}{k_{\mathrm{B}}T} \tag{3.5.10}$$

上式可以理解为绝对温度的定义式。换言之，绝对温度是影响粒子分布的热力学函数（因为它存在于 $\mathrm{e}^{-\beta\varepsilon_n}$ 之中，因而影响粒子分布），因此它一定与内能有关，也与熵有关。

引入配分函数之后，粒子的能级分布可以写为

$$a_n = N\frac{g_n\mathrm{e}^{-\varepsilon_n/k_{\mathrm{B}}T}}{Z} \tag{3.5.11}$$

式中：$\mathrm{e}^{-\varepsilon_n/k_{\mathrm{B}}T}$ 为玻耳兹曼因子，它清楚地反映了占据能级的概率与能级（高低）和绝对温度之间的关系。显然，温度越高，占据概率越大；而温度一定时，低能级上占据的概率较大。

例 3.5.3 在简并度恒等于 1 的前提下，即 $g_n \equiv 1$，证明 $\beta = \dfrac{1}{k_{\mathrm{B}}T}$。

解 严格的证明在本节的最后部分，它需要运用全微分积分因子理论。现在通过著名的玻耳兹曼公式（即 $S = k_{\mathrm{B}}\ln\Omega$）给出简化证明，其中混乱度 Ω 就是最可几分布 $\{\bar{a}_n\}$ 下的微观状态数，即

$$\Omega = W(\{\bar{a}_n\}) \tag{3.5.12}$$

因此，在 $g_n \equiv 1$ 条件下，有

$$\begin{aligned}
S &= k_{\mathrm{B}}\ln W(\{\bar{a}_n\}) = k_{\mathrm{B}}\ln\left(\frac{N!}{\prod_n \bar{a}_n!}\right) = k_{\mathrm{B}}\left[\ln N! - \ln\prod_n \bar{a}_n!\right] \\
&= k_{\mathrm{B}}\left[N\ln N - N - \sum_n \ln\bar{a}_n!\right] \\
&= k_{\mathrm{B}}\left[N\ln N - N - \left(\sum_n \bar{a}_n\ln\bar{a}_n - \sum_n \bar{a}_n\right)\right] \\
&= k_{\mathrm{B}}\left[N\ln N - \sum_n \bar{a}_n\ln\bar{a}_n - \left(N - \sum_n \bar{a}_n\right)\right] = k_{\mathrm{B}}\left[N\ln N - \sum_n \bar{a}_n\ln\bar{a}_n\right] \\
&= k_{\mathrm{B}}\left[N\ln N - \sum_n \bar{a}_n(-\alpha - \beta\varepsilon_n)\right]
\end{aligned}$$

$$= k_B[N\ln N + \alpha N + \beta U] = k_B N\ln\sum_n e^{-\beta\varepsilon_n} + k_B\beta U \tag{3.5.13}$$

其中 U 是内能，而在统计物理中，将 U 记为 E。上式利用了如下关系：

$$\alpha = \ln\frac{Z}{N} = \ln Z - \ln N = \ln\sum_n e^{-\beta\varepsilon_n} - \ln N \tag{3.5.14}$$

从式(3.5.13)可以看出，$S=S(N,U,\beta)$ 。根据热力学知识，$S=S(N,U,V)$ ，因此有

$$S = S[N,U,\beta(U,V)] \tag{3.5.15}$$

根据多元复合函数的偏导数公式，得

$$\left(\frac{\partial S}{\partial U}\right)_{V,N} = \left(\frac{\partial S}{\partial U}\right)_{\beta,N} + \left(\frac{\partial S}{\partial \beta}\right)_{U,N}\left(\frac{\partial \beta}{\partial U}\right)_{V,N} \tag{3.5.16}$$

将表示熵的式(3.5.13)代入式(3.5.16)，得

$$\left(\frac{\partial S}{\partial U}\right)_{V,N} = k_B\beta + k_B\left[\frac{\partial}{\partial\beta}\left(N\ln\sum_n e^{-\beta\varepsilon_n}\right) + U\right]_{U,N}\left(\frac{\partial \beta}{\partial U}\right)_{V,N} = k_B\beta \tag{3.5.17}$$

其中

$$\begin{aligned}\frac{\partial}{\partial\beta}\left(N\ln\sum_n e^{-\beta\varepsilon_n}\right)_{U,N} + U &= N\frac{\frac{\partial}{\partial\beta}\left(\sum_n e^{-\beta\varepsilon_n}\right)}{\sum_n e^{-\beta\varepsilon_n}} + U = N\frac{-\sum_n \varepsilon_n e^{-\beta\varepsilon_n}}{\sum_n e^{-\beta\varepsilon_n}} + U \\ &= N\frac{-\sum_n \varepsilon_n \bar{a}_n}{\sum_n \bar{a}_n} + U = \frac{N}{N}\left(-\sum_n \varepsilon_n \bar{a}_n\right) + U \\ &= -U + U = 0\end{aligned} \tag{3.5.18}$$

根据热力学基本公式

$$\left(\frac{\partial S}{\partial U}\right)_{V,N} = \frac{1}{T} \tag{3.5.19}$$

与式(3.5.17)类比可以看出

$$\beta = \frac{1}{k_B T} \tag{3.5.20}$$

需要说明的是，即使简并度不全为1，式(3.5.20)也是成立的。

归纳上面的分析，并将 $\beta=\dfrac{1}{k_B T}$ 代入诸公式，可以得到用配分函数表示的热力学函数，即

$$U = \sum_n \bar{a}_n\varepsilon_n = \frac{N}{Z}\sum_n g_n\varepsilon_n e^{-\varepsilon_n/k_BT} = Nk_BT^2\left(\frac{\partial\ln Z}{\partial T}\right)_V \tag{3.5.21}$$

上式的得出利用了如下关系

$$\left(\frac{\partial Z}{\partial T}\right)_V = \sum_n g_n\left(\frac{\partial}{\partial T}e^{-\varepsilon_n/k_BT}\right)_V = \frac{1}{k_BT^2}\sum_n g_n\varepsilon_n e^{-\varepsilon_n/k_BT}$$

因此可得

$$\sum_n g_n\varepsilon_n e^{-\varepsilon_n/k_BT} = k_BT^2\left(\frac{\partial Z}{\partial T}\right)_V$$

或

$$\frac{1}{Z}\sum_n g_n\varepsilon_n e^{-\varepsilon_n/k_BT} = \frac{1}{Z}k_BT^2\left(\frac{\partial Z}{\partial T}\right)_V = k_BT^2\left(\frac{\partial \ln Z}{\partial T}\right)_V$$

利用内能的表达式，可以得到熵的表达式，即

$$S = Nk_B\ln Z + \frac{U}{T} = Nk_B\ln Z + Nk_BT\left(\frac{\partial \ln Z}{\partial T}\right)_V \tag{3.5.22}$$

从式(3.5.21)、式(3.5.22)可以看出，配分函数非常重要。只要配分函数已知，就可以求得各种热力学函数。

例3.5.4　求一维谐振子的能级相对分布。

解　设该谐振子的振动角频率为 ω，第 n 个能级上的粒子数为 a_n。根据麦克斯韦统计公式

$$\frac{a_n}{N} = \frac{g_n e^{-\alpha-\beta\varepsilon_n}}{\sum_n g_n e^{-\alpha-\beta\varepsilon_n}} = \frac{e^{-\beta\varepsilon_n}}{\sum_n e^{-\beta\varepsilon_n}} = \frac{e^{-\beta\left(n+\frac{1}{2}\right)\hbar\omega}}{\sum_n e^{-\beta\left(n+\frac{1}{2}\right)\hbar\omega}} = \frac{e^{-\beta n\hbar\omega}}{\sum_n e^{-\beta n\hbar\omega}} = \frac{e^{-n\hbar\omega/k_BT}}{\sum_{n=0}^{\infty} e^{-n\hbar\omega/k_BT}}$$

当 $\Delta E = \hbar\omega = k_BT$ 时，有

n	0	1	2	3	10
a_n/N	63.2%	23.3%	8.55%	3.15%	0%

例3.5.5　二能级系统的统计分布。

二能级系统指子系只有两个能级。如 N 个近独立定域粒子处于平衡态，其子系能级只有 $\varepsilon_1 = -\varepsilon, \varepsilon_2 = \varepsilon$；且每个能级的量子态都是一个，即 $g_1 = g_2 = 1$，试计算子系按能级的平均分布，并求系统的内能与热容。

二能级系统的实例之一是稀磁系统，它是非磁性固体中含有密度很低的磁性原子，如果磁性原子的总自旋为1/2(以 $\hbar$ 为单位)，其磁矩在外磁场中只有两个取向，相应的赛曼能级只有 $\varepsilon_1 = -\mu H$，　$\varepsilon_2 = \mu H$，其中 μ 为磁性原子的磁矩，H 为外磁场强度。

解　在平衡条件下，子系配分函数为

$$Z = \sum_n g_n e^{-\beta\varepsilon_n} = 1\cdot e^{-\beta\varepsilon_1} + 1\cdot e^{-\beta\varepsilon_2} = e^{\beta\varepsilon} + e^{-\beta\varepsilon}$$

$$e^{-\alpha} = \frac{N}{Z} = \frac{N}{e^{\beta\varepsilon} + e^{-\beta\varepsilon}}$$

子系按能级的平均分布为

$$\bar{a}_1 = 1\cdot e^{-\alpha-\beta\varepsilon_1} = N\frac{e^{\beta\varepsilon}}{e^{\beta\varepsilon} + e^{-\beta\varepsilon}}$$

$$\bar{a}_2 = 1\cdot e^{-\alpha-\beta\varepsilon_2} = N\frac{e^{-\beta\varepsilon}}{e^{\beta\varepsilon} + e^{-\beta\varepsilon}}$$

其中：$\beta = 1/k_BT$。

显然，$\bar{a}_1 > \bar{a}_2$ 总是成立的，因此低能级上的平均离子数更多。

二能级系统的内能 E(在热力学中内能记为 U)为

$$\bar{E}=\sum_{n}\varepsilon_{n}\bar{a}_{n}=\varepsilon_{1}\bar{a}_{1}+\varepsilon_{2}\bar{a}_{2}=-N\varepsilon\frac{e^{\beta\varepsilon}-e^{-\beta\varepsilon}}{e^{\beta\varepsilon}+e^{-\beta\varepsilon}}$$

直接对上式求导数可得热容

$$C=\frac{\partial\bar{E}}{\partial T}=-Nk\left(\frac{\Delta\varepsilon}{k_{B}T}\right)^{2}\frac{1}{(e^{\beta\varepsilon}+e^{-\beta\varepsilon})^{2}}$$

当 $T\to 0\text{K}$ 时,可以证明

$$C=\frac{\partial\bar{E}}{\partial T}=Nk\left(\frac{\Delta\varepsilon}{k_{B}T}\right)^{2}e^{-\Delta\varepsilon/k_{B}T}\to 0$$

需要说明的是,二能级系统虽然简单,但根据由简到繁的认识规律,它还是非常重要的,因为它包含了最重要的统计规律,是认识事物的基本出发点。

例 3.5.6 原子在热平衡条件下处于不同能量状态的数目是按玻耳兹曼分布的,即处于能量为 E_n 的激发态的原子数为

$$N_{n}=N_{1}\frac{g_{n}}{g_{1}}e^{-(E_{n}-E_{1})/k_{B}T}$$

式中:N_1 为能量为 E_1 状态的原子数;g_n ,g_1 为相应的能量状态的统计权重。试确定原子态的氢在一个大气压,20℃ 温度的条件下,容器必须多大才能有一个原子处在第一激发态?已知氢原子处于基态和第一激发态的统计权重分别为 $g_1=2$ 和 $g_2=8$。

解 根据题意,原子在平衡状态下处于能量为 E_n 的激发态的原子数为

$$N_{n}=N_{1}\frac{g_{n}}{g_{1}}e^{-(E_{n}-E_{1})/k_{B}T}$$

式中:N_1 为能量为 E_1 状态的原子数;g_n ,g_1 为相应能量状态的统计权重。

对于氢原子,基态能量为 $E_1=-13.6\text{eV}$,第一激发态的能量为

$$E_{2}=-\frac{1}{4}\times 13.6\text{eV}=-3.4\text{eV}$$

氢原子处在基态和第一激发态的统计权重分别为 $g_1=2$ 和 $g_2=8$。则能量为 E_2(即处于第一激发态)的原子数 N_2 为

$$N_{2}=N_{1}\frac{g_{2}}{g_{1}}e^{-(E_{2}-E_{1})/k_{B}T}=N_{1}\frac{8}{2}e^{-(-3.4+13.6)\times 1.602\times 10^{-19}/(1.38\times 10^{-23}\times 293.15)}$$
$$=4N_{1}e^{-403.9}=1.55\times 10^{-175}N_{1}$$

当 $N_2=1$,代入上式计算得 $N_1=6.45\times 10^{174}$,故至少有 $N=6.45\times 10^{174}$ 个原子才有一个原子处于激发态。

根据理想气体状态方程 $pV=nRT=\frac{N}{N_A}RT$,得到容器的体积 V 为

$$V=\frac{NRT}{N_{A}p}=\frac{6.45\times 10^{174}\times 8.31\text{J}/(\text{mol}\cdot\text{K})\times 293.15\text{K}}{6.02\times 10^{23}\text{mol}^{-1}\times 1.01\times 10^{5}\text{Pa}}=2.6\times 10^{149}\text{m}^{3}$$

这一数值远大于宇宙体积。

6.(定域)子系统热力学量的统计表达

1)内能 U

$$U=\overline{E}=\sum_{n}\varepsilon_{n}\bar{a}_{n}=\sum_{n}\varepsilon_{n}g_{n}\mathrm{e}^{-\alpha-\beta\varepsilon_{n}}=\mathrm{e}^{-\alpha}\sum_{n}\varepsilon_{n}g_{n}\mathrm{e}^{-\beta\varepsilon_{n}}$$
$$=\frac{N}{Z}\left(-\frac{\partial}{\partial\beta}\sum_{n}g_{n}\mathrm{e}^{-\beta\varepsilon_{n}}\right)=\frac{N}{Z}\left(-\frac{\partial Z}{\partial\beta}\right)=-N\frac{\partial}{\partial\beta}\ln Z \tag{3.5.23}$$

值得注意的是 $-\frac{\partial Z}{\partial\beta}=\sum_{n}\varepsilon_{n}g_{n}\mathrm{e}^{-\beta\varepsilon_{n}}$,即配分函数对 β 的偏导数恰恰是内能的核心。

2）外界作用力

热力学中,可逆过程的微功可以表示成 $\mathrm{d}W=\sum_{l}Y_{l}\mathrm{d}y_{l}$,其中 $\mathrm{d}y_{l}$ 称为广义位移,如体积、电位移、磁感应强度等;而 Y_{l} 称为广义外界作用力,如压力、电场强度、磁场强度等。在微观过程中外界对系统所做的功 $\sum_{l}Y_{l}\mathrm{d}y_{l}$ 等于系统微观总能量的增加,即

$$\sum_{l}Y_{l}\mathrm{d}y_{l}=\sum_{l}\frac{\partial E}{\partial y_{l}}\mathrm{d}y_{l}\quad 或\quad Y_{l}=\frac{\partial E}{\partial y_{l}}$$

对于近独立子系组成的系统, $E=\sum_{n}\varepsilon_{n}a_{n}$ 。注意到粒子的能量可以是 y_{l} 的函数,如二能级稀磁系统中,子系能量与外磁场有关;又如一维无限深势阱中,粒子能级与长度 a 有关,即 $E_{n}=\frac{\hbar^{2}n^{2}\pi^{2}}{2Ma^{2}}$ 。因此对于近独立子系组成的系统,上式变为

$$Y_{l}=\sum_{n}\frac{\partial\varepsilon_{n}}{\partial y_{l}}a_{n} \tag{3.5.24}$$

对于上式求平均值

$$\bar{Y}_{l}=\sum_{n}\frac{\partial\varepsilon_{n}}{\partial y_{l}}\bar{a}_{n}=\sum_{n}\frac{\partial\varepsilon_{n}}{\partial y_{l}}g_{\lambda}\mathrm{e}^{-\alpha-\beta\varepsilon_{n}}=\frac{N}{Z}\sum_{n}\frac{\partial\varepsilon_{n}}{\partial y_{l}}g_{n}\mathrm{e}^{-\beta\varepsilon_{n}}$$
$$=\frac{N}{Z}\left(-\frac{1}{\beta}\frac{\partial}{\partial y_{l}}\sum_{n}g_{n}\mathrm{e}^{-\beta\varepsilon_{n}}\right)=-\frac{N}{\beta}\frac{\partial}{\partial y_{l}}\ln Z \tag{3.5.25}$$

从上面的推导可以看出,外界作用力影响了能级,但不影响粒子的分布。

3）热量

根据热力学第一定律,有

$$\mathrm{d}Q=\mathrm{d}E-\sum_{l}Y_{l}\mathrm{d}y_{l}=\mathrm{d}\left(\sum_{n}\varepsilon_{n}a_{n}\right)-\sum_{l}Y_{l}\mathrm{d}y_{l}$$
$$=\sum_{n}\mathrm{d}\varepsilon_{n}\cdot a_{n}+\sum_{n}\varepsilon_{n}\cdot\mathrm{d}a_{n}-\sum_{l}Y_{l}\mathrm{d}y_{l} \tag{3.5.26}$$

注意到 $\mathrm{d}\varepsilon_{n}=\sum_{l}\frac{\partial\varepsilon_{n}}{\partial y_{l}}\mathrm{d}y_{l}$,式(3.5.26)第一项变为

$$\sum_{n}\mathrm{d}\varepsilon_{n}\cdot a_{n}=\sum_{n}\left(\sum_{l}\frac{\partial\varepsilon_{n}}{\partial y_{l}}\mathrm{d}y_{l}\right)a_{n}=\sum_{l}\left(\sum_{n}\frac{\partial\varepsilon_{n}}{\partial y_{l}}a_{n}\right)\mathrm{d}y_{l}=\sum_{l}Y_{l}\mathrm{d}y_{l} \tag{3.5.27}$$

因此

$$\mathrm{d}Q=\sum_{n}\varepsilon_{n}\mathrm{d}a_{n} \tag{3.5.28}$$

式(3.5.28)说明,热量与平衡分布的改变有关。因此,凡是粒子平衡分布不变的过程,一定是绝热过程。换言之,绝热过程中,外界作用力导致能级变化,但不影响粒子平衡

分布。

4）熵

迄今为止,熵的微观含义并不清楚。需要指出的是,这里所说的含义不清是指纯粹从统计物理的角度看问题,尽管在热力学中已经知道熵与混乱度有关,但热力学中熵的含义是给定的,而不是“推导”出来的。现在,则要从统计物理的微观角度,“推导”出熵的含义。

尽管从统计物理角度看问题,但宏观热力学的基本关系仍然是出发点,即

$$TdS = dQ = dE - \sum_l Y_l dy_l$$

因此

$$dS = \frac{dQ}{T} = \frac{1}{T}\left(dE - \sum_l Y_l dy_l\right) \tag{3.5.29}$$

式(3.5.29)说明,尽管 dQ 使用了微分记号,但它不是真正的全微分,但乘以 $1/T$ 之后就变为全微分(因为 S 是状态函数),所以 $1/T$ 是 dQ 的积分因子。为了证明 $1/T$ 与 β 有关,做如下推导:

$$\begin{aligned}\beta\left(dE - \sum_l Y_l dy_l\right) &= -N\beta d\left(\frac{\partial}{\partial\beta}\ln Z\right) + N\sum_l \frac{\partial}{\partial y_l}\ln Z \cdot dy_l \\ &= -Nd\left(\beta\frac{\partial}{\partial\beta}\ln Z\right) + N\frac{\partial}{\partial\beta}\ln Z \cdot d\beta + N\sum_l \frac{\partial}{\partial y_l}\ln Z \cdot dy_l \\ &= Nd\left(\ln Z - \beta\frac{\partial}{\partial\beta}\ln Z\right)\end{aligned}$$

注意到上式右侧是全微分,这说明 β 是微分式 $dE - \sum_l Y_l dy_l$ 的积分因子。通过与式 $\frac{1}{T}\left(dE - \sum_l Y_l dy_l\right)$ 类比,可知

$$\beta = \frac{1}{k_B T} \tag{3.5.30}$$

因此

$$dS = Nk_B d\left(\ln Z - \beta\frac{\partial}{\partial\beta}\ln Z\right) \tag{3.5.31}$$

积分可得

$$S - S_0 = Nk_B\left(\ln Z - \beta\frac{\partial}{\partial\beta}\ln Z\right)$$

根据热力学第三定律,选取 $S_0 = 0$,则上式变为

$$S = Nk_B\left(\ln Z - \beta\frac{\partial}{\partial\beta}\ln Z\right) \tag{3.5.32}$$

下面对熵的统计意义进行解释。根据式(3.5.9),有

$$\begin{aligned}\ln W(\{a_n\}) &= N\ln N - \sum_n a_n \ln\frac{a_n}{g_n} = N\ln N - \sum_n a_n(-\alpha - \beta\varepsilon_n) \\ &= N\ln N + \alpha N + \beta E = N\left(\ln Z - \beta\frac{\partial}{\partial\beta}\ln Z\right)\end{aligned}$$

对比式(3.5.32),得

$$S = k_B \ln W(\{a_n\}) \tag{3.5.33}$$

式(3.5.33)称为玻耳兹曼关系,其中的 W 是平衡分布下的微观状态总数,它也称混乱度。

综上所述,最可几分布给出之后,再运用能量守恒原理和物质守恒原理(它在光子、声子情形下不成立),即表达式(3.5.4)中的后两个,则可以得到内能的统计表达式;进一步将熵的原始定义引入,由于其中的可逆功已经可以表示成统计形式,所以可逆热也具有统计形式(此时内能统计表达已知),因此熵可求。注意,在这样的背景下,玻耳兹曼公式 $S=k_B\ln\Omega$ 可以作为推导的结果,而不是预设的前提。换言之,$S=k_B\ln\Omega$ 是统计分布理论,加上(宏观的)热力学第一、二定律的结果。

问题 3.5.1 $\{a_n\}$ 称为有序集合,这个概念与高等数学中学过的集合概念有所不同。请举例说明不同之处。

问题 3.5.2 根据统计分布规律,低能级上粒子较多,而高能级上粒子数较少,请问为什么?

问题 3.5.3 教材中说:"当 N 为 10^{24} 量级时,有那么一种特殊的统计分布,它的微观状态数几乎就等于所有微观状态数的总和,因此无需求积分面积了"。请用直方图进一步解释这句话。

问题 3.5.4 教材中说:"这个特殊的统计分布就变得非常重要,其求解属于数学中多元函数的条件极值问题"。这里的多元函数与 $\{a_n\}$ 为有序集合有关吗? 请举例说明。

问题 3.5.5 教材中说:"虽然 $(a_1,a_2,\cdots a_n,\cdots)$ 中的每一个数都是正整数,但求极值时可以先将它们视为连续变量中的特定点,而连续变量是可以运用微积分理论的",请结合表达式 $W(\{a_n\})=\dfrac{N!}{\prod\limits_n a_n!}\prod\limits_n g_n^{a_n}$,说明这句话的含义。

问题 3.5.6 简并度越大,微观状态数越大。请结合"酒店-住宿"例子,对此进行说明。

问题 3.5.7 统计物理的研究对象是一个个粒子。从粒子接受能量的角度看,热能与体积功有什么差别?

问题 3.5.8 对于经典统计分布,前提之一的能量守恒表达式中,隐含了粒子间没有相互作用的意思。请问"粒子之间没有相互作用"是如何体现的?

问题 3.5.9 在例 3.5.6 中指出:"已知氢原子处于基态和第一激发态的统计权重分别为 $g_1=2$ 和 $g_2=8$",请说明为什么 $g_1=2$、$g_2=8$?

问题 3.5.10 在众多统计物理公式中,你认为哪一个最为重要? 为什么?

问题 3.5.11 在表达式 $\sum\limits_l Y_l \mathrm{d}y_l = \sum\limits_l \dfrac{\partial E}{\partial y_l}\mathrm{d}y_l$ 中,E 是近独立子系组成的系统的总能量,也就是系统的内能,请问:(1)"近独立子系组成的系统"是什么意思? 请举例说明,(2)近独立系统可以有势能吗?

问题 3.5.12 一维谐振子能级分布中,当温度很高时,粒子的能级分布有什么特征? 一维谐振子的简并度为多少?

问题 3.5.13 在例 1.3.4 中，求出了一维无限深势阱中 E_n 本征态对阱壁的作用力，即

$$F = -\frac{\mathrm{d}E_n}{\mathrm{d}a} = \frac{\pi^2\hbar^2 n^2}{ma^3}$$

请问：(1)这里的 F 与广义力 Y_l 有什么关系？(2) E_n 本征态上的粒子数对 Y_l 有什么影响？(3)上式中 $\lim\limits_{a\to\infty}F = 0$，请问这意味着什么？(4)如果想对比不同本征态对于阱壁作用力的大小，应该如何考虑？

问题 3.5.14 稀磁二能级系统中，强调磁性原子密度低是为什么？请根据热容的定义，确定系统在绝对零度附近的热容表达式；同时，对低温下热容趋于零给予物理解释。

问题 3.5.15 在外界作用力的统计表达中，假设了外界作用只影响子系能级，而不影响能级上的粒子分布。请问为什么？

问题 3.5.16 对于麦克斯韦-玻耳兹曼分布，即 $a_n = g_n \mathrm{e}^{-\alpha-\beta\varepsilon_n}$，请问表达式 $\frac{a_n}{N} = \frac{g_n}{Z}\mathrm{e}^{-\beta\varepsilon_n}$ 的物理含义是什么？

问题 3.5.17 有同学说：分布函数中，能级是根本，而温度是调节因素。你认为这种说法合适吗？

问题 3.5.18 配分函数 Z 称为量子状态（或微观状态）的概率和。请问在什么情况下 Z 可以称为能级的概率和？

问题 3.5.19 配分函数是在无外场、有温度（$T > 0\mathrm{K}$）的前提下获得的。请问当存在外场时，配分函数会发生怎样的变化？为什么？

问题 3.5.20 从统计物理学的角度看，简并微扰中简并的解除意味着什么？

3.5.2 量子统计简介

量子统计与经典统计的根本差别在于经典统计中粒子的天然可区分性已经不存在了。换言之，量子统计中通常认为被统计的粒子之间彼此不可区分，它们是全同粒子。

在某些条件下，尽管统计对象仍然是量子，但由于特殊的理由使得它们彼此可区分，此时的统计规律当然退化为前面介绍的麦克斯韦-玻耳兹曼统计。

1. 粒子的可区分性

在经典统计中，假定粒子“天然”可以区分，这一概念源自经典力学。对于大小、质量、能量完全相同的粒子，经典力学中通过轨道不同而区分它们，因为经典力学中轨道是不容许重叠的，即同一粒子不会在同时、同地相遇（其实这种情况就是碰撞了，而碰撞不属于粒子的运动轨迹问题）。但是，量子力学中轨道是可以重叠的，如在碳原子中，1s“轨道”与 2s“轨道”就可能重叠，即 1s 电子完全可能与 2s 电子同时出现在同一空间区域。

在图 3.5.3(a)中，由于粒子可以区分，所以当每个量子态上存在一个粒子时，共有 6 种（下面那 6 种）微观状态数；而与之对应的图 3.5.3(b)中，由于粒子不可区分，所以只有 3 种（下面那 3 种）微观状态数。因此，粒子的可否区分，对于微观状态数有直接影响。我们把不可区分的粒子称为全同粒子。

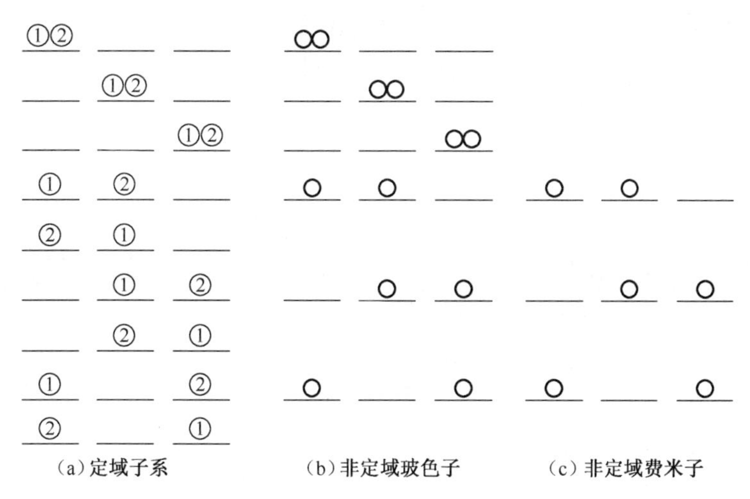

图 3.5.3 子系的量子态与系统的量子态

2. 费米子与玻色子

对量子力学的全同粒子,还要进一步分类:一类称为费米子,它遵循泡利不相容原理,即不允许两个全同的费米子处于同一量子态;另一类称为玻色子,它在一个量子态上的数目不受限制。例如,自由电子是费米子,而声子是玻色子。

全同多粒子系统在某些特定的情况下,全同性原理不起作用,此时全同粒子仍然是可区分的,不论它是费米子还是玻色子。这种特殊情况指各粒子的波函数分别局限在空间的不同范围内,彼此没有重叠,而前面介绍过,量子的不可区分性的本质,就是波函数重叠。这种特定的系统称为定域系统。例如,爱因斯坦的晶格振动模型中,每个原子微小振动,不同原子的振动波函数彼此独立,因此爱因斯坦振子是定域子,符合麦克斯韦-玻耳兹曼统计。

3. 量子统计

1)费米子的量子统计

除了粒子数守恒与能量守恒之外,费米子要求 $a_n \leqslant g_n$,否则同一量子态上有两个粒子,而这是违反泡利原理的。

对于 ε_n 能级而言,根据费米子的全同特征,该能级上的微观状态数为

$$\frac{g_n!}{a_n!\ (g_n - a_n)!} \quad (n = 1,2,\cdots) \tag{3.5.34}$$

因此对全同的费米子,分布 $\{a_n\}$ 对应的系统微观状态数为

$$W_{\mathrm{FD}}(\{a_n\}) = \prod_n \frac{g_n!}{a_n!\ (g_n - a_n)!} \tag{3.5.35}$$

得到了费米子的微观状态数关系之后,就可以采用多元函数条件极值的方法,求出费米子的量子统计分布(过程忽略),即

$$a_n = \frac{g_n}{\mathrm{e}^{\alpha+\beta\varepsilon_n} + 1} \quad (n = 1,2,\cdots) \tag{3.5.36}$$

2)玻色子的量子统计

玻色子没有 $a_n \leqslant g_n$ 的要求,因此每一个量子态上可以有任意多个粒子。对于 ε_n 能

级而言,根据玻色子的全同特征,该能级上的微观状态数为

$$\frac{(g_n + a_n - 1)!}{a_n!\ (g_n - 1)!} \tag{3.5.37}$$

因此对全同的玻色子,分布 $\{a_n\}$ 对应的系统微观状态数为

$$W_{BE}(\{a_n\}) = \prod_n \frac{(g_n + a_n - 1)!}{a_n!\ (g_n - 1)!} \tag{3.5.38}$$

得到了玻色子的微观状态数关系之后,也可以采用多元函数条件极值的方法,求出玻色子的量子统计分布(过程忽略),即

$$a_n = \frac{g_n}{e^{\alpha+\beta\varepsilon_n} - 1} \quad (n = 1,2,\cdots) \tag{3.5.39}$$

需要指出的是,上述的多元函数条件极值求解过程,也是在总粒子数守恒及总能量守恒的条件下进行的。

无论费米子分布还是玻色子分布,其中的 $\beta = \frac{1}{k_B T}$,与经典统计一致;但 $\alpha = -\frac{\mu}{k_B T}$,其中 μ 是每一个粒子的化学势。

3) 3 种统计分布的对比

可以将经典统计与两种量子统计的表达式写成统一的形式,即

$$a_n = \frac{g_n}{e^{(\varepsilon_n-\mu)/k_B T} + \eta},\begin{cases}\eta = +1, & \text{费米-狄拉克分布}\\ \eta = 0, & \text{麦克斯韦-玻耳兹曼分布}\\ \eta = -1, & \text{玻色-爱因斯坦分布}\end{cases} \tag{3.5.40}$$

下面对式(3.5.40)做小结:

(1) 不难看出,当 $\varepsilon_n - \mu \gg k_B T$ 时,有

$$a_n \approx \frac{g_n}{e^{(\varepsilon_n-\mu)/k_B T}}$$

即 3 种分布之间没有差异(见图 3.5.4)。这是因为此时能级很高(相对于 $k_B T$ 而言),分布到这些高能级上的粒子远小于 1,故粒子变得可以区分,不用去管它是经典的粒子,还是量子,因此分布规律都变为经典的麦克斯韦-玻耳兹曼分布。

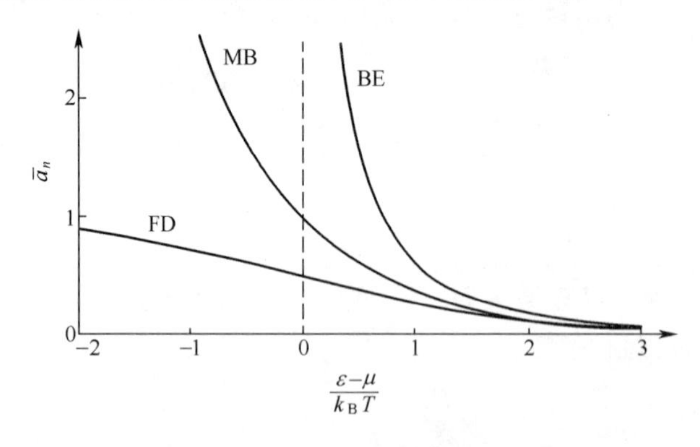

图 3.5.4 3 种统计分布的对比

(2) 实际计算与上述理论推导往往是反向的,即实际计算以温度 T 为出发点,最终计

算出系统总能量(内能);而前面的理论推导则是把总能量作为已知条件,最终用它来确定β,也就是T。

4. 热力学函数的统计表达式

在3.5.1节中,已经给出了定域子系统的部分热力学函数的表达式(其中压力p的表达式虽然没有直接给出,但可以通过广义力的表达式求得),将它们归纳如下:

$$U = Nk_B T^2 \left(\frac{\partial \ln Z}{\partial T}\right)_V$$

$$S = Nk_B \ln Z + Nk_B T \left(\frac{\partial \ln Z}{\partial T}\right)_V$$

$$p = Nk_B T \left(\frac{\partial \ln Z}{\partial V}\right)_T$$

有了上述公式,就可以通过热力学函数的定义,求出定域子系统的其他热力学函数的统计表达式;同时,我们不加推导地列出非定域子系统的热力学函数统计表达式,见表3.5.2。

从表3.5.2中不难发现,凡不涉及熵时,定域子系统与非定域子系统的热力学函数统计表达式均没有差别,如内能、压力、焓和热容;凡是涉及熵时,定域子系统与非定域子系统的热力学函数统计表达式都会相差一项。例如,定域子系统的熵大于非定域子系统,它们之间相差

$$Nk_B(\ln N - 1) = Nk_B \ln(N/\mathrm{e}) > 0, \quad \text{其中 } N\ln(N/\mathrm{e}) \approx \ln N!$$

尽管存在这种差别,但由于上式是个常数,所以在求熵变ΔS时,常数因为相减而为零。

应该指出,表3.5.2所列的表达式是有条件的,它要求系统所受到的外界作用只有体积功,即外参量只有V。当施加电场、磁场等外界作用时,或系统需要考虑表面效应时,表3.5.2中的表达式都会变化。

表3.5.2　热力学函数的统计表达式

热力学量	定域子(系统)	非定域子(系统)
U	$Nk_B T^2 \left(\frac{\partial \ln Z}{\partial T}\right)_V$	$Nk_B T^2 \left(\frac{\partial \ln Z}{\partial T}\right)_V$
p	$Nk_B T\left(\frac{\partial \ln Z}{\partial V}\right)_T$	$Nk_B T\left(\frac{\partial \ln Z}{\partial V}\right)_T$
S	$Nk_B \ln Z + Nk_B T\left(\frac{\partial \ln Z}{\partial T}\right)_V$	$Nk_B \ln \frac{Ze}{N} + Nk_B T\left(\frac{\partial \ln Z}{\partial T}\right)_V$
H	$Nk_B T\left[\left(\frac{\partial \ln Z}{\partial \ln T}\right)_V + \left(\frac{\partial \ln Z}{\partial \ln V}\right)_T\right]$	$Nk_B T\left[\left(\frac{\partial \ln Z}{\partial \ln T}\right)_V + \left(\frac{\partial \ln Z}{\partial \ln V}\right)_T\right]$
A	$-Nk_B T\ln Z$	$-Nk_B T\ln \frac{Ze}{N}$
G	$-Nk_B T\left[\ln Z - \left(\frac{\partial \ln Z}{\partial \ln V}\right)_T\right]$	$-Nk_B\left[\ln \frac{Ze}{N} - \left(\frac{\partial \ln Z}{\partial \ln V}\right)_T\right]$
C_V	$2Nk_B T\left(\frac{\partial \ln Z}{\partial T}\right)_V + Nk_B T^2\left(\frac{\partial^2 \ln Z}{\partial T^2}\right)_V$	$2Nk_B T\left(\frac{\partial^2 \ln Z}{\partial T^2}\right)_V + Nk_B T^2\left(\frac{\partial \ln Z}{\partial T^2}\right)_V$

问题 3.5.21 对图 3.5.3,分别验证子系的费米与玻色统计微观状态数表达式。

问题 3.5.22 从图 3.5.4 看出,$\frac{\varepsilon-\mu}{k_B T} \gg 1$ 时,3 种分布之间的差异消失,请问为什么?

问题 3.5.23 简并概念实际上有两个,一是能级简并,如氢原子 2p 能级的轨道是三重简并的,请问简并的另一个含义是什么?

问题 3.5.24 对于玻色-爱因斯坦统计,当粒子数不守恒时,请问使用多元函数的条件极值方法求最可几分布时,约束条件会发生怎样的变化?相应的会得到什么结论?

问题 3.5.25 上一题的分析基于数学理论。请从物理概念的角度分析粒子数不守恒的情况下,系统的化学势有什么特殊性?提示:参考物理化学中化学势平衡条件的推导过程。

问题 3.5.26 教材中说:"凡不涉及熵时,定域子系统与非定域子系统的热力学函数统计表达式均没有差别",请问为什么?

问题 3.5.27 广义力的表达式为 $Y_l = \frac{\partial E}{\partial y_l}$,其中 E 就是内能,请据此证明 $p = Nk_B T\left(\frac{\partial \ln Z}{\partial V}\right)_T$。

问题 3.5.28 对于定域子系统,请证明 $G = -Nk_B T\left[\ln Z - \left(\frac{\partial \ln Z}{\partial \ln V}\right)_T\right]$。

问题 3.5.29 对于定域子系统,请证明 $C_V = 2Nk_B T\left(\frac{\partial \ln Z}{\partial T}\right)_V + Nk_B T^2\left(\frac{\partial^2 \ln Z}{\partial T^2}\right)_V$。

第4章　热学性质

热学性能主要指晶体的热容、热膨胀及热导率等。

4.1　晶格热容

4.1.1　简谐近似

热力学中热容的定义为

$$C_V = \left(\frac{\partial \overline{E}}{\partial T}\right)_V \tag{4.1.1}$$

式中:$\overline{E}$ 为晶体的平均内能,包括晶格振动能和电子运动的能量。当温度不太低时,电子对热容的贡献远小于晶格振动,故只考虑晶格振动能。

第3章介绍过,简谐近似下晶格振动能为各独立简正模的能量和,即各种振动模式的声子能量之和。由于 ω_i 模式的声子能量为 $\hbar\omega_i$,而这种声子的数量 $\overline{n}_i$ 为

$$\overline{n}_i = \frac{1}{e^{\hbar\omega_i/k_B T} - 1} \tag{4.1.2}$$

因此

$$\overline{E} = \sum_i \frac{\hbar\omega_i}{e^{\hbar\omega_i/k_B T} - 1} = \sum_i \overline{n}_i \hbar\omega_i \tag{4.1.3}$$

式(4.1.3)中忽略了对热容没有贡献的零点能量。需要指出,上式中模式序号(能级序号)记为 i,而在第3章统计物理部分,能级序号通常使用 n。

当晶体中晶胞数 N 很大时,在0到某个最高频率 ω_M 的范围内,振动模式实际上可视为连续分布。若定义频谱分布函数为 $g(\omega)$,使 $g(\omega)\mathrm{d}\omega$ 等于 $\omega \sim \omega + \mathrm{d}\omega$ 内的振动模数目,则式(4.1.3)由级数求和变为积分

$$\overline{E} = \int_0^{\omega_M} \frac{\hbar\omega}{e^{\hbar\omega/k_B T} - 1} g(\omega)\mathrm{d}\omega \tag{4.1.4}$$

对三维初级晶胞,由于晶体有 N 个晶胞,每个晶胞有1个原子,总的简正模数为 $3N$,因此

$$\int_0^{\omega_M} g(\omega)\mathrm{d}\omega = 3N \tag{4.1.5}$$

将式(4.1.4)代入式(4.1.1),得

$$C_V = \left(\frac{\partial \overline{E}}{\partial T}\right)_V = \int_0^{\omega_M} k_B \left(\frac{\hbar\omega}{k_B T}\right)^2 \frac{g(\omega)e^{\hbar\omega/k_B T}}{(e^{\hbar\omega/k_B T} - 1)^2}\mathrm{d}\omega \tag{4.1.6}$$

下面对式(4.1.6)进行讨论:

(1) 高温极限。根据式(4.1.4)、式(4.1.5),当 $k_B T \gg \hbar\omega_M$ 时,对任意频率的简正模式,均有

$$\bar{\varepsilon}_i = k_B T \tag{4.1.7}$$

故式(4.1.6)变为

$$\bar{E} = 3Nk_B T \tag{4.1.8}$$

即

$$C_V = 3Nk_B \tag{4.1.9}$$

(2) 低温情况。当 $k_B T \ll \hbar\omega_i$ 时,由于频率为 ω_i 的格波的平均声子数为

$$\bar{n}_i \approx e^{-\hbar\omega_i/k_B T} \ll 1 \tag{4.1.10}$$

因而声子能量 $\hbar\omega_i$ 大于格波的平均能量 $\bar{\varepsilon}_i$,量子效应十分明显。实验表明,对绝缘晶体,当 $T \to 0$ 时, $C_V \propto T^3$。显然,这种现象无法用式(4.1.9)解释,因此低温热容通常用爱因斯坦模型或德拜模型来说明。

4.1.2 爱因斯坦模型

爱因斯坦把晶体原子看成是具有相同频率 ω_E ,并在空间自由振动的独立振子。故对 N 个原子组成的三维布拉菲格子,其热容为

$$C_V = 3Nk_B \left(\frac{\hbar\omega_E}{k_B T}\right)^2 \frac{e^{\hbar\omega_E/k_B T}}{(e^{\hbar\omega_E/k_B T} - 1)^2} = 3Nk_B f_E(\hbar\omega_E/k_B T) \tag{4.1.11}$$

式中:$f_E(x)$ 称为爱因斯坦热容函数

$$f_E(x) = \frac{x^2 e^x}{(e^x - 1)^2} \tag{4.1.12}$$

为了便于和实验比较,通常用爱因斯坦温度 θ_E 代替 ω_E ,其定义为

$$\theta_E = \frac{\hbar\omega_E}{k_B} \tag{4.1.13}$$

将式(4.1.13)代入式(4.1.11),得

$$C_V = 3Nk_B f_E(\theta_E/T) \tag{4.1.14}$$

在低温下,$e^{\theta_E/T} \gg 1$,因此

$$C_V = 3Nk_B \left(\frac{\theta_E}{T}\right)^2 e^{-\theta_E/T} \tag{4.1.15}$$

按式(4.1.15),当 $T \to 0$ 时, C_V 随 T 指数地趋于零,这与实验不符,其原因在于爱因斯坦模型过于简单。

4.1.3 德拜模型

事实上,晶体中原子振动并非相互独立的,因此晶体中存在格波,而格波的频率有一定分布。德拜考虑到低温下只有频率较低的长声学波对热容才有重要的贡献,而对于长声学波,原子结构的不连续性可以忽略,因而可用连续介质中的弹性波来描述。同时,他还假定纵弹性波和横弹性波的波速均为 v_p ,于是色散关系为

$$\omega = v_p q \tag{4.1.16}$$

分析表明,德拜近似下的频谱分布函数为

$$g(\omega) = \frac{3V}{2\pi^2}\frac{\omega^2}{v_p^3} \tag{4.1.17}$$

式中:V 为晶体体积。

为了简化起见,假定所讨论的是含 N 个晶胞的单原子晶体,其自由度为 $3N$,故振动模数也是 $3N$。德拜引入了一个频率上限 ω_D,使

$$\int_0^{\omega_D} g(\omega)\mathrm{d}\omega = 3N \tag{4.1.18}$$

当 $\omega > \omega_D$ 时,$g(\omega) = 0$,故 ω_D 称为德拜截止频率。不难证明

$$\omega_D = \left(6\pi^2 \frac{N}{V}\right)^{1/3} v_p \tag{4.1.19}$$

为了便于比较,定义德拜温度 θ_D 为

$$\theta_D = \frac{\hbar\omega_D}{k_B} \tag{4.1.20}$$

将式(4.1.17)、式(4.1.19)代入式(4.1.18),再根据等容热容定义,得

$$C_V = 9Nk_B\left(\frac{T}{\theta_D}\right)^3 \int_0^{x_D} \frac{x^4 \mathrm{e}^x}{(\mathrm{e}^x - 1)^2}\mathrm{d}x = 3Nk_B f_D\left(\frac{\theta_D}{T}\right) \tag{4.1.21}$$

式中:$x_D = \theta_D/T$,而 $f_D(\theta_D/T)$ 称为德拜比热容函数。

在 $T \to 0$ 的低温极限下,$x_D \to \infty$,式(4.1.21)中的积分为常数,因而 $C_V \propto T^3$,这就是著名的 T^3 定律。表4.1.1给出几种元素晶体的德拜温度 θ_D。

表4.1.1　几种元素晶体的德拜温度 θ_D　(单位:K)

元素	K	Na	Ag	Cu	Al	Fe	Cr	Ge	Si	金刚石
θ_D	91	158	225	343	428	470	630	374	645	2230

在上面的讨论中,均使用简谐近似,故晶格的原子振动可以用一系列简谐振子来描述。但是,有许多现象是不能用简谐近似说明的,如晶体热膨胀、热传导等。

实际晶体中,原子间的相互作用力(恢复力)并非严格地与原子位移 δ 成正比,其中 $\delta=r-r_0$,r_0 为平衡原子间距。也就是说,在势能函数的展开式中,除了与 δ^2 成正比的简谐项外,还有 δ 的三次和更高次的非谐项。非谐项的系数通常很小,但格波由非平衡向平衡的转变,则完全是由于这些非谐项的作用。简谐近似一般看成晶格振动的一级近似,而高次项的非谐作用看成是对声子系统的微扰,故声子系统变为有相互作用的系统。

问题4.1.1　在低温下,爱因斯坦热容趋于零,而能量均分原理确定的热容则为常数 $3R$,请问为什么会有这种差异?

问题4.1.2　请对照式(4.1.3),解释式(4.1.4)的物理意义,特别是积分式中 $\dfrac{1}{\mathrm{e}^{\hbar\omega/k_BT} - 1}$ 所具有的含义。

问题4.1.3　德拜截止频率 ω_D 与一维单原子链格波中的最大角频率 ω_m 有什么

关系?

问题 4.1.4 请联系“酒店—住宿”的例子,以便更加形象化地认识爱因斯坦模型。例如,模型中统一的振动频率 ω_E 意味着什么?“粒子”数(即住店的人数)等于多少?

问题 4.1.5 低温下,爱因斯坦模型计算的热容大于德拜模型吗? 为什么?

问题 4.1.6 表 4.1.1 中,金刚石的德拜温度为什么特别高?

问题 4.1.7 已知计算金刚石的弹性模量为 $10^{12}\mathrm{N/m^2}$,计算其德拜温度。

问题 4.1.8 有些教材指出:爱因斯坦模型中使用了玻色统计。但是,本教材中却使用了麦克斯韦统计,请问为什么统计方法不同?

4.2 晶体物态方程与晶体热膨胀

4.2.1 晶体物态方程

物理化学中,物态方程指系统 p、V、T 之间的关系。为了获得晶体的物态方程,可以借助赫姆霍兹函数(也称自由能),通过自由能的特性函数来获得 p、V、T 之间的关系。

在晶格的热力学关系中,自由能是最基本的物理量。晶格自由能可分为两部分:一部分只与晶格体积有关而与温度(晶格振动)无关,记为 $F_1 = U(V)$,它是某温度下晶体原子处于格点位置时的平衡晶格能量;另一部分则与晶格振动有关,记为 F_2。根据统计物理知识,有

$$F_2 = -k_B T\ln Z \tag{4.2.1}$$

式中:Z 为晶格振动的配分函数。配分函数又称状态和,即对所有可能的粒子分布状态求和。对频率为 ω_i 的格波,其配分函数(状态和)为

$$Z_i = \sum_{n=0}^{\infty} \mathrm{e}^{-\left(n+\frac{1}{2}\right)\hbar\omega_i/k_B T} = \frac{\mathrm{e}^{-\hbar\omega_i/2k_B T}}{1-\mathrm{e}^{-\hbar\omega_i/k_B T}} \tag{4.2.2}$$

若忽略格波之间的相互作用,则根据配分函数分解定理:系统的总运动如果能分解为一些独立的(子)运动,则系统的总配分函数可以表示为这(子)运动的配分函数之积。因此,格振动的总配分函数为

$$Z = \prod_i Z_i = \prod_i \frac{\mathrm{e}^{-\hbar\omega_i/2k_B T}}{1-\mathrm{e}^{-\hbar\omega_i/k_B T}} \tag{4.2.3}$$

所以

$$F = F_1 + F_2 = U(V) + \sum_i \left[\frac{\hbar\omega_i}{2} + k_B T\ln\left(1-\mathrm{e}^{-\hbar\omega_i/k_B T}\right)\right] \tag{4.2.4}$$

由于非谐效应,当晶体体积变化时,格波的频率也将改变,因此除 $U(V)$ 外,各格波频率 ω_i 也是 V 的函数。根据热力学关系,有

$$p = -\left(\frac{\partial F}{\partial V}\right)_T = -\frac{\mathrm{d}U(V)}{\mathrm{d}V} - \sum_i \left(\frac{\hbar}{2} + \frac{\hbar}{\mathrm{e}^{\hbar\omega_i/k_B T}-1}\right)\frac{\mathrm{d}\omega_i}{\mathrm{d}V} = -\frac{\mathrm{d}U(V)}{\mathrm{d}V} - \frac{\overline{E}}{V}\frac{\mathrm{d}\ln\omega_i}{\mathrm{d}\ln V} \tag{4.2.5}$$

其中

$$\overline{E} = \sum_i \overline{E}_i = \sum_i \left(\frac{\hbar\omega_i}{2} + \frac{\hbar\omega_i}{e^{\hbar\omega_i/k_B T} - 1} \right)$$

定义 $\gamma = \frac{-\mathrm{d}\ln\omega_i}{\mathrm{d}\ln V}$ =常数为格律乃森常数。由于 ω 一般随 V 的增加而减少,故 $\gamma > 0$。式(4.2.5)称为晶格状态方程,它表明晶体所受的压力不但与 $U(V)$ 有关,而且与晶格热振动有关。式(4.2.5)中第一项 $-\frac{\mathrm{d}U(V)}{\mathrm{d}V}$ 称为静压强,与温度无关;第二项 $\frac{\gamma\overline{E}}{V}$ 称为热压强,与温度(热振动)有关,且随温度增加而增加。

4.2.2　晶体热膨胀

热膨胀指不施加压力时,晶体体积随温度的变化。假定晶体振动是严格简谐的,则晶体没有热膨胀。从图 4.2.1 可以看出,虚线表示简谐近似的势能曲线,它对于 $r = r_0$ 是左右对称的,即在 $+\delta$ 和 $-\delta$ 处,斜率正好相反。图 4.2.1 中的实线是实际的势能曲线,r_0 的左侧曲线较陡,而右侧平坦些,即原子间的斥力强,而引力弱。随着振幅的加大,这种不对称也增加。因此,晶格原子振动时,平均作用为斥力,故导致晶体热膨胀。

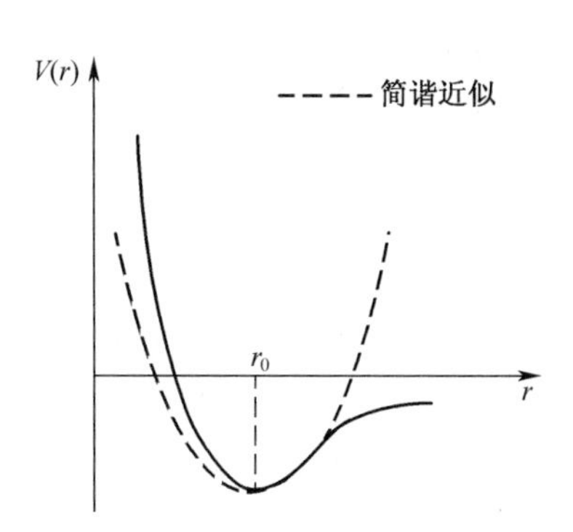

图 4.2.1　非简谐作用

热膨胀的定量表达可令式(4.2.5)中的压力 $p = 0$,即

$$\frac{\mathrm{d}U}{\mathrm{d}V} = \gamma \frac{\overline{E}}{V} \tag{4.2.6}$$

由于晶体的热膨胀 $\Delta V/V_0$ 一般很小,故可将式(4.2.6)中的 $\mathrm{d}U/\mathrm{d}V$ 在 V_0 附近展开,并只保留到 ΔV 的一次项。注意到 $U(r)$ 曲线在 $V = V_0$ 处取极小值,因而式(4.2.6)变为

$$\left(\frac{\mathrm{d}^2 U}{\mathrm{d}V^2}\right)_{V_0} \Delta V = \gamma \frac{\overline{E}}{V} \tag{4.2.7}$$

或

$$\frac{\Delta V}{V_0} = \frac{\gamma}{V_0 \left(\frac{\mathrm{d}^2 U}{\mathrm{d}V^2}\right)_{V_0}} \left(\frac{\overline{E}}{V}\right) \tag{4.2.8}$$

根据定义,$K = V_0 \left(\frac{\mathrm{d}^2 U}{\mathrm{d}V^2}\right)_{V_0}$ 为晶体的体弹性模量,故当温度改变时,式(4.2.8)右边主要是平均振动能的变化,因此得到体热膨胀系数为

$$\alpha = \frac{\mathrm{d}}{\mathrm{d}T}\left(\frac{\Delta V}{V_0}\right) = \frac{\gamma}{K}\left(\frac{C_V}{V}\right) \tag{4.2.9}$$

式(4.2.9)称为格律乃森关系。

问题 4.2.1　式(4.2.5)可以称为晶体的物态方程,请问为什么?

问题 4.2.2 为什么上述推导过程使用了赫姆霍兹函数(自由能),而不是吉布斯函数?

问题 4.2.3 式(4.2.5)将晶格压强(物理化学中的压力)分为静压强和热压强。由于理想气体也有状态方程,请问理想气体的压强(压力)是否也能分为静压强和热压强?为什么?

问题 4.2.4 $\overline{E}$ 的含义是什么?请用文字表达。

问题 4.2.5 已知晶格能量 $U(T,V)$ 包含两个部分:一是晶格的静态平衡能量,即晶体结合能 $U(V)$;二是同温度直接相关的晶格振动能 $\varepsilon(T)$ 。因此, $U(T,V) = U_0(V) + \varepsilon(T)$ 。请根据物理化学中等容热容的定义式,指出晶格等容热容的含义。

问题 4.2.6 教材中说:" ω 一般随 V 的增加而减小",请问为什么?

问题 4.2.7 晶态的硅在 100K 附近的热膨胀系数小于零。请分析原因。

问题 4.2.8 教材中说:"若忽略格波之间的相互作用,晶格振动的总配分函数为式(4.2.3)"。为什么要求"忽略格波之间的相互作用"?

问题 4.2.9 热膨胀系数的标准定义是等压下系统体积随温度的相对变化。而在推导格律乃森关系却是在 $p=0$ 的前提下进行的,因此与等压的前提条件并不完全一致。请问如何解释这里的差异?

问题 4.2.10 从热与力的角度对比热膨胀系数与压缩系数。

问题 4.2.11 请从物理概念解释热膨胀系数为什么通常都大于零?

问题 4.2.12 从物理概念分析为什么热膨胀系数与体弹性模量成反比?

4.3 晶格热传导

4.3.1 热传导的物理图像

绝缘体中没有自由电子,因此其热传导完全借助晶格中各种模式的声子气体,这就是晶格热传导。金属中除了晶格热传导外,还有自由电子气热传导。半导体在低温时类似绝缘体,因此主要是晶格热传导;半导体在室温下尽管也能借助载流子导热,但由于其载流子密度远低于金属,因此热传导能力不如金属。本节仅讨论晶格热传导。

设晶体沿 x 方向有温度梯度 $\frac{\mathrm{d}T}{\mathrm{d}x}$,在 yz 平面内温度均匀。根据傅里叶定律,单位时间内通过单位垂直截面的热能,即热流密度 J 为

$$J = -\kappa \frac{\mathrm{d}T}{\mathrm{d}x} \tag{4.3.1}$$

负号表示热能从高温流向低温,系数 κ 称为热导率。声子气体与通常气体相似,也有平均自由程 l,即声子在相继两次碰撞的时间间隔 τ 内所运动的距离。

由于温度梯度为 $\frac{\mathrm{d}T}{\mathrm{d}x}$,相距 l 的两处的温差为

$$\Delta T = -\frac{\mathrm{d}T}{\mathrm{d}x}l \tag{4.3.2}$$

设声子沿 x 方向的速率为 v_x，于是热流密度为

$$J=(c\cdot\Delta T)v_x \tag{4.3.3}$$

式中：c 为单位体积热容。

将式(4.3.2)代入式(4.3.3)，得

$$J=-cv_x l\frac{\mathrm{d}T}{\mathrm{d}x}=-cv_x^2\tau\frac{\mathrm{d}T}{\mathrm{d}x} \tag{4.3.4}$$

这里利用了关系式 $l=v_x\tau$。声子的 v_x^2 应取其平均值 $\overline{v_x^2}$，而 $\overline{v_x^2}=\overline{v_y^2}=\overline{v_z^2}=\frac{1}{3}\overline{v^2}$。于是

$$J=-\frac{1}{3}cv^2\tau\frac{\mathrm{d}T}{\mathrm{d}x}=-\frac{1}{3}cvl\frac{\mathrm{d}T}{\mathrm{d}x} \tag{4.3.5}$$

通过类比可得热导率为

$$\kappa=\frac{1}{3}cvl \tag{4.3.6}$$

式中：v 为声子气的均方根速率。

依照德拜模型，v 就是声速，c 是晶格比热，因此

$$c=\begin{cases}AT^3 & (T\leqslant\Theta_{\mathrm{D}})\\ 3Nk_{\mathrm{B}} & (T\geqslant\Theta_{\mathrm{D}})\end{cases} \tag{4.3.7}$$

在高温区，$T\geqslant\Theta_{\mathrm{D}}$，比热容 c 是常数，声速 v 随 T 的变化不明显，因此热导率 κ 随 T 的变化依赖于声子平均自由程 l 随 T 的变化。对于大块材料，声子与材料边界的碰撞可以忽略，对于纯净的材料，声子与杂质之间的碰撞也可忽略。此时必须考虑的是非简谐效应，其势能正比于 δ^3（δ 为位移），它引起声子与声子的碰撞，碰撞的概率与 δ^2 成正比。同时，高温碰撞概率正比于声子数 $\bar{n}\approx k_{\mathrm{B}}T/\hbar\omega$。鉴于 l 与碰撞概率成反比例，因此在高温热导率为

$$\kappa\propto l\propto\frac{1}{\delta^2 T} \tag{4.3.8}$$

在低温区，声子的平均自由程 l 取决于对热导过程贡献突出的大波矢声子的数目。以 q_{D} 声子作为典型，声子能量为 $\hbar\omega_{\mathrm{D}}$。低温下这种声子数为

$$\bar{n}(q_{\mathrm{D}})=\frac{1}{\mathrm{e}^{\Theta_{\mathrm{D}}/T}-1}\approx\mathrm{e}^{-\Theta_{\mathrm{D}}/T} \tag{4.3.9}$$

故低温下声子的碰撞概率与 $\bar{n}(q_{\mathrm{D}})$ 成正比，此碰撞概率可用 $\frac{1}{\tau}$ 表示，τ 为声子平均自由时间，即

$$\tau\propto\mathrm{e}^{T_0/T} \tag{4.3.10}$$

这里 T_0 与 Θ_{D} 只差一个数字系数，两者的数量级一样。

图4.3.1所示为蓝宝石 Al_2O_3 在低温区的晶格热导率 κ 与温度 T 的实验结果。从100K到 κ 峰值的温度，就是如式(4.3.10)所示的指数关系。在更低温度，声子的平均自由程主要由样品尺度 D 来决定，这时绝缘体热导率 κ 由低温晶格比热容 $c\propto T^3$ 决定其温度关系。图4.3.1中 κ 峰值左边就属这种情形。

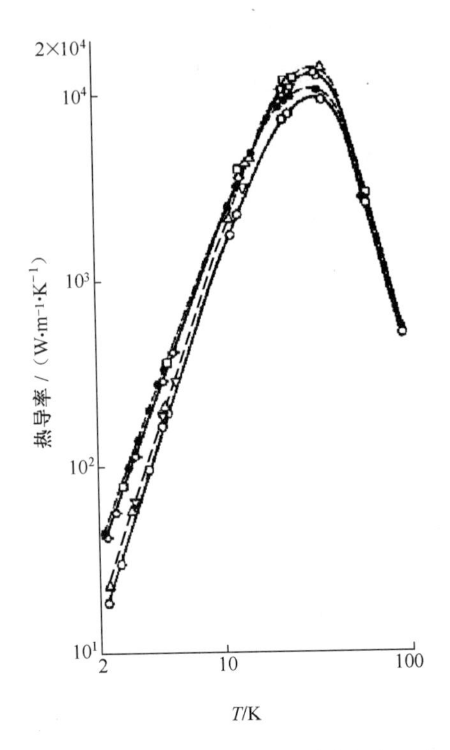

图 4.3.1　表面状况不同的 Al_2O_3 晶体的等温热导率

问题 4.3.1　(1)固体中的声速取决于哪些物理量？表达式是什么？(2)为什么说“声速 v 随 T 的变化不明显”？

问题 4.3.2　(1)请确定热导率 κ 的单位；(2)请问晶格比热容 c 的单位与物理化学中的 $C_{V,m}$ 一致吗？

问题 4.3.3　空位浓度、位错密度、柏氏矢量、杂质(元素)含量和温度，这些因素在高温下对热导率 κ 有什么影响？

问题 4.3.4　已知金属晶体尺寸很小时，会影响电导率。请问绝缘体尺寸很小时，是否会影响热传导？尺寸因素会使热导率上升还是下降？

问题 4.3.5　教材中说：“以 q_D 声子作为典型”，(1)请指出这种声子的特点；(2)“作为典型”在这里是什么意思？

问题 4.3.6　在 4.3.1 节中，你认为哪一个公式最能反映该节的核心概念？为什么？

问题 4.3.7　有资料将声子的(被)散射过程分为几何散射和声子间散射。请对这两个概念做进一步的阐述。

问题 4.3.8　第 4.3.1 节的后半部分(即式(4.3.7)之后)，将温度分为 3 段，即高温区、低温区和更低温度(区)。在这 3 个温度区域中，热导率随温度的变化规律明显不同。请分别指出这 3 个温度区中导热机理的特点，分析它们之间产生差异的原因。

问题 4.3.9　(1)请对比式(4.3.1)与扩散第一定律，解释它们为什么非常相似？(2)请从声子的角度给出热传导的物理图像。

4.3.2　正常过程与翻转过程

德拜在1914年就认识到,不考虑非简谐力就无法解释导热现象。直到1929年派尔斯(R. E. Peierls)才提出一个合理的理论。非简谐力对应的势能 ϕ_c 与位移 x 的三次方成正比。而每个 x 可展开成各种模式格波的叠加。因此,非简谐作用引起声子态变化的跃迁概率为

$$P_{if}=\frac{2\pi}{\hbar}|\langle i|\phi_c|f\rangle|^2\delta(E_f-E_i) \tag{4.3.11}$$

式(4.3.11)代表三声子过程,可能是两个声子 $\hbar\omega(\boldsymbol{q}_1)$ 和 $\hbar\omega(\boldsymbol{q}_2)$ 碰撞产生第三个声子 $\hbar\omega(\boldsymbol{q})$;也可能是一个声子 $\hbar\omega(\boldsymbol{q}_1')$ 分裂成两个声子 $\hbar\omega(\boldsymbol{q}_2')$ 和 $\hbar\omega(\boldsymbol{q}_3')$,如图4.3.2所示。

声子碰撞必须满足能量守恒和准动量守恒,即

$$\hbar\omega(\boldsymbol{q}_1)+\hbar\omega(\boldsymbol{q}_2)=\hbar\omega(\boldsymbol{q}_3) \tag{4.3.12}$$

以及

$$\hbar\boldsymbol{q}_1+\hbar\boldsymbol{q}_2=\hbar\boldsymbol{q}_3+\hbar\boldsymbol{K}_h \tag{4.3.13}$$

式中:$\boldsymbol{K}_h$ 为倒格矢。

对于 $\boldsymbol{K}_h=0$ 的情形,有

$$\hbar\boldsymbol{q}_1+\hbar\boldsymbol{q}_2=\hbar\boldsymbol{q}_3 \tag{4.3.14}$$

即碰撞过程中声子动量没有变化,这种情况称为正常过程(Normal Process)或称N过程,它对热能流不起阻力作用,因而对热导现象没有贡献。$\boldsymbol{K}_h\neq0$ 的情况称为翻转过程(Umklapp Process)或U过程。这两种过程如图4.3.3所示。翻转过程中声子动量有很大改变,破坏声子波矢之和或准动量之和,即

$$\boldsymbol{P}=\hbar\sum_{\lambda\boldsymbol{q}}n_\lambda(\boldsymbol{q})\boldsymbol{q} \tag{4.3.15}$$

的本来方向,产生热阻力。图中 $\boldsymbol{q}_1$ 与 $\boldsymbol{q}_2$ 相加得 $\boldsymbol{q}_1+\boldsymbol{q}_2$,其本来方向向右并越出简约布里渊区,它与区内向左上方的波矢 $\boldsymbol{q}_3$ 等价,变成向后。显然,只有当 $\boldsymbol{q}_1$、$\boldsymbol{q}_2$ 本来就是大的波矢时,两者相加才有可能超出简约布里渊区。大体说 $\boldsymbol{q}_1$、$\boldsymbol{q}_2$ 必须至少大于布里渊区边长 $\frac{2\pi}{a}$ 的1/4,而德拜波矢 $\boldsymbol{q}_D$ 大约是布里渊区边长的1/2。即至少 $\boldsymbol{q}_1\approx\boldsymbol{q}_2\approx\boldsymbol{q}_D/2$,所以式(4.3.10)的 $T_0\approx\Theta_D/2$。

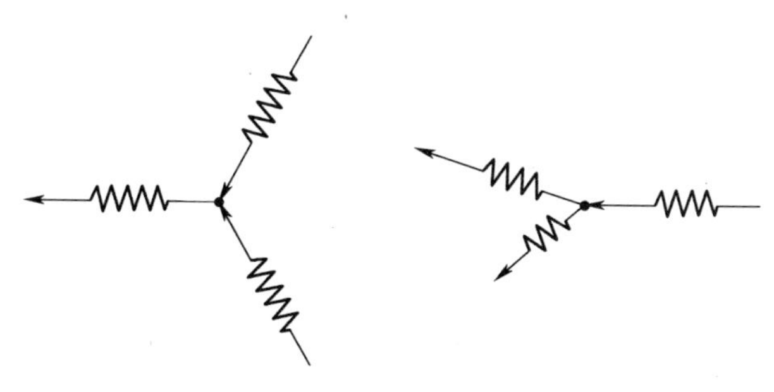

图4.3.2　声子间相互碰撞示意图

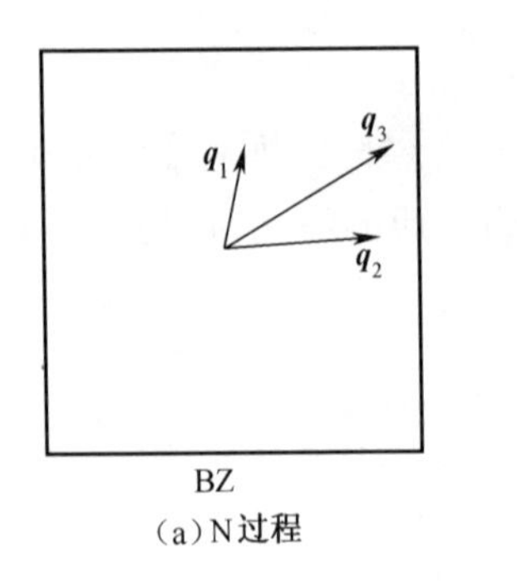

(a) N过程

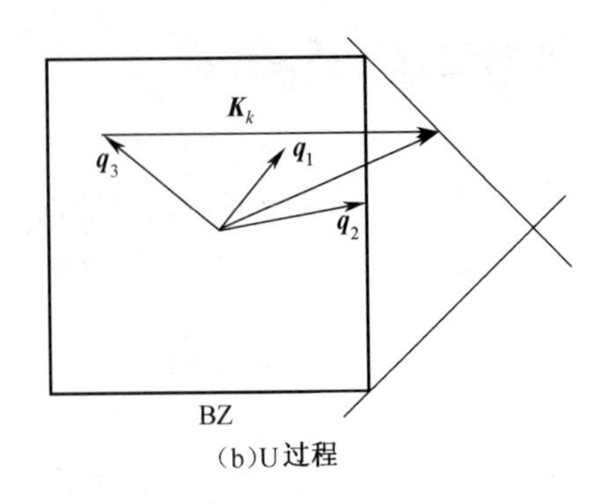

(b) U过程

图 4.3.3　两种过程

第5章　金属电子论

20世纪初,德鲁德和洛伦兹认为金属中存在类似于理想气体的自由电子气,它们服从经典物理规律,进而成功解释了金属的导电和导热规律。但是,在讨论金属自由电子气对于热容的贡献时,却发现理论值远大于实验值,说明自由电子气模型有其内在缺陷。下面的分析主要基于量子理论。

5.1　金属自由电子的量子理论

5.1.1　自由电子的能级与态密度

假定价电子为自由电子,即价电子在恒定势场中运动,其薛定谔方程为

$$\nabla^2\psi + \frac{8\pi^2 m}{h^2}E\psi = 0 \tag{5.1.1}$$

该方程的解很容易求得,即

$$\psi(\boldsymbol{r}) = \frac{1}{L^{3/2}}e^{i\boldsymbol{k}\cdot\boldsymbol{r}} \tag{5.1.2}$$

式中:L为立方形金属的边长;$\boldsymbol{r}=x\boldsymbol{i}+y\boldsymbol{j}+z\boldsymbol{k}$是坐标矢量;$\boldsymbol{k}=k_x\boldsymbol{i}+k_y\boldsymbol{j}+k_z\boldsymbol{k}$是波矢,$k=\sqrt{k_x^2+k_y^2+k_z^2}$。

周期(循环)边界条件为

$$\begin{cases}\psi(x+L,y,z)=\psi(x,y,z)\\ \psi(x,y+L,z)=\psi(x,y,z)\\ \psi(x,y,z+L)=\psi(x,y,z)\end{cases} \tag{5.1.3}$$

联合式(5.1.2)与式(5.1.3),得

$$e^{ik_xL}=e^{ik_yL}=e^{ik_zL}=1 \tag{5.1.4}$$

由式(5.1.4),得

$$k_x = n_x\frac{2\pi}{L}, k_y = n_y\frac{2\pi}{L}, k_z = n_z\frac{2\pi}{L} \tag{5.1.5}$$

式中:n_x,n_y,n_z为包括零的整数。

由于k满足$k^2=2mE/\hbar^2$,故自由电子的能量为

$$E = \frac{\hbar^2}{2m}(k_x^2+k_y^2+k_z^2) \tag{5.1.6}$$

每一组(k_x、k_y、k_z)确定电子的一个波矢$\boldsymbol{k}$,从而确定电子的一个状态$\psi_{\boldsymbol{k}}(\boldsymbol{r})$。处于这个状态的电子具有确定的能量,因此具有确定的速度(因为势能为常数)。以k_x、k_y、k_z为坐标轴建立起来的空间称为波矢空间(也称$\boldsymbol{k}$空间),每一个电子本征态可以用该空间的

一个点(称为状态点)表示(图 5.1.1)。从图 5.1.1中看出,沿 k_x、k_y、k_z轴的两个相邻点的距离是相同的,这个距离就是 $2\pi/L$。由此可见,状态点在 $\boldsymbol{k}$ 空间中的分布是均匀的,每个点所占的 $\boldsymbol{k}$ 空间体积为 $(2\pi/L)^3$。将式(5.1.6)改写如下:

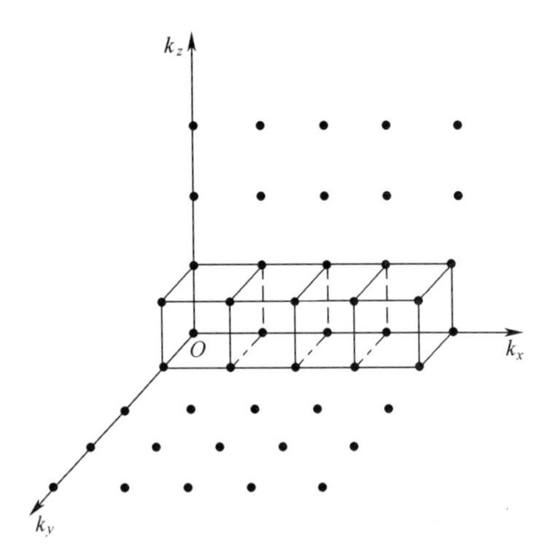

图 5.1.1 $\boldsymbol{k}$ 空间状态点分布

$$k_x^2 + k_y^2 + k_z^2 = \frac{2mE}{\hbar^2} \tag{5.1.7}$$

式(5.1.7)是 $\boldsymbol{k}$ 空间中半径为 $k = \sqrt{2mE/\hbar^2}$ 的球面方程。对于一定的电子能量 E,就有一个半径确定的球面,这些球面称为电子的等能面。当电子能量值在 $E \sim E+\mathrm{d}E$ 之间时,$\boldsymbol{k}$ 空间中相应的等能面半径在 $\boldsymbol{k} \sim \boldsymbol{k}+\mathrm{d}\boldsymbol{k}$ 之间。在这样两个球壳内所包含的状态点数,就是能量值在 $E \sim E+\mathrm{d}E$ 之间的电子本征态数目。所以,上述球壳间的状态点数 $\mathrm{d}Z$ 为

$$\mathrm{d}Z = \frac{L^3}{(2\pi)^3} 4\pi k^2 \mathrm{d}k = \frac{L^3}{(2\pi)^3} 2\pi \left(\frac{2m}{\hbar^2}\right)^{3/2} \sqrt{E}\,\mathrm{d}E \tag{5.1.8}$$

若定义 $g(E) = \mathrm{d}Z/\mathrm{d}E$ 为态密度函数,则

$$g(E) = 2\pi L^3 \left(\frac{2m}{h^2}\right)^{3/2} \sqrt{E} \times 2 \tag{5.1.9}$$

式中:乘 2 是考虑到每个状态可容纳两个自旋状态相反的电子。

问题 5.1.1 试估计自由电子能级差的最小值,并将其转换为绝对温度(乘以玻耳兹曼常数)。假定样品的尺寸为 $1\mathrm{cm}^3$。

问题 5.1.2 自由电子的波矢空间与第 2 章中的倒易空间有何异同?

问题 5.1.3 在 L^3的立方形状晶体中,请问自由电子波的波矢方向是任意的吗?

问题 5.1.4 (1) 自由电子问题中,边界上还存在能量限制吗?即像一维无限深势阱那样,边界上势能无穷大吗?(2) 自由电子的"自由"体现在哪些方面?

问题 5.1.5 有教材指出:假如自由电子问题使用的不是玻恩–卡曼循环边界条件,而是类似一维无限深势阱那样的驻波边界条件,则波矢一致的前提下,电子能量只有循环边界条件的 1/4,即能量表达式为 $E = \frac{h^2}{8mL^2}(n_x^2 + n_y^2 + n_z^2)$,请问为什么?

问题 5.1.6 5.1.1 节有态密度函数 $g(E)$;3.2.3 节有晶格振动的模式密度 $g(\omega)$,请将它们与通常的质量密度概念作对比,特别是分别给三者取符合其概念内涵的名称,如质量密度称为"质量—正空间体积"密度。

问题 5.1.7 金属的自由电子与金属的离子实有什么关系?能否把金属自由电子看成是完全摆脱离子实而存在的电子?即像理想气体分子那样?

问题 5.1.8 由能量表达式 $E = \frac{\hbar^2}{2mL^2}(n_x^2 + n_y^2 + n_z^2)$ 可以看出,晶体几何尺寸及粒子

的质量越小,能量越高。请对此给予简要说明。

问题 5.1.9　教材中对于自由电子问题的处理,解出的是行波还是驻波?为什么?

问题 5.1.10　请推导一维与二维情况下的自由电子气的能态密度。

问题 5.1.11　自由电子问题中,k 空间是均匀的。请问能量空间是均匀的吗?该空间连续吗?

问题 5.1.12　一维单原子链问题中,格波种类是有限的;而自由电子问题中,波函数有无穷多种。请问为什么?

5.1.2　费米分布与费米能

电子系统服从费米统计分布,即在热平衡时,电子占据能量为 E 的状态的概率为

$$f(E)=\frac{1}{e^{(E-E_F)/k_BT}+1} \tag{5.1.10}$$

$f(E)$ 就是费米分布函数。在这个函数中,仅包含一个参量 E_F,它具有能量量纲,称为费米能。事实上,费米能就是电子的化学势。

应该指出。式(5.1.10)源于

$$f(\varepsilon_n)=\frac{a_n}{g_n}=\frac{1}{e^{(\varepsilon_n-E_F)/k_BT}+1}$$

将 $f(E)$ 乘以状态数 $g(E)\mathrm{d}E$,得到能量在 $E\sim E+\mathrm{d}E$ 之间的电子平均数,即 $\mathrm{d}N=f(E)g(E)\mathrm{d}E$。这样,系统中电子的总数 N 就可表示为

$$N=\int_0^{\infty}f(E)g(E)\mathrm{d}E \tag{5.1.11}$$

下面分两种情况进行讨论:

(1) $T=0\mathrm{K}$,这时的费米能记为 E_F^0。

当 $E<E_F^0$ 时,$f(E)$ 中的指数函数趋于零,所以 $f(E)=1$,即所有能量低于 E_F^0 的状态都填满了电子。

当 $E>E_F^0$ 时,$f(E)$ 中的指数函数趋于无穷大,所以 $f(E)=0$,即所有能量高于 E_F^0 的状态都是空的。不难看出,E_F^0 是绝对零度时电子填充的最高能级,也就是该温度下电子的化学势。

当 $T=0\mathrm{K}$ 时,N 变为

$$N=\int_0^{E_F^0}g(E)\mathrm{d}E=\int_0^{E_F^0}4\pi L^3\left(\frac{2m}{\hbar^2}\right)^{3/2}\sqrt{E}\,\mathrm{d}E \tag{5.1.12}$$

对式(5.1.12)进行整理,得

$$E_F^0=\frac{\hbar^2}{2m}\left(\frac{3n}{8\pi}\right)^{2/3} \tag{5.1.13}$$

式中:$n(=N/L^3)$ 表示单位体积中的电子数(称为电子浓度),n 一般约为 $10^{28}/\mathrm{m}^3$,E_F^0 约为几个到几十个电子伏特。

每个电子的平均能量 $\overline{E}_0$ 为

$$\bar{E}_0 = \frac{1}{N}\int_0^{E_F^0} Eg(E)\,\mathrm{d}E = \frac{3}{5}E_F^0 \tag{5.1.14}$$

式(5.1.14)表明,即使在绝对零度,电子的平均动能也不为零,其原因是电子服从泡利原理,每个本征态只能由自旋相反的两个电子占据,不会发生所有电子都集中在最低能级的情况。由于自由电子没有相互作用,因此没有势能,所以 $\bar{E}_0$ 也是每个电子的平均动能。

(2) $T \neq 0$K,但 $k_B T \ll E_F$(E_F是非绝对零度下的费米能)。

当 E 比 E_F 低几个 $k_B T$ 时,$f(E)$ 中的指数项远小于1,因此 $f(E) \approx 1$;当 $E = E_F$ 时,$f(E) = 1/2$;当 E 比 E_F 高几个 $k_B T$ 时,$f(E)$ 中的指数项远大于1,因此 $f(E) \approx 0$。

此时的 $f(E)$—E 曲线见图5.1.2,它表明在 $T \neq 0$K 时,部分能量低于 E_F^0 的电子获得 $k_B T$ 数量级的热能,从而跃迁到高于 E_F^0 的能级中。

根据统计物理推导(过程省略),$T \neq 0$K 时费米能与温度的关系为

$$E_F \approx E_F^0\left[1 - \frac{\pi^2}{12}\left(\frac{k_B T}{E_F^0}\right)^2\right] \tag{5.1.15}$$

从式(5.1.15)可以看出,费米能随温度升高略有降低,这是因为费米能就是化学势,而化学势随温度升高而降低。

能量等于费米能的面称为费米面,对自由电子,费米面是球面。

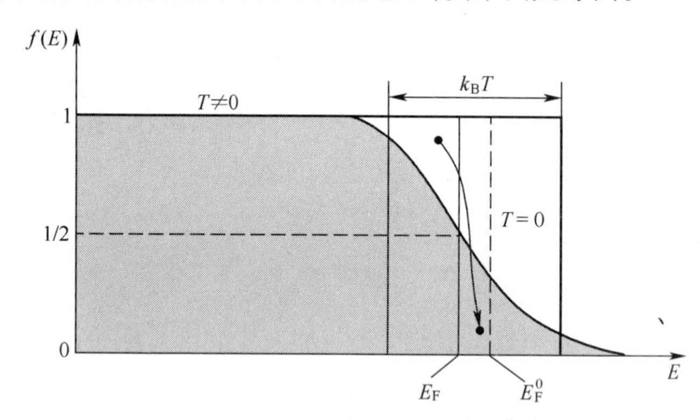

图5.1.2 费米分布函数示意图

例5.1.1 计算金属钠在绝对零度的费米能。

解 钠的自由电子数密度 $n = \frac{N}{V} = 2.65 \times 10^{28}\text{m}^{-3}$,因此其费米能为

$$E_F^0 = \frac{h^2}{2m}\left(\frac{3n}{8\pi}\right)^{2/3} = \frac{(6.63 \times 10^{-34})^2}{2 \times 9.11 \times 10^{-31}} \times \left(\frac{3}{8\pi} \times 2.65 \times 10^{28}\right)^{2/3} = 5.19 \times 10^{-19}\text{J} = 3.24\text{eV}$$

5.1.3 电子气的比热容

$T>0$K 时,电子气中每个电子的平均能量为

$$\bar{E} = \frac{1}{N}\int_0^{\infty} f(E)g(E)E\,\mathrm{d}E \tag{5.1.16}$$

式中:$f(E)$ 为费米分布函数。

用近似方法可以推导出(过程从略)

$$\overline{E} = \frac{3}{5}E_F^0 + \frac{\pi^2}{4}\frac{(k_B T)^2}{E_F^0} \tag{5.1.17}$$

$\overline{E}$ 中第一项是基态电子的平均能量,第二项是基态中部分电子激发到更高能级所做的贡献。所以电子气的比热容为

$$c_e = \frac{N}{V}\frac{d\overline{E}}{dT} = \frac{\pi^2}{2}nk_B\frac{k_B T}{E_F^0} = \gamma T \tag{5.1.18}$$

式中:γ 为电子比热容系数

$$\gamma = \frac{\pi^2}{2}nk_B^2/E_F^0 = \frac{\pi^2 k_B^2}{3}\frac{g(E_F^0)}{V} \tag{5.1.19}$$

式(5.1.18)表明,在电子气的量子理论中由于电子的能态分布受泡利原理限制,只有费米面以内大约 $k_B T$ 范围里的电子会受热激发到费米面以外的空状态。这部分电子数与总电子数目之比为 $k_B T/E_F^0$,这个比值在室温的数量级是10^{-2},它正好与实验结果符合;此外,实验也反映出 c_e 与 T 成线性关系。

金属的比热容有晶格振动的贡献和电子气的贡献两个部分。在低温下晶格振动比热容按德拜 T^3 规律变化,故有

$$\begin{cases} c_V = c_e + c_L = \gamma T + bT^3 \\ \dfrac{c_V}{T} = \gamma + bT^2 \end{cases} \tag{5.1.20}$$

如将实验数据按 c_V/T 对 T^2 作图,应是一条直线。这条直线的纵坐标轴的截距就是 γ ,直线的斜率为 b 。对于固态的金属,定容比热容 c_V 与定压比热容 c_p 很接近。图 5.1.3 所示为低温下锌(Zn)的 c_p/T 对 T^2 的实验结果,由此得到 Zn 的 γ 实验值为 0.64mJ/(mol · K^2),而理论值为 0.753mJ/(mol · K^2)。

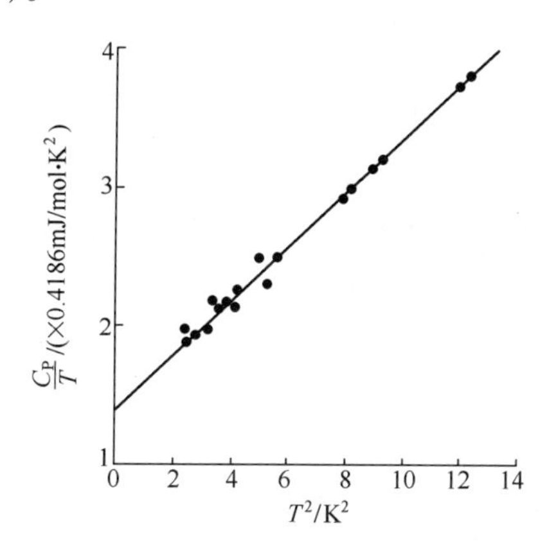

图 5.1.3　金属中电子对热容的贡献

问题 5.1.13　^{3}He 是费米子。液体^{3}He 在绝对零度附近的密度为 0.081g/cm^3。请计算它的费米能 E_F^0 和费米温度。

问题 5.1.14　钾在低温下的摩尔电子比热容实验值为 $c_e = 2.08T$ (mJ/(mol · K)),

试用自由电子气模型求它的费米能 E_F^0 和能态密度 $g(E_F^0)$ 。

问题 5.1.15 式(5.1.10)表示的费米统计分布来源于表达式 $a_n = \dfrac{g_n}{e^{(\varepsilon_n - \mu)/k_B T} + 1}$ 。尽管这两个式子本质上一致,但在形式与符号上均有些差异,请对这些差异给予说明。

问题 5.1.16 绝对零度时,自由电子的化学势等于费米能,即 $\mu_0 = E_F$,请问这该如何理解?

问题 5.1.17 (1)非绝对零度下,系统内能大于绝对零度,为什么?(2)非绝对零度下,系统化学势小于绝对零度,为什么?(要求从热力学与统计物理学分别给予解释)。

问题 5.1.18 式(4.1.5),即 $\int_0^{\omega_M} g(\omega)\mathrm{d}\omega = 3N$,表示总的简正模数;5.1.2 节中,系统中电子的总数 $N = \int_0^{\infty} f(E) g(E) \mathrm{d}E$ 。对比发现,后面的积分式中多了统计分布函数 $f(E)$,而前面的积分没有这一项,请问为什么?

问题 5.1.19 低温下自由电子热容远小于用能量均分原理计算的热容,请问为什么?

问题 5.1.20 通过例 5.1.1 可知,钠的费米能 $E_F^0 = 3.24\text{eV}$,而 373K 对应的 $k_B T \approx 0.0324\text{eV}$ 。请根据这两个数据,大致按比例地画出钠在 373K 时的费米分布曲线,即作出关于钠的图 5.1.2。

问题 5.1.21 (1)请根据 $E_F^0 = \dfrac{\hbar^2}{2m}\left(\dfrac{3n}{8\pi}\right)^{2/3}$ 来确定费米波矢;(2)请说明什么是费米波矢?

5.2 金属的导电过程

在金属自由电子的经典电导理论中,自由电子在外加电场作用下加速,同时自由电子又受到金属离子碰撞而产生阻力,阻力的大小与速度成正比。达到电流稳定时,电场力和阻力相平衡,电子达到该电场中的稳定速度,称为漂移速度。漂移速度与电场成正比,从而解释了欧姆定律。

索末菲的电子气量子理论,同样能给出欧姆定律,并能更深刻地描绘电导过程的物理图像。量子理论中,电子的状态用波矢 $\boldsymbol{k}$ 表征,在电场中电子态的改变是以 $\boldsymbol{k}$ 的变化来描述的,而电子的动量 $\boldsymbol{p} = \hbar\boldsymbol{k}$。电子动量(或波矢 $\boldsymbol{k}$)随时间的变化就是动力,即

$$\boldsymbol{F} = \frac{\mathrm{d}\boldsymbol{p}}{\mathrm{d}t} = \hbar\frac{\mathrm{d}\boldsymbol{k}}{\mathrm{d}t} = -\mathrm{e}(\boldsymbol{E} + \boldsymbol{v} \times \boldsymbol{B}) \tag{5.2.1}$$

式中:$\boldsymbol{E}$ 为电场;$\boldsymbol{B}$ 为磁场;$\boldsymbol{v} = \dfrac{\hbar\boldsymbol{k}}{m}$ 为电子在 $\boldsymbol{k}$ 态的速度。

阻力的微观机制是金属中能使电子平面波遭受散射的各种因素,主要是晶格振动和各种晶体学缺陷、杂质。综合动力与阻力能够解释金属的电阻率与温度的关系。

5.2.1 玻耳兹曼方程

温度均匀且无外场的条件下,金属电子气在热平衡时服从费米分布,即

$$f_0(E_{\boldsymbol{k}}) = \frac{1}{e^{(E_{\boldsymbol{k}}-\mu)/k_B T} + 1} \tag{5.2.2}$$

f_0 与电子位置 $\boldsymbol{r}$ 无关。若存在温度梯度或有外场时,电子气系统偏离平衡,但在比晶格常数大得多的小区域内,仍然处于局域平衡状态,可用非平衡的分布函数 $f(\boldsymbol{r},\boldsymbol{k},t)$ 来描述这个电子系统。电子的位矢 $\boldsymbol{r}$ 和状态 $\boldsymbol{k}$ 因温度梯度或外场以及散射(或碰撞)发生改变。

不考虑碰撞时,t 时刻在$(\boldsymbol{r},\boldsymbol{k})$处的电子一定是从 $t-\mathrm{d}t$ 时刻 $(\boldsymbol{r}-\dot{\boldsymbol{r}}\mathrm{d}t,\boldsymbol{k}-\dot{\boldsymbol{k}}\mathrm{d}t)$ 处漂移而来,即

$$f(\boldsymbol{r},\boldsymbol{k},t) = f(\boldsymbol{r}-\dot{\boldsymbol{r}}\mathrm{d}t,\boldsymbol{k}-\dot{\boldsymbol{k}}\mathrm{d}t,t-\mathrm{d}t) \tag{5.2.3}$$

式中:$\dot{\boldsymbol{r}} = \mathrm{d}\boldsymbol{r}/\mathrm{d}t$;$\dot{\boldsymbol{k}} = \mathrm{d}\boldsymbol{k}/\mathrm{d}t$。

考虑碰撞时,碰撞也使分布函数 f 发生改变,写成 $\left(\frac{\partial f}{\partial t}\right)_s$ 称为散射项(Scattering Term),所以有

$$f(\boldsymbol{r},\boldsymbol{k},t) = f(\boldsymbol{r}-\dot{\boldsymbol{r}}\mathrm{d}t,\boldsymbol{k}-\dot{\boldsymbol{k}}\mathrm{d}t,t-\mathrm{d}t) + \left(\frac{\partial f}{\partial t}\right)_s \tag{5.2.4}$$

将式(5.2.4)等号右边第一项展开,只留下与 $\mathrm{d}t$ 成正比的项,则上式变为

$$\frac{\partial f}{\partial t} + \dot{\boldsymbol{r}} \cdot \frac{\partial f}{\partial \boldsymbol{r}} + \dot{\boldsymbol{k}} \cdot \frac{\partial f}{\partial \boldsymbol{k}} = \left(\frac{\partial f}{\partial t}\right)_s \tag{5.2.5}$$

注意:式中的 $\frac{\partial f}{\partial \boldsymbol{r}}$ 与 $\frac{\partial f}{\partial \boldsymbol{k}}$ 都是矢量。

对于稳态情况,分布函数不随 t 变化,因此通过 $\frac{\partial f}{\partial t} = 0$ 便得到电子气系统的波耳兹曼方程

$$\dot{\boldsymbol{r}} \cdot \frac{\partial f}{\partial \boldsymbol{r}} + \dot{\boldsymbol{k}} \cdot \frac{\partial f}{\partial \boldsymbol{k}} = \left(\frac{\partial f}{\partial t}\right)_s \tag{5.2.6}$$

方程左边的两项为温度梯度和外场引起的漂移项(Drift Term)。

假定非平衡的稳态分布离平衡分布 f_0 不远,f 可写成

$$f = f_0 + f_1 \tag{5.2.7}$$

对于散射项,采用弛豫时间近似。当外场取消后,系统经历时间 τ 恢复到平衡分布

$$\frac{\partial f}{\partial t} = -\frac{f-f_0}{\tau} \tag{5.2.8}$$

负号表示随时间的增长,偏离平衡度 $f-f_0$ 减小,式(5.2.9)的解为

$$f - f_0 = f_1 = f_1(t=0)\mathrm{e}^{-t/\tau} \tag{5.2.9}$$

故 τ 就是恢复平衡的弛豫时间,是金属中散射机制使系统恢复平衡的时间标度。于是散射项写成

$$\left(\frac{\partial f}{\partial t}\right)_s = -\frac{f-f_0}{\tau} \tag{5.2.10}$$

如果金属的温度 T 是恒定不变的,但有外加电场 $\boldsymbol{E}$ 和磁场 $\boldsymbol{B}$,则漂移项中只有

$$\dot{\boldsymbol{k}} \cdot \frac{\partial f}{\partial \boldsymbol{k}} = -\frac{e}{\hbar}(\boldsymbol{E}+\boldsymbol{v}\times\boldsymbol{B}) \cdot \frac{\partial f}{\partial \boldsymbol{k}} \tag{5.2.11}$$

故玻耳兹曼方程写成

$$-\frac{e}{\hbar}(\boldsymbol{E}+\boldsymbol{v}\times\boldsymbol{B})\cdot\frac{\partial f}{\partial \boldsymbol{k}}=-\frac{f-f_0}{\tau} \tag{5.2.12}$$

5.2.2 金属电导率

设金属处于恒温状态，在外电场 $\boldsymbol{E}$ 作用下形成稳定的电流密度 j。此时式(5.2.12)变为

$$f-f_0=\frac{e\tau}{\hbar}\boldsymbol{E}\cdot\nabla_{\boldsymbol{k}} f \tag{5.2.13}$$

式中：$\nabla_{\boldsymbol{k}} f=\dfrac{\partial f}{\partial \boldsymbol{k}}$。

通常电场 $\boldsymbol{E}$ 比原子内部的电场小得多，因此 $\nabla_{\boldsymbol{k}} f\approx\nabla_{\boldsymbol{k}} f_0$。于是得

$$f=f_0+\frac{e\tau}{\hbar}\boldsymbol{E}\cdot\nabla_{\boldsymbol{k}} f_0 \tag{5.2.14}$$

而这结果可看成是分布函数

$$f(\boldsymbol{k})=f_0\left(\boldsymbol{k}+\frac{e\tau}{\hbar}\boldsymbol{E}\right)=f_0(\boldsymbol{k})+\frac{e\tau}{\hbar}\boldsymbol{E}\cdot\nabla_{\boldsymbol{k}} f_0=f_0(E_{\boldsymbol{k}})+\frac{e\tau}{\hbar}\boldsymbol{E}\cdot\nabla_{\boldsymbol{k}} f_0 \tag{5.2.15}$$

显然，式(5.2.15)中将 $\dfrac{e\tau}{\hbar}\boldsymbol{E}$ 视为增量 $\Delta\boldsymbol{k}$。

式(5.2.15)说明：在有外场 $\boldsymbol{E}$ 时，$f(\boldsymbol{k})$ 相当于平衡分布 f_0 沿电场相反的方向位移了 $-\dfrac{e\tau}{\hbar}\boldsymbol{E}$。图5.2.1(a)表示自由电子气的球形费米面在电场作用下发生的位移，图5.2.1(b)表示费米分布发生相应的变化。由于

$$\nabla_{\boldsymbol{k}} f_0=\frac{\partial f_0}{\partial E}\nabla_{\boldsymbol{k}} E=\hbar\frac{\partial f_0}{\partial E}\boldsymbol{v}(\boldsymbol{k}) \tag{5.2.16}$$

式中：$\nabla_{\boldsymbol{k}} E=\nabla_{\boldsymbol{k}} E(\boldsymbol{k})\equiv\dfrac{\partial E(\boldsymbol{k})}{\partial \boldsymbol{k}}=\dfrac{\hbar^2}{m}\boldsymbol{k}$，因为对自由电子 $E(\boldsymbol{k})=\dfrac{\hbar^2\boldsymbol{k}^2}{2m}$；因此

$$\boldsymbol{v}=\frac{\hbar\boldsymbol{k}}{m}=\frac{1}{\hbar}\nabla_{\boldsymbol{k}} E(\boldsymbol{k})$$

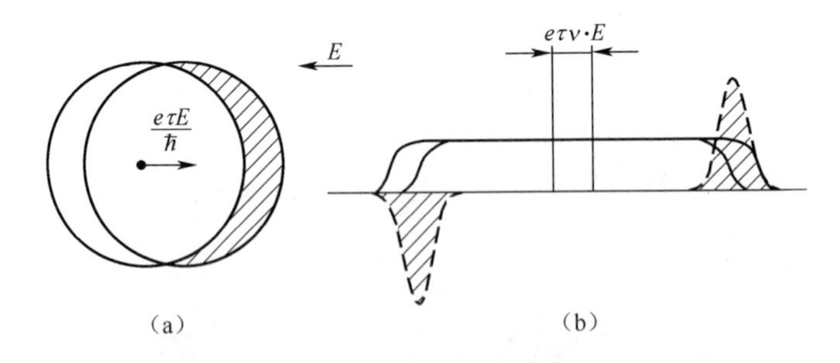

图5.2.1 费米面的移动及其分布的变化

所以

$$f=f_0+\frac{\partial f_0}{\partial E}(\boldsymbol{v}\cdot\boldsymbol{E})e\tau \tag{5.2.17}$$

知道分布函数 f，就容易求得电流密度

$$j=-\frac{2}{(2\pi)^3}\int e\,\boldsymbol{v}f\mathrm{d}\boldsymbol{k}=-\frac{e}{4\pi^3}\int\boldsymbol{v}\left[f_0+e\tau\frac{\partial f_0}{\partial E}(\boldsymbol{v}\cdot\boldsymbol{E})\right]\mathrm{d}\boldsymbol{k} \tag{5.2.18}$$

因 f_0 是 $\boldsymbol{k}$ 的偶函数，$\boldsymbol{v}$ 是 $\boldsymbol{k}$ 的奇函数，积分 $\int\boldsymbol{v}f_0\mathrm{d}\boldsymbol{k}=0$，所以

$$j=-\frac{e^2}{4\pi^3}\int\tau\frac{\partial f_0}{\partial E}\boldsymbol{v}(\boldsymbol{v}\cdot\boldsymbol{E})\mathrm{d}\boldsymbol{k} \tag{5.2.19}$$

式中：$\mathrm{d}\boldsymbol{k}=\mathrm{d}S\mathrm{d}k_\perp$ 为倒空间体积元。

由于 $\mathrm{d}E=|\nabla_k E|\,\mathrm{d}k_\perp$，故

$$\mathrm{d}\boldsymbol{k}=\mathrm{d}S\mathrm{d}k_\perp=\frac{\mathrm{d}S\mathrm{d}E}{|\nabla_{\boldsymbol{k}}E|} \tag{5.2.20}$$

电流密度

$$j=-\frac{e^2}{4\pi^3}\int\tau\frac{\partial f_0}{\partial E}\boldsymbol{v}(\boldsymbol{v}\cdot\boldsymbol{E})\frac{\mathrm{d}S\mathrm{d}E}{|\nabla_{\boldsymbol{k}}E|} \tag{5.2.21}$$

这里 f_0 是平衡分布，而

$$-\frac{\partial f_0}{\partial E}\approx\delta(E-\mu)\approx\delta(E-E_{\mathrm{F}}) \tag{5.2.22}$$

于是电流密度

$$j=\frac{e^2}{4\pi^3}\int_{S_{\mathrm{F}}}\tau\,\boldsymbol{v}(\boldsymbol{v}\cdot\boldsymbol{E})\frac{\mathrm{d}S_{\mathrm{F}}}{|\nabla_{\boldsymbol{k}}E|} \tag{5.2.23}$$

对于立方晶体，若电场沿 x 方向，电流也沿 Ox 方向，式(5.2.23)写成

$$j_x=\frac{e^2}{4\pi^3}\int_{S_{\mathrm{F}}}\tau v_x^2\frac{\mathrm{d}S_{\mathrm{F}}}{|\nabla_{\boldsymbol{k}}E|}=\sigma E_x \tag{5.2.24}$$

所以立方结构的金属电导率

$$\sigma=\frac{e^2}{4\pi^3}\int_{S_{\mathrm{F}}}\tau v_x^2\frac{\mathrm{d}S_{\mathrm{F}}}{|\nabla_{\boldsymbol{k}}E|} \tag{5.2.25}$$

这里积分只在费米面 $\mathrm{d}S_{\mathrm{F}}$ 进行。由于对称性，$v_x^2=\frac{1}{3}v^2$，又 $|\nabla_{\boldsymbol{k}}E|=\hbar v$，$\sigma$ 的表示式又可写成

$$\sigma=\frac{1}{12\pi^3}\cdot\frac{e^2}{\hbar}\int_{S_{\mathrm{F}}}\tau v\mathrm{d}S_{\mathrm{F}} \tag{5.2.26}$$

由此可知，对金属电导有贡献的只是费米面附近的电子，只有它们可以在电场作用下进入能量较高的状态。对于金属自由电子气，费米面是半径为 $k_{\mathrm{F}}=(3\pi^2n)^{1/3}$ 的球面，容易求得电导率为

$$\sigma=\frac{ne^2}{m}\tau(E_{\mathrm{F}}) \tag{5.2.27}$$

如 $l = \tau v_F$ 是费米面上电子的平均自由程(其中 v_F 称为费米速度),则

$$\sigma = \frac{ne^2 l}{m v_F} \tag{5.2.28}$$

实际金属里的电子气的电子有效质量为 m^* ,上面两个表示式中 m 用 m^* 代替就能得到较好的结果。

从金属电导率的实验值可以推算电子的平均自由程。以铜为例,在 $T = 300\text{K}$ 的时候 $l = 3 \times 10^{-8}\text{m}$;而在 $T = 4\text{K}$ 时, $l = 3 \times 10^{-3}\text{m}$ 。平均自由程如此大,正反映电子不是经典物理意义上的微小粒子,而是服从量子物理规律的粒子。所以参与导电的只能是费米面附近的电子,具有很高的速度 $v_F \approx 10^8\text{cm/s}$,才有很大的平均自由程。

5.2.3 电阻率与温度的关系

大量实验结果表明,金属的电阻率 ρ 服从马森定则(Matthiessen's Rule)

$$\rho = \rho_0 + \rho_L \tag{5.2.29}$$

式中: ρ_0 为杂质和缺陷对电子散射引起的电阻率,称为剩余电阻率,与温度无关; ρ_L 为晶格振动或声子散射引起的电阻率,称为本征电阻率,依赖于温度。

在室温以及较高温度区域,大多数金属的 ρ_L 与温度 T 的一次方成正比, $\rho_L \propto T$;而在低温 ρ_L 与温度 T 的五次方成正比, $\rho_L \propto T^5$,这是由于声子对电子的散射在不同温度有不同规律。当金属处于热平衡时,波矢为 $\boldsymbol{q}$ 的简正模 $\omega_{\boldsymbol{q}}$ 的声子数为

$$\bar{n}_{\boldsymbol{q}} = \frac{1}{e^{\hbar\omega_{\boldsymbol{q}}/k_B T} - 1} \tag{5.2.30}$$

在 $T \gg \Theta_D$ 的高温下, $\bar{n}_q \approx k_B T/\hbar\omega_{\boldsymbol{q}}$,声子数与 T 成正比。而且这时的声子能量较大,波矢 $\boldsymbol{q}$ 也较大。电子与声子散射时电子吸收或发射一个声子。其能量为 meV 量级,而动量改变 $\hbar\boldsymbol{q}$ 很大,电子明显改变运动方向。散射概率与声子数成正比,于是 ρ_L 正比于 T 。

在 $T \ll \Theta_D$ 的低温下,热能 $k_B T$ 不足以激发大波矢的声子,只有低能量的小波矢声子被激发。按着德拜理论 $c_V \propto T^3$,即声子数与 T^3 成正比。这些小波矢声子在与电子发生散射时,只能是一种小角度散射。若电子波矢初态为 $\boldsymbol{k}$,散射后波矢为 $\boldsymbol{k}'$,按动量守恒,有

$$\hbar\boldsymbol{k}' = \hbar\boldsymbol{k} + \hbar\boldsymbol{q} \tag{5.2.31}$$

计及 $k' \approx k$, $\boldsymbol{k}'$与 $\boldsymbol{k}$ 之间夹角为 θ ,则有

$$2k\sin\frac{\theta}{2} = q \tag{5.2.32}$$

因 $q \leqslant k$,故 $\theta \approx q/k$ 是很小的。电子在低温下只有经受多次小角度散射才能明显改变运动方向。每次散射使电子动量在原运动方向上损失为

$$(1 - \cos\theta)\hbar k \approx \frac{\theta^2}{2}\hbar k \tag{5.2.33}$$

所以,每次电子被声子散射对电阻率的贡献应与 $\theta^2 \approx q^2/k^2$ 成正比。而声子散射关系 $\omega = v_s q$, v_s 为声速, $\hbar\omega \sim k_B T$,所以 $\theta^2 = T^2$。故低温下小能量小波矢声子参与的散射引起的电阻率为

$$\rho_L \propto T^3 \cdot T^2 = T^5 \tag{5.2.34}$$

问题 5.2.1　通常,费米分布函数写成 $f(E)=\dfrac{1}{e^{(E-\mu)/k_BT}+1}$,而式(5.2.2)却是

$$f_0(E_{\boldsymbol{k}})=\frac{1}{e^{(E_{\boldsymbol{k}}-\mu)/k_BT}+1}$$

请说明能量写成 $E_{\boldsymbol{k}}$ 而不是 E 的原因。

问题 5.2.2　教材中已经指出电子的状态由波矢 $\boldsymbol{k}$ 描述。请问为什么对局域平衡的(微)系统,其分布函数用 $f(\boldsymbol{r},\boldsymbol{k},t)$ 来描述?即为什么函数 $f(\boldsymbol{r},\boldsymbol{k},t)$ 中还涉及 $\boldsymbol{r}$ 和 t?

问题 5.2.3　既然局域平衡系统的(非平衡)分布函数用 $f(\boldsymbol{r},\boldsymbol{k},t)$ 来描写,请问热力学平衡系统的分布函数 f 的自变量,仍然包含 $\boldsymbol{r},\boldsymbol{k},t$ 吗?为什么?

问题 5.2.4　波耳兹曼方程左侧的第一项为什么称为温度梯度(漂移)项?

问题 5.2.5　请用文字解释波耳兹曼方程,即解释 $\dot{\boldsymbol{r}}\cdot\dfrac{\partial f}{\partial \boldsymbol{r}}+\dot{\boldsymbol{k}}\cdot\dfrac{\partial f}{\partial \boldsymbol{k}}=\left(\dfrac{\partial f}{\partial t}\right)_s$ 的含义。

问题 5.2.6　式(5.2.3)~式(5.2.6)的推导不尽合理,但结论是正确的,即波耳兹曼方程没有问题。请你给出波尔兹曼方程更为正确的推导过程。

问题 5.2.7　波耳兹曼方程包含了如下概念:温度梯度和外场会引起电子的漂移。请问声子有漂移概念吗?声子的漂移机理也是温度梯度与外场吗?

问题 5.2.8　波耳兹曼方程与流体力学中的什么方程类似?

问题 5.2.9　教材中说:"通常电场 $\boldsymbol{E}$ 比原子内部的电场小得多,因此 $\nabla_k f\approx\nabla_k f_0$",请问为什么?

问题 5.2.10　电流密度表达式为 $j=-\dfrac{2}{(2\pi)^3}\int e\boldsymbol{v}f\mathrm{d}\boldsymbol{k}$,其中 $\mathrm{d}\boldsymbol{k}$ 为倒空间体积元,请对该式做出解释。

问题 5.2.11　请对比自由电子的导电过程与声子的热传导过程,指出其中的共性。

问题 5.2.12　电子导电有电阻概念,请问声子传热过程有无阻力概念?如果有,应该如何描述?

问题 5.2.13　电子被散射与 X 射线被散射的主要差异是什么?

问题 5.2.14　自由电子导电的电阻率会随温度升高而增加。请问:(1)此时电阻形成的主要原因是什么?(2)电阻形成主要原因是如何体现在公式 $\sigma=\dfrac{ne^2l}{mv_F}$ 中的?

问题 5.2.15　请将导电问题与导热问题做较为全面的对比,重点考察两者微观机制的共性。

问题 5.2.16　请证明式(5.2.27)。

问题 5.2.17　教材中说:"对金属电导有贡献的只是费米面附近的电子,只有它们可以在电场作用下进入能量较高的状态",请问能量比费米能低很多的电子,为什么不能参与导电?

5.3　磁场中金属的输运性质

金属中电子气在电场 E_x 驱动下产生电流密度 j_x,在横向磁场 $\boldsymbol{B}=B\boldsymbol{z}$ 的作用下,洛伦

兹力使电子运动方向偏转,在金属中建立 y 方向的霍尔电场 E_h ,电子沿 y 方向的分速度再次受洛伦兹力偏转到初始电流方向。整个过程造成电阻变化的现象,称为磁致电阻。

5.3.1 同时存在电场、磁场的玻耳兹曼方程

这时,电子气的输运现象由如下方程决定:

$$-\frac{e}{\hbar}(\boldsymbol{E}+\boldsymbol{v}\times\boldsymbol{B})\cdot\nabla_{\boldsymbol{k}}f=-\frac{f-f_0}{\tau} \quad (5.3.1)$$

令 $f=f_0+f_1$,并考虑到

$$e(\boldsymbol{v}\times\boldsymbol{B})\ \nabla_{\boldsymbol{k}}f_0=e(\boldsymbol{v}\times\boldsymbol{B})\cdot\hbar\boldsymbol{v}\frac{\partial f_0}{\partial E}=0$$

式(5.3.1)改写为

$$-e\boldsymbol{v}\cdot\boldsymbol{E}\frac{\partial f_0}{\partial E}-\frac{e}{\hbar}\boldsymbol{v}\times\boldsymbol{B}\cdot\nabla_{\boldsymbol{k}}f_1=-\frac{f_1}{\tau} \quad (5.3.2)$$

设 $f_1=-\frac{\partial f_0}{\partial E}\boldsymbol{X}(e)\cdot\boldsymbol{k}$,则

$$\nabla_{\boldsymbol{k}}f_1=-\nabla_{\boldsymbol{k}}\left[\frac{\partial f_0}{\partial E}\boldsymbol{X}(e)\cdot\boldsymbol{k}\right]=-\frac{\partial f_0}{\partial E}\boldsymbol{X}(e)-\left[\hbar\boldsymbol{k}\cdot\frac{\partial}{\partial E}\left(\frac{\partial f_0}{\partial E}\boldsymbol{X}\right)\right]\boldsymbol{v}$$

代入式(5.3.2),得

$$f-f_0=\frac{e\tau}{\hbar}\boldsymbol{E}\cdot\nabla_{\boldsymbol{k}}f_0+\frac{e\tau}{\hbar}\boldsymbol{v}\times\boldsymbol{B}\left(-\frac{\partial f_0}{\partial E}\boldsymbol{X}(E)\right) \quad (5.3.3)$$

或

$$-\frac{m}{\hbar}\frac{\partial f_0}{\partial E}\boldsymbol{X}(e)\cdot\boldsymbol{v}=\frac{\partial f_0}{\partial E}\frac{e\tau}{\hbar}\boldsymbol{E}\cdot\hbar\boldsymbol{v}-\frac{\partial f_0}{\partial E}(\boldsymbol{B}\times\boldsymbol{X})\cdot\boldsymbol{v}$$

由于 $\boldsymbol{v}$ 的任意性,得

$$\boldsymbol{X}(E)=-\frac{\hbar e\tau}{m}\boldsymbol{E}+\frac{e\tau}{m}\boldsymbol{B}\times\boldsymbol{X} \quad (5.3.4)$$

这个矢量方程可写成 $\boldsymbol{X}=\boldsymbol{L}+\boldsymbol{M}\times\boldsymbol{X}$,两边点乘 $\boldsymbol{M}$,得

$$\boldsymbol{M}\cdot\boldsymbol{X}=\boldsymbol{M}\cdot\boldsymbol{L}$$

故

$$\begin{aligned}\boldsymbol{X}&=\boldsymbol{L}+\boldsymbol{M}\times(\boldsymbol{L}+\boldsymbol{M}\times\boldsymbol{X})=\boldsymbol{L}+\boldsymbol{M}\times\boldsymbol{L}+\boldsymbol{M}\times(\boldsymbol{M}\times\boldsymbol{X})\\&=\boldsymbol{L}+\boldsymbol{M}\times\boldsymbol{L}+\boldsymbol{M}(\boldsymbol{M}\cdot\boldsymbol{X})-M^2\boldsymbol{X}\end{aligned}$$

即

$$\boldsymbol{X}=\frac{\boldsymbol{L}+\boldsymbol{M}\times\boldsymbol{L}+(\boldsymbol{L}\cdot\boldsymbol{M})\boldsymbol{M}}{1+M^2}$$

依此关系式,得

$$\boldsymbol{X}(E)=-\frac{\frac{e\tau\hbar}{m}\left[\boldsymbol{E}+\frac{e\tau}{m}\boldsymbol{B}\times\boldsymbol{E}+\left(\frac{e\tau}{m}\right)^2\boldsymbol{B}(\boldsymbol{B}\cdot\boldsymbol{E})\right]}{1+(\omega_c\tau)^2} \quad (5.3.5)$$

式中: $\omega_c=eB/m$ 为电子在磁场中的回转频率。

电流密度为

$$\boldsymbol{j}=-\frac{2}{(2\pi)^3}\int e\,\boldsymbol{v}\,(f_0+f_1)\,\mathrm{d}\boldsymbol{k}=\frac{e^2}{4\pi^3}\int \boldsymbol{v}\,\frac{\partial f_0}{\partial E}X(E)\cdot\boldsymbol{k}\mathrm{d}\boldsymbol{k} \tag{5.3.6}$$

将式(5.3.5)代入式(5.3.6),可将电流密度表示式写成

$$\boldsymbol{j}=\delta\boldsymbol{E}-\alpha\boldsymbol{E}\times\boldsymbol{B}+\gamma\boldsymbol{B}(\boldsymbol{B}\cdot\boldsymbol{E}) \tag{5.3.7}$$

式中

$$\delta=\frac{2e^3}{3}\int\frac{\tau v^2\left(-\frac{\partial f_0}{\partial E}\right)}{1+\omega_c^2\tau^2}\mathrm{d}\boldsymbol{k}=\frac{\sigma_0}{1+\omega_c^2\tau^2} \tag{5.3.8}$$

$$\alpha=-\frac{2e^3}{3}\int\frac{\tau(e\tau/m)v^2\left(-\frac{\partial f_0}{\partial E}\right)}{1+\omega_c^2\tau^2}\mathrm{d}\boldsymbol{k}=\frac{\sigma_0(e\tau/m)}{1+\omega_c^2\tau^2} \tag{5.3.9}$$

$$\gamma=\frac{2e^3}{3}\int\frac{\tau\ (e\tau/m)^2v^2\left(-\frac{\partial f_0}{\partial E}\right)}{1+\omega_c^2\tau^2}\mathrm{d}\boldsymbol{k}=\frac{\sigma_0\ (e\tau/m)^2}{1+\omega_c^2\tau^2} \tag{5.3.10}$$

5.3.2　霍尔效应

1879 年霍尔试图确定在磁场中载流导线受到的力,是作用于导线还是作用于在导线中流动的电荷,因而发现了新的物理现象。如图 5.3.1 所示,z 方向的磁场 B 使沿 x 方向电流的载体电子受到洛伦兹力的作用而偏转,在垂直于 j_x 和 B 向上产生横向电场 E_y,这一现象称为霍尔效应(Hall effect), E_y 称为霍尔电场。比例系数

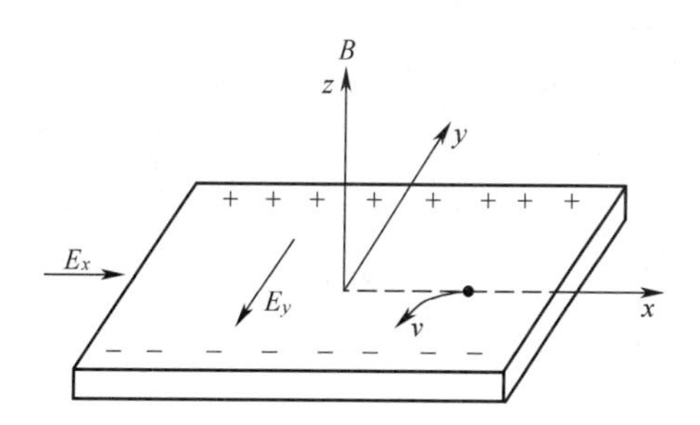

图 5.3.1　霍尔效应示意图

$$R_H=E_y/j_xB$$

称为霍尔系数,是描写霍尔效应的重要物理量,下面讨论它的物理内涵。

由式(5.3.7)知道,在霍尔效应的实验条件下,电流密度

$$\boldsymbol{j}=\delta\boldsymbol{E}-\alpha(\boldsymbol{E}\times\boldsymbol{B}) \tag{5.3.11}$$

写成分量为

$$j_x=\delta E_x-\alpha BE_y \tag{5.3.12}$$

$$j_y=\alpha BE_x+\delta E_y \tag{5.3.13}$$

实验中 y 方向是开路状态,$j_y=0$,有 $E_x=-\frac{\delta}{\alpha B}E_y$,代入式(5.3.12),得

$$j_x = -\frac{\delta^2 + \alpha^2 B^2}{\alpha B} E_y$$

霍尔系数

$$R_H = E_y / j_x B = \frac{-\alpha}{\delta^2 + \alpha^2 B^2} \tag{5.3.14}$$

在弱磁场作用下，$\omega_c \tau \ll 1$；因此 δ 和 α 表达式中分母 $1 + \omega_c^2 \tau^2 \approx 1$，于是

$$\delta \approx \sigma_0 = \frac{ne^2 \tau(E_F)}{m} \tag{5.3.15}$$

$$\alpha = \frac{ne^3 \tau^2(E_F)}{m^2} \tag{5.3.16}$$

于是

$$R_H = -\frac{\alpha^3}{\sigma_0^2} = -\frac{1}{ne} \tag{5.3.17}$$

如果金属中载流粒子是空穴，它的密度为 p，在相同条件下，霍尔系数是

$$R_H = \frac{1}{pe} \tag{5.3.18}$$

因此，测量金属的霍尔系数可以判断该金属的载流子是电子还是空穴，并估算其密度。

表 5.3.1 列出一些金属的霍尔系数的实验值以及由此推算的载流粒子密度。

金属中载流子的类型和密度是由该金属晶体的能带结构的细节和电子填充的情况来决定的。同时霍尔系数也与载流子的散射机制有关，因为 R_H 的分子与 τ^2 的平均值 $\overline{\tau^2}$ 有关，而分母与 $\overline{\tau}^2$ 有关。

表 5.3.1 一些金属的霍尔系数

金属	$R_H / \left(\times 10^{-10} \frac{m^3}{A \cdot s}\right)$	载流子类型	载流子密度/($\times 10^{28} m^{-3}$)
Li	-1.7	n	3.7
Na	-2.1	n	3.0
K	-4.2	n	1.5
Rb	-5.0	n	1.2
Cu	-0.6	n	10.4
Ag	-0.9	n	7.0
Au	-0.7	n	8.9
Be	2.4	p	2.6
W	1.2	p	5.2

5.3.3 磁致电阻

考虑磁场引起金属电阻的变化时，在弱磁场条件下至少要计入磁场的平方项。这时式(5.3.5)中 $\boldsymbol{X}(E)$ 的分母不能近似当作 1，$\boldsymbol{X}(E)$ 写成

$$\boldsymbol{X} = -\frac{e\tau\hbar}{m}\left\{\boldsymbol{E} + \frac{e\tau}{m}\boldsymbol{B} \times \boldsymbol{E} + \left(\frac{e\tau}{m}\right)^2 [(\boldsymbol{B} \cdot \boldsymbol{E})\boldsymbol{B} - B^2 \boldsymbol{E}]\right\} \tag{5.3.19}$$

将 $\boldsymbol{X}$ 的这个表示式代入式(5.3.6),得

$$\boldsymbol{j}=\sigma_0\boldsymbol{E}-\alpha_0\boldsymbol{E}\times\boldsymbol{B}-\gamma_0B^2\boldsymbol{E}+\gamma_0(\boldsymbol{B}-\boldsymbol{E})\boldsymbol{B} \tag{5.3.20}$$

这里 α_0 和 γ_0 是 α 和 γ 表示式中分母以 1 代替 $1+\omega_c^2\tau^2$ 的结果。式(5.3.20)又可改写成 $\boldsymbol{E}$ 依赖于电流密度 $\boldsymbol{j}$ 的关系式

$$\boldsymbol{E}=\rho_0\{\boldsymbol{j}+a(\boldsymbol{j}\times\boldsymbol{B})+bB^2\boldsymbol{j}+c(\boldsymbol{j}\cdot\boldsymbol{B})\boldsymbol{B}\} \tag{5.3.21}$$

其中

$$\rho_0=\sigma_0^{-1}\ ,\ a=-\rho_0\alpha_0\ ,\ b=-c=(\gamma_0-\rho_0\alpha_0)\rho_0 \tag{5.3.22}$$

在有磁场时,金属的电阻率

$$\rho=(\boldsymbol{E}\cdot\boldsymbol{j})/j^2 \tag{5.3.23}$$

通常用下列量表示磁场对金属电阻率的影响

$$\begin{aligned}M&=\frac{\Delta\rho}{\rho_0B^2}=\frac{\rho-\rho_0}{\rho_0-B^2}=\frac{[\boldsymbol{E}(\boldsymbol{B})-\boldsymbol{E}(\boldsymbol{B}=0)]\cdot\boldsymbol{j}}{[\boldsymbol{E}(\boldsymbol{B}=0)\cdot\boldsymbol{j}]B^2}\\&=\frac{b\rho_0j^2B^2+c(\boldsymbol{j}\cdot\boldsymbol{B})^2\rho_0}{\rho_0j^2B^2}=b+c\frac{(\boldsymbol{j}\cdot\boldsymbol{B})^2}{j^2B^2}\end{aligned} \tag{5.3.24}$$

如金属具有立方结构,下面列出电流密度和磁场在某些方向的磁致电阻值:

$\boldsymbol{j}$	[100]	[100]	[110]	[110]	[110]	[111]	[111]
$\boldsymbol{B}$	[100]	[010]	[001]	$[1\bar{1}0]$	[110]	[111]	$[1\bar{1}0]$
$\boldsymbol{M}$	$b+c=0$	b	b	b	$b+c=0$	$b+c=0$	b

由此可见,对于金属中的自由电子气,其等能面是球面,给出的结果是纵向磁致电阻是零,横向磁致电阻是 b,并且当 $\boldsymbol{B}$ 方向确定,$\boldsymbol{j}$ 在垂直 $\boldsymbol{B}$ 的平面上改变方向,磁致电阻值不变。究其原因是由于在磁场中洛伦兹力只改变电子的动量 $\hbar\boldsymbol{k}$ 的方向,不影响电子的能量。所以电子波矢在费米面上与磁场相垂直的一条曲线——圆周上变化。如果电子不受散射,电子在圆周上不停地旋转,角频率也是 $\omega_c=\dfrac{eB}{m}$,实际上电子遭受散射,只能在圆周上走过 τ 时间的路程。在弱磁场条件 $\omega_c\tau=\dfrac{eB}{m}\tau\leqslant1$ 时,电子在这一圆周上走了一小段路程,遭散射到费米球面上另一圆周曲线上走一片段路程。τ 很短,在 4K 时也只有约 10^{-9}s,室温时 τ 更小。在宏观测量的时段里,电子可以遍历各个圆形轨道的不同片段路程。因此,测量磁致电阻能获得有关金属费米面几何形状的信息。

在强磁场条件 $\dfrac{eB}{m}\tau>1$,这时又回到了式(5.3.7)~式(5.3.11),得到在任意磁场条件下的横向磁致电阻:

$$\frac{\Delta\rho}{\rho_0}=\frac{\rho_B-\rho_0}{\rho_0}=\frac{AB^2}{1+(R_H\sigma B)^2} \tag{5.3.25}$$

当 $\boldsymbol{B}$ 较弱时,$\dfrac{\Delta\rho}{\rho_0}\propto B^2$,同前面得到的结果一样。而当 $\boldsymbol{B}$ 极大时,横向磁致电阻达到它的饱和值

$$\left.\frac{\Delta\rho}{\rho_0}\right|_{B\to\infty} = \frac{A}{(R_{\mathrm{H}}\sigma)^2} \tag{5.3.26}$$

问题 5.3.1 教材中说："金属中电子气在电场 E_x 驱动下产生电流密度 j_x，在横向磁场 $\boldsymbol{B}=Bz$ 的作用下，洛伦兹力使电子运动方向偏转，在金属中建立 y 方向的霍尔电场 E_{H}，电子沿 y 方向的分速度再次受洛伦兹力偏转到初始电流方向，造成电阻变化的现象，称为磁致电阻"，请问为什么？

问题 5.3.2 请分别阐述磁致电阻与霍尔效应的共性与差异。

5.4 电子发射

大量实验表明，只要对金属中电子提供有限的能量，电子就可能脱离金属而出射，这就是电子发射。这意味着自由电子在金属（势阱）中的势能加动能低于箱外电子势能的数值是有限的。其微观机制是，晶体内所有正离子对电子的周期吸引势可以视为被抹平了，如同对电子没有吸引作用，但电子处于低势能的水平。如果电子想脱离晶体，这种吸引就起作用了。

基于有限深势阱模型，如图 5.4.1 所示，引入两个物理量：

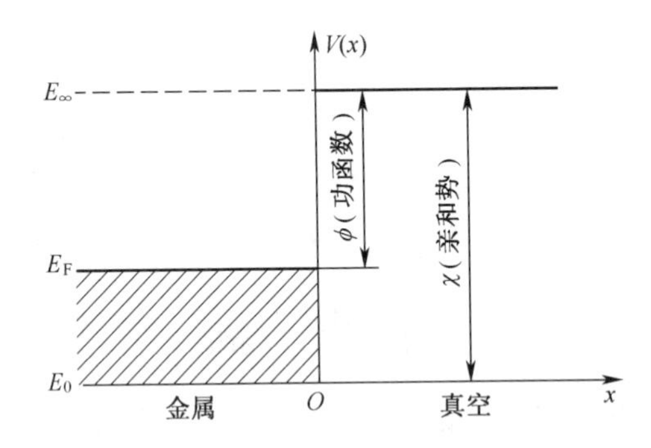

图 5.4.1 一个电子在金属表面的势能（模型）

（1）电子亲和势χ。它指电子在势箱外无穷远处的势能 E_∞ 与电子在金属内部的势能 E_0之差，即$\chi = E_\infty - E_0$。

（2）功函数 ϕ 。它指 E_∞ 与电子气费米能 E_{F}之差，即 $\phi = E_\infty - E_F$ 。

依照能量提供的方式有如下几种电子发射机制：①高温引起的电子热发射；②光照引起的光电效应；③强电场引起的场致发射。

下面用索末菲自由电子气模型来描述这些现象和效应。

5.4.1 电子热发射

设金属的温度为 T，电子沿 x 轴垂直地脱离金属表面形成电流密度$j_x(T)$ 。电子发射的必要条件是电子速度的 x 分量 v_x 必须超过某临界值，满足

$$\frac{m}{2}v_x^2 \geqslant E_{\mathrm{F}} + \phi = \frac{m}{2}v_{x0}^2 \tag{5.4.1}$$

根据电子能量关系，$E(\boldsymbol{k})=\dfrac{\hbar^2\boldsymbol{k}^2}{2m}=\dfrac{1}{2}m\boldsymbol{v}^2$，可导出在单位体积晶体及波矢空间 $\mathrm{d}\boldsymbol{k}=\mathrm{d}k_x\mathrm{d}k_y\mathrm{d}k_z$ 范围内，状态数目为

$$\frac{2}{8\pi^3}\mathrm{d}\boldsymbol{k}=2\left(\frac{m}{h}\right)^3\mathrm{d}\boldsymbol{v} \tag{5.4.2}$$

故速度在 v_x 到 $v_x+\mathrm{d}v_y$，v_y 到 $v_y+\mathrm{d}v_y$，v_z 到 $v_z+\mathrm{d}v_z$ 之间的电子数为

$$\mathrm{d}n=2\left(\frac{m}{h}\right)^3\frac{1}{\mathrm{e}^{\left(\frac{1}{2}mv^2-E_\mathrm{F}\right)/k_\mathrm{B}T}+1}\mathrm{d}\boldsymbol{v}=n(v_x,v_y,v_z)\mathrm{d}v_x\mathrm{d}v_y\mathrm{d}v_z \tag{5.4.3}$$

这里 $n(v_x,v_y,v_z)\mathrm{d}v_x\mathrm{d}v_y\mathrm{d}v_z$ 是电子的速度分布。因而 $v_x n(v_x,v_y,v_z)\mathrm{d}v_x\mathrm{d}v_y\mathrm{d}v_z$ 是从金属内部出来的，在单位时间能抵达并可能通过金属单位表面积的电子数。按照量子力学，实际上能通过金属表面的电子数，应再乘以电子波贯穿表面势垒的透射率 δ。因此，热发射电流密度的数值为

$$\begin{aligned}j(T)&=e\int_{v_{x_0}}^{\infty}\int_{-\infty}^{\infty}\int_{-\infty}^{\infty}v_x\cdot\delta(v_x)\cdot n(v_x,v_y,v_z)\mathrm{d}v_x\mathrm{d}v_y\mathrm{d}v_z\\&=2e\left(\frac{m}{h}\right)^3\int_{v_{x_0}}^{\infty}\int_{-\infty}^{\infty}\int_{-\infty}^{\infty}\frac{\delta(v_x)v_x\mathrm{d}v_x\mathrm{d}v_y\mathrm{d}v_z}{1+\exp\left\{\left[\frac{m}{2}(v_x^2+v_y^2+v_z^2)-E_\mathrm{F}\right]/k_\mathrm{B}T\right\}}\end{aligned} \tag{5.4.4}$$

引入平面极坐标

$$\rho^2=v_y^2+v_z^2,\quad \mathrm{d}v_y\mathrm{d}v_z=\rho\mathrm{d}\rho\mathrm{d}\phi \tag{5.4.5}$$

对 $\mathrm{d}\phi$ 的积分为 2π，再令

$$\frac{m\rho^2}{2k_\mathrm{B}T}=\xi,\quad \rho\mathrm{d}\rho=\frac{k_\mathrm{B}T}{m}\mathrm{d}\xi \tag{5.4.6}$$

$$\frac{m}{2}v_x^2-E_\mathrm{F}=\varepsilon,\quad v_x\mathrm{d}v_x=\frac{\mathrm{d}\varepsilon}{m} \tag{5.4.7}$$

于是电流密度

$$j(T)=\frac{4\pi mek_\mathrm{B}T}{h^3}\int_{\phi}^{\infty}\left(\int_0^{\infty}\frac{\mathrm{d}\xi}{\mathrm{e}^{\varepsilon/k_\mathrm{B}T+\xi}+1}\right)\delta(\varepsilon)\mathrm{d}\varepsilon \tag{5.4.8}$$

按式(5.4.1)，ε 的积分下限为功函数 ϕ。对 ξ 积分，得

$$j(T)=\frac{4\pi mek_\mathrm{B}T}{h^3}\int_{\phi}^{\infty}\delta(\varepsilon)\ln(1+\mathrm{e}^{-\varepsilon/k_\mathrm{B}T})\mathrm{d}\varepsilon \tag{5.4.9}$$

到此为止，索末菲模型是严格的。

下面作近似计算，首先把 $\delta(\varepsilon)$ 用一平均值 $\bar{\delta}$ 代替，即不论 $v_x\geqslant v_{x_0}$ 取何数值，透射率是常数。另外，由于功函数 ϕ 远比 $k_\mathrm{B}T$ 高得多，在整个积分范围 $\varepsilon\geqslant k_\mathrm{B}T$，故取近似如下：

$$\ln(1+\mathrm{e}^{-\varepsilon/k_\mathrm{B}T})\approx\mathrm{e}^{-\varepsilon/k_\mathrm{B}T}$$

最后，得

$$j(T)=A\bar{\delta}T^2\mathrm{e}^{-\phi/k_\mathrm{B}T} \tag{5.4.10}$$

这里

$$A = \frac{4\pi mek_B}{h^3} = 120\text{A}/(\text{cm}^2 \cdot \text{K}^2) \tag{5.4.11}$$

式(5.4.10)称为里查孙-德西曼(Richardson - Dushman)公式,它是1928年由索末菲和诺德海姆(L. Nordheim)各自独立地导出的。表5.4.1列出一些金属的功函数的实验值。

表5.4.1 部分金属的功函数 ϕ

金属	ϕ(eV)	金属	ϕ(eV)	金属	ϕ(eV)
Li	2.38	Ca	2.80	Al	4.25
Na	2.35	Sr	2.35	In	3.8
K	2.22	Ba	2.49	Ga	3.96
Rb	2.16	Nb	3.99	Tl	3.7
Cs	1.81	Fe	4.31	Sn	4.38
Cu	4.4	Mn	3.83	Pb	4.0
Ag	4.3	Zn	4.24	Bi	4.4
Au	4.3	Cd	4.1	Sb	4.08
Bc	3.92	Hg	4.52	W	4.5
Mg	3.64				

图5.4.2展示钨晶体沿3个不同晶向的电子热发射电流密度 j/T^2—$1/T$ 的实验结果,里查孙-德西曼公式为图中直线。

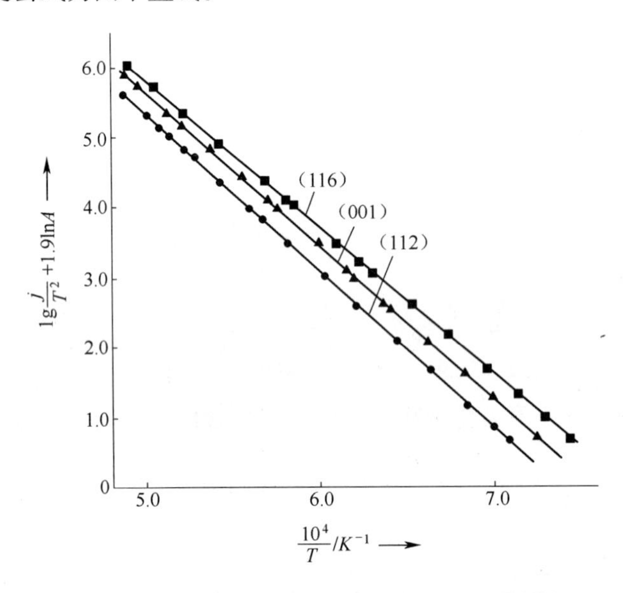

图5.4.2 钨晶体沿3个方向进行的电子热发射

5.4.2 光电效应

赫兹于1888年用紫外光照射金属,观察到从金属发射出带电粒子,即光电效应。实验表明,光电效应是瞬时发生的,发射电子与光照射之间的时差小于 3×10^{-9}s。出射的光电子数目与光强成正比,而与频率无关。对于每一种金属,只有入射光频率 ν 大于一定频

率 ν_0，才有光电效应。ν_0 称为红限，是金属的特性。这些现象难以用光的经典电磁波理论解释。1905 年，爱因斯坦提出红限对应的光子能量就是金属的功函数

$$h\nu_0 = \phi \tag{5.4.12}$$

他同时给出在频率 $\nu > \nu_0$ 的光照下，光电子动能的最大值为

$$E_m = h(\nu - \nu_0) \tag{5.4.13}$$

在索末菲自由电子气模型中，电子气服从费米-狄拉克分布，在温度 T，在费米能级以上的能态存在电子。因而光电子动能最大值只有在绝对零度时严格成立。

对于光电效应问题，电子吸收一个光子 $h\nu$，相当于表面势垒高度下降了 $h\nu$ 的电子发射问题。所以式(5.4.8)原则上适用，只需加入光子能量 $h\nu$ 带来的修正。由于

$$\frac{1}{2}mv_x^2 + h\nu - E_F = \varepsilon' \tag{5.4.14}$$

所以该式中 ε 应改为 $\varepsilon' - h\nu'$，再令 $\delta(\varepsilon) = \bar{\delta}$，得

$$j(T) = \frac{4\pi mek_BT}{h^3}\bar{\delta}\int_{\phi}^{\infty}\ln[1 + e^{-(\bar{\varepsilon}-h\nu)/k_BT}]d\varepsilon' \tag{5.4.15}$$

又设 $\varepsilon = \varepsilon' - \phi$，$d\varepsilon = d\varepsilon'$，于是

$$j(T) = \frac{4\pi mek_BT}{h^3}\bar{\delta}\int_{0}^{\infty}\ln[1 + e^{-[\varepsilon-(h\nu-\phi)]/k_BT}]d\varepsilon \tag{5.4.16}$$

福勒(R. H. Fowler)于 1931 年分两种情况：① $(h\nu - \phi)/k_BT = x \leqslant 0$；② $x \geqslant 0$，将对数函数展开得到如下结果：

$$j(T) = aAT^2\bar{\delta}\phi_F(x) \tag{5.4.17}$$

式中：$\phi_F(x)$ 称为福勒函数，有

$$\phi_F(x) = \left[e^x - \frac{e^{2x}}{2^2} + \frac{e^{3x}}{3^2} - \cdots\right] \quad (x \leqslant 0) \tag{5.4.18}$$

$$\phi_F(x) = \left[\frac{x^2}{2} + \frac{\pi^2}{6} - \left(e^x - \frac{e^{2x}}{2^2} + \frac{e^{3x}}{3^2} - \cdots\right)\right] \quad (x \geqslant 0) \tag{5.4.19}$$

这里 A 见式(5.4.11)，α 包含光吸收和电子遭遇散射等因素。福勒利用上述理论与实验结果拟合，如图 5.4.3 所示。

在光电效应基础上，后来发展了紫外光电子谱(UPS)和 X 射线光电子谱(XPS)成为研究固体电子结构和物质成分的重要实验手段。

5.4.3　场致发射

施加强电场 F 后(由于 E 表示能级，所以本节用 F 表示场强)，在金属体外的势能

$$V(x) = E_\infty - E_0 - eFx \tag{5.4.20}$$

如图 5.4.4 所示，它是一条直线。按照量子力学观点，能量低于势能最大值的电子，也有可能从金属穿过势垒发射出来。在外加电场作用下金属发射的电子流可按照发射电子流的方法计算。主要区别在于所有 $v_x > 0$ 的都有可能发射。因此，场致发射的电流密度为

$$j(T,F) = \frac{4\pi mek_BT}{h^3}\int_{-E_F}^{\infty}\delta(\varepsilon)\ln(1 + e^{-\varepsilon/k_BT})d\varepsilon \tag{5.4.21}$$

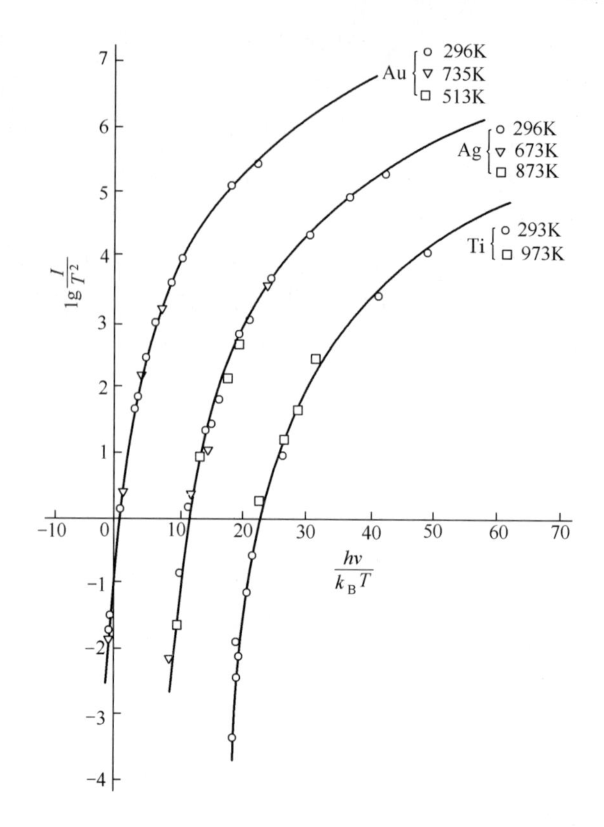

图 5.4.3 3 种金属光电流与光子能量关系

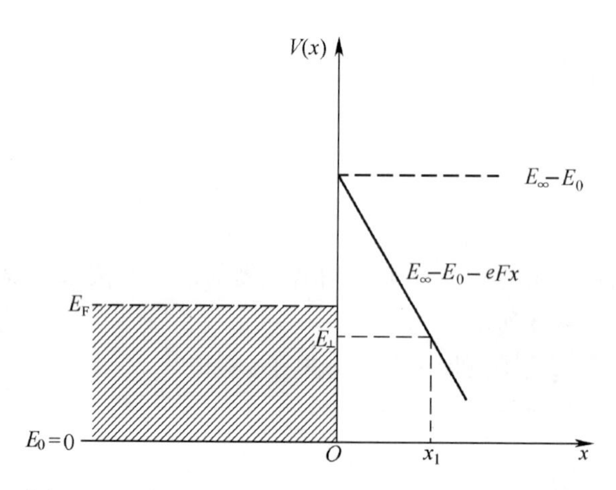

图 5.4.4 电子通过强电场在金属表面形成三角势垒

积分下限由式(5.4.7)在 $v_x=0$ 的条件下来定。

对此问题,透射系数 $\delta(\varepsilon)$ 密切依赖于能量,采用 WKB 近似

$$\delta(E_\perp)=\exp\left\{-\frac{2}{\hbar}\int_0^{x_1}2m\sqrt{V(x)-E_\perp}\,dx\right\} \tag{5.4.22}$$

式中:$E_\perp=\frac{m}{2}v_x^2$,而 x_1 由下式确定:

$$V(x)-E_\perp=0 \tag{5.4.23}$$

将 $V(x)$ 函数关系代入式(5.4.22),容易得到

$$\delta(E_{\perp}) = \exp\left[-\frac{4}{3}\frac{\sqrt{2m}}{\mathrm{e}\hbar F}(\chi - E_{\perp})^{3/2}\right]$$

现在计算场致发射电流,取 $T \approx 0\mathrm{K}$ 的情况,此时 $\varepsilon > 0$ 的状态都没有被电子占据,因而式(5.4.21)的积分上限为 $\varepsilon = 0$,下限可视为 $-\infty$ 。由于 $T \approx 0\mathrm{K}$ 时 ε 总是小于零:

$$\ln(1 + \mathrm{e}^{-\varepsilon/k_{\mathrm{B}}T}) \approx -\frac{\varepsilon}{k_{\mathrm{B}}T} \tag{5.4.24}$$

这样式(5.4.21)改写成

$$j(0,F) = \frac{4\pi me}{h^3}\int_{-\infty}^{0}\delta(\varepsilon)\varepsilon\mathrm{d}\varepsilon \tag{5.4.25}$$

显然,能量为 $E_{\perp} \approx E_{\mathrm{F}}$ (即 $\varepsilon \approx 0$)的电子对发射电流的贡献是主要的,因为这些电子的贯穿概率最大。所以把 $\delta(\varepsilon)$ 在 $\varepsilon \approx 0$ 处展开,有

$$\delta(\varepsilon) \approx \exp\left\{-\frac{4}{3}\frac{\sqrt{2m}}{e\hbar F}\left(\phi - \frac{3}{2}\phi\varepsilon + \cdots\right)\right\} \tag{5.4.26}$$

代入式(5.4.9),得

$$\begin{aligned} j(0,F) &\approx \frac{4\pi me}{h^3}\exp\left\{-\frac{4}{3}\frac{\sqrt{2m}}{e\hbar F}\phi^{3/2}\right\}\cdot\int_{-\infty}^{0}\varepsilon\exp\left\{-\frac{4}{3}\frac{\sqrt{2m}}{e\hbar F}\phi^{1/2}\varepsilon\right\}\mathrm{d}\varepsilon \\ &= \alpha\frac{F^2}{\phi}\exp\left(-\beta\frac{\phi^{3/2}}{F}\right) \end{aligned} \tag{5.4.27}$$

式中

$$\alpha = \frac{e^3}{8\pi h}, \quad \beta = \frac{4}{3}\frac{\sqrt{2m}}{e\hbar} \tag{5.4.28}$$

式(5.4.27)称为福勒-诺德海姆公式。在场致发射试验中电场强度 F 在 $10^{10}\,\mathrm{V/m}$ 的量级。

问题 5.4.1　自由电子必须在势阱之中。假如没有了势阱,请问金属中的自由电子会怎样?

问题 5.4.2　电子发射的必要条件是 $\frac{m}{2}v_x^2 \geqslant E_{\mathrm{F}} + \phi$,请问:(1)自由电子是没有势能的,因此其 E_{F} 完全来源于动能。在这样的背景下,怎样理解 $\frac{m}{2}v_x^2 \geqslant E_{\mathrm{F}}$ (因为 $\phi > 0$);(2)该式为什么与 E_{F} 相关,而不是与电子的平均能量 $\overline{E}$ 有关?(3)这个必要条件与隧道效应矛盾吗?(4)如何从能量守恒的角度理解电子"热"发射?

问题 5.4.3　E_{∞} 为势箱外无限远处的势能,(1)这里的"无限远"应该如何理解?(2)这里为什么只强调势能?

问题 5.4.4　功函数与费米能之间,有无关系?换言之,表面能的存在是否会影响到费米能的大小?

问题 5.4.5　E_{∞} 能理解为真空中静止电子的能量吗?

问题 5.4.6 对于式(5.4.2),(1)请解释其中 $\mathrm{d}\boldsymbol{k}/8\pi^3$ 的含义;(2)为什么 $\mathrm{d}\boldsymbol{k}=\left(\frac{m}{\hbar}\right)^3\mathrm{d}\boldsymbol{v}$?

问题 5.4.7 教材中说:"$n(v_x,v_y,v_z)\mathrm{d}v_x\mathrm{d}v_y\mathrm{d}v_z$ 是电子的速度分布",请问:(1)速度分布概念与什么概念是对应的?(2)这句话隐含了一种新的空间概念,它是什么?

问题 5.4.8 式(5.4.4)给出的电流密度表达式为

$$j(T)=e\int_{v_{x_0}}^{\infty}\int_{-\infty}^{\infty}\int_{-\infty}^{\infty}v_x\cdot\delta(v_x)\cdot n(v_x,v_y,v_z)\mathrm{d}v_x\mathrm{d}v_y\mathrm{d}v_z$$

式(5.2.18)也给出了电流密度表达式:$j=-\frac{2}{(2\pi)^3}\int e\boldsymbol{v}f\mathrm{d}\boldsymbol{k}$。请对这两个式子做一一对应的比较,以说明它们本质上是一致的。

问题 5.4.9 请解释式(5.4.2)和式(5.4.3)。

问题 5.4.10 式(5.4.4)表明:实际上能通过金属表面的电子数,应是上述这个数目乘以电子波贯穿表面势垒的透射率。请问为什么乘以"电子波贯穿表面势垒的透射率"?

问题 5.4.11 式(5.4.8)中,ε 的积分下限为功函数 ϕ。请问为什么?

问题 5.4.12 功函数 ϕ 远比 $k_{\mathrm{B}}T$ 高得多。请从表 5.4.1 中找出这一事实的证据。

问题 5.4.13 根据式(5.4.10),即 $j(T)=A\bar{\delta}T^2\mathrm{e}^{-\phi/k_{\mathrm{B}}T}$,绝对零度下电子热发射的电流密度为零,请对此给予概念解释。

问题 5.4.14 对表 5.4.1 中的金属功函数 ϕ,从熔点高低的角度看,这些数据有什么规律?

问题 5.4.15 图 5.4.2 表明钨晶体的电子热发射有各向异性。请给出各向异性可能的原因。

问题 5.4.16 光电效应实验需要考虑温度吗?教材中的"光电子动能最大值只有在绝对零度时严格成立"是什么意思?

问题 5.4.17 图 5.4.4 中,(1)电子在体外的势能曲线是斜率为负的直线,请问该斜率是否可能为正?(2)请解释 E_∞ 的含义。

问题 5.4.18 请查阅资料以说明"紫外光电子谱"和"X 射线光电子谱"。请对比电子热发射、光电效应和场致发射,指出它们的共同点和差异,并分析原因。

问题 5.4.19 (1)光电效应不能用经典的电磁理论解释。请描述该问题的经典电磁理论的要点;(2)光电效应的经典电磁理论与量子理论的着眼点的差别是什么?

第6章　能 带 理 论

能带理论是固体物理学最核心的内容之一,具有极其重要的意义。

6.1　能带论基础

晶体是由大量电子及原子核组成的多粒子系统,但晶体的许多电子过程仅与外层电子有关。因此,可以将晶体看作由外层的价电子及离子实(内层电子+原子核)组成的系统。系统中粒子的状态遵循薛定谔方程

$$\hat{H}\psi = E\psi \tag{6.1.1}$$

既然 ψ 是描述晶体中所有粒子状态的波函数,就必然是各粒子坐标的函数,即

$$\psi = \psi(\boldsymbol{r}_1,\boldsymbol{r}_2,\cdots;\boldsymbol{R}_1,\boldsymbol{R}_2,\cdots) = \psi(\boldsymbol{r}_i,\boldsymbol{R}_\alpha) \tag{6.1.2}$$

其中 $\boldsymbol{r}_i$ 代表电子的坐标,$\boldsymbol{R}_\alpha$ 代表离子实的坐标。晶体的能量总 E 应由下式给出:

$$E = \int\psi^*(\boldsymbol{r}_i,\boldsymbol{R}_\alpha)\hat{H}\psi(\boldsymbol{r}_i,\boldsymbol{R}_\alpha)\mathrm{d}\tau \tag{6.1.3}$$

式中:$\mathrm{d}\tau = \mathrm{d}x_1\mathrm{d}y_1\mathrm{d}z_1\cdots\mathrm{d}X_1\mathrm{d}Y_1\mathrm{d}Z_1\cdots = \mathrm{d}\tau_{\mathrm{e}}\mathrm{d}\tau_{\mathrm{z}}$。

晶体的哈密顿算符包括了如下各种能量算符:

(1) 电子的动能 $\hat{T}_{\mathrm{e}}$

$$\hat{T}_{\mathrm{e}} = \sum_i\left(-\frac{\hbar^2}{2m}\nabla_i^2\right) = \sum_i\hat{T}_i \tag{6.1.4}$$

式中:m 为电子的质量;$\nabla_i^2 = \frac{\partial^2}{\partial x_i^2} + \frac{\partial^2}{\partial y_i^2} + \frac{\partial^2}{\partial z_i^2}$。

(2) 离子的动能 $\hat{T}_{\mathrm{z}}$

$$\hat{T}_{\mathrm{z}} = \sum_\alpha\left(-\frac{\hbar^2}{2M_\alpha}\nabla_\alpha^2\right) = \sum_\alpha\hat{T}_\alpha \tag{6.1.5}$$

式中:M_α 为离子的质量;$\nabla_\alpha^2 = \frac{\partial^2}{\partial X_\alpha^2} + \frac{\partial^2}{\partial Y_\alpha^2} + \frac{\partial^2}{\partial Z_\alpha^2}$。

(3) 电子—电子互作用能 $\hat{V}_{\mathrm{e}}$

$$\hat{V}_{\mathrm{e}} = \frac{1}{2}\sum_{i,j\neq i}\frac{e^2}{4\pi\varepsilon\varepsilon_0|\boldsymbol{r}_i - \boldsymbol{r}_j|} = \frac{1}{2}\sum_{i,j\neq i}\hat{V}_{ij} \tag{6.1.6}$$

式中:ε ,ε_0 分别为晶体的相对介电常数及真空的介电常数。

(4) 离子—离子互作用能 $\hat{V}_{\mathrm{z}}$

$$\hat{V}_{\mathrm{z}} = \frac{1}{2}\sum_{\alpha,\beta\neq\alpha}\frac{Z_\alpha Z_\beta e^2}{4\pi\varepsilon\varepsilon_0|\boldsymbol{R}_\alpha - \boldsymbol{R}_\beta|} = \frac{1}{2}\sum_{\alpha,\beta\neq\alpha}\hat{V}_{\alpha\beta} \tag{6.1.7}$$

式中：$Z_\alpha e$，$Z_\beta e$ 分别为第 α 个及第 β 个离子的有效电荷。

(5) 电子—离子互作用能 $\hat{V}_{ez}$

$$\hat{V}_{ez} = -\sum_{i,\alpha} \frac{Z_\alpha e^2}{4\pi\varepsilon\varepsilon_0 |\boldsymbol{r}_i - \boldsymbol{R}_\alpha|} = \sum_{i,\alpha} \hat{V}_{i\alpha} \tag{6.1.8}$$

整个晶体的哈密顿算符可表示为

$$\hat{H} = \hat{T}_e + \hat{T}_z + \hat{V}_e + \hat{V}_z + \hat{V}_{ez} \tag{6.1.9}$$

如果晶体由 N 个原子组成，每个原子都有 Z 个电子，则薛定谔方程式(6.1.1)中就包含 $3(Z+1)N$ 个变量，方程的变量数高达10^{24}的数量级，这样的方程无法获得解析解。为此，需对方程作近似处理。能带论就是利用了下面3个近似，将多粒子问题简化为单电子在周期场中运动的问题。

6.1.1 绝热近似

由于离子质量远大于电子质量，故离子的运动速度远小于电子的运动速度。这样就可认为电子的运动受到离子的瞬时位置的影响；而在理想情况下，可以认为离子是在其平衡位置上静止的。也就是说，离子的波函数 ϕ_z 与电子的位置无关，所以可将晶体的波函数 ψ 写作电子波函数 ψ_e 与离子波函数 ϕ_z 的乘积，即

$$\psi(\cdots,\boldsymbol{r}_i,\cdots;\cdots,\boldsymbol{R}_\alpha,\cdots) = \psi_e(\cdots,\boldsymbol{r}_i,\cdots;\cdots,\boldsymbol{R}_\alpha,\cdots)\phi_z(\cdots,\boldsymbol{R}_\alpha,\cdots) \tag{6.1.10}$$

电子系统的哈密顿算符可表示为

$$\hat{H}_e = \hat{T}_e + \hat{V}_e + \hat{V}_{ez} \tag{6.1.11}$$

$$\hat{H}_e\psi_e = E_e\psi_e \tag{6.1.12}$$

其中：$\int\psi_e^*\psi_e \mathrm{d}\tau_e = 1$

$$E_e = \int\psi_e^*\hat{H}_e\psi_e \mathrm{d}\tau_e = E_e(\cdots,\boldsymbol{R}_\alpha,\cdots) \tag{6.1.13}$$

离子系统的哈密顿算符可写成

$$\hat{H}_z = \hat{T}_z + \hat{V}_z + \hat{E}_e(\cdots,\boldsymbol{R}_\alpha,\cdots) \tag{6.1.14}$$

式(6.1.14)表明离子是在所有电子产生的平均场中运动的。这样，晶体的哈密顿算符就可写成

$$\hat{H} = \hat{H}_e + \hat{H}_z - \hat{E}_e \tag{6.1.15}$$

将式(6.1.15)及式(6.1.10)代入 $\hat{H}\psi = E\psi$ 中，得

$$\begin{aligned}\hat{H}_e(\psi_e\phi_z) + \hat{H}_z(\psi_e\phi_z) - \hat{E}_e(\psi_e\phi_z) &= \hat{H}_z(\psi_e\phi_z) + [\hat{H}_e(\psi_e\phi_z) - \hat{E}_e(\psi_e\phi_z)] \\ &= E\psi_e\phi_z = E\psi\end{aligned} \tag{6.1.16}$$

以式(6.1.12)代入上式的方括号中，得到

$$\hat{H}_z(\psi_e\phi_z) = E\psi_e\phi_z = E\psi \tag{6.1.17}$$

由于 ψ_e 是离子位置的函数，上式左边 $\hat{H}_z(\psi_e\phi_z) \neq \psi_e\hat{H}_z\phi_z$。经运算可得

$$\hat{H}_z\phi_z = E_z\phi_z \tag{6.1.18}$$

其中

$$E_z = \int \phi_z^* \hat{H}_z \phi_z \mathrm{d}\tau_z = E + \delta E \tag{6.1.19}$$

δE 的数量级为 $\sqrt{\dfrac{m}{M}}E$ 。(对于 Ge 晶体 $\sqrt{\dfrac{m}{M}} \approx 0.3\%$),这样,我们可将 δE 略去而将式(6.1.18)改写为

$$\hat{H}_z\phi_z = E\phi_z \tag{6.1.20}$$

式中:E 为晶体的总能量。

通过绝热近似,将晶体中的多粒子问题简化为多电子问题。因此,确定晶体中的电子状态,可以不必通过式(6.1.1)而只要直接解式(6.1.12)即可。但式(6.1.12)所描述的仍然是一个非常复杂的多体问题。

6.1.2 单电子近似(哈特利-福克自洽场近似)

电子系统的哈密顿算符 $\hat{H}_e$ 为

$$\hat{H}_e = \hat{T}_e + \hat{V}_e + \hat{V}_{ez} = \sum_i \hat{T}_i + \frac{1}{2}\sum_{i,j\neq i} \hat{V}_{ij} + \sum_i \sum_\alpha \hat{V}_{i\alpha} \tag{6.1.21}$$

由式(6.1.21)可知,如果电子—电子之间的互作用为零($\hat{V}_{ij} = 0$),电子系统的哈密顿 $\hat{H}_e$ 就可表示为

$$\hat{H}_e = \sum_i \hat{H}_i = \sum_i \left(\hat{T}_i + \sum_\alpha \hat{V}_{i\alpha}\right) \tag{6.1.22}$$

电子系统的能量 $E_e = \sum\limits_i E_i$,波函数 $\psi_e(\cdots,\boldsymbol{r}_i,\cdots) = \prod\limits_i \psi_i(\boldsymbol{r}_i)$,第 i 个电子的薛定谔方程 $\hat{H}_i\psi_i = E_i\psi_i$ 就仅与这个电子的坐标有关,这样的方程是很容易求解的。问题在于如何使一个有互作用的系统转化为无互作用系统。研究结果表明,通过引入自洽的电子场就可达到目的,它是这样引进的:电子系统中的第 i 个电子是在所有离子及其他电子所产生的场中运动的,如果在每一瞬间都可以用 u_i 来表示第 i 个电子在其他电子产生的场中所具有的势能,而且 u_i 仅与第 i 个电子的坐标有关,即 $u_i = u_i(\boldsymbol{r}_i)$ 。如果对于每个电子,我们都可构造一个这样的场,电子间的互作用势能就可以用 u_i 来表示,即

$$\frac{1}{2}\sum_{i,j\neq i} \hat{V}_{ij} \rightarrow \sum_i u_i(\boldsymbol{r}_i) \tag{6.1.23}$$

这样, $\hat{H}_e$ 就可表示为

$$\hat{H}_e = \sum_i \hat{T}_i + \sum_i u_i(\boldsymbol{r}_i) + \sum_i \left(\sum_\alpha V_{i\alpha}\right) = \sum_i \hat{H}_i \tag{6.1.24}$$

其中

$$\hat{H}_i = -\frac{\hbar^2}{2m}\nabla_i^2 + u_i(\boldsymbol{r}_i) + V_i(\boldsymbol{r}_i) \tag{6.1.25}$$

是第 i 个电子的哈密顿算符,式中的 $u_i(\boldsymbol{r}_i)$ 就是第 i 个电子在其他所有电子的场中的势

能, $V_i(\boldsymbol{r}_i)$ 是该电子在所有离子产生的场中的势能。可见, $u_i(\boldsymbol{r}_i)$ 的引入,使多电子问题转化成单电子问题。

第 i 个电子的势能 $u_i(\boldsymbol{r}_i)$,不仅与其他的每个电子的运动有关,而且与第 i 个电子自身的运动有关。因为第 i 个电子的运动将影响其他电子的运动,因而又将影响电子的势能 $u_i(\boldsymbol{r}_i)$ 。因此,一般将这个场称作自洽场。

以式(6.1.23)的左边及右边分别代入式(6.1.12)中的 $\hat{H}_e$,得到两个等价的方程,然后以 ψ_e^* 左乘所得的两个方程,经一定运算后就得到 $u_i(\boldsymbol{r}_i)$ 的表达式

$$u_i(\boldsymbol{r}_i) = \frac{1}{2}\sum_{j\neq i}\int |\psi_j(\boldsymbol{r}_j)|^2 \frac{e^2}{4\pi\varepsilon\varepsilon_0 |\boldsymbol{r}_i - \boldsymbol{r}_j|}\mathrm{d}\tau_j \tag{6.1.26}$$

式中: $e|\psi_j(\boldsymbol{r}_j)|^2$ 是第 j 个电子在 $\boldsymbol{r}_j$ 处的电荷密度; $e|\psi_j(\boldsymbol{r}_j)|^2\mathrm{d}\tau_j$ 是电荷元。式(6.1.26)中的被积函数表示在 $\boldsymbol{r}_i$ 处的第 i 个电子(具有电荷 e)与在 $\boldsymbol{r}_j$ 处的第 j 个电子的电荷元的互作用势能。对第 j 个电子的所有坐标积分,得到的是第 i 个电子与“扩展”的第 j 个电子互作用能。式(6.1.26)表明,为求得 $u_i(\boldsymbol{r}_i)$,必须知道电子的波函数 $\psi_j(\boldsymbol{r}_j)$ 。但是,只有当 $u_i(\boldsymbol{r}_i)$ 已确定时,才可通过求解薛定谔方程 $\hat{H}_j\psi_j = E_j\psi_j$ 得到波函数 ψ_j 。所以,这是一种自洽的计算,原则上可以用迭代的方法求解。

6.1.3 周期场近似

自洽场的引入,使有互作用的电子系统转化为无互作用的电子系统,使求解晶体电子状态的多电子问题转化为单电子问题。去掉脚码 i,将单电子的势能写为

$$V(\boldsymbol{r}) = u(\boldsymbol{r}) + V(\boldsymbol{r},\boldsymbol{R}_1,\boldsymbol{R}_2,\cdots) \tag{6.1.27}$$

式中第一项是电子在自洽场中的势能,第二项是在所有离子场中的势能。由于晶格的周期性结构,我们可以合理地假设所有电子及离子产生的场都具有晶格的周期性,即

$$V(\boldsymbol{r}) = V(\boldsymbol{r} + \boldsymbol{R}_n) \tag{6.1.28}$$

式中: $\boldsymbol{R}_n = n_1\boldsymbol{a}_1 + n_2\boldsymbol{a}_2 + n_3\boldsymbol{a}_3$ 是格矢。

经过上述3个近似以后,晶体系统的多粒子问题就被简化为在周期场中的单电子问题了。这样,晶体电子的状态就可以用单电子在周期场中运动的状态来描述,电子的能量及波函数可以从方程

$$\left[-\frac{\hbar^2}{2m}\nabla^2 + V(\boldsymbol{r})\right]\psi(\boldsymbol{r}) = E\psi(\boldsymbol{r}) \tag{6.1.29}$$

求得。能带论与自由电子论的不同就在于势场 $V(\boldsymbol{r})$ 。在能带论中势场 $V(\boldsymbol{r})$ 不是恒定的而是具有晶格周期性的位置函数。

6.1.4 布洛赫定理

布洛赫证明:在周期场中运动的电子的波函数具有如下性质:

$$\psi(\boldsymbol{r} + \boldsymbol{R}_n) = \mathrm{e}^{\mathrm{i}\boldsymbol{k}\cdot\boldsymbol{R}_n}\psi(\boldsymbol{r}) \tag{6.1.30}$$

这就是布洛赫定理。下面用量子力学的本征值理论来证明这个定理。

晶格势场的周期性是晶格具有平移对称性的反映。我们引入平移算符 $\hat{T}(\boldsymbol{a}_\alpha)$,

$\alpha=1,2,3$ 来描述这种对称性，$\boldsymbol{a}_\alpha$ 分别代表晶格的 3 个基矢。以 $\hat{T}(\boldsymbol{a}_\alpha)$ 作用于任意函数 $f(\boldsymbol{r})$ 上后得到

$$\hat{T}(\boldsymbol{a}_\alpha)f(\boldsymbol{r})=f(\boldsymbol{r}+\boldsymbol{a}_\alpha) \tag{6.1.31}$$

根据这个关系，平移算符是可以相互对易的。因为

$$\begin{aligned}\hat{T}(\boldsymbol{a}_\alpha)\hat{T}(\boldsymbol{a}_\beta)f(\boldsymbol{r})&=\hat{T}(\boldsymbol{a}_\alpha)f(\boldsymbol{r}+\boldsymbol{a}_\beta)=f(\boldsymbol{r}+\boldsymbol{a}_\beta+\boldsymbol{a}_\alpha)\\&=f(\boldsymbol{r}+\boldsymbol{a}_\alpha+\boldsymbol{a}_\beta)=\hat{T}(\boldsymbol{a}_\beta)\hat{T}(\boldsymbol{a}_\alpha)f(\boldsymbol{r})\end{aligned} \tag{6.1.32}$$

于是

$$\hat{T}(\boldsymbol{a}_\alpha)\hat{T}(\boldsymbol{a}_\beta)=\hat{T}(\boldsymbol{a}_\beta)\hat{T}(\boldsymbol{a}_\alpha) \tag{6.1.33}$$

任意格矢 $\boldsymbol{R}_n=n_1\boldsymbol{a}_1+n_2\boldsymbol{a}_2+n_3\boldsymbol{a}_3$，$T(\boldsymbol{R}_n)$ 为

$$\hat{T}(\boldsymbol{R}_n)=\hat{T}(\boldsymbol{a}_1)^{n_1}\hat{T}(\boldsymbol{a}_2)^{n_2}\hat{T}(\boldsymbol{a}_3)^{n_3} \tag{6.1.34}$$

其中 $\hat{T}(a_\alpha)^{n_\alpha}=\underbrace{\hat{T}(a_\alpha)\hat{T}(a_\alpha)\cdots\hat{T}(a_\alpha)}_{n_\alpha\text{个平移算符}}$，表示沿 $\boldsymbol{a}_\alpha$ 方向连续平移 n_α 次。

周期场中单电子的哈密顿算符 $\hat{H}$ 为

$$\hat{H}=-\frac{\hbar^2}{2m}\nabla^2+V(\boldsymbol{r}) \tag{6.1.35}$$

由于 $\nabla_{\boldsymbol{r}}^2=\nabla_{\boldsymbol{r}+\boldsymbol{a}_\alpha}^2$ 及 $V(\boldsymbol{r})=V(\boldsymbol{r}+\boldsymbol{R}_n)=V(\boldsymbol{r}+\boldsymbol{a}_\alpha)$，因此，$\hat{H}$ 也具有晶格周期性，它与平移算符可以对易。

$$\begin{aligned}\hat{T}(\boldsymbol{a}_\alpha)\hat{H}f(\boldsymbol{r})&=\left[-\frac{\hbar^2}{2m}\nabla_{\boldsymbol{r}+\boldsymbol{a}_\alpha}^2+V(\boldsymbol{r}+\boldsymbol{a}_\alpha)\right]f(\boldsymbol{r}+\boldsymbol{a}_\alpha)\\&=\left[-\frac{\hbar^2}{2m}\nabla_{\boldsymbol{r}}^2+V(\boldsymbol{r})\right]f(\boldsymbol{r}+\boldsymbol{a}_\alpha)=\hat{H}\hat{T}(\boldsymbol{a}_\alpha)f(\boldsymbol{r})\end{aligned} \tag{6.1.36}$$

所以

$$\hat{H}(\boldsymbol{a}_\alpha)\hat{H}=\hat{H}\hat{T}(\boldsymbol{a}_\alpha) \tag{6.1.37}$$

量子力学已证明：两个可对易的算符必有共同的本征函数。若 $\psi(\boldsymbol{r})$ 是 $\hat{H}$ 的本征函数，E 是其本征值，则 $\psi(\boldsymbol{r})$ 也将是平移算符 $\hat{T}(\boldsymbol{a}_\alpha)$ 的本征函数，$\hat{T}(\boldsymbol{a}_\alpha)$ 的本征值则为 λ_α。于是

$$\hat{T}(\boldsymbol{a}_1)\psi(\boldsymbol{r})=\lambda_1\psi(\boldsymbol{r})$$

$$\hat{T}(\boldsymbol{a}_2)\psi(\boldsymbol{r})=\lambda_2\psi(\boldsymbol{r})$$

$$\hat{T}(\boldsymbol{a}_3)\psi(\boldsymbol{r})=\lambda_3\psi(\boldsymbol{r})$$

周期性边界条件要求 $\psi(\boldsymbol{r})$ 满足

$$\psi(\boldsymbol{r})=\psi(\boldsymbol{r}+N_\alpha\boldsymbol{a}_\alpha) \tag{6.1.38}$$

式中：N_α 为沿 $\boldsymbol{a}_\alpha$ 方向上的原胞数，晶体总的原胞数为 $N=N_1N_2N_3$。

式(6.1.38)可利用平移算符重新写为

$$\psi(\boldsymbol{r}+N_1\boldsymbol{a}_1)=\hat{T}_1(\boldsymbol{a}_1)^{N_1}\psi(\boldsymbol{r})=\lambda_1^{N_1}\psi(\boldsymbol{r})=\psi(\boldsymbol{r}) \tag{6.1.39}$$

可见 $\lambda_1^{N_1}=1$，于是 $\lambda_1=\mathrm{e}^{\mathrm{i}2\pi l_1/N_1}$，其中 l_1 是整数。同样可得：$\lambda_2=\mathrm{e}^{\mathrm{i}2\pi l_2/N_2}$；$\lambda_3=\mathrm{e}^{\mathrm{i}2\pi l_3/N_3}$。

为了方便，我们引入倒矢量 $\boldsymbol{k}$

$$\boldsymbol{k}=\frac{l_1}{N_1}\boldsymbol{b}_1+\frac{l_2}{N_2}\boldsymbol{b}_2+\frac{l_3}{N_3}\boldsymbol{b}_3 \tag{6.1.40}$$

其中：l_1,l_2,l_3 为包括零在内的整数；$\boldsymbol{b}_1,\boldsymbol{b}_2,\boldsymbol{b}_3$ 为倒格子基矢，它们和正格子基矢之间的关系满足为 $\boldsymbol{a}_i\cdot\boldsymbol{b}_j=2\pi\delta_{ij}$。于是，通过 $\boldsymbol{k}$ 可以表示平移算符的本征值 λ_α。

$$\lambda_1=\mathrm{e}^{\mathrm{i}\boldsymbol{k}\cdot\boldsymbol{a}_1},\ \lambda_2=\mathrm{e}^{\mathrm{i}\boldsymbol{k}\cdot\boldsymbol{a}_2},\ \lambda_3=\mathrm{e}^{\mathrm{i}\boldsymbol{k}\cdot\boldsymbol{a}_3} \tag{6.1.41}$$

$$\begin{aligned}\psi(\boldsymbol{r}+\boldsymbol{R}_n)&=\hat{T}(\boldsymbol{a}_1)^{n_1}\hat{T}(\boldsymbol{a}_2)^{n_2}\hat{T}(\boldsymbol{a}_3)^{n_3}\psi(\boldsymbol{r})=\lambda_1^{n_1}\lambda_2^{n_2}\lambda_3^{n_3}\psi(\boldsymbol{r})\\&=\mathrm{e}^{\mathrm{i}\boldsymbol{k}\cdot(n_1\boldsymbol{a}_1+n_2\boldsymbol{a}_2+n_3\boldsymbol{a}_3)}\psi(\boldsymbol{r})=\mathrm{e}^{\mathrm{i}\boldsymbol{k}\cdot\boldsymbol{R}_n}\psi(\boldsymbol{r})\end{aligned} \tag{6.1.42}$$

这样，布洛赫定理得证。

根据式(6.1.30)，可将周期场中电子的波函数 $\psi(\boldsymbol{r})$ 写成

$$\psi(\boldsymbol{r})=\mathrm{e}^{\mathrm{i}\boldsymbol{k}\cdot\boldsymbol{r}}[\mathrm{e}^{-\mathrm{i}\boldsymbol{k}\cdot(\boldsymbol{r}+\boldsymbol{R}_n)}\psi(\boldsymbol{r}+\boldsymbol{R}_n)]=\mathrm{e}^{\mathrm{i}\boldsymbol{k}\cdot\boldsymbol{r}}u_{\boldsymbol{k}}(\boldsymbol{r}) \tag{6.1.43}$$

其中：$u_{\boldsymbol{k}}(\boldsymbol{r})=\mathrm{e}^{-\mathrm{i}\boldsymbol{k}\cdot(\boldsymbol{r}+\boldsymbol{R}_n)}\psi(\boldsymbol{r}+\boldsymbol{R}_n)$ 为晶格周期函数，即

$$\begin{aligned}u_{\boldsymbol{k}}(\boldsymbol{r}+\boldsymbol{R}_m)&=\mathrm{e}^{-\mathrm{i}\boldsymbol{k}\cdot(\boldsymbol{r}+\boldsymbol{R}_n+\boldsymbol{R}_m)}\psi(\boldsymbol{r}+\boldsymbol{R}_n+\boldsymbol{R}_m)\\&=\mathrm{e}^{-\mathrm{i}\boldsymbol{k}\cdot(\boldsymbol{r}+\boldsymbol{R}_n+\boldsymbol{R}_m)}\mathrm{e}^{\mathrm{i}\boldsymbol{k}\cdot\boldsymbol{R}_m}\psi(\boldsymbol{r}+\boldsymbol{R}_n)\\&=\mathrm{e}^{-\mathrm{i}\boldsymbol{k}\cdot(\boldsymbol{r}+\boldsymbol{R}_n)}\psi(\boldsymbol{r}+\boldsymbol{R}_n)=u_{\boldsymbol{k}}(\boldsymbol{r})\end{aligned} \tag{6.1.44}$$

形式如式(6.1.43)的波函数称作布洛赫波。这些波是由平面波 $\mathrm{e}^{\mathrm{i}\boldsymbol{k}\cdot\boldsymbol{r}}$ 与具有晶格周期性的周期函数 $u_{\boldsymbol{k}}(\boldsymbol{r})$ 相乘而得到。可以说，布洛赫波是调幅的平面波，其中因子 $\mathrm{e}^{\mathrm{i}\boldsymbol{k}\cdot\boldsymbol{r}}$ 表明，晶体电子如同自由电子一样，可以在整个晶体内运动而不被局限于个别原子的周围；函数 $u_{\boldsymbol{k}}(\boldsymbol{r})$ 使平面波受到调制，使之从一个原胞到下一个原胞作周期性振荡，电子的概率密度因而也具有周期性，即 $|\psi(\boldsymbol{r})|^2=|u_{\boldsymbol{k}}(\boldsymbol{r})|^2=|u_{\boldsymbol{k}}(\boldsymbol{r}+\boldsymbol{R}_n)|^2=|\psi(\boldsymbol{r}+\boldsymbol{R}_n)|^2$。图 6.1.1 定性地表示出布洛赫波的上述特性。

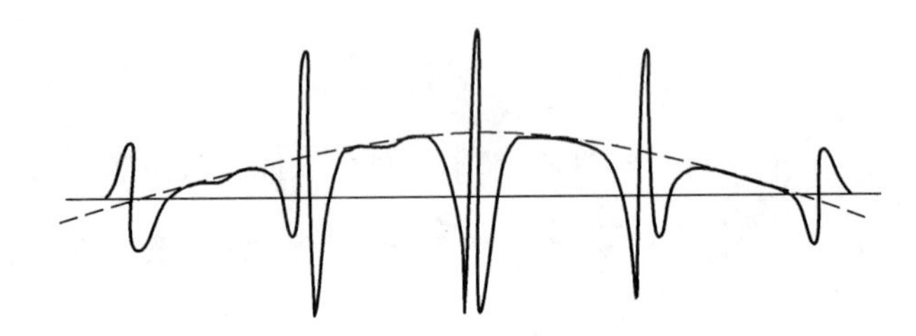

图 6.1.1 布洛赫波示意图

式(6.1.30)与式(6.1.43)是等价的，它们都可称作布洛赫定理，这个定理是晶格具有平移对称性的必然结果。当势场为恒定时，布洛赫波中的周期函数 $u_{\boldsymbol{k}}(\boldsymbol{r})$ 退化为一个常数，布洛赫波也就退化为一个平面波。

在布洛赫波 $\psi(\boldsymbol{r})=\mathrm{e}^{-\mathrm{i}\boldsymbol{k}\cdot\boldsymbol{r}}u_{\boldsymbol{k}}(\boldsymbol{r})$ 中，$\boldsymbol{k}$ 是波矢。不同的 $\boldsymbol{k}$ 标志了不同的电子状态。这样，$\boldsymbol{k}$ 就起到了量子数的作用。因此，常以 $\boldsymbol{k}$ 作为下标来标志布洛赫波，即

$$\psi(\boldsymbol{r})=\psi_{\boldsymbol{k}}(\boldsymbol{r}) \tag{6.1.45}$$

由于 $\hat{H}\psi_{\boldsymbol{k}}(\boldsymbol{r}) = E\psi_{\boldsymbol{k}}(\boldsymbol{r})$ 成立,电子的能量 E 也必然是 $\boldsymbol{k}$ 的函数,即 $E = E(\boldsymbol{k})$ 。研究各种晶体中电子能量 E 与 $\boldsymbol{k}$ 的关系,是固体物理学的重要课题。

问题 6.1.1 能带论用绝热等 3 个近似,将多粒子问题简化为单电子在周期场中运动的问题。请问:(1)这是否意味着能带论只能描述一个(外层)电子?为什么?(2)能带论到底能够描述晶体中的多少个电子?请以 1mol 铜晶体为例进行说明,假定铜晶体中每个铜原子的外层电子只有一个。

问题 6.1.2 电子波函数是耳熟能详的概念。请问:(1)如何理解晶体中的离子波函数?(2)表达式 $\psi(\cdots,\boldsymbol{r}_i,\cdots;\cdots,\boldsymbol{R}_\alpha,\cdots)$ 又该称为谁的波函数?

问题 6.1.3 关于绝热近似,你认为其核心意义是什么?

问题 6.1.4 式(6.1.17)要求式(6.1.16)中的方括号为零,即 $\hat{H}_{\mathrm{e}}(\psi_{\mathrm{e}}\phi_{\mathrm{z}}) = \hat{E}_{\mathrm{e}}(\psi_{\mathrm{e}}\phi_{\mathrm{z}})$ 。请证明之。

问题 6.1.5 (1)方程 $\hat{H}_{\mathrm{z}}\phi_{\mathrm{z}} = E_{\mathrm{z}}\phi_{\mathrm{z}}$ 是算符 $\hat{H}_{\mathrm{z}}$ 的本征方程吗?(2)如果是,则式(6.1.19)还成立吗?

问题 6.1.6 从表达式(6.1.5)看,晶体的薛定谔方程适用于合金吗?

问题 6.1.7 对于多电子系统,系统波函数 $\psi_{\mathrm{e}}(\cdots,\boldsymbol{r}_i,\cdots) = \prod_i \psi_i(\boldsymbol{r}_i)$,(1)请解释系统波函数概念;(2)该式为什么成立?

问题 6.1.8 $e|\psi_j(\boldsymbol{r}_j)|^2 \mathrm{d}\tau_j$ 称为电荷元,请进一步解释它的含义。

问题 6.1.9 请证明式(6.1.39)。

问题 6.1.10 布洛赫定理成立的条件是:电子在周期场中运动。此外还有一个隐性条件,请问是什么?

问题 6.1.11 (1)晶格振动引发的格波,是布洛赫波吗?为什么?(2)通过晶体的光波是布洛赫波吗?为什么?

问题 6.1.12 教材中说:布洛赫波的“电子的概率密度因而也具有周期性”。请问:(1)自由电子波中,电子的概率密度有周期性吗?(2)布洛赫波的调幅周期与波矢 $\boldsymbol{k}$ 有关吗?

问题 6.1.13 教材中布洛赫定理证明完之后,立即介绍了式(6.1.43),即

$$\psi(\boldsymbol{r}) = \mathrm{e}^{\mathrm{i}\boldsymbol{k}\cdot\boldsymbol{r}}[\mathrm{e}^{-\mathrm{i}\boldsymbol{k}\cdot(\boldsymbol{r}+\boldsymbol{R}_n)}\psi(\boldsymbol{r}+\boldsymbol{R}_n)] = \mathrm{e}^{\mathrm{i}\boldsymbol{k}\cdot\boldsymbol{r}}u_{\boldsymbol{k}}(\boldsymbol{r})$$

表面上看,上式像是简单的数学游戏,它无非是同时乘了 $\mathrm{e}^{\mathrm{i}\boldsymbol{k}\cdot\boldsymbol{r}}$ 与 $\mathrm{e}^{-\mathrm{i}\boldsymbol{k}\cdot\boldsymbol{r}}$。事实上,上式有重要的目的(而绝非数学游戏),请问目的是什么?

问题 6.1.14 (1)布洛赫波一定是关于某一波矢 $\boldsymbol{k}$ 的。请问对于布洛赫波波矢 $\boldsymbol{k}$ 有什么限定?(2)类似的限制在格波问题中是否存在?为什么?

问题 6.1.15 晶格周期势 $V(\boldsymbol{r}) = V(\boldsymbol{r}+\boldsymbol{R}_n)$ 通过怎样的途径,使原本的自由电子平面谐波变为布洛赫波?

6.2 近自由电子近似

周期场中电子波函数的一般性质,已由布洛赫定理给出。然而,要了解能量本征值的

特性,就必须求解式(6.1.29)。为此,晶格势 $V(\boldsymbol{r})$ 必须具体给出,但这是非常困难的事情。因此,常常以某种简化的模型势来代替真实的晶格势 $V(\boldsymbol{r})$ 。本节讲述用近自由电子模型去求解薛定谔方程(6.1.29),以得到能带论中最基本的结论。

6.2.1 模型与推导

近自由电子模型假设电子的势能比动能小得多,且势能随位置的变化较小,即

$$V(\boldsymbol{r}) = V_0 + \Delta V \tag{6.2.1}$$

式中:V_0 为平均势能,ΔV 随位置周期变化,且 $\Delta V \ll V_0$,因此可作为微扰处理。近自由电子模型非常适合于简单金属(如钠、钾、铝等)的情况。

由于 $V(\boldsymbol{r})$ 是周期函数,故可展开为傅里叶级数,即

$$V(\boldsymbol{r}) = \sum_m V(\boldsymbol{G}_m)\mathrm{e}^{\mathrm{i}\boldsymbol{G}_m\cdot\boldsymbol{r}} = V_0 + \sum_m{}' V(\boldsymbol{G}_m)\mathrm{e}^{\mathrm{i}\boldsymbol{G}_m\cdot\boldsymbol{r}} \tag{6.2.2}$$

式中:$\boldsymbol{G}_m$ 为倒格矢,因此 $\mathrm{e}^{\mathrm{i}\boldsymbol{G}_m\cdot\boldsymbol{R}_n}=1$。式(6.2.2)中的 $V(\boldsymbol{G}_m)$ 为傅里叶展开系数,V_0 为平均势能,即

$$\begin{cases} V(\boldsymbol{G}_m) = \dfrac{1}{\Omega}\displaystyle\int_\Omega V(\boldsymbol{r})\mathrm{e}^{-\mathrm{i}\boldsymbol{G}_m\cdot\boldsymbol{r}}\mathrm{d}r \\ V_0 = \dfrac{1}{\Omega}\displaystyle\int_\Omega V(\boldsymbol{r})\mathrm{d}\boldsymbol{r} = \overline{V(\boldsymbol{r})} \end{cases} \tag{6.2.3}$$

由于 $V(\boldsymbol{r})$ 是实函数,从式(6.2.3)可得

$$V^*(\boldsymbol{G}_m) = V(-\boldsymbol{G}_m) \tag{6.2.4}$$

将式(6.2.2)与式(6.2.1)相比,得

$$\Delta V = \sum_m{}' V(\boldsymbol{G}_m)\mathrm{e}^{\mathrm{i}\boldsymbol{G}_m\cdot\boldsymbol{r}} \tag{6.2.5}$$

这样,单电子哈密顿算符 $\hat{H}$ 可写成

$$\hat{H} = \hat{H}_0 + \hat{H}' \tag{6.2.6}$$

式中:$\hat{H}_0 = -\dfrac{\hbar^2}{2m}\nabla^2 + V_0$;$\hat{H}'$ 为

$$\hat{H}' = \sum_m{}' V(\boldsymbol{G}_m)\mathrm{e}^{\mathrm{i}\boldsymbol{G}_m\cdot\boldsymbol{r}} \tag{6.2.7}$$

由量子力学的微扰论,电子的能量及波函数可写为

$$E(\boldsymbol{k}) = E^0(\boldsymbol{k}) + E^1(\boldsymbol{k}) + E^2(\boldsymbol{k}) + \cdots \tag{6.2.8}$$

$$\psi_{\boldsymbol{k}}(\boldsymbol{r}) = \psi_{\boldsymbol{k}}^0(\boldsymbol{r}) + \psi_{\boldsymbol{k}}^1(\boldsymbol{r}) + \psi_{\boldsymbol{k}}^2(\boldsymbol{r}) + \cdots \tag{6.2.9}$$

其中,零极近似的能量本征值及本征波函数满足自由电子的波动方程,即

$$\hat{H}_0\psi_{\boldsymbol{k}}^0(\boldsymbol{r}) = E^0\psi_{\boldsymbol{k}}^0(\boldsymbol{r})$$

其解就是自由电子波函数,即

$$\psi_{\boldsymbol{k}}^0(\boldsymbol{r}) = \frac{1}{\sqrt{V}}\mathrm{e}^{\mathrm{i}\boldsymbol{k}\cdot\boldsymbol{r}}$$

$$E^0(\boldsymbol{k}) = V_0 + \frac{\hbar^2 k^2}{2m}$$

式中:V 为晶体的体积; V_0 为平均势场。

平面波的波矢 $\boldsymbol{k}$ 满足

$$\boldsymbol{k} = \frac{l_1}{N_1}\boldsymbol{b}_1 + \frac{l_2}{N_2}\boldsymbol{k}_2 + \frac{l_3}{N_3}\boldsymbol{b}_3$$

波函数的正交归一化条件为

$$\int \psi_{\boldsymbol{k}'}^{0*}(\boldsymbol{r})\psi_{\boldsymbol{k}}^{0}(\boldsymbol{r})\mathrm{d}\boldsymbol{r} = \delta_{\boldsymbol{k},\boldsymbol{k}'} \tag{6.2.10}$$

能量的一级修正 $E^1(\boldsymbol{k})$ 为

$$E^1(\boldsymbol{k}) = H'_{\boldsymbol{k},\boldsymbol{k}} = \int_V \psi_{\boldsymbol{k}}^{0*}(\boldsymbol{r})\hat{H}'\psi_{\boldsymbol{k}}^{0}(\boldsymbol{r})\mathrm{d}\boldsymbol{r} \tag{6.2.11}$$

以 $\hat{H}' = \sum_m{}' V(\boldsymbol{G}_m)\mathrm{e}^{\mathrm{i}\boldsymbol{G}_m\cdot\boldsymbol{r}} = V(\boldsymbol{r}) - V_0$ 代入式(6.2.11),得

$$E^1(\boldsymbol{k}) = \int_V \psi_{\boldsymbol{k}}^{0*}(\boldsymbol{r})V(\boldsymbol{r})\psi_{\boldsymbol{k}}^{0}(\boldsymbol{r})\mathrm{d}\boldsymbol{r} - V_0 = \frac{1}{V}\int_V V(\boldsymbol{r})\mathrm{d}\boldsymbol{r} - V_0 \tag{6.2.12}$$

由于 $V(\boldsymbol{r}) = V(\boldsymbol{r}+\boldsymbol{R}_n)$ 。所以,式(6.2.12)的积分可表为

$$\int_V V(\boldsymbol{r})\mathrm{d}\boldsymbol{r} = N\int_\Omega V(\boldsymbol{r})\mathrm{d}\boldsymbol{r} \tag{6.2.13}$$

考虑 $V=NQ$ 及式(6.2.3),得

$$E^1(\boldsymbol{k}) = \frac{1}{\Omega}\int_\Omega V(\boldsymbol{r})\mathrm{d}\boldsymbol{r} - V_0 = 0 \tag{6.2.14}$$

能量的二级修正为

$$E^2(\boldsymbol{k}) = \sum_{\boldsymbol{k}'}{}' \frac{|H'_{\boldsymbol{k}\boldsymbol{k}'}|^2}{E^0(\boldsymbol{k}) - E^0(\boldsymbol{k}')} \tag{6.2.15}$$

波函数的一级修正为

$$\psi_{\boldsymbol{k}}^{1}(\boldsymbol{r}) = \sum_{\boldsymbol{k}}{}' \frac{H'_{\boldsymbol{k}\boldsymbol{k}'}}{E^0(\boldsymbol{k}) - E^0(\boldsymbol{k}')}\psi_{\boldsymbol{k}'}^{0}(\boldsymbol{r}) \tag{6.2.16}$$

其中微扰矩阵元的表示式为

$$\begin{aligned} H'_{\boldsymbol{k}\boldsymbol{k}} &= \int_V \psi_{\boldsymbol{k}}^{0*}(\boldsymbol{r})\Big[\sum_m{}' V(\boldsymbol{G}_m)\mathrm{e}^{\mathrm{i}\boldsymbol{G}_m\cdot\boldsymbol{r}}\Big]\psi_{\boldsymbol{k}'}^{0}(\boldsymbol{r})\mathrm{d}\boldsymbol{r} \\ &= \sum_m{}' V(\boldsymbol{G}_m)\Big[\frac{1}{V}\int_V \mathrm{e}^{\mathrm{i}(\boldsymbol{G}_m-(\boldsymbol{k}-\boldsymbol{k}'))\cdot\boldsymbol{r}}\mathrm{d}\boldsymbol{r}\Big] = \sum_m{}' V(\boldsymbol{G}_m)\delta_{(\boldsymbol{k}-\boldsymbol{k}'),G_m} \end{aligned} \tag{6.2.17}$$

这样

$$H'_{\boldsymbol{k}\boldsymbol{k}'} = \begin{cases} V(\boldsymbol{G}_m) & (\boldsymbol{k}-\boldsymbol{k}' = \boldsymbol{G}_m) \\ 0 & (\boldsymbol{k}-\boldsymbol{k}' \neq \boldsymbol{G}_m) \end{cases} \tag{6.2.18}$$

上式中的 $\boldsymbol{G}_m$ 是任意的倒格矢。在上面计算的最后一步利用了关系式

$$\frac{1}{V}\int_V \mathrm{e}^{\mathrm{i}(\boldsymbol{k}-\boldsymbol{k}')\cdot\boldsymbol{r}}\mathrm{d}\boldsymbol{r} = \delta_{\boldsymbol{k},\boldsymbol{k}'} \tag{6.2.19}$$

式(6.2.18)表明,仅当 $\boldsymbol{k}'$ 与 $\boldsymbol{k}$ 相差一倒格矢 $\boldsymbol{G}_m$ 时,微扰矩阵元 $H'_{\boldsymbol{k}\boldsymbol{k}'}$ 才不为零而等于傅里叶展开系数 $V(\boldsymbol{G}_m)$。如果只考虑能量的二级修正,波函数的一级修正,那么,电子的能量可写成

$$E(\boldsymbol{k}) = E^0(\boldsymbol{k}) + \sum_m{}' \frac{|V(\boldsymbol{G}_m)|^2}{E^0(\boldsymbol{k}) - E^0(\boldsymbol{k}')} = \frac{\hbar^2k^2}{2m} + \sum_m{}' \frac{2m|V(\boldsymbol{G}_m)|^2}{\hbar^2k^2 - \hbar^2(\boldsymbol{k} - \boldsymbol{G}_m)^2} \tag{6.2.20}$$

波函数可写成

$$\begin{aligned}\psi_{\boldsymbol{k}}(\boldsymbol{r}) &= \frac{1}{\sqrt{V}}e^{i\boldsymbol{k}\cdot\boldsymbol{r}} + \frac{1}{\sqrt{V}}\sum_m{}' \frac{2mV(\boldsymbol{G}_m)}{\hbar^2k^2 - \hbar^2(\boldsymbol{k} - \boldsymbol{G}_m)^2}e^{i(\boldsymbol{k}-\boldsymbol{G}_m)\cdot\boldsymbol{r}} \\ &= \frac{1}{\sqrt{V}}e^{i\boldsymbol{k}\cdot\boldsymbol{r}}\left[1 + \sum_m{}' \frac{2mV(\boldsymbol{G}_m)}{\hbar^2k^2 - \hbar^2(\boldsymbol{k} - \boldsymbol{G}_m)^2}e^{-i\boldsymbol{G}_m\cdot\boldsymbol{r}}\right]\end{aligned} \tag{6.2.21}$$

由于 $\sum_m{}'$ 取遍(除零外的)所有倒格矢,故可以 $-\boldsymbol{G}_m$ 代替上面表示式中的 $\boldsymbol{G}_m$ 而不改变取和后的值,考虑到 $V(-\boldsymbol{G}_m) = V^*(\boldsymbol{G}_m)$,于是

$$E(\boldsymbol{k}) = \frac{\hbar^2k^2}{2m} + \sum_m{}' \frac{2m|V(\boldsymbol{G}_m)|^2}{\hbar^2k^2 - \hbar^2(\boldsymbol{k} - \boldsymbol{G}_m)^2} \tag{6.2.22}$$

$$\psi_{\boldsymbol{k}}(\boldsymbol{r}) = \frac{1}{\sqrt{V}}e^{i\boldsymbol{k}\cdot\boldsymbol{r}}\left[1 + \sum_m{}' \frac{2mV^*(\boldsymbol{G}_m)}{\hbar^2k^2 - \hbar^2(\boldsymbol{k} + \boldsymbol{G}_m)^2}e^{i\boldsymbol{G}_m\cdot\boldsymbol{r}}\right] = \frac{1}{\sqrt{V}}e^{i\boldsymbol{k}\cdot\boldsymbol{r}}u_{\boldsymbol{k}}(\boldsymbol{r}) \tag{6.2.23}$$

其中

$$u_{\boldsymbol{k}}(\boldsymbol{r}) = \left[1 + \sum_m{}' \frac{2mV^*(\boldsymbol{G}_m)}{\hbar^2k^2 - \hbar^2(\boldsymbol{k} + \boldsymbol{G}_m)^2}e^{i\boldsymbol{G}_m\cdot\boldsymbol{r}}\right] \tag{6.2.24}$$

它显然满足 $u_{\boldsymbol{k}}(\boldsymbol{r} + \boldsymbol{R}_n) = u_{\boldsymbol{k}}(\boldsymbol{r})$ 的要求,这说明,用近自由电子模型求得的电子波函数满足布洛赫定理。

式(6.2.23)给出的晶体电子波函数是由两部分组成的,其中一部分是波矢为 $\boldsymbol{k}$ 的平面波 $\frac{1}{\sqrt{V}}e^{i\boldsymbol{k}\cdot\boldsymbol{r}}$,另一部分则是该平面波受周期场作用而产生的波矢为 $\boldsymbol{k}' = \boldsymbol{k} + \boldsymbol{G}_m$ 的众多散射波的叠加,各散射波的振幅由如下因子决定:

$$\frac{2mV^*(\boldsymbol{G}_m)}{\hbar^2k^2 - \hbar^2(\boldsymbol{k} + \boldsymbol{G}_m)^2} \tag{6.2.25}$$

由式(6.2.25)可以看出,当 $\boldsymbol{k}$ 态与 $\boldsymbol{k}'$态的能量相差较大时,散射波的振幅较小,对平面波的影响不大,前面的计算是适当的。当 $\boldsymbol{k}$ 态与 $\boldsymbol{k}'$态的能量相差不大时,散射波的振幅就变得很大,使 $\boldsymbol{k}$ 态平面波受到极大的影响;在极限情况下,即 $\boldsymbol{k}^2 = (\boldsymbol{k}+\boldsymbol{G}_m)^2$ 时,散射波的振幅变为无限大,这时一般的微扰论已不再适用,需要采用简并微扰论来讨论。这时,$\boldsymbol{k}$ 所满足的方程可以改写为

$$\boldsymbol{k}\cdot\boldsymbol{k} - (\boldsymbol{k}+\boldsymbol{G}_m)\cdot(\boldsymbol{k}+\boldsymbol{G}_m) = 0 \tag{6.2.26}$$

简化,得

$$\boldsymbol{G}_m\cdot\left(\boldsymbol{k} + \frac{1}{2}\boldsymbol{G}_m\right) = 0 \tag{6.2.27}$$

式(6.2.27)表明,倒空间中的矢量 $\left(\boldsymbol{k} + \frac{1}{2}\boldsymbol{G}_m\right)$ 及 $\boldsymbol{G}_m$ 是相互垂直的,图 6.2.1 示出了这两个矢量的几何关系:波矢 $\boldsymbol{k}$ 的末端就在倒格矢 $\boldsymbol{G}_m$ 的垂直平分面上。可见,

式(6.2.27)是倒格子矢量的垂直平分面方程,并表明波矢 $\boldsymbol{k}$ 在这个垂直平分面上及其附近时,$\boldsymbol{k}$ 态平面波将受到周期场极大的影响,使一般微扰论失效。

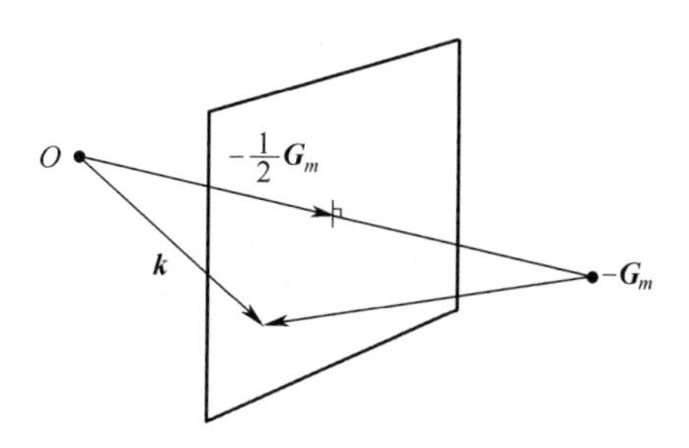

图 6.2.1 散射波较强的条件

简并微扰的零级波函数是

$$\psi^0 = A\psi_{\boldsymbol{k}}^0(\boldsymbol{r}) + B\psi_{\boldsymbol{k}'}^0(\boldsymbol{r}) \tag{6.2.28}$$

$\psi_{\boldsymbol{k}}^0(\boldsymbol{r})$ 及 $\psi_{\boldsymbol{k}'}^0(\boldsymbol{r})$ 分别满足

$$\left[-\frac{\hbar^2}{2m}\nabla^2 + V_0\right]\psi_{\boldsymbol{k}}^0(\boldsymbol{r}) = E^0(\boldsymbol{k})\psi_{\boldsymbol{k}}^0(\boldsymbol{r}) \tag{6.2.29}$$

$$\left[-\frac{\hbar^2}{2m}\nabla^2 + V_0\right]\psi_{\boldsymbol{k}'}^0(\boldsymbol{r}) = E^0(\boldsymbol{k}')\psi_{\boldsymbol{k}'}^0(\boldsymbol{r}) \tag{6.2.30}$$

现在,将 ψ^0 代入薛定谔方程式(6.1.29),并考虑到 $\hat{H} = \hat{H}_0 + \hat{H}'$,同时代入式(6.2.29)及式(6.2.30),得

$$A[E^0(\boldsymbol{k}) - E + \hat{H}']\psi_{\boldsymbol{k}}^0(\boldsymbol{r}) + B[E^0(\boldsymbol{k}') - E + \hat{H}']\psi_{\boldsymbol{k}'}^0(\boldsymbol{r}) = 0 \tag{6.2.31}$$

分别以 $\psi_{\boldsymbol{k}}^{0*}(\boldsymbol{r})$ 及 $\psi_{\boldsymbol{k}'}^{0*}(\boldsymbol{r})$ 左乘式(6.2.31),并对整个空间积分,得

$$\begin{cases}[E^0(\boldsymbol{k}) - E]A + H'_{\boldsymbol{kk}'}B = 0 \\ H'_{\boldsymbol{kk}'}A + [E^0(\boldsymbol{k}') - E]B = 0\end{cases} \tag{6.2.32}$$

式中:$\boldsymbol{k}'=\boldsymbol{k}+\boldsymbol{G}_m$,故

$$\begin{cases}H'_{\boldsymbol{kk}'} = V(-\boldsymbol{G}_m) = V^*(\boldsymbol{G}_m) \\ H'_{\boldsymbol{k}'\boldsymbol{k}} = (H'_{\boldsymbol{kk}'})^* = V(\boldsymbol{G}_m)\end{cases} \tag{6.2.33}$$

式(6.2.32)中,待定的 A、B 有非零解的条件是它们的系数行列式为零,即

$$\begin{vmatrix} E^0(\boldsymbol{k}) - E & V^*(\boldsymbol{G}_m) \\ V(\boldsymbol{G}_m) & E^0(\boldsymbol{k}') - E \end{vmatrix} = 0 \tag{6.2.34}$$

从此式得到

$$E_{\pm} = \frac{1}{2}\left\{E^0(\boldsymbol{k}) + E^0(\boldsymbol{k}') \pm \sqrt{[E^0(\boldsymbol{k}) - E^0(\boldsymbol{k}')] + 4|V(\boldsymbol{G}_m)|^2}\right\} \tag{6.2.35}$$

下面分两种情况讨论:

(1)当 $E^0(\boldsymbol{k})-E^0(\boldsymbol{k}')\gg|V(\boldsymbol{G}_m)|$,即 $\boldsymbol{k}$ 远离倒格矢垂直平分面时,式(6.2.35)中的根式可改写为

$$[E^0(\boldsymbol{k}) - E^0(\boldsymbol{k}')]\left\{1 + \frac{4|V(\boldsymbol{G}_m)|^2}{[E^0(\boldsymbol{k}) - E^0(\boldsymbol{k}')]^2}\right\}^{\frac{1}{2}} \tag{6.2.36}$$

由于$\frac{4|V(\boldsymbol{G}_m)|^2}{[E^0(\boldsymbol{k})-E^0(\boldsymbol{k}')]^2}\ll 1$,故可用二项式展开上式的$\{\cdots\}^{\frac{1}{2}}$,得

$$\left\{1+\frac{4|V(\boldsymbol{G}_m)|^2}{[E^0(\boldsymbol{k})-E^0(\boldsymbol{k}')]^2}\right\}^{\frac{1}{2}}=1+\frac{1}{2}\frac{4|V(\boldsymbol{G}_m)|^2}{[E^0(\boldsymbol{k})-E^0(\boldsymbol{k}')]^2} \tag{6.2.37}$$

将上面的结果代回式(6.2.35),得

$$E_{\pm}=\frac{1}{2}\left\{E^0(\boldsymbol{k})+E^0(\boldsymbol{k}')\pm[E^0(\boldsymbol{k})-E^0(\boldsymbol{k}')]\cdot\left[1+\frac{2|V(\boldsymbol{G}_m)|^2}{[E(\boldsymbol{k})-E^0(\boldsymbol{k}')]^2}\right]\right\} \tag{6.2.38}$$

将式(6.2.38)整理后,得

$$E_{+}=E^0(\boldsymbol{k})+\frac{|V(\boldsymbol{G}_m)|^2}{E^0(\boldsymbol{k})-E^0(\boldsymbol{k}')} \tag{6.2.39}$$

$$E_{-}=E^0(\boldsymbol{k}')-\frac{|V(\boldsymbol{G}_m)|^2}{E^0(\boldsymbol{k})-E^0(\boldsymbol{k}')} \tag{6.2.40}$$

这个结果与用非简并微扰理论得到的结果式(6.2.22)差不多,所不同的是现在只考虑了 $\boldsymbol{k}'=\boldsymbol{k}+\boldsymbol{G}_m$ 态对 $\boldsymbol{k}$ 态,以及 $\boldsymbol{k}$ 态对 $\boldsymbol{k}'$态的影响,其他各态的影响均略去。由于$\frac{|V(\boldsymbol{G}_m)|^2}{E^0(\boldsymbol{k})-E^0(\boldsymbol{k}')}$是个小量,所以电子的能量 E 近似等于 $E^0(\boldsymbol{k})$,$E\sim\boldsymbol{k}$ 的关系可近似地用抛物线来表示。

(2)当 $E^0(\boldsymbol{k})-E^0(\boldsymbol{k}')\ll|V(\boldsymbol{G}_m)|$,即 $\boldsymbol{k}$ 十分靠近倒格矢的垂直平分面时,式中的根式可改写为

$$2|V(\boldsymbol{G}_m)|\left\{1+\frac{[E^0(\boldsymbol{k})-E^0(\boldsymbol{k}')]^2}{4|V(\boldsymbol{G}_m)|^2}\right\}^{\frac{1}{2}} \tag{6.2.41}$$

其中$\frac{[E^0(\boldsymbol{k})-E^0(\boldsymbol{k}')]^2}{4|V(\boldsymbol{G}_m)|^2}$是个小量,故可用二项式展开$\{\cdots\}^{\frac{1}{2}}$并得到

$$\left\{1+\frac{[E^0(\boldsymbol{k})-E^0(\boldsymbol{k}')]^2}{4|V(\boldsymbol{G}_m)|^2}\right\}^{\frac{1}{2}}=1+\frac{1}{2}\frac{[E^0(\boldsymbol{k})-E^0(\boldsymbol{k}')]^2}{4|V(\boldsymbol{G}_m)|^2} \tag{6.2.42}$$

于是,式(6.2.35)变成

$$E_{\pm}=\frac{E^0(\boldsymbol{k})+E^0(\boldsymbol{k}')}{2}\pm|V(\boldsymbol{G}_m)|\left\{1+\frac{[E^0(\boldsymbol{k})-E^0(\boldsymbol{k}')]^2}{8|V(\boldsymbol{G}_m)|^2}\right\} \tag{6.2.43}$$

当 $\boldsymbol{k}$ 在倒格矢的垂直平分面上时,由于 $E^0(\boldsymbol{k})=E^0(\boldsymbol{k}')$,式(6.2.43)简化为

$$E_{\pm}=E^0(\boldsymbol{k})\pm|V(\boldsymbol{G}_m)| \tag{6.2.44}$$

即 $\boldsymbol{k}$ 态电子的能量将仅取 E_+ 及 E_- 两个值而不能取它们之间的值。这样,$\boldsymbol{k}$ 态电子能量就将由 $E_-=E^0(\boldsymbol{k})-|V(\boldsymbol{G}_m)|$ 跃变到 $E_+=E^0(\boldsymbol{k})+|V(\boldsymbol{G}_m)|$,在能量间隔 $\Delta E=E_+-E_-=2|V(\boldsymbol{G}_m)|$ 内没有电子的能级存在,我们称这个能量范围为禁带,禁带宽度为 $2|V(\boldsymbol{G}_m)|$ 。存在电子能级的能量范围称作允许带(或简称能带)。图 6.2.2 对上述结果作了定性描述。

6.2.2 布里渊区与能带

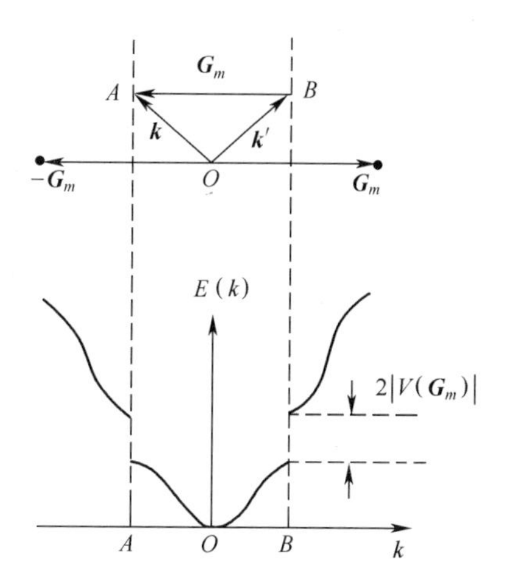

图 6.2.2 电子能量 $E(\boldsymbol{k})$ 的突变

如果将 $\boldsymbol{k}$ 空间中所有的倒格点与原点 O 连成倒格矢 $\boldsymbol{G}_h$($\boldsymbol{G}_h$ 是任意的倒格矢),并作所有倒格矢 $\boldsymbol{G}_h$ 的垂直平分面,这些面把 $\boldsymbol{k}$ 空间分隔成许多区域,在这些区域内,$E(\boldsymbol{k})$ 随 $\boldsymbol{k}$ 准连续地变化;在这些区域的边界处,$E(\boldsymbol{k})$ 发生突变。因此,相邻区域间的能量是不连续的。$\boldsymbol{k}$ 空间中的这些区域称作布里渊区。由原点与其最近邻(有时要计及次近邻)的倒格点联成最短(有时要计及次最短)的倒格矢,作其垂直平分面,由这些面围成的、体积最小的中心多面体就称作第一布里渊区。与第一布里渊区有共同界面的相邻区域之和称作第二布里渊区……。图 6.2.3 画出了平面正方格子的第一、第二及第三布里渊区。由于第一布里渊区只包含一个倒格点,因此,其体积应与倒格子原胞 $Q^* = \frac{(2\pi)^3}{Q}$ 相同。可以证明,每一个布里渊区的体积都是相同的。

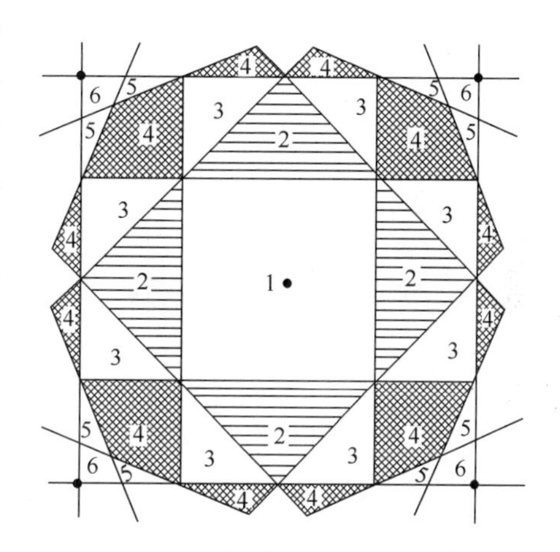

图 6.2.3 二维正方格子的布里渊区

由于同一个布里渊区内电子能级随 $\boldsymbol{k}$ 准连续变化,因此形成一个能带,不同的布里渊区对应不同的能带。由于电子的状态代表点以密度 $\frac{V}{(2\pi)^3}$ 均匀分布于 $\boldsymbol{k}$ 空间,而每个布里渊区的体积又都等于 $Q^* = \frac{(2\pi)^3}{Q}$,因此,每一个布里渊区(每一个能带)都包含 N 个电子态。如果考虑到每个量子态可以同时容纳自旋相反的两个电子,那么,每个能带可以填充 $2N$ 个电子,其中 N 是晶体的原胞数。

在一维情况下,倒格矢 $\boldsymbol{G}_h$ 可用 $\frac{2\pi}{a}h$ 来表示,h 是包括零在内的正、负整数。电子的能量 $E(k)$ 将在 $k = \frac{\pi}{a}h$ 处发生突变,形成禁带。不同的能带在能量上是分隔开的,如图 6.2.4所示。由该图可见,$E(\boldsymbol{k})$ 是 $\boldsymbol{k}$ 的单值函数,不同的能带对应于不同的布里渊区,$\boldsymbol{k}$ 的取值可遍及整 $\boldsymbol{k}$ 个空间。这种 $E(\boldsymbol{k}) \sim \boldsymbol{k}$ 的关系表示方法称作扩展图式,也称扩展布里渊区图像。

在二维及三维的情况,不同的能带在能量上不一定都能分隔开来。因为 $E(\boldsymbol{k})$ 在布里渊区的界面处发生突变,在 $\boldsymbol{k}$ 沿不同方向趋近布里渊区界面时,电子能量的取值就不同,这样,能带就可能发生交叠。图 6.2.5 定性地画出了这种情况。

在近自由电子近似中，零极近似波函数是平面波，有

$$\psi_{\boldsymbol{k}}^{0}(\boldsymbol{r})=\frac{1}{\sqrt{V}}\mathrm{e}^{\mathrm{i}\boldsymbol{k}\cdot\boldsymbol{r}}$$

晶体电子的波函数可由这些平面波线性叠加而成，即

$$\psi_{\boldsymbol{k}}(\boldsymbol{r})=\frac{1}{\sqrt{V}}\mathrm{e}^{\mathrm{i}\boldsymbol{k}\cdot\boldsymbol{r}}u_{\boldsymbol{k}}(\boldsymbol{r})=\sum_{\boldsymbol{k}'}a_{\boldsymbol{k}'}\psi_{\boldsymbol{k}'}^{0}(\boldsymbol{r}) \tag{6.2.45}$$

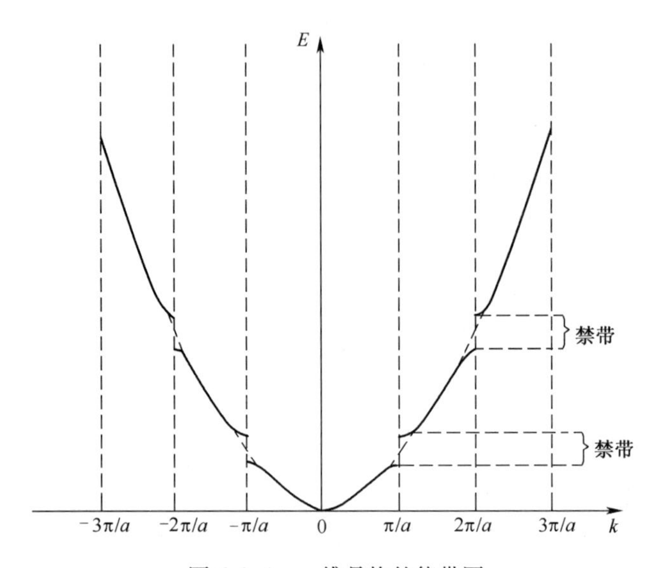

图 6.2.4 一维晶格的能带图

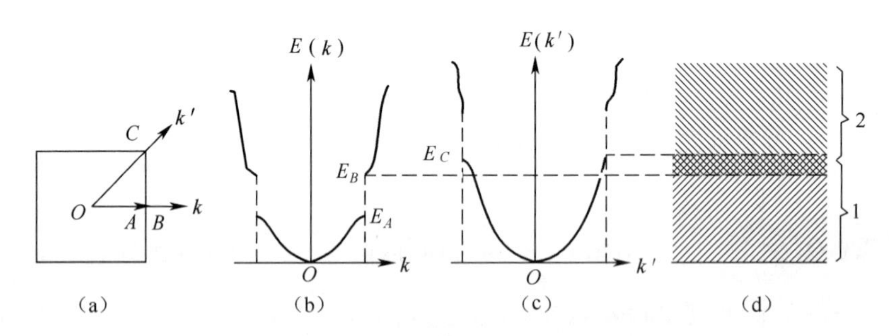

图 6.2.5 能带间的交叠

叠加系数 $a_{\boldsymbol{k}'}$ 为

$$a_{\boldsymbol{k}'}=\frac{1}{V}\int_{V}\mathrm{e}^{\mathrm{i}(\boldsymbol{k}-\boldsymbol{k}')\cdot\boldsymbol{r}}u_{\boldsymbol{k}}(\boldsymbol{r})\,\mathrm{d}\boldsymbol{r} \tag{6.2.46}$$

可以证明，仅当 $\boldsymbol{k}'-\boldsymbol{k}=\boldsymbol{G}_h$ 时，$a_{\boldsymbol{k}'}$ 才不为零。于是，式(6.2.45)可写为

$$\psi_{\boldsymbol{k}}(\boldsymbol{r})=\sum_{\boldsymbol{G}_h}a_{\boldsymbol{k}+\boldsymbol{G}_h}\psi_{\boldsymbol{k}+\boldsymbol{G}_h}^{0}(\boldsymbol{r}) \tag{6.2.47}$$

式(6.2.47)表明，布洛赫波 $\psi_{\boldsymbol{k}}(\boldsymbol{r})$ 是倒格子的周期函数。就是说，当 $\boldsymbol{k}'=\boldsymbol{k}+\boldsymbol{G}_n$ 时，$\psi_{\boldsymbol{k}'}(\boldsymbol{r})=\psi_{\boldsymbol{k}+\boldsymbol{G}_n}(\boldsymbol{r})=\psi_{\boldsymbol{k}}(\boldsymbol{r})$，这是因为

$$\psi_{\boldsymbol{k}+\boldsymbol{G}_n}(\boldsymbol{r})=\sum_{\boldsymbol{G}_h}a_{\boldsymbol{k}+\boldsymbol{G}_n+\boldsymbol{G}_h}\psi_{\boldsymbol{k}+\boldsymbol{G}_n+\boldsymbol{G}_h}^{0}(\boldsymbol{r})=\sum_{\boldsymbol{G}_l}a_{\boldsymbol{k}+\boldsymbol{G}_l}\psi_{\boldsymbol{k}+\boldsymbol{G}_l}^{0}(\boldsymbol{r})=\psi_{\boldsymbol{k}}(\boldsymbol{r}) \tag{6.2.48}$$

式中：$\boldsymbol{G}_l=\boldsymbol{G}_n+\boldsymbol{G}_h$。

由于 $\boldsymbol{k}$ 空间中的任意波矢 $\boldsymbol{k}'$ 总可通过改变一个倒格矢 $\boldsymbol{G}_n$ 而落在第一布里渊区内，相应的能带也随之移入第一布里渊区，这样，第一布里渊区中的同一个波矢 $\boldsymbol{k}$ 就会对应一系列能带中的能级，使 $E(\boldsymbol{k})$ 成为 $\boldsymbol{k}$ 的多值函数，这种表示方法称作简约能区图式。图6.2.6中的(a)就画出了一维晶格的这种能区图式。这样选取的波矢 $\boldsymbol{k}$ 常称作简约波矢。在简约能区图式中，为了能明确标志一个能量状态，除需要标出波矢 $\boldsymbol{k}$ 外，还需标明是属于哪一个能带的，一般用 n 表示能带的序号。这样，波函数要写作 $\psi_{n\boldsymbol{k}}(\boldsymbol{r})$，能量要写作 $E_n(\boldsymbol{k})$。n 成了表征周期场中电子状态的又一个量子数。图6.2.6中的(b)是周期图式。

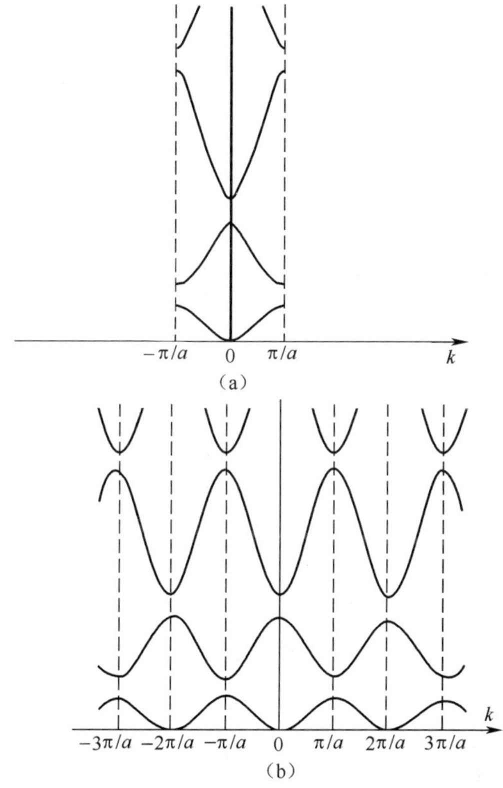

图6.2.6　$E(\boldsymbol{k})$ 及 $E_n(\boldsymbol{k})$ 函数

以电子的波函数 $\psi_{n\boldsymbol{k}}(\boldsymbol{r})=\mathrm{e}^{\mathrm{i}\boldsymbol{k}\cdot\boldsymbol{r}}u_{n\boldsymbol{k}}(\boldsymbol{r})$ 代入单电子的薛定谔方程后，得到 $u_{n\boldsymbol{k}}(\boldsymbol{r})$ 满足的方程：

$$\frac{\hbar^2}{2m}[-\nabla^2-2\mathrm{i}\boldsymbol{k}\cdot\nabla+k^2]u_{n\boldsymbol{k}}(\boldsymbol{r})+V(\boldsymbol{r})u_{n\boldsymbol{k}}(\boldsymbol{r})=E_n(\boldsymbol{k})u_{n\boldsymbol{k}}(\boldsymbol{r}) \quad (6.2.49)$$

以 $-\boldsymbol{k}$ 代替 $\boldsymbol{k}$，得

$$\frac{\hbar^2}{2m}[-\nabla^2+2\mathrm{i}\boldsymbol{k}\cdot\nabla+k^2]u_{n-\boldsymbol{k}}(\boldsymbol{r})+V(\boldsymbol{r})u_{n-\boldsymbol{k}}(\boldsymbol{r})=E_n(-\boldsymbol{k})u_{n-\boldsymbol{k}}(\boldsymbol{r}) \quad (6.2.50)$$

取式(6.2.49)的复共轭式，得

$$\frac{\hbar^2}{2m}[-\nabla^2+2\mathrm{i}\boldsymbol{k}\cdot\nabla+k^2]u_{n\boldsymbol{k}}^*(\boldsymbol{r})+V(\boldsymbol{r})u_{n\boldsymbol{k}}^*(\boldsymbol{r})=E_n(\boldsymbol{k})u_{n\boldsymbol{k}}^*(\boldsymbol{r}) \quad (6.2.51)$$

比较式(6.2.50)及式(6.2.51),得

$$E_n(\boldsymbol{k}) = E_n(-\boldsymbol{k}) \tag{6.2.52}$$

$$u_{n\boldsymbol{k}}^*(\boldsymbol{r}) = u_{n-\boldsymbol{k}}(\boldsymbol{r}) \tag{6.2.53}$$

电子的能量本征值 $E(\boldsymbol{k})$ 在 $\boldsymbol{k}$ 空间具有反演对称性。

图6.2.7(a)、(b)分别画出了体心立方与面心立方晶格的第一布里渊区图。

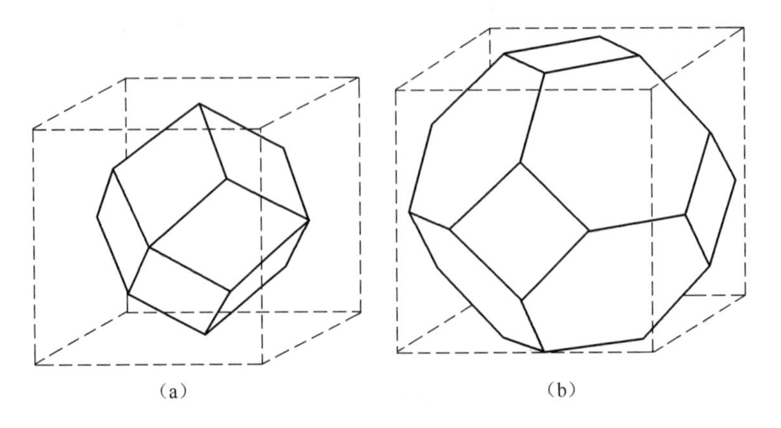

(a) (b)

图6.2.7 体心、面心晶格的第一布里渊区

问题6.2.1 请证明式(6.2.4)。

问题6.2.2 能量的一级修正为 $E^1(\boldsymbol{k}) = H'_{k,k} = \int_V \psi_{\boldsymbol{k}}^{0\,*}(\boldsymbol{r})\hat{H}'\psi_{\boldsymbol{k}}^0(\boldsymbol{r})\mathrm{d}\boldsymbol{r}$,请根据微扰理论说明该式的含义。

问题6.2.3 (1) 式(6.2.16)与式(1.5.3)有关系吗?(2)对式(1.5.3)中的 $\hat{H}' \ll (\varepsilon_{n+1}-\varepsilon_n)$,请结合式(6.2.16)给予解释。

问题6.2.4 近自由电子模型使用了微扰理论,请问"微"字是如何体现在式(6.2.21)中的?

问题6.2.5 请证明 $\sum_m{}' \dfrac{2mV(\boldsymbol{G}_m)}{\hbar^2k^2 - \hbar^2(\boldsymbol{k}-\boldsymbol{G}_m)^2}\mathrm{e}^{-\mathrm{i}\boldsymbol{G}_m\cdot\boldsymbol{r}} = \sum_m{}' \dfrac{2mV^*(\boldsymbol{G}_m)}{\hbar^2k^2 - \hbar^2(\boldsymbol{k}+\boldsymbol{G}_m)^2}\mathrm{e}^{\mathrm{i}\boldsymbol{G}_m\cdot\boldsymbol{r}}$。

问题6.2.6 对于式(6.2.28)表示的简并状态的零级波函数,即 $\psi^0 = A\psi_{\boldsymbol{k}}^0(\boldsymbol{r}) + B\psi_{\boldsymbol{k}'}^0(\boldsymbol{r})$,请问:$\psi_{\boldsymbol{k}}^0(\boldsymbol{r})$ 与 $\psi_{\boldsymbol{k}'}^0(\boldsymbol{r})$ 明明都是已知的,且都是零级波函数,为什么还说 ψ^0 是零级波函数?

问题6.2.7 请证明式(6.2.31)。提示:证明需利用波函数的正交归一化条件,即

$$\int \psi_{\boldsymbol{k}'}^{0*}(\boldsymbol{r})\psi_{\boldsymbol{k}}^0(\boldsymbol{r})\mathrm{d}\boldsymbol{r} = \delta_{\boldsymbol{k},\boldsymbol{k}'}$$

问题6.2.8 教材中说:式(6.2.39)、式(6.2.40)与用非简并微扰理论得到的结果,即式(6.2.22)差不多,所不同的是现在只考虑了 $\boldsymbol{k}'=\boldsymbol{k}+\boldsymbol{G}_m$ 态对 $\boldsymbol{k}$ 态,以及 $\boldsymbol{k}$ 态对 $\boldsymbol{k}'$ 态的影响,其他各态的影响均略去。现在的问题是:式(6.2.22)是一个式子,只针对 $\boldsymbol{k}$ 态;而式(6.2.39)、式(6.2.40)是两个式子,分别针对 $\boldsymbol{k}$ 态与 $\boldsymbol{k}'$ 态,因此,这两个结果可比吗?

问题6.2.9 当 $\boldsymbol{k}$ 在倒格矢的垂直平分面上时,教材中给出了电子能量的表达式,即

$E_{\pm}=E^0(\boldsymbol{k}) \pm |V(\boldsymbol{G}_m)|$。请问这两个能量对应的电子波函数应该如何确定？(只要求说明思路，不用推导出具体的表达式)

问题 6.2.10　能否说近自由电子模型适用于导电性良好的金属晶体？

问题 6.2.11　表达式 $\boldsymbol{k}^2=(\boldsymbol{k}+\boldsymbol{G}_m)^2$ 是针对三维空间的。(1)请问在一维条件下，该式变为怎样的形式？(2)将所得结果与一维条件下的允许波矢作对比。

问题 6.2.12　对 6.2.1 节中的非简并部分，(1)请用文字简要介绍其主要思路；(2)你认为这个部分最重要的公式是哪个？为什么？

问题 6.2.13　式(6.2.23)中包含了很多个散射波。请问散射波概念从何而来？为什么有很多个散射波？

问题 6.2.14　请判断下面的说法的正确性并给出解释：近自由电子波虽然受到调制，但基本上没有改变电子的能量。

问题 6.2.15　试写出简并条件下的带微扰的薛定谔方程。

问题 6.2.16　有教材指出：近自由电子模型下，在布里渊区边界上，费米面总是几乎与布里渊区边界垂直相交，请你在一维条件下指出这句话的证据。

问题 6.2.17　(1)禁带概念的本质是指向能量差还是指向波函数？(2)请用文字总结禁带形成的原因。

问题 6.2.18　禁带的能量表达源于 $E_{\pm}=E^0(\boldsymbol{k}) \pm |V(\boldsymbol{G}_m)|$，该式中的 $V(\boldsymbol{G}_m)$ 是确定的，请具体写出确定 $V(\boldsymbol{G}_m)$ 的步骤。

问题 6.2.19　图 6.2.4 中，不同禁带的宽度有什么规律吗？

问题 6.2.20　假定一维周期势为 $V=V_0+\left|A\sin\left(\dfrac{\pi x}{a}\right)\right|$，请问用近自由电子模型求出的禁带可能会怎样？

问题 6.2.21　式(6.2.45)～式(6.2.48)，教材中已经证明：布洛赫波 $\psi_{\boldsymbol{k}}(\boldsymbol{r})$ 是倒格子的周期函数。请将这一结论与布洛赫定理做对比，指出差异是什么？要求用文字回答。

问题 6.2.22　对于非简并的近自由电子问题，请对其中的波矢 $\boldsymbol{k}$ 的取值、$\boldsymbol{k}$ 对于波函数的意义和 $\boldsymbol{k}'$ 的含义等做综合论述。

6.3　紧束缚近似

6.3.1　模型与推导

在紧束缚模型中，认为离子的势场很强，当电子运动到格点 $\boldsymbol{R}_m$ 的附近时，主要受到该处离子势场的作用，其他离子对电子的影响很小，可以看作是微扰。这样，$\boldsymbol{R}_m$ 附近的晶体电子就如同在孤立原子中的电子一样，被该处的离子实束缚着。由于相邻原子间电子波函数的交叠，电子有一定的概率运动到另一个离子实附近，从而在整个晶体内运动。紧束缚近似对于原子间距较大的晶体或内层电子是非常适宜的，如对于绝缘体及过渡金属的 3d 能带，紧束缚近似是一个很好的模型。

设晶体内共有 N 个格点。晶体电子在格点 $\boldsymbol{R}_m$ 附近时，如果完全不考虑其他离子实势场的影响,电子将处于孤立原子的势场 $V^{\mathrm{at}}(\boldsymbol{r}-\boldsymbol{R}_m)$ 中;其波函数为 $\varphi_i^{\mathrm{at}}(\boldsymbol{r}-\boldsymbol{R}_m)$,能量为 E_i^{at} ,它们满足孤立原子的薛定谔方程,即

$$\left[-\frac{\hbar^2}{2m}\nabla^2+V^{\mathrm{at}}(\boldsymbol{r}-\boldsymbol{R}_m)\right]\varphi_i^{\mathrm{at}}(\boldsymbol{r}-\boldsymbol{R}_m)=E_i^{\mathrm{at}}\varphi_i^{\mathrm{at}}(\boldsymbol{r}-\boldsymbol{R}_m) \tag{6.3.1}$$

由于 $\boldsymbol{R}_m$ 是任意格矢,共有 N 个,故有 N 个类似于上式的方程,有 N 个类似于 $\varphi_i^{\mathrm{at}}(\boldsymbol{r}-\boldsymbol{R}_m)$ 的波函数,它们分别局域于不同的格点上,但这些态所对应的能量 E_i^{at} 却是相同的,即 E_i^{at} 是 N 重简并的。

紧束缚近似以孤立原子作为零级近似,将其他离子的影响视为微扰。根据微扰理论,电子在晶体势场 $V(\boldsymbol{r})=\sum_m V^{\mathrm{at}}(\boldsymbol{r}-\boldsymbol{R}_m)$ 中运动时,其波函数 $\psi(\boldsymbol{r})$ 就可以用孤立原子的轨道 $\varphi_i^{\mathrm{at}}(\boldsymbol{r}-\boldsymbol{R}_m)$ 的线性组合来构成,即

$$\psi(\boldsymbol{r})=\sum_m a_m\varphi_i^{\mathrm{at}}(\boldsymbol{r}-\boldsymbol{R}_m) \tag{6.3.2}$$

故紧束缚近似也称为原子轨道线性组合法(LCAO 法)。$\psi(\boldsymbol{r})$ 是晶体电子的波函数,故应有布洛赫波的形式,即

$$\psi(\boldsymbol{r})=\mathrm{e}^{\mathrm{i}\boldsymbol{k}\cdot\boldsymbol{r}}\left[\sum_m a_m\mathrm{e}^{-\mathrm{i}\boldsymbol{k}\cdot\boldsymbol{r}}\varphi_i^{\mathrm{at}}(\boldsymbol{r}-\boldsymbol{R}_m)\right]=A\mathrm{e}^{\mathrm{i}\boldsymbol{k}\cdot\boldsymbol{r}}u_{\boldsymbol{k}}(\boldsymbol{r}) \tag{6.3.3}$$

式中:方括号部分应具有晶格的周期性。为此,选取

$$a_m=A\mathrm{e}^{\mathrm{i}\boldsymbol{k}\cdot\boldsymbol{R}_m} \tag{6.3.4}$$

代入上式,得

$$u_{\boldsymbol{k}}(\boldsymbol{r})=\sum_m \mathrm{e}^{-\mathrm{i}\boldsymbol{k}\cdot(\boldsymbol{r}-\boldsymbol{R}_m)}\varphi_i^{\mathrm{at}}(\boldsymbol{r}-\boldsymbol{R}_m) \tag{6.3.5}$$

$$u_{\boldsymbol{k}}(\boldsymbol{r}+\boldsymbol{R}_n)=\sum_m \mathrm{e}^{-\mathrm{i}\boldsymbol{k}\cdot(\boldsymbol{r}+\boldsymbol{R}_n-\boldsymbol{R}_m)}\varphi_i^{\mathrm{at}}(\boldsymbol{r}+\boldsymbol{R}_n-\boldsymbol{R}_m) \tag{6.3.6}$$

令 $\boldsymbol{R}_l=\boldsymbol{R}_m-\boldsymbol{R}_n$,式(6.3.6)可写成

$$u_{\boldsymbol{k}}(\boldsymbol{r}+\boldsymbol{R}_n)=\sum_l \mathrm{e}^{-\mathrm{i}\boldsymbol{k}\cdot(\boldsymbol{r}-\boldsymbol{R}_l)}\varphi_i^{\mathrm{at}}(\boldsymbol{r}-\boldsymbol{R}_l)=u_{\boldsymbol{k}}(\boldsymbol{r}) \tag{6.3.7}$$

这样

$$\psi(\boldsymbol{r})=\psi_{\boldsymbol{k}}(\boldsymbol{r})=A\sum_m \mathrm{e}^{\mathrm{i}\boldsymbol{k}\cdot\boldsymbol{R}_m}\varphi_i^{\mathrm{at}}(\boldsymbol{r}-\boldsymbol{R}_m) \tag{6.3.8}$$

式中 A 是归一化常数,由

$$\int\psi_{\boldsymbol{k}}^*(\boldsymbol{r})\psi_{\boldsymbol{k}}(\boldsymbol{r})\mathrm{d}\boldsymbol{r}=1$$

来决定,计算后得 $A=\frac{1}{\sqrt{N}}$ 。这样,紧束缚近似下的晶体电子波函数就可表示为

$$\psi_{\boldsymbol{k}}(\boldsymbol{r})=\frac{1}{\sqrt{N}}\sum_m \mathrm{e}^{\mathrm{i}\boldsymbol{k}\cdot\boldsymbol{R}_m}\varphi_i^{\mathrm{at}}(\boldsymbol{r}-\boldsymbol{R}_m) \tag{6.3.9}$$

$\psi_{\boldsymbol{k}}(\boldsymbol{r})$ 称为布洛赫和,其中的波矢 $\boldsymbol{k}$ 满足式(6.1.40)。

以 $V(\boldsymbol{r})=\sum_m V^{\mathrm{at}}(\boldsymbol{r}-\boldsymbol{R}_m)$ 及式(6.3.9)代入单电子的薛定谔方程式(6.1.40),得

$$\sum_m \mathrm{e}^{\mathrm{i}\boldsymbol{k}\cdot\boldsymbol{R}_m}\{E_i^{\mathrm{at}}-E(\boldsymbol{k})+[V(\boldsymbol{r})-V^{\mathrm{at}}(\boldsymbol{r}-\boldsymbol{R}_m)]\}\varphi_i^{\mathrm{at}}(\boldsymbol{r}-\boldsymbol{R}_m)=0 \tag{6.3.10}$$

式中:$V(\boldsymbol{r})$ 为晶体的周期性势,有

$$V(\boldsymbol{r}) - V^{\mathrm{at}}(\boldsymbol{r}-\boldsymbol{R}_m) = V(\boldsymbol{r}) - V^{\mathrm{at}}(\xi) = \Delta V \tag{6.3.11}$$

式中：$\xi = \boldsymbol{r} - \boldsymbol{R}_m$；$\Delta V$ 为周期场减去位于原点处的离子势场，是紧束缚近似的微扰势。

图 6.3.1 给出了 ΔV 在一维情况下的示意图。

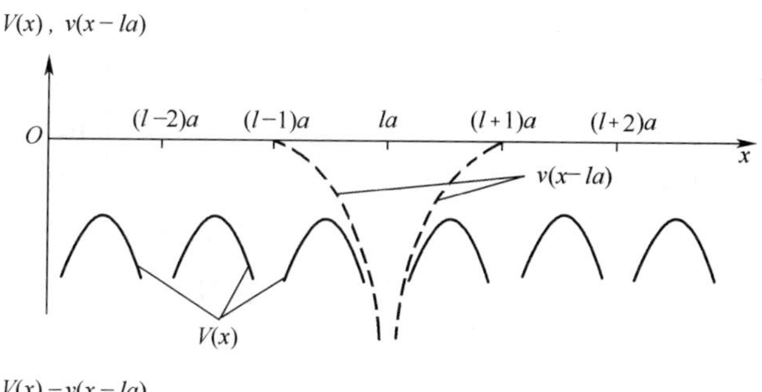

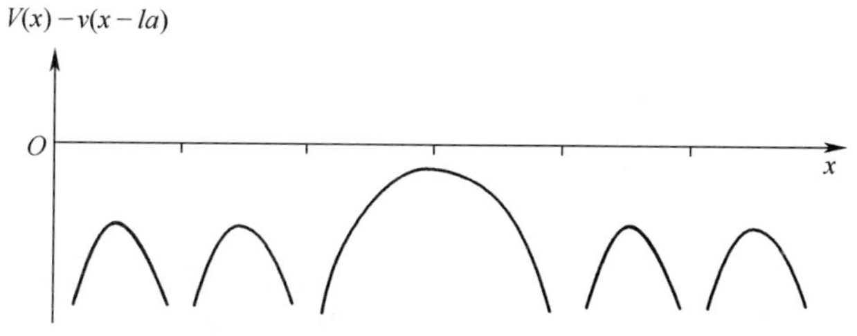

图 6.3.1　一维情况下的 ΔV 示意图

以 $\varphi_i^{\mathrm{at}*}(\boldsymbol{r})$ 左乘式(6.3.10)，并对整个空间积分，得

$$E_i^{\mathrm{at}} - E(\boldsymbol{k})] \sum_m \mathrm{e}^{\mathrm{i}\boldsymbol{k}\cdot\boldsymbol{R}_m} \int \varphi_i^{at*}(\boldsymbol{r}) \varphi_i^{\mathrm{at}}(\boldsymbol{r}-\boldsymbol{R}_m) \mathrm{d}\boldsymbol{r}$$

$$+ \sum_m \mathrm{e}^{\mathrm{i}\boldsymbol{k}\cdot\boldsymbol{R}_m} \int \varphi_i^{\mathrm{at}*}(\boldsymbol{r}) [V(\boldsymbol{r}) - V^{\mathrm{at}}(\boldsymbol{r}-\boldsymbol{R}_m)] \varphi_i^{at}(\boldsymbol{r}-\boldsymbol{R}_m) \mathrm{d}\boldsymbol{r} = 0 \tag{6.3.12}$$

由于原子间距较大，不同原子的电子波函数交叠很小，且波函数 $\varphi_i^{\mathrm{at}}(\boldsymbol{r}-\boldsymbol{R}_m)$ 已是归一化了，因此式(6.3.12)中第一个积分项变成

$$\int \varphi_i^{\mathrm{at}*}(\boldsymbol{r}) \varphi_i^{\mathrm{at}}(\boldsymbol{r}-\boldsymbol{R}_m) \mathrm{d}\boldsymbol{r} = \delta_{m,0} \tag{6.3.13}$$

式(6.3.12)的第一项就变成 $E_i^{\mathrm{at}} - E(\boldsymbol{k})$；式(6.3.12)的第二个积分项是微扰势矩阵元。由于原子波函数的局域性，所以，可只考虑最近邻原子间的微扰矩阵元，即

$$\int \varphi_i^{\mathrm{at}*}(\boldsymbol{r}) [V(\boldsymbol{r}) - V^{\mathrm{at}}(\boldsymbol{r}-\boldsymbol{R}_m)] \varphi_i^{\mathrm{at}}(\boldsymbol{r}-\boldsymbol{R}_m) \mathrm{d}\boldsymbol{r} = J(\boldsymbol{R}_m) \tag{6.3.14}$$

式中：$\boldsymbol{R}_m$ 为零格矢或其最近邻格矢。

这样，式(6.3.12)就变为

$$E(\boldsymbol{k}) = E_i^{\mathrm{at}} + J(0) + \sum_{\boldsymbol{R}_m}^{\text{最邻近}} \mathrm{e}^{\mathrm{i}\boldsymbol{k}\cdot\boldsymbol{R}_m} J(\boldsymbol{R}_m) \tag{6.3.15}$$

其中

$$J(0) = \int \varphi_i^{\mathrm{at}*}(\boldsymbol{r}) [V(\boldsymbol{r}) - V^{\mathrm{at}}(\boldsymbol{r})] \varphi_i^{\mathrm{at}}(\boldsymbol{r}) \mathrm{d}\boldsymbol{r} \tag{6.3.16}$$

由图 6.3.1 可见，微扰势 ΔV 是负的，所以，积分 $J(0)$ 也是负的，引入正数 J_0，使 $J(0) = -J_0$，则 $E(\boldsymbol{k})$ 的表示式可写为

$$E(\boldsymbol{k}) = E_i^{\mathrm{at}} - J_0 + \sum_{\boldsymbol{R}_m}^{\text{最邻近}} \mathrm{e}^{\mathrm{i}\boldsymbol{k}\cdot\boldsymbol{R}_m} J(\boldsymbol{R}_m) \tag{6.3.17}$$

这就是紧束缚近似下晶体电子的能量表达式,其中的波矢 $\boldsymbol{k}$ 可取 N 个准连续值。所以,对同一个孤立原子中的电子能级 E_i^{at},晶体电子的能量 $E(\boldsymbol{k})$ 可取 N 个准连续的能级,形成能带。能带是由于孤立原子结合成为晶体时,原子间的相互作用使电子的能级分裂所致。下面以简单立方晶体为例,对式(6.3.17)进行更为具体的讨论。

(1) 由 s 态 $\varphi_{\mathrm{s}}^{\mathrm{at}}(\boldsymbol{r})$ 形成的能带。

由于 $\varphi_{\mathrm{s}}^{\mathrm{at}}(\boldsymbol{r})$ 是球对称的,所以,积分 $J(\boldsymbol{R}_{\mathrm{m}})$ 对所有最近邻因子都是相同的 $J(\boldsymbol{R}_m) = J$,又由于 $\varphi_{\mathrm{s}}^{\mathrm{at}}(-\boldsymbol{r}) = \varphi_{\mathrm{s}}^{\mathrm{at}}(\boldsymbol{r})$,故在积分 $J(\boldsymbol{R}_m)$ 中波函数的贡献是正的,而微扰势 ΔV 是负的,结果

$$J(\boldsymbol{R}_m) = J = - J_1 \tag{6.3.18}$$

其中 $J_1 > 0$。这样,式(6.3.15)就可写成

$$E_{\mathrm{s}}(\boldsymbol{k}) = E_{\mathrm{s}}^{\mathrm{at}} - \boldsymbol{J}_0 - \boldsymbol{J}_1 \sum_{\boldsymbol{R}_m}^{\text{最临近}} \mathrm{e}^{\mathrm{i}\boldsymbol{k}\cdot\boldsymbol{R}_m} \tag{6.3.19}$$

简单立方晶体共有 6 个最近邻原子,其格矢分别为

$$\boldsymbol{R}_m = (\pm a, 0, 0), (0, \pm a, 0), (0, 0, \pm a)$$

以此代入式(6.3.19)就得到简单立方晶体 s 带的能量表达式为

$$E_{\mathrm{s}}(\boldsymbol{k}) = E_{\mathrm{s}}^{\mathrm{at}} - J_0 - 2J_1(\cos k_x a + \cos k_y a + \cos k_z a) \tag{6.3.20}$$

简单立方晶格的布里渊区如图 6.3.2 所示。取图中 Γ、X 及 R 点的 $\boldsymbol{k}$ 值代入式(6.3.20)中,即可求得各点的能量如下:

Γ 点:$\boldsymbol{k} = (0, 0, 0)$

$$E_{\mathrm{s}}(\Gamma) = E_{\mathrm{s}}^{\mathrm{at}} - J_0 - 6J_1 \tag{6.3.21}$$

X 点:$\boldsymbol{k} = \left(\frac{\pi}{a}, 0, 0\right)$

$$E_{\mathrm{s}}(X) = E_{\mathrm{s}}^{\mathrm{at}} - J_0 - 2J_1 \tag{6.3.22}$$

R 点:$\boldsymbol{k} = \left(\frac{\pi}{a}, \frac{\pi}{a}, \frac{\pi}{a}\right)$

$$E_{\mathrm{s}}(R) = E_{\mathrm{s}}^{\mathrm{at}} - J_0 + 6J_1 \tag{6.3.23}$$

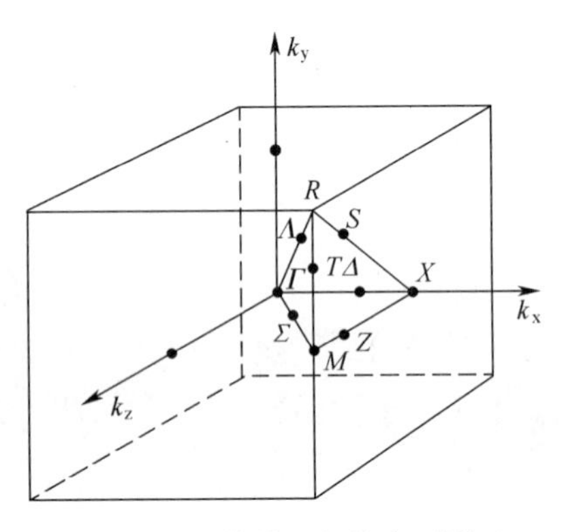

图 6.3.2 简单立方的布里渊区

其中 J_0 及 J_1 都是正数。上述计算表明,Γ 点的能量最低,R 点的能量最高,它们分别对应 s 能带的带底及带顶,因此能带宽度为

$$E_{\mathrm{s}}(R) - E_{\mathrm{s}}(\Gamma) = 12J_1 \tag{6.3.24}$$

其中 J_1 的数值取决于近邻原子波函数之间的交叠。交叠越多,J_1 越大,能带就越宽,反之,能带就窄。这个结论具有普遍意义。

图 6.3.3 所示为原子能级与能带的关系。

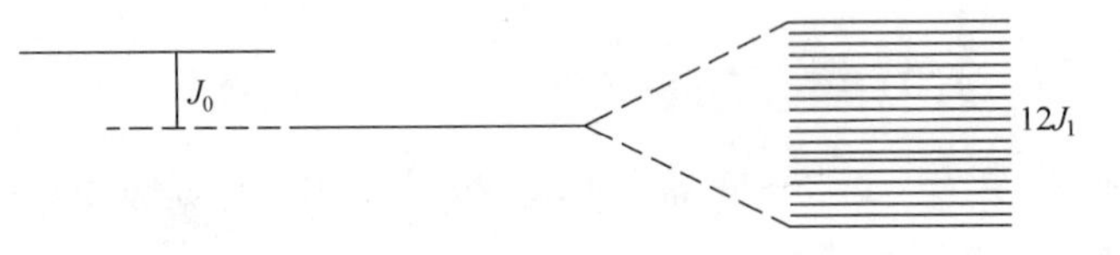

图 6.3.3 能级与能带

（2）由 p 态 $\varphi_{p_x}^{at}(\boldsymbol{r})$ 、$\varphi_{p_y}^{at}(\boldsymbol{r})$ 及 $\varphi_{p_z}^{at}(\boldsymbol{r})$ 形成的能带。

p 态波函数是具有方向特性的函数，图 6.3.4 定性示出了这些特性。

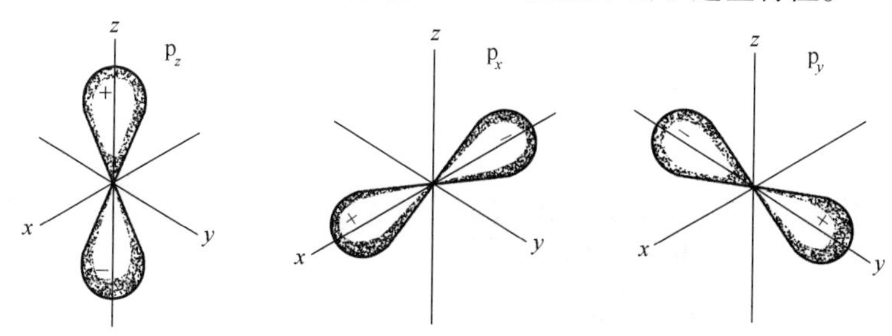

图 6.3.4 p 轨道（波函数）示意图

下面，分别以 $\varphi_{p_x}^{at}(\boldsymbol{r})$ 、$\varphi_{p_y}^{at}(\boldsymbol{r})$ 及 $\varphi_{p_z}^{at}(\boldsymbol{r})$ 组成 3 个布洛赫和，即

$$\psi_{p_x}(\boldsymbol{r}) = \frac{1}{\sqrt{N}}\sum_m \mathrm{e}^{\mathrm{i}\boldsymbol{k}\cdot\boldsymbol{R}_m}\varphi_{p_x}^{at}(\boldsymbol{r}-\boldsymbol{R}_m)$$

$$\psi_{p_y}(\boldsymbol{r}) = \frac{1}{\sqrt{N}}\sum_m \mathrm{e}^{\mathrm{i}\boldsymbol{k}\cdot\boldsymbol{R}_m}\varphi_{p_y}^{at}(\boldsymbol{r}-\boldsymbol{R}_m)$$

$$\psi_{p_z}(\boldsymbol{r}) = \frac{1}{\sqrt{N}}\sum_m \mathrm{e}^{\mathrm{i}\boldsymbol{k}\cdot\boldsymbol{R}_m}\varphi_{p_z}^{at}(\boldsymbol{r}-\boldsymbol{R}_m) \tag{6.3.25}$$

各能带中的能量本征值 $E(\boldsymbol{k})$ 仍由式（6.3.19）表示，即

$$E_{p_i}(\boldsymbol{k}) = E_{p_i}^{at} - J_0 + \sum_{\boldsymbol{R}_m}^{\text{最邻近}} \mathrm{e}^{\mathrm{i}\boldsymbol{k}\cdot\boldsymbol{R}_m}J(\boldsymbol{R}_m) \tag{6.3.26}$$

其中：$i = x, y, z$ 。

对于 $p_i = p_x$ 的情况，由图 6.3.4 可以看出，当 $\boldsymbol{R}_m = (\pm a, 0, 0)$ 时，$J(\boldsymbol{R}_m)$ 最大，且 $J(\boldsymbol{R}_m) = J_1 > 0$（因为相邻原子的 p 电子沿 x 方向的重叠是正、负重叠，而 $J(\boldsymbol{R}_m)$ 表达式中的势函数项总是负的）。当 $\boldsymbol{R}_m = (0, \pm a, 0)$ 及 $(0, 0, \pm a)$ 时，波函数的交叠最小，积分为负，即

$$J(\boldsymbol{R}_m) = -J_2 < 0 \tag{6.3.27}$$

这样

$$E_{p_x}(\boldsymbol{k}) = E_{p_x}^{at} - J_0 + 2J_1\cos k_x a - 2J_2(\cos k_y a + \cos k_z a) \tag{6.3.28}$$

同理可得

$$E_{p_y}(\boldsymbol{k}) = E_{p_y}^{at} - J_0 + 2J_1\cos k_y a - 2J_2(\cos k_x a + \cos k_z a) \tag{6.3.29}$$

$$E_{p_z}(\boldsymbol{k}) = E_{p_z}^{at} - J_0 + 2J_1\cos k_z a - 2J_2(\cos k_x a + \cos k_y a) \tag{6.3.30}$$

取 $\boldsymbol{k}$ 沿 Δ 轴变化，可得到 $E(\boldsymbol{k}) \sim \boldsymbol{k}$ 的关系曲线如图 6.3.5 所示。图 6.3.5 中表明，由原子的 p_y 态及 p_z 态形成的能带沿 Δ 轴是简并的，且 p_x 带与 p_y ，p_z 带是相互重叠而成为一个能带，该能带是由原子的 p 态能级分裂而来的。

从以上两个例子可以看到，一定的原子能级会分裂成对应的能带，因此可以将能带用原子能级来标记，如 ns 带，np 带，nd 带，……但是，原子能级与能带之间的对应关系不一定总存在。这是因为在形成晶体的过程中，不同原子态之间有可能混合，使所形成的能带含有不同原子态的成分。例如，半导体锗、硅中的共价键是由一个 s 态及三个 p 态杂化而成的sp^3杂化轨道，所形成的能带既有 s 态成分，也有 p 态成分。图 6.3.6 为用紧束缚近似计算得到的一些晶体的能带图。

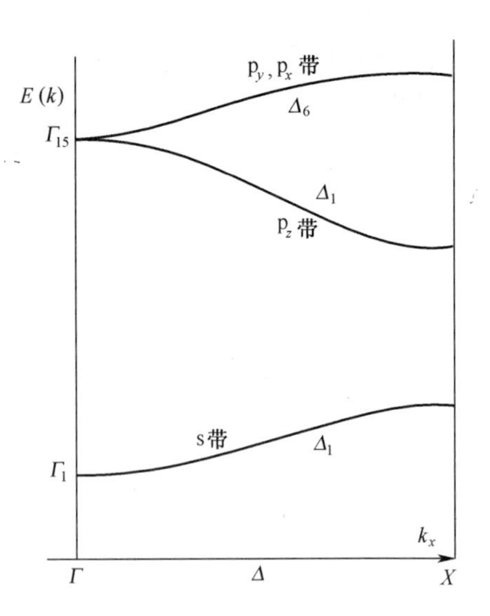

图 6.3.5 简单立方晶体的 s 带和 p 带

问题 6.3.1 第 6.3.1 节的第一段介绍了紧束缚模型的适用条件。关于该模型的适用条件，资料上还有如下说法：(1) 电子受原子核束缚较强，而原子之间的相互作用较弱；(2) 相邻原子的电子波函数交叠相当小。请问：这些说法本质上一致吗？为什么？哪一种说法更为精确？

问题 6.3.2 对于 Cu 晶体，紧束缚模型适用于其中的哪些电子？

问题 6.3.3 教材中说：N 个类似于 $\varphi_i^{at}(\boldsymbol{r}-\boldsymbol{R}_m)$ 的波函数对应的能量 E_i^{at} 是相同的，即 E_i^{at} 是 N 重简并的，请问：这里所说简并了的波函数 $\varphi_i^{at}(\boldsymbol{r}-\boldsymbol{R}_m)$，与氢原子问题中 2p 电子波函数的三重简并，有什么差异？

问题 6.3.4 在图 6.3.1 中的原子核附近，表示晶体势的实线低于表示原子势的虚线，请问为什么？

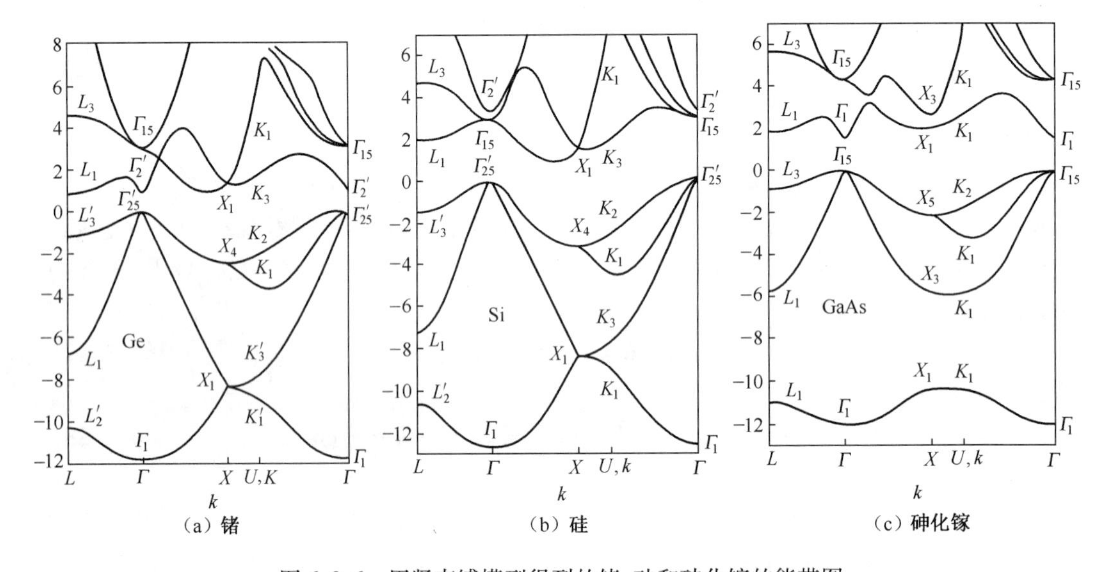

(a) 锗 (b) 硅 (c) 砷化镓

图 6.3.6 用紧束缚模型得到的锗、硅和砷化镓的能带图

问题 6.3.5 图 6.1.1 是布洛赫波示意图。你认为该图更加适用于近自由电子模型，还是紧束缚模型？为什么？

问题 6.3.6 假定氢原子排列成一维晶体。请描述该单原子链上的某个氢原子的波函数受到最近邻氢原子微扰的情况。(用文字描述或画图描述均可)

问题 6.3.7 (1) 什么叫自由电子热容？(2) 存在紧束缚电子热容的概念吗？

问题 6.3.8 对于绝缘体，紧束缚是一个很好的模型。(1) 为什么紧束缚模型适用于绝缘体？(2)请指出金刚石(绝缘体)采用紧束缚模型的大致思路。

问题6.3.9　式(6.3.17)表明，紧束缚电子的能量与波矢 $\boldsymbol{k}$ 有关。请问波矢 $\boldsymbol{k}$ 是如何引入的？要知道紧束缚问题的出发点是原子波函数，它不像近自由电子，天然地带有 $\boldsymbol{k}$，因为近自由电子波函数的“起点”就是 $\psi_{\boldsymbol{k}}^{0}(\boldsymbol{r})=\frac{1}{\sqrt{V}}\mathrm{e}^{\mathrm{i}\boldsymbol{k}\cdot\boldsymbol{r}}$。

问题6.3.10　式(6.3.17)，即 $E(\boldsymbol{k})=E_i^{\mathrm{at}}-J_0+\sum_{\boldsymbol{R}_m}^{\text{最邻近}}\mathrm{e}^{\mathrm{i}\boldsymbol{k}\cdot\boldsymbol{R}_m}J(\boldsymbol{R}_m)$，已经在不经意中从能级概念($E_i^{\mathrm{at}}$)转变为能带。请按你自己的理解，写出什么是紧束缚电子的能带。要求：不能简单照抄书中的说法。

问题6.3.11　(1)请详细解释式(6.3.10)中的每个部分。(2)对于紧束缚模型，能说式(6.3.10)最为重要吗？为什么？

问题6.3.12　体现紧束缚模型基本思想的公式有哪些？请对它们给予说明。

问题6.3.13　近自由电子模型中，禁带的产生可以用布拉格反射解释。请问紧束缚模型中禁带的形成与布拉格反射有关吗？

问题6.3.14　式(6.3.15)由3项组成。请用文字描述这3项的含义。

问题6.3.15　当 $\boldsymbol{R}_m\neq 0$ 时，请说明下式的含义：

$$J(\boldsymbol{R}_m)=\int\varphi_i^{\mathrm{at}*}(\boldsymbol{r})[V(\boldsymbol{r})-V^{\mathrm{at}}(\boldsymbol{r}-\boldsymbol{R}_m)]\varphi_i^{\mathrm{at}}(\boldsymbol{r}-\boldsymbol{R}_m)\mathrm{d}\boldsymbol{r}$$

问题6.3.16　(1)紧束缚模型中的“紧”字，代表着怎样的物理要求？(2)电子被紧束缚与电子云间交叠较小，这两个要求相互矛盾吗？

问题6.3.17　由式(6.3.13)，当 $\boldsymbol{R}_m\neq 0$ 时，$\int\varphi_i^{\mathrm{at}*}(\boldsymbol{r})\varphi_i^{\mathrm{at}}(\boldsymbol{r}-\boldsymbol{R}_m)\mathrm{d}\boldsymbol{r}=0$；当 $\boldsymbol{R}_m=0$ 时，$\int\varphi_i^{\mathrm{at}*}(\boldsymbol{r})\varphi_i^{\mathrm{at}}(\boldsymbol{r}-\boldsymbol{R}_m)\mathrm{d}\boldsymbol{r}=\int\varphi_i^{\mathrm{at}*}(\boldsymbol{r})\varphi_i^{\mathrm{at}}(\boldsymbol{r})\mathrm{d}\boldsymbol{r}=1$。请分别对这两种情况给予解释，最好是形象化的解释。

问题6.3.18　教材中说：“又由于 $\varphi_{\mathrm{s}}^{\mathrm{at}}(-\boldsymbol{r})=\varphi_{\mathrm{s}}^{\mathrm{at}}(\boldsymbol{r})$，故在积分 $J(\boldsymbol{R}_m)$ 中波函数的贡献是正的”。(1)请问这里“波函数的贡献”具体指什么？(2)试举出“波函数的贡献”为负的具体例子。

问题6.3.19　紧束缚模型的能量表达式为 $E(\boldsymbol{k})=E_i^{\mathrm{at}}-J_0+\sum_{\boldsymbol{R}_m}^{\text{最邻近}}\mathrm{e}^{\mathrm{i}\boldsymbol{k}\cdot\boldsymbol{R}_m}J(\boldsymbol{R}_m)$，因此波函数的能量与波矢 $\boldsymbol{k}$ 有关。请问：(1)“尽管与波矢 $\boldsymbol{k}$ 有关，但关系并不大”的说法正确吗？(2)下面的关系是否成立：$|E_i^{\mathrm{at}}|\gg|J_0|\gg|\sum_{\boldsymbol{R}_m}^{\text{最邻近}}\mathrm{e}^{\mathrm{i}\boldsymbol{k}\cdot\boldsymbol{R}_m}J(\boldsymbol{R}_m)|$？(3)该式中 J_0 的正负、大小，与这类晶体的结合能有什么关系？(4)既然从紧束缚模型的能量表达式(6.3.17)中，能够发现晶体结合能为负的信息(即 $J_0>0$)，请问在近自由电子模型的能量表达式(6.2.22)中，也能发现类似的信息吗？为什么？

问题6.3.20　紧束缚模型的能量表达式为 $E(\boldsymbol{k})=E_i^{\mathrm{at}}-J_0+\sum_{\boldsymbol{R}_m}^{\text{最邻近}}\mathrm{e}^{\mathrm{i}\boldsymbol{k}\cdot\boldsymbol{R}_m}J(\boldsymbol{R}_m)$，非简并近自由电子为

$$E(\boldsymbol{k}) = E^0(\boldsymbol{k}) + \sum_m{}' \frac{|V(\boldsymbol{G}_m)|^2}{E^0(\boldsymbol{k}) - E^0(\boldsymbol{k}')} = \frac{\hbar^2 k^2}{2m} + \sum_m{}' \frac{2m|V(\boldsymbol{G}_m)|^2}{\hbar^2 k^2 - \hbar^2(\boldsymbol{k} - \boldsymbol{G}_m)^2}$$

请通过对比指出它们在能量构成方式上的差异。

问题 6.3.21 式(6.3.17)解出的是能量表达式,请问相应的波函数是什么?为什么后续的讨论只针对能量,而不去管波函数?

问题 6.3.22 图 6.3.2 中,(1)M 点处的倒矢量应该如何表示?(2)它是倒格矢吗?为什么?(3)请写出 M 点对应的紧束缚电子能量,即写出 $E_s(M)$。

问题 6.3.23 图 6.3.2 中,(1)对 $\Sigma, Z, \Delta, \Lambda$ 这 4 个点,$E_s(\Sigma)$ 等还可能有意义吗?(2)如果还有意义,请比较 $E_s(\Sigma)$ 与 $E_s(M)$ 的高低。

问题 6.3.24 式(6.3.26)中 J_0 的绝对值肯定不同于式(6.3.19)中 J_0 的绝对值,请你比较它们的大小。假定式(6.3.19)描述的是 1s 电子,而式(6.3.26)描述的是 2p 电子。

问题 6.3.25 在式(6.3.28)中,即

$$E_{p_x}(\boldsymbol{k}) = E_{p_x}^{at} - J_0 + 2J_1 \cos k_x a - 2J_2(\cos k_y a + \cos k_z a)$$

请指出 J_0, J_1, J_2 绝对值的高低顺序,并给予解释。

问题 6.3.26 式(6.3.26)中 $J(\boldsymbol{R}_m) = J_1 > 0$,教材对其的解释是:因为相邻原子的 p 电子沿 x 方向的重叠是正、负重叠,而 $J(\boldsymbol{R}_m)$ 表达式中的势函数项总是负的,请进一步说明"p 电子沿 x 方向的重叠是正、负重叠"。提示:参考图 1.3.14。

问题 6.3.27 图 6.3.5 中的 3 条曲线的函数特点是什么?

6.3.2 能带理论在金属晶体中的应用

下面简单介绍金属晶体能带结构的主要特点,从而更深入地了解金属晶体的性质。

1. 简单金属

简单金属是指价电子仅来源于 s 轨道或 p 轨道的金属。共同的特点是对其价电子的行为,近自由电子是很好的近似。

一价碱金属 Li、Na、K、Rb、Cs,均为体心立方结构,价电子是一个 s 电子。形成晶体时,s 态展宽成能带,半满占据。实验表明,其费米面非常接近理想的球形。对于 Na、K 偏差仅在千分之一左右。在所有金属中,碱金属是唯一的费米面完全在一个布里渊区之内,且近似为球形的金属,因此可以避开能带结构复杂带来的各种问题,是研究金属中电子行为极为方便的对象。

立方晶系的二价金属 Ca(fcc),Sr(fcc),Ba(bcc),每个原胞有两个 s 价电子。由于费米球和第一布里渊区等体积,因而和区界面相交。这些元素为金属,表明晶格周期场在区界面处产生的能隙并未大到使价电子刚好填满一个能带,全部在第一布里渊区内,而是有一部分填到第二区下一个能带中,形成电子袋。

对于六角密堆积结构的二价金属 Be、Mg、Zn、Cd,每个原胞有 2 个原子,共 4 个价电子。由于在第一布里渊区六角面上结构因子为零,弱周期场在此不产生带隙。仅当考虑二级效应,如自旋轨道耦合时才能解除简并。从这一角度,Be 由于自旋轨道耦合最弱,情况最简单。这些金属的费米面可当作自由电子球,考虑被布里渊区边界切割,并将高布里

渊区部分移到第一布里渊区得到,会有一些奇怪的形状。

三价金属 Al 有面心立方结构,价电子为 $3s^23p^1$,共 3 个。能带结构计算和角分辨光电子谱研究结果表明,Al 的价电子的行为与近自由电子十分接近,费米面应到达第四布里渊区,实际上由于弱周期场导致的带隙的出现,第四区中的电子袋并不存在。

三价金属 In,有面心立方结构,但沿一立方轴稍有拉长,它的费米面相对于 Al 而言应稍有不同。Tl 是六角密堆积结构中最重要的金属,有最强的自旋轨道耦合,费米面类似自由电子球,但在布里渊区边界六角面上有能隙。

用角分辨光电子谱方法对简单金属能带结构的研究,除肯定其近自由电子行为外,也揭示出一些理论与实验不符之处。如对 Na 占据带的测量给出带宽为 2.5eV,小于近自由电子理论得到的 3.2eV,表明必须考虑多体效应带来的修正。

2. 一价贵金属

包括 Cu、Ag 和 Au,均为面心立方结构。比较 K 和 Cu 的原子结构,分别是$[Ar]4s^1$ 和 $[Ar]3d^{10}4s^1$。差别在于对贵金属而言,s 轨道附近还有 d 轨道。按紧束缚近似,形成固体时,s 轨道由于交叠积分大,演变成宽的 s 带,d 轨道则因交叠积分小,变成一窄的 d 带。s 带覆盖 d 带(图 6.3.7),11 个电子将 d 填满,s 带填了一半。费米面在 s 带中,但 d 带与 E_F^0 离得不远,使波函数和纯的 s 带差别较大。图 6.3.8 给出了 Au 的态密度曲线,Cu 的与此类似,只是 d 带要更窄一些,约从 -2eV 到 -5eV。s 带从 -9eV 一直延伸到 E_F^0 以上 7eV 处。

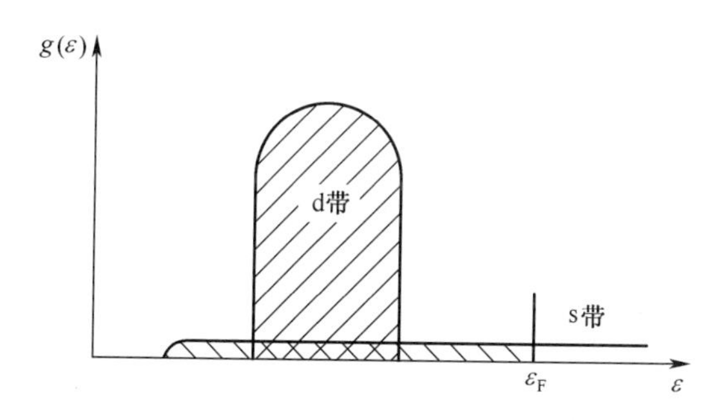

图 6.3.7 贵金属态密度示意图

按近自由电子模型计算,费米面应为球形,完全在第一布里渊区内。k_F 与布里渊区中心到边界最短距 ΓL(图 6.3.9(b))的比值 $k_F/\Gamma L = 0.91$。但实验测量表明贵金属费米面在 ΓL 方向上有所伸长,并和布里渊区边界接触,因此费米面基本上是自由电子的球形,但有 8 个"脖颈"伸到布里渊区的六边形界面上。在周期布里渊区图式中,成为许多连通着的球,可导致复杂的输运行为。尽管如此,贵金属仍是除碱金属外唯一的单带金属。

在涉及贵金属的研究中,常常要记得离 E_F^0 不远处(约 2eV)存在着填满的 d 带。如 Cu、Au 在 2eV 处,Ag 在 4eV 处光吸收急剧增加,这是 d 带的贡献,也是这些金属特有的金属光泽的物理来源。

例 6.3.1 (1) 已知二维费米圆半径为 $k_F = \frac{\pi}{a}\sqrt{\frac{2Z}{\pi}}$,其中 Z 为每个原子的价电子数。请问对于一价、二价与三价金属的费米圆与布里渊区的关系有什么不同?

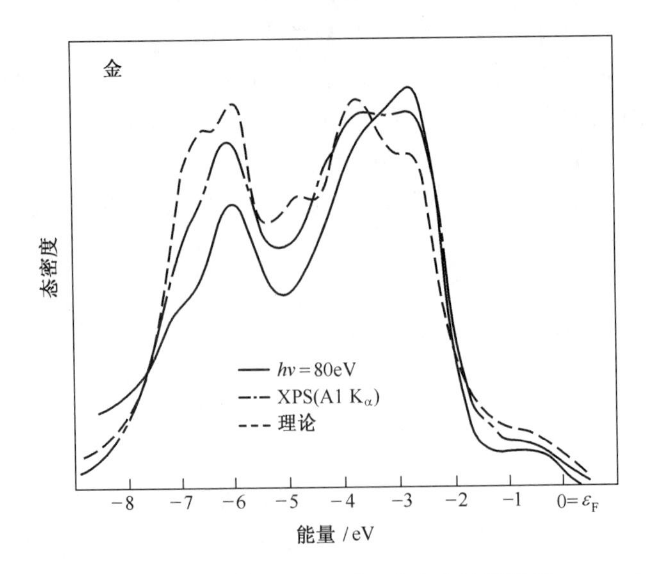

图 6.3.8 Au 的光电子谱及态密度计算结果

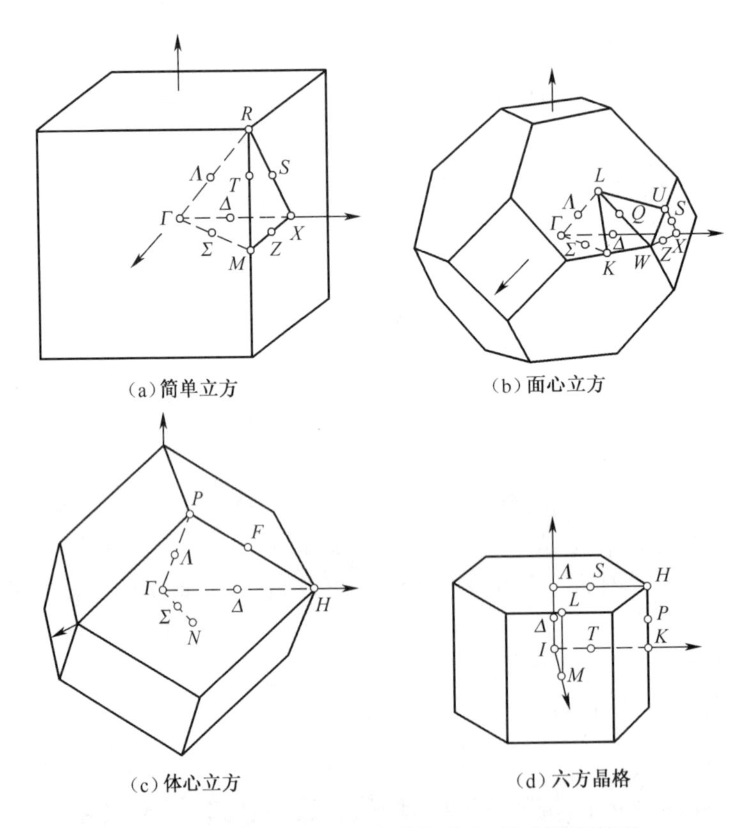

图 6.3.9 第一布里渊区中的特殊点、线及惯用符号

解 一价时，费米圆完全在第一布里渊区之内，圆周不与第一布里渊区边界接触，因为 $k_F = \frac{\pi}{a}\sqrt{\frac{2\times 1}{\pi}} = 0.8\times\frac{\pi}{a} < \frac{\pi}{a}$，其中 $\frac{\pi}{a}$ 是第一布里渊区的半径；

二价时，$\frac{\pi}{a} < k_F = \frac{\pi}{a}\sqrt{\frac{2\times 2}{\pi}} = 1.13\times\frac{\pi}{a} < \frac{\pi}{a}\sqrt{2}$；

三价时，$\frac{\pi}{a} < k_F = \frac{\pi}{a}\sqrt{\frac{2\times 3}{\pi}} < \frac{\pi}{a}\sqrt{2}$，其中$\frac{\sqrt{2}\cdot\pi}{a}$是第二布里渊区的半径。

因此二、三价时，第一、二布里渊区内都有电子。但四价时，由于$\frac{\pi}{a}\sqrt{2} < k_F = \frac{\pi}{a}\sqrt{\frac{2\times 4}{\pi}}$，因此电子分布到第三布里渊区，极少数分布到第四布里渊区。

3. 四价金属和半金属

四价金属Sn有两种结构，白锡属体心四方，基元有两个原子，为金属。灰锡为金刚石结构，为半导体。Pb与Al类似，同为面心立方结构，只是每个原子有4个价电子，费米球要更大一些。第四布里渊区的电子袋同样因周期场的存在而消失。但第三布里渊区有两种载流子（电子和空穴），比Al复杂一些。

石墨结构的碳和五价元素As、Sb、Bi均为半金属。半金属仍为金属，但载流子浓度要比金属的典型值（$10^{22}/cm^3$）小几个数量级。

石墨的布拉菲格子是简单六角格子，每个原胞含4个碳原子。在与c轴垂直的层内，原子呈六角蜂房格子排列。每个碳原子有4个价电子。其中3个形成经sp^2杂化的共价键，与层内3个近邻碳原子键合。另一价电子处于$2p_z$态，电子云呈哑铃状，轴线（z轴）沿晶体的c轴方向，石墨的导电性来源于$2p_z$态电子云的交叠。石墨的原子层间靠弱的范德华力结合，层间距0.335nm，远大于层内最近邻原子间距0.142nm，是典型的层状化合物，电导率等物理性质有很强的各向异性。在讨论石墨的电子结构和层方向电导率时，可不考虑层间的相互作用。图6.3.10给出用紧束缚近似计算的石墨单层的能带结构，价带和导带仅在第一布里渊区6个顶点$K(K')$处简并。这里要说明的是，对于石墨晶体，在实空间的每个原胞中有2个不等价的原子，因此属于第一布里渊区的不等价的顶点也只有2个，可以是图6.3.10中的K及K'点。石墨的载流子浓度约为$n_e = n_h = 3\times 10^{18}/cm^3$，为半金属。

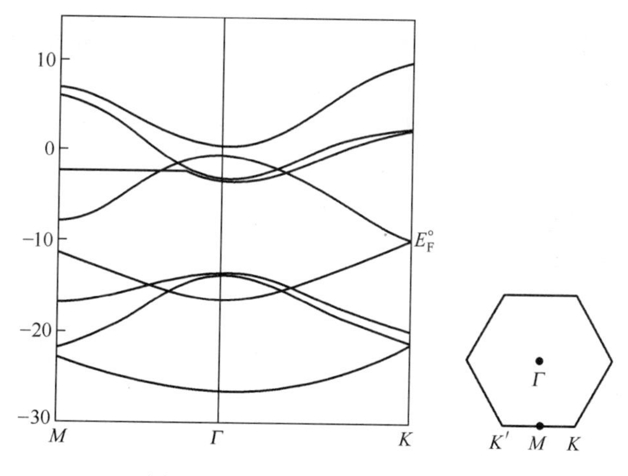

图6.3.10　单层石墨的能带结构

元素 As、Sb、Bi 晶格结构相同,均为三斜布拉菲格子。基元包括 2 个原子,因而有 10 个价电子,本应为绝缘体,但能带的少许交叠带来少量载流子。As、Sb、Bi 的载流子浓度分别为 $2\times10^{20}/cm^3$, $5\times10^{19}/cm^3$ 和 $3\times10^{17}/cm^3$,与基于其价电子数的计算值相去甚远。半金属有较高的电阻率。由于有效质量的减小,电阻率的增加并不只与载流子浓度的减小有关。少量载流子在 $\boldsymbol{k}$ 空间形成小的电子袋或空穴袋,意味着费米能处的态密度低,因而电子比热也远低于自由电子比热。

4. 过渡族金属和稀土金属

过渡族金属的 d 壳层是未满的。在周期表中一共有 3 族,处在 d 壳层全空的碱土金属(Ca、Sr、Ba)和 d 壳层全满的贵金属(Cu、Ag、Au)之间。d 电子一般是比较紧的,但并不是完全地束缚在离子实上,在对其能带的了解方面,简单地可用紧束缚近似作为出发点。d 带要容纳每个原子 10 个价电子,且带宽较窄(约 5±2eV)因而有高的平均态密度,比简单金属高约 5~10 倍。由于它由 5 个相互交叠的窄带构成,态密度起伏较大。和图 6.3.7 所示贵金属不同,过渡族金属的费米面在 d 带中,其性质在相当程度上由 d 电子的行为所决定。

d 带态密度的特点,反映在不同的物理性质上。如电子比热正比于费米面上的态密度。数据表明,过渡族金属的电子比热确实远高于简单金属,且从一个元素到另一个元素,有较大的起伏。

过渡族金属的研究常因部分填满的 d 壳层导致令人注目的磁性而变得复杂,其中 Fe、Co、Ni 具有铁磁性,而 Cr 和 Mn 表现出反铁磁性。图 6.3.11 给出 Fe(100)表面自旋极化角分辨光电子谱的结果,光电子数目大体正比于能态密度。可见,在铁磁性材料中,实际上 d 带可分成两组,一组对应于自旋向上的多数态电子,另一组对应于自旋向下的少数态电子。在温度远低于居里点 T_C 时,前者远多于后者,材料有净的磁化强度。当温度趋于居里点 T_C 时,自旋向上、向下两条谱线的结构渐趋模糊,曲线下的面积也渐趋相等,铁磁性逐渐减弱,并在 T_C 以上消失。

d 电子的行为实际上比较复杂。既不像自由电子,又不像芯电子,具有居中的特性。其行为往往是巡游性与高度定域化的结合。

问题 6.3.28 (1)二价金属 Ca、Sr、Ba 的每个原胞有两个 s 价电子,它们为什么没有填满一个完整的能带而成为绝缘体?(2)这 3 个二价金属的电导率与一价的 Na、K 相比,是高还是低?为什么?(3)这 3 个二价金属的电导率在绝对零度会怎样?(4)请从教材给出的信息判断这 3 个二价金属的带隙大小。

问题 6.3.29 为什么贵金属的价电子将 d 带填满,而 s 带只填了一半?

问题 6.3.30 为什么 As、Sb、Bi 晶体本应为绝缘体?为什么其能带的少许交叠使它们有少量的载流子?

问题 6.3.31 As、Sb 和 Bi 的载流子浓度分别为 $2\times10^{20}/cm^3$、$5\times10^{19}/cm^3$ 和 $3\times10^{17}/cm^3$,数值的依次降低说明了什么?

问题 6.3.32 对于过渡族元素晶体的能带,简单地可用紧束缚近似作为出发点,请问为什么?

问题 6.3.33 d 带要容纳每个原子 10 个价电子,且带宽较窄(约 5±2eV)因而有高的

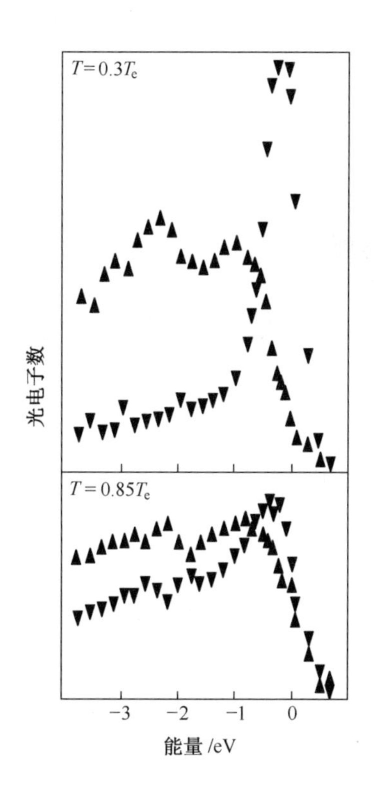

图 6.3.11 Fe(100)表面自旋极化角分辨光电子谱

平均态密度,请问为什么?

问题 6.3.34 d 带由 5 个相互交叠的窄带构成,请对此做进一步的解释。

问题 6.3.35 (1) 过渡族金属的电子比热确实远高于简单金属,请问为什么?(2) 过渡族金属的电子比热从一个元素到另一个元素,有较大的起伏,请问为什么?

问题 6.3.36 教材中说:"d 电子的行为既不像自由电子,又不像芯电子,具有居中的特性。其行为往往是巡游性与高度定域化的结合"。请问:(1) 芯电子是什么意思?(2)"巡游性与高度定域化的结合"是什么意思?(3) 为什么强调"高度"定域化?

问题 6.3.37 单层石墨的 π 电子用紧束缚模型计算能带,请问为什么不用近自由电子模型计算能带?

问题 6.3.38 教材中说:"和图 6.3.7 所示贵金属情形不同,过渡族金属的费米面在 d 带中,其性质在相当程度上由 d 电子所支配"。请问:(1) 图 6.3.7 中的费米面有什么特点?(2) 为什么说过渡族金属的性质在相当程度上由 d 电子所支配?

问题 6.3.39 关于贵金属光泽,教材中将 Cu、Au 作为一类(因为它们的 E_F^0 离 d 带约 2eV),而将 Ag 作为另一类(因为它们的 E_F^0 离 d 带约 4eV)。请问能级距离的这种差异,与 Cu、Au 具有偏红的颜色,而 Ag 具有银白色,有什么关系?

问题 6.3.40 由式(5.1.19),金属的电子热容与费米能处的态密度 $g(E_F^0)$ 有关。请根据这一事实比较金属铜与金属镍的电子热容的大小,并给予解释。

6.4 晶体电子的速度、准动量与有效质量

前面主要讨论了晶体电子的本征能量和本征态,这些是研究各种电子运动的基础。下面要研究晶体电子在外场作用下的运动规律。由于外场总是比晶体势场小很多,所以这类研究也将以前面的知识为基础。

6.4.1 晶体电子的速度

根据量子力学,前面得到的电子能量本征态 $\psi_{n\boldsymbol{k}}(\boldsymbol{r})$ 不是速度算符 $\hat{v}=\frac{1}{m}\hat{p}$ 的本征态。因此,$\psi_{n\boldsymbol{k}}(\boldsymbol{r})$ 态的电子虽然有确定的能量,但没有确定的速度。不过,速度取某一定值的概率是完全确定的。就是说,$\psi_{n\boldsymbol{k}}(\boldsymbol{r})$ 态中电子的平均速度 $\bar{\boldsymbol{v}}$ 是一定的,在讨论晶体电子的运动时,总是用这个平均速度作为电子处于 $\psi_{n\boldsymbol{k}}(\boldsymbol{r})$ 态时的速度。

电子在 $\psi_{n\boldsymbol{k}}(\boldsymbol{r})$ 态中的平均速度为

$$\bar{\boldsymbol{v}}=\frac{\bar{\boldsymbol{p}}}{m}=\frac{1}{m}\int\psi_{n\boldsymbol{k}}^{*}(\boldsymbol{r})\frac{\hbar}{\mathrm{i}}\nabla\psi_{n\boldsymbol{k}}(\boldsymbol{r})\mathrm{d}\boldsymbol{r} \tag{6.4.1}$$

由于 $\frac{\hbar}{\mathrm{i}}\nabla$是厄米算符,所以

$$\int\psi_{n\boldsymbol{k}}^{*}(\boldsymbol{r})\frac{\hbar}{\mathrm{i}}\nabla\psi_{n\boldsymbol{k}}(\boldsymbol{r})\mathrm{d}\boldsymbol{r}=\int\left[\frac{\hbar}{\mathrm{i}}\nabla\psi_{n\boldsymbol{k}}(\boldsymbol{r})\right]^{*}\psi_{n\boldsymbol{k}}(\boldsymbol{r})\mathrm{d}\boldsymbol{r}=-\int\psi_{n\boldsymbol{k}}(\boldsymbol{r})\frac{\hbar}{\mathrm{i}}\nabla\psi_{n\boldsymbol{k}}^{*}(\boldsymbol{r})\mathrm{d}\boldsymbol{r} \tag{6.4.2}$$

这样,电子在 $\psi_{n\boldsymbol{k}}(\boldsymbol{r})$ 态(以后称为 $\boldsymbol{k}$ 态)中的平均速度就可以写为

$$\overline{\boldsymbol{v}(\boldsymbol{k})}=\frac{\hbar}{2m\mathrm{i}}\int[\psi_{n\boldsymbol{k}}^{*}(\boldsymbol{r})\nabla\psi_{n\boldsymbol{k}}(\boldsymbol{r})-\psi_{n\boldsymbol{k}}(\boldsymbol{r})\nabla\psi_{n\boldsymbol{k}}^{*}(\boldsymbol{r})]\mathrm{d}\boldsymbol{r} \tag{6.4.3}$$

以 $\psi_{n\boldsymbol{k}}(\boldsymbol{r})=\mathrm{e}^{\mathrm{i}\boldsymbol{k}\cdot\boldsymbol{r}}u_{n\boldsymbol{k}}(\boldsymbol{r})$ 代入式(6.4.3),经过一系列运算,得

$$\overline{\boldsymbol{v}(\boldsymbol{k})}=\frac{1}{\hbar}\nabla_{\boldsymbol{k}}E(\boldsymbol{k}) \tag{6.4.4}$$

在以后的讨论中,将 $\overline{\boldsymbol{v}(\boldsymbol{k})}$ 简称为晶体电子速度,并简写为$\boldsymbol{v}(\boldsymbol{k})$,但$\boldsymbol{v}(\boldsymbol{k})$是 $\boldsymbol{k}$ 态电子平均速度的实质不变。因此,上式变为

$$\boldsymbol{v}(\boldsymbol{k})=\frac{1}{\hbar}\nabla_{\boldsymbol{k}}E(\boldsymbol{k}) \tag{6.4.5}$$

式中:$\nabla_{\boldsymbol{k}}=\frac{\partial}{\partial k_x}\boldsymbol{i}+\frac{\partial}{\partial k_y}\boldsymbol{j}+\frac{\partial}{\partial k_z}\boldsymbol{k}$。

式(6.4.5)表明,只要知道电子的能量 $E(\boldsymbol{k})$,就能确定晶体电子的速度 $\boldsymbol{v}(\boldsymbol{k})$。由于 $E_n(\boldsymbol{k})=E_n(-\boldsymbol{k})$,对任意波矢 $\boldsymbol{k}$ 成立,根据式(6.4.5),对任意的 $\boldsymbol{k}_0$ 和$-\boldsymbol{k}_0$,有

$$v_x(-\boldsymbol{k}_0)=\frac{1}{\hbar}\lim_{\Delta k_x\to 0}\frac{E(-k_{x0}+\Delta k_x,-k_{y0},-k_{z0})-E(-k_{x0},-k_{y0},-k_{z0})}{\Delta k_x}$$
$$=\frac{1}{\hbar}\lim_{\Delta k_x\to 0}\frac{E(-k_{x0}-\Delta k_x,-k_{y0},-k_{z0})-E(-k_{x0},-k_{y0},-k_{z0})}{-\Delta k_x}$$
$$=-\frac{1}{\hbar}\lim_{\Delta k_x\to 0}\frac{E(k_{x0}+\Delta k_x,k_{y0},k_{z0})-E(k_{x0},k_{y0},k_{z0})}{\Delta k_x}$$
$$=-\frac{1}{\hbar}\left(\frac{\partial E}{\partial k_x}\right)_{k_0}=-v_x(k_0) \tag{6.4.6}$$

同理有：$v_y(-\boldsymbol{k}_0)=-v_y(\boldsymbol{k}_0)$，$v_z(-\boldsymbol{k}_0)=-v_z(\boldsymbol{k}_0)$。

因此，对任意的波矢 $\boldsymbol{k}$，有

$$\boldsymbol{v}(\boldsymbol{k})=-\boldsymbol{v}(-\boldsymbol{k}) \tag{6.4.7}$$

能带底或能带顶处 $E(\boldsymbol{k})$ 对 $\boldsymbol{k}$ 的一阶导数为零，因此这些地方的电子速度均为零。在一维情况下，电子速度为 $v(k)=\frac{1}{\hbar}\frac{\mathrm{d}E(k)}{\mathrm{d}k}$。若 $E(k)\sim k$ 曲线如图6.4.1(a)所示，则 $v(k)\sim k$ 曲线如图6.4.1(b)所示。$k=k_{x0}$ 处是 $E(k)\sim k$ 曲线的拐点，故 $\frac{\mathrm{d}^2E}{\mathrm{d}k^2}=0$，这里是电子速度的极值点。由此可见，晶体电子的速度随 k 变化，而自由电子速度总是随能量增加而单调增加。

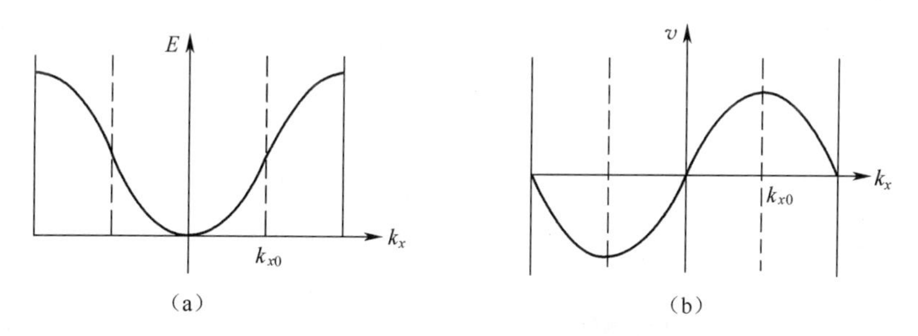

图6.4.1 能带、速度与 k 的函数关系

6.4.2 准动量

在外场作用下，电子的能量将随时间变化。由于外场比内部周期场弱很多，所以存在外场时，电子状态仍可用 $\psi_{n\boldsymbol{k}}(\boldsymbol{r})$ 来描述，只是波矢 $\boldsymbol{k}$ 是时间的函数，即 $\boldsymbol{k}=\boldsymbol{k}(\boldsymbol{t})$，下面来确定这个函数。

设外力为 $\boldsymbol{F}$，在 $\mathrm{d}t$ 时间内对电子所做的功为

$$\boldsymbol{F}\cdot\boldsymbol{v}\,\mathrm{d}t \tag{6.4.8}$$

电子能量 $E(\boldsymbol{k})$ 将变化 $\mathrm{d}E$，因此

$$\mathrm{d}E=\boldsymbol{F}\cdot\boldsymbol{v}\,\mathrm{d}t \tag{6.4.9}$$

由于能量是 $\boldsymbol{k}$ 的函数，所以 $E(\boldsymbol{k})$ 的变化必然引起 $\boldsymbol{k}$ 的变化，即

$$\mathrm{d}E=\nabla_{\boldsymbol{k}}E\cdot\mathrm{d}\boldsymbol{k} \tag{6.4.10}$$

这样

$$\boldsymbol{F}\cdot\boldsymbol{v}\,\mathrm{d}t=\nabla_{\boldsymbol{k}}E\cdot\mathrm{d}\boldsymbol{k} \tag{6.4.11}$$

根据式(6.4.5)得 $\nabla_{\boldsymbol{k}}E=\hbar\boldsymbol{v}$，代入式(6.4.11)，有

$$\boldsymbol{F}\cdot\boldsymbol{v}=\hbar\,\boldsymbol{v}\cdot\frac{\mathrm{d}\boldsymbol{k}}{\mathrm{d}t}$$

即

$$\left[\frac{\mathrm{d}(\hbar\boldsymbol{k})}{\mathrm{d}t}-\boldsymbol{F}\right]\cdot\boldsymbol{v}=0$$

因此

$$\frac{\mathrm{d}(\hbar\boldsymbol{k})}{\mathrm{d}t}=\boldsymbol{F} \tag{6.4.12}$$

这就是在外力作用下电子状态变化的基本公式。若外力 $\boldsymbol{F}$ 是恒定的，则电子在 $\boldsymbol{k}$ 空间作匀速运动，即电子的波矢 $\boldsymbol{k}$ 随时间均匀变化。若外力 $\boldsymbol{F}=0$，则 $\frac{\mathrm{d}\boldsymbol{k}}{\mathrm{d}t}=0$，表明电子的状态不随时间变化，此时电子的能量 $E(\boldsymbol{k})$ 及速度 $\boldsymbol{v}(\boldsymbol{k})$ 都不变。若无外力，电子既不会改变运动方向，也不会改变能量，即电子不受散射，故其自由程是无限大的。当存在晶格振动、外来原子及晶格缺陷时，周期场受到破坏，这相当于作用在电子上的外力 $\boldsymbol{F}$ 既不为零，且随空间位置变化。这时的电子状态由 $\boldsymbol{k}$ 变到 $\boldsymbol{k}'$，相应的能量、速度都会改变，即电子受到散射。由此可见，电子并不受密集的、规则排列的离子实的散射（碰撞），而是受声子、杂质或缺陷的散射。

式(6.4.12)与经典力学的牛顿定律相似，且 $\hbar\boldsymbol{k}$ 具有动量的量纲，故将 $\hbar\boldsymbol{k}$ 称为晶体电子的准动量。电子的真实动量 $\boldsymbol{p}$ 为

$$\boldsymbol{p}=\int\psi_{n\boldsymbol{k}}^{*}(\boldsymbol{r})\,\frac{\hbar}{\mathrm{i}}\,\nabla\psi_{n\boldsymbol{k}}(\boldsymbol{r})\,\mathrm{d}\boldsymbol{r}=m\boldsymbol{v} \tag{6.4.13}$$

故 $\hbar\boldsymbol{k}$ 并非电子的真实动量。

6.4.3 加速度与有效质量

在外力作用下，电子的加速度 $\frac{\mathrm{d}\boldsymbol{v}}{\mathrm{d}t}$ 为

$$\frac{\mathrm{d}\boldsymbol{v}}{\mathrm{d}t}=\frac{\mathrm{d}}{\mathrm{d}t}\left(\frac{1}{\hbar}\nabla_{\boldsymbol{k}}E\right)=\frac{1}{\hbar}\nabla_{\boldsymbol{k}}\frac{\mathrm{d}E}{\mathrm{d}t} \tag{6.4.14}$$

由于 $\mathrm{d}E=\boldsymbol{F}\cdot\boldsymbol{v}\mathrm{d}t$，所以

$$\frac{\mathrm{d}E}{\mathrm{d}t}=\boldsymbol{F}\cdot\boldsymbol{v}=\frac{1}{\hbar}\nabla_{\boldsymbol{k}}E\cdot\boldsymbol{F} \tag{6.4.15}$$

这样，电子的加速度可表示为

$$\frac{\mathrm{d}\boldsymbol{v}}{\mathrm{d}t}=\frac{1}{\hbar^{2}}\nabla_{\boldsymbol{k}}\nabla_{\boldsymbol{k}}E\cdot\boldsymbol{F} \tag{6.4.16}$$

写成张量的形式为

$$\begin{pmatrix}\dot{v}_x\\ \dot{v}_y\\ \dot{v}_z\end{pmatrix}=\frac{1}{\hbar^2}\begin{pmatrix}\dfrac{\partial^2 E}{\partial k_x^2} & \dfrac{\partial^2 E}{\partial k_x\partial k_y} & \dfrac{\partial^2 E}{\partial k_x\partial k_z}\\ \dfrac{\partial^2 E}{\partial k_y\partial k_x} & \dfrac{\partial^2 E}{\partial k_y^2} & \dfrac{\partial^2 E}{\partial k_y\partial k_z}\\ \dfrac{\partial^2 E}{\partial k_z\partial k_x} & \dfrac{\partial^2 E}{\partial k_z\partial k_y} & \dfrac{\partial^2 E}{\partial k_z^2}\end{pmatrix}\begin{pmatrix}F_x\\ F_y\\ F_z\end{pmatrix} \tag{6.4.17}$$

式中的二阶张量乘以 $\frac{1}{\hbar^2}$ 被定义为倒有效质量张量，其各分量为

$$\frac{1}{m_{ij}^*}=\frac{1}{\hbar^2}\frac{\partial^2 E}{\partial k_i\partial k_j} \tag{6.4.18}$$

其中：i、j 代表 x、y、z。

若以张量的主轴方向为 k_x,k_y,k_z 轴的方向，则倒有效质量张量将对角化为

$$\frac{1}{\hbar^2}\begin{pmatrix}\dfrac{\partial^2 E}{\partial k_x^2} & 0 & 0\\ 0 & \dfrac{\partial^2 E}{\partial k_y^2} & 0\\ 0 & 0 & \dfrac{\partial^2 E}{\partial k_z^2}\end{pmatrix}=\begin{pmatrix}\dfrac{1}{m_{xx}^*} & 0 & 0\\ 0 & \dfrac{1}{m_{yy}^*} & 0\\ 0 & 0 & \dfrac{1}{m_{zz}^*}\end{pmatrix} \tag{6.4.19}$$

在这种情况下，可定义有效质量张量为

$$\begin{pmatrix}m_{xx}^* & 0 & 0\\ 0 & m_{yy}^* & 0\\ 0 & 0 & m_{zz}^*\end{pmatrix}=\begin{pmatrix}\hbar^2/\dfrac{\partial^2 E}{\partial k_x^2} & 0 & 0\\ 0 & \hbar^2/\dfrac{\partial^2 E}{\partial k_y^2} & 0\\ 0 & 0 & \hbar^2/\dfrac{\partial^2 E}{\partial k_z^2}\end{pmatrix} \tag{6.4.20}$$

利用有效质量张量，可以将式(6.4.17)表示为

$$\begin{cases}\dot{v}_x=\dfrac{F_x}{m_{xx}^*} \text{ 或 } m_{xx}^*\dot{v}_x=F_x\\ \dot{v}_y=\dfrac{F_x}{m_{yy}^*} \text{ 或 } m_{yy}^*\dot{v}_y=F_y\\ \dot{v}_z=\dfrac{F_x}{m_{zz}^*} \text{ 或 } m_{zz}^*\dot{v}_z=F_z\end{cases} \tag{6.4.21}$$

这些关系与牛顿第二定律非常相似，由于有效质量张量的各个分量不一定相等，所以电子的加速度和外力方向可能不同。如果有效质量张量是各向同性的，则有效质量张量退化为一个标量，此时上式变为

$$\frac{\mathrm{d}\boldsymbol{v}}{\mathrm{d}t}=\frac{\boldsymbol{F}}{m^*} \tag{6.4.22}$$

有效质量张量与能带结构密切相关。以一维情况为例,有效质量为 $m^* = \hbar^2 / \frac{\partial^2 E}{\partial k^2}$。由此可见,$m^*$ 反比于能带的曲率,即能带曲率越大 m^* 越小(图 6.4.2)。内层电子态所形成的能带较窄(高度较小),曲率 $\frac{\partial^2 E}{\partial k^2}$ 较小,所以内层电子的有效质量较大。同理,外层电子的有效质量较小。

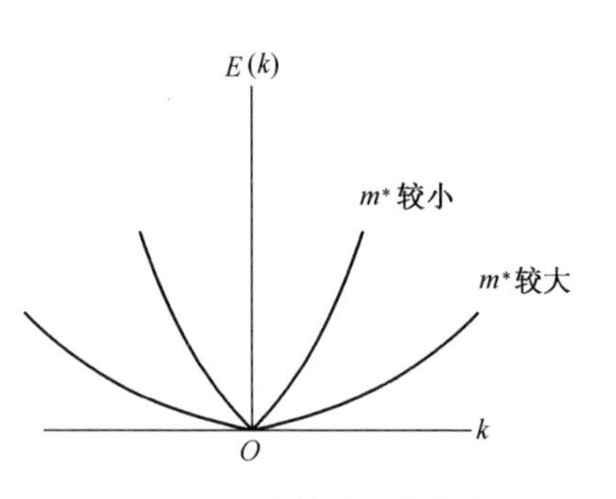

图 6.4.2 有效质量与能带曲率的倒数关系

在同一能带中,由于 $E(k) \sim k$ 曲线在各处的曲率不同,所以有效质量也不同,有效质量是 k 的函数。能带底是能量的极小值,$\frac{\partial^2 E}{\partial k^2} > 0$,所以有效质量是正的;能带顶是能量的极大值,$\frac{\partial^2 E}{\partial k^2} < 0$,所以有效质量是负的。当 k 穿越能带的拐点 k_{x0} 时,m^* 由正变为负,如图 6.4.3 所示。

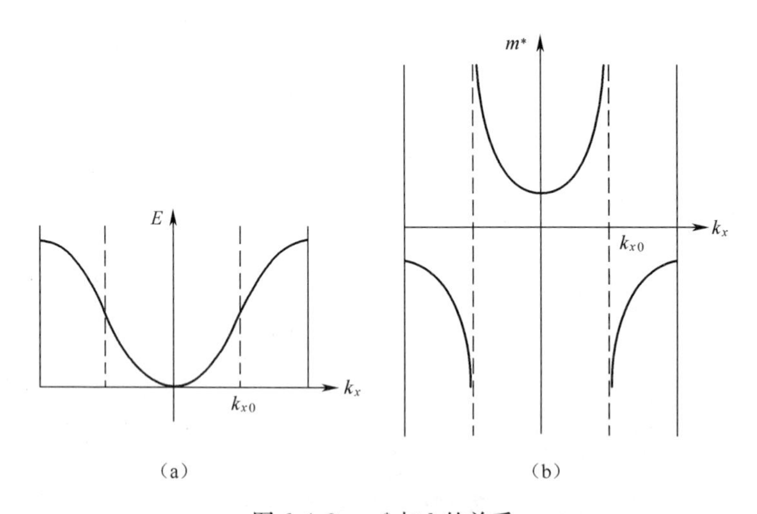

图 6.4.3 m^* 与 k 的关系

有效质量概括了晶格场对电子的作用,使电子的加速度与外力直接联系起来,便于处理外力作用下的晶体电子动力学问题。由于晶格场的力是难以预知的,所以问题中不直接出现这个力(而仅仅出现外力),处理起来就比较方便,晶格场的影响通过有效质量表现出来。因此当晶格场对电子产生了比外力更大的阻力时,电子加速度的方向与外力相反,从而导致负的有效质量。

问题 6.4.1 自由电子与近自由电子的有效质量分别是多少?

问题 6.4.2 教材中说:“外场比周期场弱很多”。请举例说明其正确性。

问题 6.4.3 请对式(6.4.6)中的每一步做出解释。

问题 6.4.4 教材中说:存在外场时,电子波的波矢 $\boldsymbol{k}$ 是时间的函数,即 $\boldsymbol{k}=\boldsymbol{k}(t)$,请对此给予解释。

问题6.4.5 教材中说:由此可见,电子并不受密集的、规则排列的离子实的散射(碰撞),而是受声子、杂质或缺陷的散射,请对此做进一步的解释。

问题6.4.6 晶体电子为什么不直接使用电子质量概念,而要引入有效质量概念?

问题6.4.7 晶体电子的有效质量概念确实影响到电子的运动,请问此概念影响晶体电子的能级吗?

6.5 导体、绝缘体与半导体

晶体包含大量电子,离子实外的电子可以在整个晶体内游动。如果认为这些电子在外电场作用下就会做定向运动而形成电流,那么,所有晶体都应程度不同地具有导电能力,而不会存在绝缘体。然而,绝缘体是存在的,其电阻率与金属的电阻率有着极其巨大的差别(可以相差10^{32}倍!)。能带论的建立,令人信服地解释了这些问题。

晶体电子的能量本征值分裂成一系列能带,每个能带均由 N 个准连续的能级组成(N 是晶体原胞数),所以每个能带可容纳 $2N$ 个电子。晶体电子从最低能带中的最低能级开始填充,被电子填满的能带称作满带,被电子部分填充的能带称作导带,没有电子填充的能带称作空带。

6.5.1 满带电子不导电

在没有外电场时,某一温度下如果处于热平衡状态,电子服从费米分布,即

$$f(E)=\frac{1}{\mathrm{e}^{(E-E_{\mathrm{F}})/k_{\mathrm{B}}T}+1} \tag{6.5.1}$$

$f(E)$ 仅与能级有关。由于 $E_n(\boldsymbol{k})=E_n(-\boldsymbol{k})$,电子占据 $\boldsymbol{k}$ 态的概率与占据$-\boldsymbol{k}$ 态的概率是一样的。又因为$\boldsymbol{v}(\boldsymbol{k})=-\boldsymbol{v}(-\boldsymbol{k})$,所以 $\boldsymbol{k}$ 态电子的电流 $-e\boldsymbol{v}(\boldsymbol{k})$ 与$-\boldsymbol{k}$ 态电子的电流 $-e\boldsymbol{v}(-\boldsymbol{k})=e\boldsymbol{v}(\boldsymbol{k})$ 正好相抵消。由于电子态在 $\boldsymbol{k}$ 空间的分布是均匀的、中心对称的,所以,满带电子荷载的电流是两两相消的。这样,晶体总的电流为零。

当存在外电场 E 时,电子受到电场的作用力为 $\boldsymbol{F}=-e\boldsymbol{E}$,由于 $\hbar\frac{\mathrm{d}\boldsymbol{k}}{\mathrm{d}t}=\boldsymbol{F}$,满带中的所有电子态的代表点都要在 $\boldsymbol{k}$ 空间沿电场的反方向同步移动。这样,一部分状态点就会通过第一布里渊区的边界而到达第二布里渊区内,这似乎使第一布里渊区内电子态的分布不再是中心对称的了。然而,由于 $E_n(\boldsymbol{k})=E_n(\boldsymbol{k}+\boldsymbol{G}_m)$ 及

$$v(\boldsymbol{k}+\boldsymbol{G}_m)=\frac{1}{\hbar}\Delta_{\boldsymbol{k}}E_n(\boldsymbol{k}+\boldsymbol{G}_m)=\frac{1}{\hbar}\cdot\Delta_{\boldsymbol{k}}E_n(\boldsymbol{k})=v(\boldsymbol{k})$$

使从第一布里渊区边界出去了的状态点,实际上又从另一方的边界返回到第一布里渊区内,使电子态的分布不发生变化。上述三维情况在一维条件下会更加清楚。图6.5.1画出了一维情况下的满带,横轴上的点表示均匀分布在 $\boldsymbol{k}$ 轴上的状态点,它们对应的各态均为电子所填充。无外场时电子充满第一布里渊区内 $\left(-\frac{\pi}{a},\frac{\pi}{a}\right)$ 的各态。有外场时,所有电子态均沿电场反方向(在此是向右)同步移动,有的电子态从 A 点移出去了,相当于又从 A' 移入第一布里渊区内。因此,电子的分布并不发生改变,晶体的总电流为零。

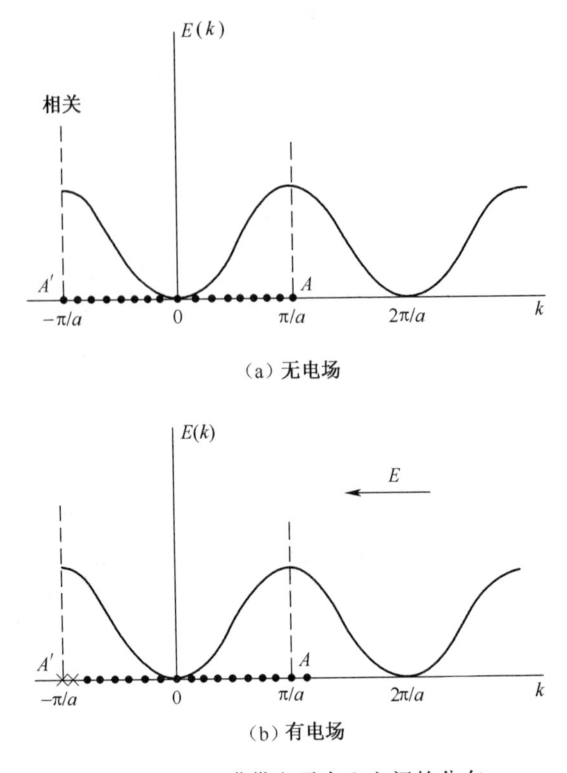

图 6.5.1 满带电子在 $\boldsymbol{k}$ 空间的分布

6.5.2 不满带电子导电

图 6.5.2 是不满带中电子填充的情况。没有外电场时,电子从最低能级开始填充,而且 $\boldsymbol{k}$ 态和 $-\boldsymbol{k}$ 态总是成对地被电子填充,所以总电流为零。有外电场时,整个电子分布将向着电场反方向移动。由于电子受到声子或晶格不完整性的散射作用,电子的状态代表点不会无限地移动下去,而只是稍稍偏离原来的分布,如图 6.5.2(b)所示。当电子分布偏离中心对称状况时,各电子所载荷的电流中将只有一部分被抵消,因而总电流不为零。外加电场增强,电子分布更加偏离中心对称分布,未被抵消的电子电流就越大,晶体总电

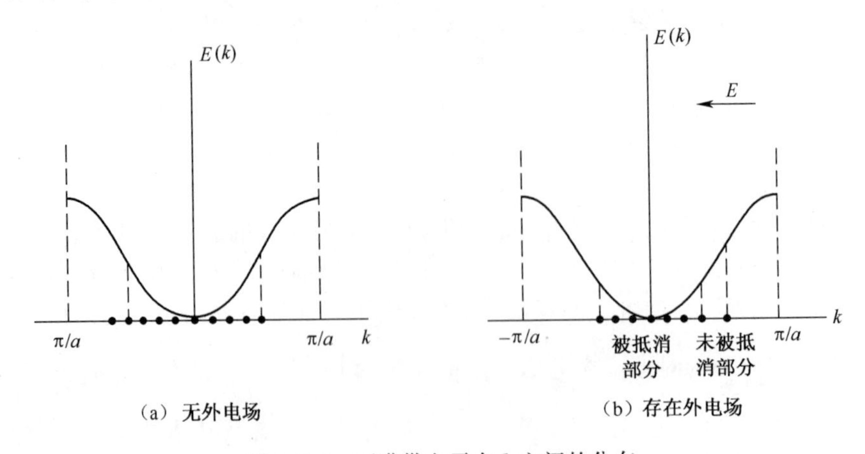

图 6.5.2 不满带电子在 $\boldsymbol{k}$ 空间的分布

流也就越大。由于不满带电子可以导电,因而将不满带称作导带。

6.5.3 导体、绝缘体与半导体的能带模型

根据上面的讨论,可以通过考察晶体电子填充能带的状况判断晶体的导电性能。如果晶体电子恰好填满了最低的一系列能带,能量再高的能带都是空的,而且最高的满带与最低的空带之间存在一个很宽的禁带(如 $E_g \geq 5\text{eV}$),那么,这种晶体就是绝缘体。图6.5.3(c)是这种晶体电子填充能带的状况。如果晶体的能带中,除了满带外,还有不满带,那么,这种晶体就是金属。半导体晶体电子填充能带的状况与绝缘体的没有本质不同,只是最高满带与最低空带之间的带隙较窄(E_g 为 1~3eV)。因此,$T=0\text{K}$ 时晶体是不导电的;在 $T\neq 0\text{K}$ 时,将有部分电子从满带顶部被激发到空带的底部,使最高的满带及最低的空带都变成了部分填充电子的不满带,晶体因而具有一定的导电能力。图6.5.3画出了导体、绝缘体及半导体电子填充能带的模型。

碱金属(如锂、钠、钾等)及贵金属(如金、银等)的每个原胞只含一个价电子。当 N 个这类原子结合成晶体时,N 个电子就占据着能带中 N 个最低的量子态,其余 N 个能量较高的量子态则是空的,即能带是半满的(每个能带可容纳 $2N$ 个电子)。因此,所有碱金属、贵金属晶体都是导体。惰性气体原子的电子壳层是闭合的,电子数是偶数,所以,总是将最低能带填满,而较高的能带空着。这些元素形成的晶体是绝缘体的典型例子。

碱土金属(如钙、锶、钡等)的每个原胞含有两个s电子,正好填满s带,碱土金属晶体似乎应该是绝缘体,实际上却是良导体。原因在于s带与上面的能带发生交叠(图6.5.3(b)),$2N$ 个s电子在未完全填满s带时,就开始填充上面那个能带,造成两个不满带。因此,碱土金属晶体是导体。

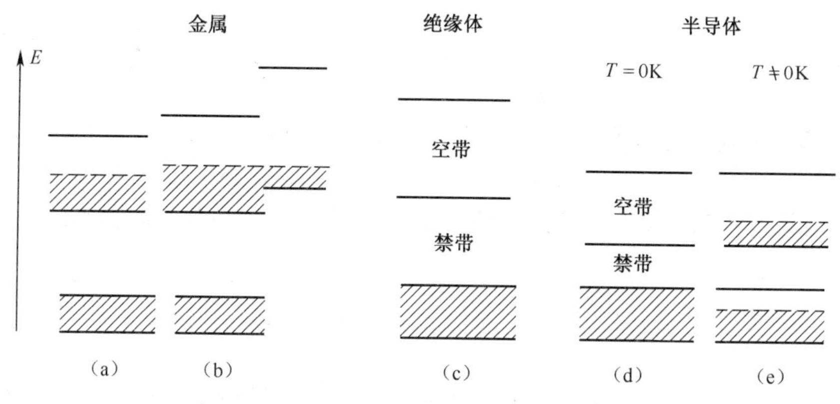

图6.5.3 金属、绝缘体和半导体的能带模型

V族元素铋、锑、砷等的晶体,每个原胞内含有两个原子,所以原胞内含有偶数个电子。这些晶体也应该是绝缘体,但它们却有一定的导电性。原因在于这些晶体的能带有交叠,只是交叠部分较少,使能参与导电的电子浓度远小于正常金属中的电子浓度,电阻率比正常金属大10^5倍,因而称作半金属。由此可见,若晶体的原胞含有奇数个价电子,这种晶体必为导体;原胞含有偶数个价电子的晶体,如果存在能带交叠,则晶体是导体或半金属,如果能带没有交叠,禁带窄的晶体就是半导体,禁带宽的则是绝缘体。

6.5.4 空穴

半导体晶体在 $T = 0\mathrm{K}$ 时是绝缘体，在 $T \neq 0\mathrm{K}$ 时，满带顶附近的电子受热激发到上面空带的底部，使原来的空带成为导带，原来的满带成为近满带。近满带有着特殊的导电性，这是我们要在下面讨论的问题。

设想满带顶部只有一个 $\boldsymbol{k}$ 态没有电子，其余各态均填满了电子。这种近满带电子荷载的总电流为 $\boldsymbol{I}(\boldsymbol{k})$ 。如果将一个电子放到空的 $\boldsymbol{k}$ 态中去，近满带就又成为满带，总电流就又变成零了。一个 $\boldsymbol{k}$ 态电子荷载的电流是 $-e\boldsymbol{v}(\boldsymbol{k})$ ，满带电子荷载的总电流就是

$$\boldsymbol{I}(\boldsymbol{k}) + [-e\boldsymbol{v}(\boldsymbol{k})] = 0 \text{ 或 } \boldsymbol{I}(\boldsymbol{k}) = e\boldsymbol{v}(\boldsymbol{k}) \tag{6.5.2}$$

式(6.5.2)表明，$\boldsymbol{k}$ 态缺失电子的近满带电子的总电流 $\boldsymbol{I}(\boldsymbol{k})$ ，如同由一个带正电荷 e，速度为 $\boldsymbol{v}(\boldsymbol{k})$ 的粒子所荷载的电流一样。这个假想的粒子就称作空穴。引入空穴概念后，$\boldsymbol{k}$ 态缺失电子的近满带的导电问题，就与导带中仅有一个 $\boldsymbol{k}$ 态电子的问题十分相似。

由于近满带的顶部总是存在为数不少的空穴，它们都荷载电流，当不存在外场时，这些电流也总是互相抵消的，因此总电流为零。当存在外电场 $\boldsymbol{E}$ 时，所有电子的状态都按下式变化

$$\hbar \frac{\mathrm{d}\boldsymbol{k}}{\mathrm{d}t} = -e\boldsymbol{E} \tag{6.5.3}$$

空状态(空穴)也以同样的速度在 $\boldsymbol{k}$ 空间移动。这表明空穴波矢与电子波矢的变化是一样的。所以，$\boldsymbol{I}(\boldsymbol{k})$ 在外场作用下，将随时间而变。若外加电场 $\boldsymbol{E}$ 及磁场 $\boldsymbol{B}$，则有

$$\frac{\mathrm{d}\boldsymbol{I}(\boldsymbol{k})}{\mathrm{d}t} = e\frac{\mathrm{d}\boldsymbol{v}(\boldsymbol{k})}{\mathrm{d}t} = -\frac{e^2}{m^*}\{\boldsymbol{E} + [\boldsymbol{v}(\boldsymbol{k}) \times \boldsymbol{B}]\} \tag{6.5.4}$$

由于带顶的电子有效质量 $m^* < 0$，所以 $-m^* > 0$，以 $|m^*| = -m^*$ 代入式(6.5.4)，得

$$\frac{\mathrm{d}\boldsymbol{I}(\boldsymbol{k})}{\mathrm{d}t} = \frac{e}{|m^*|}\{\boldsymbol{E} + [\boldsymbol{v}_{\mathrm{h}}(\boldsymbol{k}) \times \boldsymbol{B}]\} \tag{6.5.5}$$

式中：花括号内的表达式为带正电荷 e 的粒子在电磁场中所受的力；$|m^*|$ 为该粒子的有效质量。

由于近满带电子的总电流 $\boldsymbol{I}(\boldsymbol{k})$ 就是空穴电流 $\boldsymbol{I}_{\mathrm{h}}(\boldsymbol{k})$ ，为明确起见，将式(6.5.5)改写为

$$\frac{\mathrm{d}\boldsymbol{I}_{\mathrm{h}}(\boldsymbol{k})}{\mathrm{d}t} = \frac{e^*}{m_{\mathrm{h}}^*}\{\boldsymbol{E} + [\boldsymbol{v}_{\mathrm{h}}(\boldsymbol{k}) \times \boldsymbol{B}]\} \tag{6.5.6}$$

其中：$m^* = |m^*| > 0$ 为空穴的有效质量；$\boldsymbol{v}_{\mathrm{h}}(\boldsymbol{k})$ 为空穴的速度，与缺失电子的 $\boldsymbol{k}$ 态电子速度 $\boldsymbol{v}(\boldsymbol{k})$ 相同。

由式(6.5.2)及式(6.5.6)可以看到，不论是否有外场存在，空穴的运动都如同一个具有正电荷 e、正有效质量 m_{h}^* 的粒子一样，其运动速度与 $\boldsymbol{k}$ 态电子速度 $\boldsymbol{v}(\boldsymbol{k})$ 一样。引入空穴概念后，使近满带的问题与导带底有少数电子的问题十分相似，所以只需研究其中一个带的问题就可以推演出另一个带的结果。由于空穴及电子均可导电，因而将它们称为载流子。

有一点要提起注意的是，通常画出的能带及能级图都是针对电子而言的，即都是电子

能带及电子的能级图。在这样的图中，不被电子占据的态就是空穴，空穴从较低能级跳到较高能级上时，实际上是电子从较高的能态上落入较低的能态中(图6.5.4)。因此，系统的总能量就要下降。所以，空穴在电子能级图上的位置越高，说明系统的能量越低，因而空穴的能量也越低。就是说，在电子能级图中，电子是从下往上填充的，能级位置越高，电子能量越高；对于空穴则是相反的，在电子能级图中，空穴所在的能级位置越高，能量越小，空穴是从最上面的能级开始，自上而下填充的。

为了模拟空穴的特性，可根据 $E_h(\boldsymbol{k}) = -E(\boldsymbol{k})$ 这个关系，画出空穴的能带图，如图6.5.5所示。

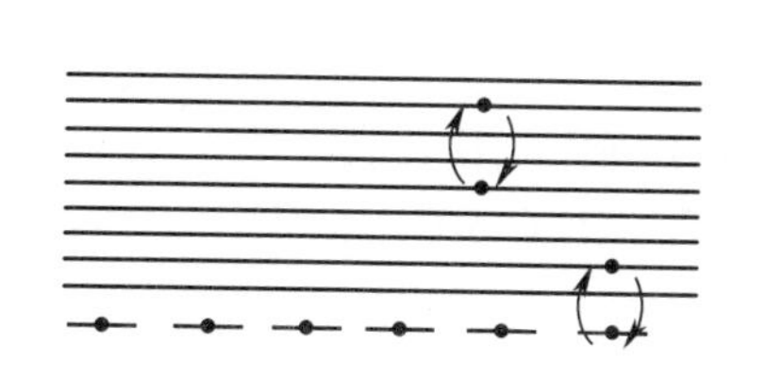

图6.5.4 空穴的跃迁

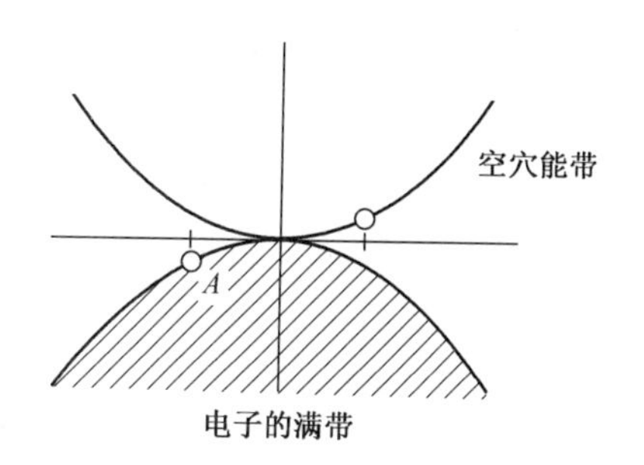

图6.5.5 由电子能带作出的空穴能带

问题6.5.1 教材中说："晶体电子的能量本征值分裂成一系列能带"，请进一步解释这句话。

问题6.5.2 教材中说："当存在外电场 E 时，电子受到电场的作用力为 $\boldsymbol{F}=-e\boldsymbol{E}$，由于 $\hbar\frac{\mathrm{d}\boldsymbol{k}}{\mathrm{d}t}=\boldsymbol{F}$，满带中的所有电子态的代表点都要在 $\boldsymbol{k}$ 空间沿电场的反方向同步移动"。请问：(1)什么是"电子态的代表点"？(2)它们为什么会"在 $\boldsymbol{k}$ 空间移动"？

问题6.5.3 图6.5.1画出了一维情况下满带电子不导电的解释，请问该能带带底的电子也会在外场的作用下运动吗？之所以提这个问题，是因为带底电子从热激发的角度看，是所谓的"死"电子，它们的活性因此很差。

问题6.5.4 教材中说："由于电子受到声子或晶格不完整性的散射作用，电子的状态代表点不会无限地移动下去，而只是稍稍偏离原来的分布"，请问为什么受到声子或晶格缺陷作用后，电子的状态代表点就不会无限地移动下去？

问题6.5.5 有教材指出：费米能在未填满的能带之中，请问为什么？

问题6.5.6 满带电子在外场作用下也不导电，教材对此结论做了解释。但解释中没有提到能隙大小，请问此结论与能隙大小有关吗？

6.6 晶体电子的态密度

5.1.1节中已经得到了自由电子的态密度 $g(E)$ 表达式为

$$g(E) = 4\pi V(2m/\hbar^2)^{3/2}E^{\frac{1}{2}} \tag{6.6.1}$$

晶体电子受到周期性势场的作用,其能量 $E(\boldsymbol{k})$ 与波矢 $\boldsymbol{k}$ 的关系不再是抛物线,因此式(6.6.1)不适于晶体电子。下面通过对简单晶格 s 带电子 $N(E) \sim E$ 关系的分析,建立晶体电子态密度的关系。

式(6.3.20)给出简单立方晶体 s 带的 $E(\boldsymbol{k})$ 为

$$E_s(\boldsymbol{k}) = E_s^{at} - J_0 - 2J_1(\cos k_x a + \cos k_y a + \cos k_z a) \tag{6.6.2}$$

其能量极小值在 Γ 点,即 $\boldsymbol{k}=(0,\ 0,\ 0)$ 处,相应的能量为 $E_s(\Gamma) = E_s^{at} - J_0 - 6J_1$。在 Γ 点附近的能量,可以通过将 $E_s(\boldsymbol{k})$ 在 $\boldsymbol{k}=0$ 处展开成泰勒级数而得到。根据 $\cos x = 1 - x^2/2 + \cdots$,取其前两项代入 $E_s(\boldsymbol{k})$ 的表示式,即得

$$E_s(\boldsymbol{k}) = E_s^{at} - J_0 - 2J_1[3 - a^2(k_x^2 + k_y^2 + k_z^2)/2] = E_s(\Gamma) + J_1 a^2(k_x^2 + k_y^2 + k_z^2) \tag{6.6.3}$$

在 6.4 节中,已经根据有效质量的定义,求得简单立方晶格 s 带在 Γ 点处的有效质量,即 $m^* = (\hbar^2/2J_1a^2) > 0$,它是一个标量。以此代入式(6.6.3),得

$$E_s(\boldsymbol{k}) = E_s(\Gamma) + \frac{\hbar^2 k^2}{2m^*} \tag{6.6.4}$$

或

$$E_s(\boldsymbol{k}) - E_s(\Gamma) = \frac{\hbar^2 k^2}{2m^*} \tag{6.6.5}$$

式(6.6.5)表明,在能带底 $\boldsymbol{k}=0$ 附近,等能面是球面。如果以 $E_s(k) - E_s(\Gamma)$ 及 m^* 分别代替自由电子的能量 E 及质量 m,就可以得到晶体电子在带底附近的态密度函数。

$$g(E) = 4\pi V\left(\frac{2m^*}{\hbar^2}\right)^{3/2}[E_s(\boldsymbol{k}) - E_s(\Gamma)]^{\frac{1}{2}} \tag{6.6.6}$$

能带顶在 $\boldsymbol{k} = \left(\frac{\pi}{a}, \frac{\pi}{a}, \frac{\pi}{a}\right)$ 的 R 处,其能量为 $E_s(R) = E_s^{at} - J_0 + 6J_1$。以 R 附近的波矢 $\boldsymbol{k} = \left(\frac{\pi}{a} + \Delta k_x, \frac{\pi}{a} + \Delta k_y, \frac{\pi}{a} + \Delta k_z\right)$ 代入 $E_s(\boldsymbol{k})$ 的表达式中,就得到在能量极大值附近的能量表达式:

$$E_s(\boldsymbol{k}) = E_s^{at} - J_0 - 2J_1[\cos(\pi + \Delta k_x a) + \cos(\pi + \Delta k_y a) + \cos k_z(\pi + \Delta k_z a)]$$

再利用 $\cos(\alpha + \beta) = \cos\alpha\cos\beta - \sin\alpha\sin\beta$,就可得到

$$E_s(\boldsymbol{k}) = E_s^{at} - J_0 - 2J_1(-\cos\Delta k_x a - \cos\Delta k_y a - \cos\Delta k_z a)$$

将上式的余弦函数展成 $\cos x = 1 - \frac{1}{2}x^2 + \cdots$,上式变成

$$\begin{aligned} E_s(\boldsymbol{k}) &= E_s^{at} - J_0 - 2J_1\left\{-3 + \frac{1}{2}a^2[(\Delta k_x)^2 + (\Delta k_y)^2 + (\Delta k_z)^2]\right\} \\ &= E_s(R) - \frac{\hbar^2}{2m^*}[(\Delta k_x)^2 + (\Delta k_y)^2 + (\Delta k_z)^2] \end{aligned}$$

或写成

$$E_s(R) - E_s(\boldsymbol{k}) = \frac{\hbar^2}{2m^*}[(\Delta k_x)^2 + (\Delta k_y)^2 + (\Delta k_z)^2] \tag{6.6.7}$$

式中:$m^* = \hbar^2/2J_1a^2$,Δk_i 是波矢 $\boldsymbol{k}$ 与能带顶 R 的波矢之差。所以,若以 R 点为原点建立

坐标系 k_x, k_y, k_z 轴，则 Δk_i 的意义就与 k_i 的意义是一样的。因此，式(6.6.7)表示能量极大值 R 点附近的等能面是以 R 点为球心的球面。这样，就得到能带极大值附近的态密度函数为

$$g(E) = 4\pi V(2m^*/\hbar^2)^{3/2}[E_s(R) - E_s(\boldsymbol{k})]^{\frac{1}{2}} \tag{6.6.8}$$

虽然式(6.6.7)及式(6.6.8)是从特例得到的，但却是具有普遍意义的。就是说，当能带极值处的有效质量是各向同性的，等能面是球面时，式(6.6.7)及式(6.6.8)就都成立。

当能量远离极值点时，晶体电子的等能面不再是球面。图6.6.1画出了在 $k_z = 0$ 截面上的简单立方晶格电子等能面示意图。从图中可以看出，自原点(Γ 点，是能带底)向外，等能面基本上保持为球面；在接近布里渊区边界时，晶体电子能量下降(指相对于自由电子，参看图6.2.4)。为得到与自由电子相同的能量 E，晶体电子的波矢 $\boldsymbol{k}$ 就必然更大。当能量超过边界上的 A 点的能量 E_A 时，等能面将不再是完整的闭合面。在顶角 C 点(能量极大值处)附近，等能面是被分割在顶角附近的球面，到达 C 点时，等能面缩成几个顶角点。

在能量接近 E_A 时，等能面向外突出，所以，这些等能面之间的体积显然比球面之间的体积大，因而包含的状态代表点也较多，使晶体电子的态密度在接近 E_A 时比自由电子的显著增大(图6.6.2)。当能量超过 E_A 时，由于等能面开始残破，它们之间的体积越来越小，最后下降为零。因此，能量在 E_A 到 E_C 之间的态密度将随能量增加而逐渐减小，最后降为零，如图6.6.2所示。

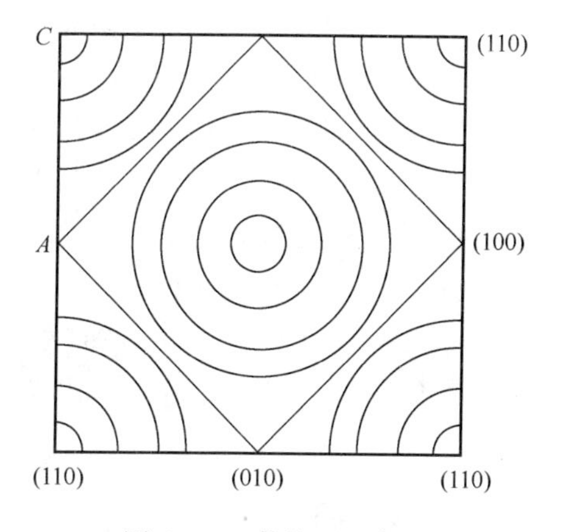

图6.6.1 等能面示意图

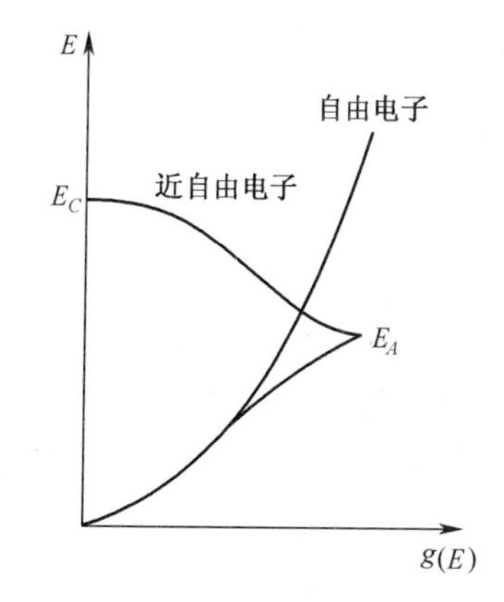

图6.6.2 自由电子与晶体电子态密度示意图

如果考虑两个没有交叠的能带的态密度，下面一个带的态密度曲线也如图6.6.2所示的那样，在能带顶处态密度为零，在禁带内也一直保持为零(因为禁带内无电子的量子态存在)。当能量到达上面那个带的带底时，态密度才又随能量的增加而增加，如图6.6.3(a)所示。如果所考虑的能带有交叠，那么，两带的态密度也会发生交叠，态密度函数如图6.6.3(b)所示。可见，交叠能带与不交叠能带的态密度函数很不相同，这可以从软X射线发射谱中得到证实。

当晶体受到能量约为$10^2 \sim 10^3$eV 的电子撞击时，低能带中的一些电子被激发，因而在能带中留下空能级。由于低能带是很窄的，可近似看作是分立能级。当高能带中的电子

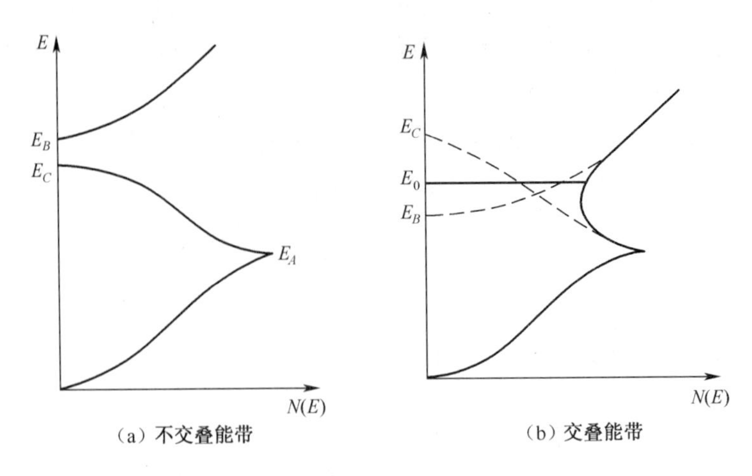

图 6. 6. 3　两个能带的态密度函数

落入低能带中的空能级上时,就发射出 X 射线。因这种 X 射线的波长较长(约 10nm),所以称为软 X 射线。软 X 射线发射谱的强度 $I(E)$ 既与态密度 $g(E)$ 成正比,也与能量为 E 的电子向空能级跃迁的概率 $W(E)$ 成正比,即

$$I(E) \propto W(E)g(E)$$

上式中的 $W(E)$ 是一个随 E 连续缓变的函数。因此,$I(E)$ 主要由 $g(E)$ 决定。就是说,软 X 射线发射谱的形状直接反映出晶体电子态密度的特征。

图 6. 6. 4 是几种典型的金属与非金属的 X 射线发射谱。由该图可以看出,各晶体的发射谱在低能端都是随能量增加而逐渐上升的,说明从带底起,随着电子能量增加,态密度也逐渐增大;在高能端,金属的 X 射线发射谱是突然下降的,所对应的能量大致与费米能相同;非金属的发射谱则随能量增加而逐渐下降为零。这正好反映了金属与非金属的电子填充能带的状况。金属中的电子没有填满能带,电子填充的最高能级的能量约为 E_F,态密度 $g(E_F) \neq 0$,所以,发射谱就突然下降。镁及铝的发射谱与图 6. 6. 3(b)的形状相似,说明这两种金属的能带有交叠。石墨及硅的发射谱的形状则与图 6. 6. 3(a)相似,说明这些晶体中的价电子刚好填满一个能带。价电子处于满带之中,所以,这些晶体是绝缘体。

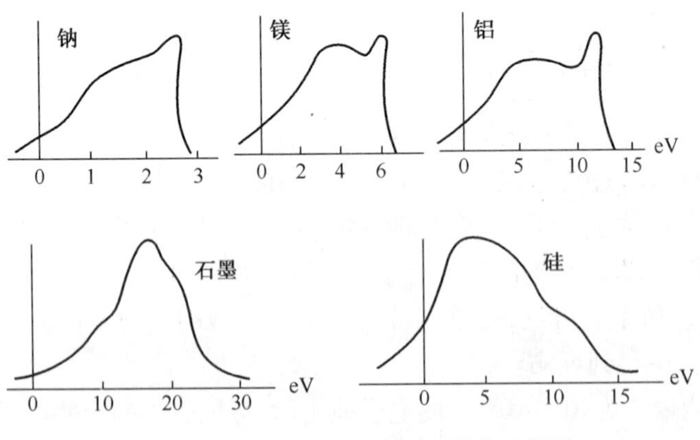

图 6. 6. 4　金属与非金属的 X 射线发射谱

问题 6.6.1 图 6.6.3 中,E_A、E_B、E_C、E_0的含义是什么?

问题 6.6.2 请对图 6.6.3(a)、(b)分别给予解释,并说明它们之间产生差异的原因。

问题 6.6.3 (1)紧束缚模型的等能面如何确定?(2)近自由电子模型的等能面如何确定?要求:说出思路,并指出两者的差异。

问题 6.6.4 教材中说:"接近布里渊区边界时,晶体电子能量下降(指相对于自由电子,参看图 6.2.4)。为得到与自由电子相同的能量 E,晶体电子的波矢 $\boldsymbol{k}$ 就必然更大"。请对这一段话做进一步的说明。

问题 6.6.5 图 6.6.4 中,3 种金属的态密度曲线特点,明显不同于硅与石墨这两种非金属。请问它们之间的主要形状差异是什么?

问题 6.6.6 能带交叠时态密度的确定方法是什么?

问题 6.6.7 (1)等能面之间的体积越大,态密度越高,请问为什么?(2)等能面与费米面是什么关系?

问题 6.6.8 教材中说:"当晶体受到能量约为$10^2 \sim 10^3$eV 的电子撞击时,…就发射出 X 射线"。(1)低能级近似看作分立能级是什么意思?(2)有资料说:此时高能带(价带)中的电子落入空的低能级,会发射连续 X 射线谱。请问为什么是连续谱?

问题 6.6.9 教材中说:"软 X 射线发射谱的强度 $I(E)$既与态密度 $g(E)$成正比…"。请这句话中态密度与电子浓度是什么关系?

问题 6.6.10 过渡族金属 Ni 的电导率明显小于贵金属 Cu (约为 Cu 的 1/4),请查阅资料,以便用能带理论做出解释。

第7章　半　导　体

7.1　半导体概述

半导体是固体材料中非常独特、有用的一类。这类材料可以是晶态的，也可以是非晶态的；可以由一种元素组成，如锗、硅半导体等，也可以是由两种或两种以上元素组成的化合物半导体，如Ⅲ-Ⅳ族、Ⅱ-Ⅳ族化合物等。这类材料的一个共同点是电阻率都介于金属与绝缘体之间，室温下约为$10^{-3} \sim 10^{6}\Omega \cdot cm$（金属电阻率小于或等于$10^{-6}\Omega \cdot cm$，绝缘体的电阻率大于或等于$10^{10}\Omega \cdot cm$）。另一个共同点是电子填充能带的模式一致，这使半导体具有许多异于金属和绝缘体的特性。

7.1.1　半导体的一般性质

（1）高纯半导体的电阻率随温度上升而下降，即具有负的温度系数；而金属电阻率的温度系数则是正的。

（2）导电性能受外界影响很大：①用光照或高能粒子辐照半导体，可使其电阻率下降；②半导体中含有杂质（外来原子）时，其导电性能在很大程度上取决于杂质的类型及浓度。例如，室温下纯硅的电阻率$\rho = 2.14 \times 10^{5}\Omega \cdot cm$，若掺入千万分之一的磷原子（磷原子浓度为$10^{15}/cm^{3}$），硅的电阻率就下降为$\rho = 1\Omega \cdot cm$。掺入不同类型的杂质时，半导体中电流既可以由电子荷载，也可以由空穴荷载。

（3）具有比金属强的多的霍耳效应及温差电效应。而且，半导体的霍耳系数可为正、负或零（金属的霍耳系数为负）。金属的温差电动势率一般在几个 μV/K 的数量级，个别的可达几十个 μV/K。半导体的温差电动势率一般都在几百 μV/K 的数量级。

7.1.2　结合类型与晶格结构

重要的晶态半导体大多以共价键结合，具有金刚石结构或闪锌矿结构。下面分成3类介绍。

1. Ⅳ族元素半导体

包括锗、硅及灰锡（α-Sn）。这类半导体都由位于周期表中第四列的元素结晶而成，因而称为Ⅳ族元素半导体。锗、硅是半导体中最先研发的材料，其制备技术也最为完善。这类半导体都是共价晶体，具有金刚石结构。每个硅原子的4个共价键中的电子，都处于sp^{3}杂化轨道上，键中的两个电子自旋相反。

2. Ⅲ-Ⅴ族化合物

最重要的有 GaAs（砷化镓）和 GaP（磷化镓）；此外还有 InSb（锑化铟）和 GaSb（锑化镓）等。这类材料具有闪锌矿结构，相当于两套面心立方点阵沿对角线错开一定距离（为对角线长度的1/4)。图7.1.1是GaAs结构的平面示意图,其中连接Ga原子与As原子的每一根键称为极性键,电子云沿键轴的分布偏向于电负性较高的原子,因而是非对称的。As原子的电负性高于Ga原子,所以As原子带负电,Ga原子带正电,静电荷值为±0.46e(e为一个电子的电荷量)。原子获得的静电荷称作有效电荷。可见,在Ⅲ-Ⅴ族化合物半导体结合中,既有共价键成分,又有离子键成分。

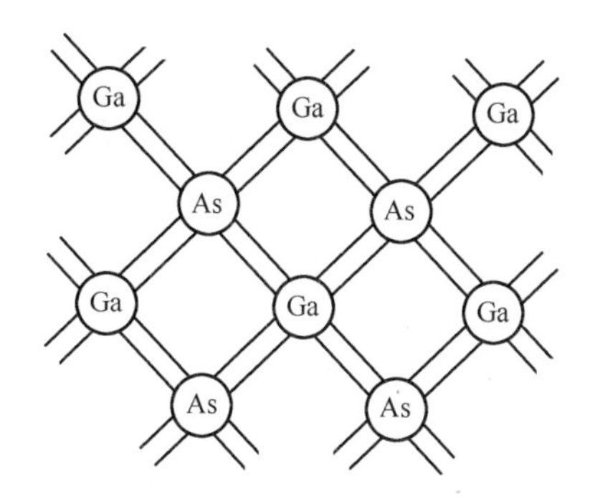

图7.1.1 GaAs的正四面体键示意图

3. Ⅱ-Ⅶ族化合物

例如CdS(硫化镉)和ZnS(硫化锌)。这类半导体具有闪锌矿结构,是以共价键为主兼有离子性的结合。键中电荷的转移量比Ⅲ-Ⅴ族化合物大,原子的有效电荷值为±0.48e。

7.1.3 能带结构

禁带宽度较窄是半导体能带的特征。由于半导体中电子多集中于导带底,空穴多集中于价带顶,因此,需对导带底及价带顶附近的能带状态有比较清楚的认识,以便于了解电子及空穴的运动规律。

1. 锗(Ge)和硅(Si)的能带结构

图6.3.6中,已给出了锗、硅的能带图。该图表明,锗的导带极小值在ΓL轴(称Λ轴)上的点L处,即在$\boldsymbol{k}=\frac{\pi}{a}[111]$点处。硅的导带底出现在$\Gamma X$轴(称$\Delta$轴)上,根据锗、硅晶体的对称性,可以断定,锗晶体必有另外7个等价的极小值位于(111)方向上;硅必有另外5个等价的极小值位于<100>方向上。在导带极值点附近,能量可表示为

$$E^s(\boldsymbol{k})=E_c+\frac{\hbar^2}{2}\left[\frac{(k_x-k_{0x}^s)^2}{m_{xx}^*}+\frac{(k_y-k_{0y}^s)^2}{m_{yy}^*}+\frac{(k_z-k_{0z}^s)^2}{m_{zz}^*}\right] \tag{7.1.1}$$

式中:s为极值点的编号,对于锗,s可取1~8的数,对于硅,s可取1~6的数;E_c为极值点的能量;$\boldsymbol{k}_0^s$为第s个极值点所对应的波矢;$m_{xx}^*,m_{yy}^*,m_{zz}^*$为有效质量的分量。

式(7.1.1)表明,极小值附近的等能面是椭球面。回旋共振实验进一步指出,椭球面为旋转椭球面,其长轴沿着极值点所在的对称轴,图7.1.2给出了锗、硅导带底附近等能面的示意图。一般将沿着旋转椭球长轴方向的有效质量分量记作m_l,称为纵向有效质量;将垂直于长轴方向的有效质量分量记作m_t,称为横向有效质量。当$\boldsymbol{k}$空间的k_z轴沿着旋转椭球的长轴方向时,就有$m_l=m_{zz}^*$,$m_t=m_{xx}^*=m_{yy}^*$。将能量极小值处的能量作为

原点,即令 $E_c=0$。这样,第 s 个极小值附近的能量方程式(7.1.1)就可写为

$$E(\boldsymbol{k})=\frac{\hbar^2}{2}\left[\frac{k_x^2+k_y^2}{m_t}+\frac{k_z^2}{m_l}\right] \tag{7.1.2}$$

回旋共振实验测得锗的电子有效质量为 $m_l=1.64m$, $m_t=0.0819m$;硅的电子有效质量为 $m_l=0.98m$, $m_t=0.19m$ 。

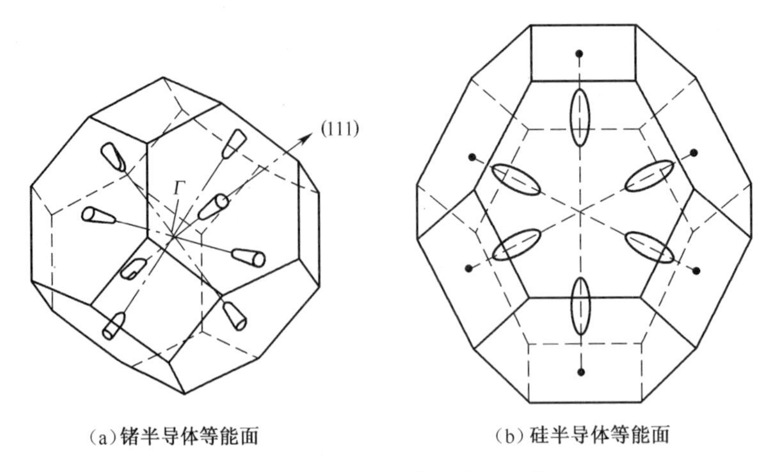

图 7.1.2 锗、硅导带等能面示意图

图 6.3.6 也显示出锗、硅的价带顶为 $\boldsymbol{k}=0$(布里渊区的中心 Γ 点处)。带顶处的能带是简并的,若计及电子的自旋,其简并度为 6;若考虑电子的自旋—轨道耦合,六重简并的能带分裂成三支,其中两支仍在带顶($\boldsymbol{k}=0$)处重合成四重简并的,另一支是二重简并的。图 7.1.3 给出上述价带顶附近的结构。

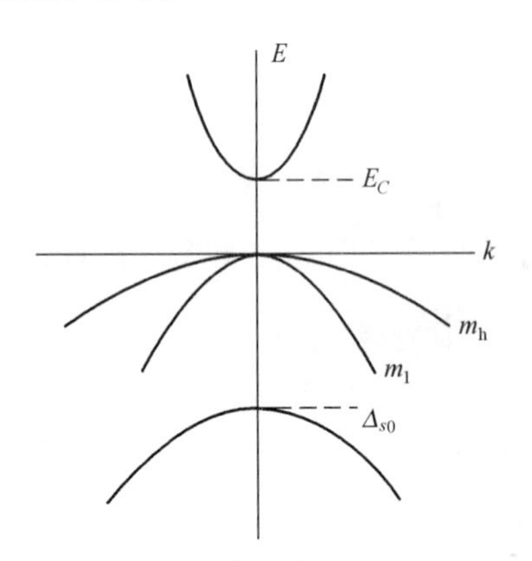

图 7.1.3 锗、硅价带顶结构示意图

对于带顶是四重简并的能带,在带顶附近的能量可表为

$$E_{1,2}=E_v-\frac{\hbar^2}{2m}\left[Ak^2\pm\sqrt{B^2k^4+C^2(k_x^2k_y^2+k_y^2k_z^2+k_z^2k_x^2)}\right] \tag{7.1.3}$$

式中:E_v 为价带顶的能量;A、B、C 为由实验测定的常数。

式(7.1.3)中的根号前取正号时,带顶处空穴的有效质量较小,故称作轻空穴带,相应的空穴称为轻空穴;若根号前取负号,就得到重空穴带,相应的空穴就是重空穴。由

式(7.1.3)可知,轻、重空穴带的带顶附近的等能面都不是球面,而是扭曲的球面。

由于自旋—轨道耦合而分离出来的第三支能带,在 $\boldsymbol{k}=0$ 附近的能量表达式为

$$E_3 = E_v - \Delta_{s0} - A\frac{\hbar^2 k^2}{2m} \tag{7.1.4}$$

式(7.1.4)表明,这个带在 $\boldsymbol{k}=0$ 附近的等能面是球面。式中 Δ_{s0} 是这个带与前面的 $E_{1,2}$ 带在 $\boldsymbol{k}=0$ 处的能量差。表 7.1.1 给出锗、硅的价带参数及空穴的有效质量,其中 m_h 及 m_l 分别表示重空穴及轻空穴的有效质量。

表 7.1.1 锗、硅的价带参数及空穴的有效质量

	A	B	C	Δ_{s0}/eV	m_h/m_0	m_l/m_0
锗	13.8	8.48	13.15	0.29	0.36	0.044
硅	4.29	0.68	4.87	0.044	0.53	0.16

锗及硅的导带底与价带顶位于 $\boldsymbol{k}$ 空间的不同点处,故称作间接带隙(禁带)半导体。在 $T=0$K 时,锗及硅的带隙分别是 0.75eV 和 1.16eV。随着温度上升,禁带宽度变窄。在室温($T=300$K)下,锗及硅的禁带宽度分别为 0.67eV 及 1.106eV。

2. 砷化镓的能带结构

砷化钾的能带结构与锗、硅相似,但砷化钾的导带底及价带顶都位于布里渊区的中心 $\boldsymbol{k}=0$ 处,故称作直接带隙半导体。导带底附近的等能面是球面,因而电子的有效质量是各向同性的,实验测得 $m^*=0.068$m。沿[100]方向靠近 X 点处还存在一个能量极小值,称作卫星谷。同时将 $\boldsymbol{k}=0$ 处的导带底称作中心谷。卫星谷比中心谷能量高约 0.36eV,卫星谷电子的有效质量为 $1.2m$。

砷化稼的价带也有一个重空穴带和一个轻空穴带,重空穴和轻空穴的有效质量分别为 $0.45m$ 及 $0.082m$。第三个带的裂距 $\Delta_{s0}=0.34$eV。

砷化稼的价带宽度在 $T=0$K 时为 1.522eV,在室温下为 1.428eV,是宽禁带半导体中很重要的光电器件材料。

问题 7.1.1 (1) GaAs 晶体中离子的有效电荷值为 $\pm 0.46e$,而 CdS(硫化镉)或 ZnS(硫化锌)晶体中离子的有效电荷值为 $\pm 0.48e$。请问后者的绝对值为什么更大?(2)请估计 NaCl 晶体中离子的有效电荷值。

问题 7.1.2 (1) 锗的导带极小值在 ΓL 轴(称 Λ 轴)上的点 L 处,即在 $\boldsymbol{k}=\frac{\pi}{a}(111)$ 点处。请根据锗晶体对称性写出另外 7 个极小值的具体倒格矢;(2)教材中说:"硅则有另外 5 个等价的极小值位于(1 0 0)方向上",请写出它们的具体倒格矢。

问题 7.1.3 (1)式(7.1.1)中 k_x 的下标 x 显然代表的是方向。请问这里的"x 方向"究竟是什么意思?(2)请以锗的极值点 $\boldsymbol{k}=\frac{\pi}{a}(111)$ 为例,用文字说明式(7.1.1)中 $k_x-k_{0x}^s$ 的含义。

问题 7.1.4 请计算硅晶体的价电子密度。

问题 7.1.5 在导带极值点附近,能带为式(7.1.1)。如果不考虑其中有效质量的

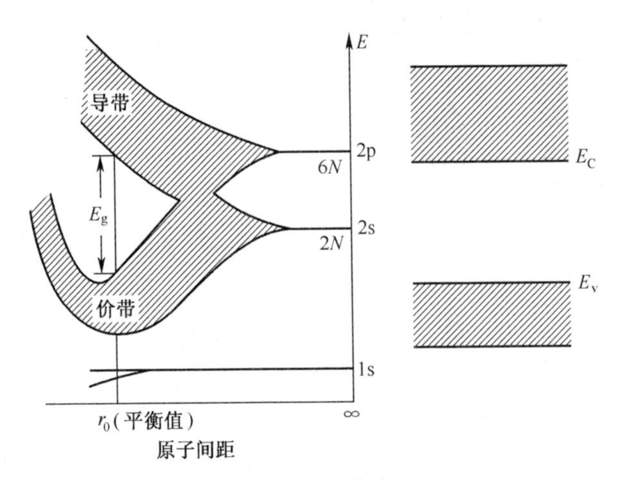

图 7.1.4 金刚石的能带与近邻原子间距的关系

差异,则等能面是严格的球面,请问为什么此时的波矢方向性不产生影响?

问题 7.1.6 对于半导体,随着温度上升,禁带宽度变窄(但变化幅度并不大),请问为什么?(本题仅要求指出分析思路)

问题 7.1.7 图 7.1.4 中,如果碳原子间距从 r_0 增大到上下两个能带连成一片,请问这样的金刚石的导电性怎样?

7.2 半导体中的杂质

本征半导体,即半导体中不含杂质,当有目的掺入杂质时,形成的半导体称为杂质半导体。

杂质是指与组成半导体晶体的基质原子不同的外来原子。有的杂质是由于原材料不纯或制备过程中引入的;有的则是人为掺入的。杂质的存在破坏了晶格的完整性,因而也破坏了晶格势场的周期性,这就有可能在禁带中出现电子能级。与能带中电子的扩展态不同,禁带中的束缚态对杂质半导体的性能起着决定性的影响。

通常情况下,掺杂原子的大小与基质原子相近,电子壳层结构也相近,它们进入半导体后会置换基质原子而占据格点位置,成为替位式(置换式)杂质,如锗、硅中的Ⅲ族、Ⅴ族杂质原子。本节主要介绍这类杂质。

当半导体中杂质浓度很低(如在 $10^{18}\,\mathrm{cm}^{-3}$ 以下)时,杂质原子之间的相互作用很弱,可以忽略不计,因此杂质原子在半导体中是孤立存在的,是晶体中的点缺陷。

7.2.1 锗、硅中的杂质

锗、硅半导体同是Ⅳ族元素半导体,都是共价键晶体,杂质在其中的行为也相近,故可放在一起讨论。

1. 施主杂质

这是锗、硅中的不等价杂质,它们比基质原子多一个价电子。施主(donor)杂质是带正电荷而束缚电子的杂质,或者说,是可为导带提供电子而不产生空穴的杂质。下面以五价元素磷掺到硅(或锗)中为例,说明施主的作用。

磷在硅中是替位式(置换式)杂质。替代了硅原子的磷原子,除了与周围的硅原子形成4根共价键,还多余一个价电子;与硅的离子实相比,磷的离子实多了一个正电荷 e,这个正电荷 e 与多余的价电子之间存在着库仑作用,形成类氢的结构,即一个正电中心束缚着一个电子(见图7.2.1(a))。这种束缚作用是很弱的,只要这种电子吸收了少量能量(如热能),就能摆脱正电荷的束缚而成为导电电子,从而荷载电流。这样,五价原子在硅中以替位式存在时,可以向导带提供电子而不伴生空穴。所以,这类杂质称为施主杂质。

被施主束缚的电子,只有在获得一定能量后才可成为导带中的电子,可见,束缚态中的电子能量必然低于导带底,是处于禁带中的能级。由于施主对电子的束缚很弱,所以,束缚态中的电子的能级必然很靠近导带底。由于已假设施主杂质孤立存在于硅中,故束缚态中的电子能级必然是一些孤立的能级。图7.2.1(b)中的每一段短线,对应于一个施主杂质束缚着一个电子时的电子能级。电子摆脱施主的束缚而成为导电电子的过程,称作施主杂质的电离,这相应于一个电子从施主能级跃迁到导带中,所需能量 E_D 称为施主的电离能,其数值等于导带底与施主能级之差,见图7.2.1(b)。

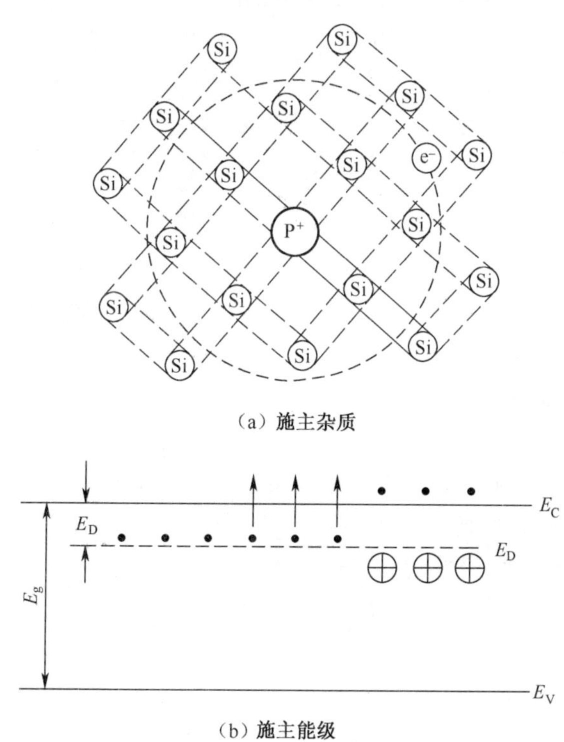

图7.2.1 施主杂质与施主能级

可以用类氢模型计算施主能级,但有两点要作修正:①施主杂质处于晶体中,所以要考虑晶体介电常数 ε 的影响。因此,束缚电子的库仑能减少到氢原子中的 $1/\varepsilon$;②被束缚的电子是在晶体中运动的,必然受到晶格势场的作用,所以要用电子的有效质量 m^* 来代替惯性质量 m。已知氢原子的能级为

$$E_n = -\frac{me^4}{8\pi^2\hbar^2\varepsilon_0^2 n^2} \quad (n = 1,2,3,\cdots) \tag{7.2.1}$$

氢原子的电离能 E_i 相应于 $n=1$ 时，基态电子的能量为 E_1，即

$$E_1 = -\frac{me^4}{8\pi^2\hbar^2\varepsilon_0^2} = -13.6\text{eV} \tag{7.2.2}$$

基态氢原子的玻尔半径为

$$a_0 = \frac{4\pi\hbar^2\varepsilon_0}{me^2} = 0.052\text{nm} \tag{7.2.3}$$

通过与上述结果类比，得到施主的电离能 E_D 为

$$E_D = -\frac{m^* e^4}{8\pi^2\hbar^2\varepsilon^2\varepsilon_0^2} \tag{7.2.4}$$

将式(7.2.2)及式(7.2.4)相比，施主电离能仅为氢原子电离能的 $\frac{m^*}{m\varepsilon^2}$。由于 $m^* < m$，$\varepsilon \gg 1$（锗为 $\varepsilon = 16$；硅为 $\varepsilon = 12$；砷化稼为 $\varepsilon = 12.58$），所以施主电离能仅有百分之几电子伏特的数量级，比半导体的禁带宽度小的多。用类氢模型来计算施主电离能时，假设了电子的有效质量是各向同性的，并把杂质离子实看作是点电荷，所以，计算结果没能反映出不同杂质的局域能级是不同的这样一个事实。表 7.2.1 列出了由实验测得的锗、硅中几种施主杂质的电离能。

表 7.2.1 锗、硅晶体中施主杂质的电离能 （单位：eV）

	磷	砷	锑
锗	0.0126	0.0127	0.0096
硅	0.044	0.049	0.039

由于施主的电离能很小，所以室温下施主杂质都已电离，使导带电子增加，从而增强了半导体的导电能力。掺有施主杂质的半导体，电流的荷载者主要是电子，因而称作电子型半导体或 n 型半导体。

2. 受主杂质

能为半导体的价带提供空穴的杂质称作受主杂质（或简称受主，acceptor），这种杂质束缚电子后就成为带负电的离子。Ⅲ族元素的原子进入锗、硅晶体中成为替位式杂质时，就是受主。下面以硼(B)原子掺到硅晶体为例，说明受主的作用。替代了硅原子的硼原子处于正常格点位置，与其最邻近的 4 个硅原子形成共价键时，还缺少一个电子，所以，其中的一根键上因缺少电子而出现空的能量状态。当从临近的 Si-Si 键上获得一个电子时，硼与硅原子的四面体键才得以完成，同时在价带中留下一个空穴，这个空穴可以荷载电流。由于锗、硅中的三价替位杂质可以接受价带的电子而成为负电中心，所以是受主杂质，价带电子填入受主的空能级过程，称作受主的电离。可以认为，受主上的空能态是被受主束缚着的空穴，这个被束缚着的空穴跃入价带的过程就是受主电离的过程。只有被束缚的空穴吸收了外界的能量才可跃入价带，因此，受主能级必然位于价带顶之上（因为在电子能级图中，空穴位置越高，空穴的能量越低）。

也可以利用类氢模型来计算受主的电离能，但因价带结构比导带复杂，所以计算起来也更复杂。图 7.2.2 画出了束缚空穴及其能级的示意图，图中的每一短线表示受主能级。表 7.2.2 列出锗、硅中几种受主的电离能。

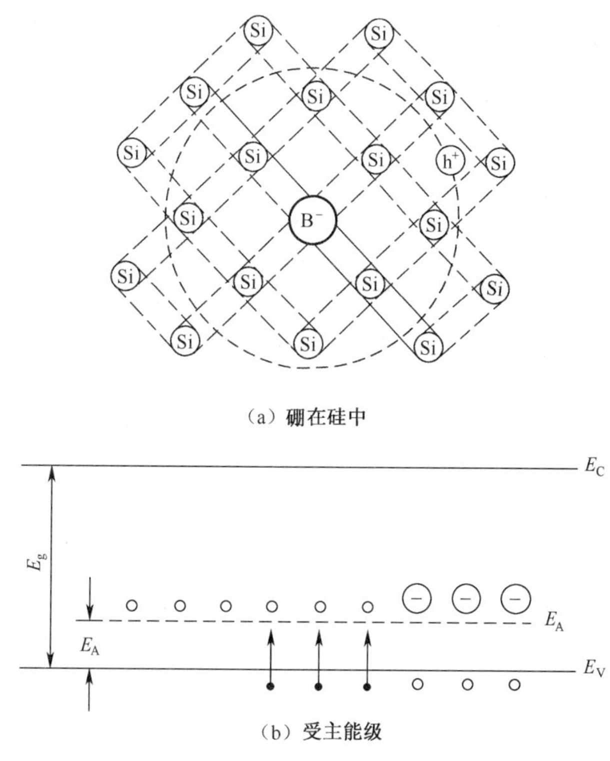

(a) 硼在硅中

(b) 受主能级

图 7.2.2 硅晶体中的硼原子及其能级

表 7.2.2 锗、硅晶体中受主的电离能(eV)

	硼	铝	镓	铟
锗	0.01	0.01	0.011	0.011
硅	0.045	0.057	0.065	0.16

由于受主的电离能很小,所以室温下受主已全部电离。掺有受主的半导体,价带空穴必然增多,从而增强了半导体的导电能力。通常,将主要依靠空穴荷载电流的半导体称作空穴型半导体或 p 型半导体。

3. 深能级杂质

锗、硅晶体中的Ⅲ族与Ⅴ族杂质在禁带中的局域能级都靠近价带顶或导带底,因而称作浅能级杂质。还有一些杂质(如金、铜等)的局域能级远离价带顶或导带底,这些杂质就称作深能级杂质,这些深能级杂质往往可以形成若干个局域能级,其中有的能级是施主能级,有的是受主能级。如锗中的银、铜、金在禁带中形成 3 个受主能级;硅中的铜也形成 3 个受主能级,而银和金则各形成一个受主能级和一个施主能级。下面以硅中的金为例加以说明。中性的金原子 Au 是一价原子,当它进入硅晶体后,可以处于两种截然不同的状态:

(1) 一价的 Au 与周围的硅原子形成共价键,其中只有一根键是完全的,这个价键中的电子可以跃迁到导带而形成为导电电子,这样,金原子就成为硅中的施主杂质。由于电子原本处于价键之中,所以电子的电离能很大,即金所形成的施主能级远离导带底(约为 0.54eV),所以,是硅中的深能级施主。

（2）由于硅中的金原子只与周围的硅原子形成一根完整的键，其他 3 个键都缺少一个电子，因此接受从价带中激发来的 3 个电子而成为受主杂质。由于接受一个电子与接受两个、三个电子时，所需的外界能量不同，因而会形成 3 个受主能级，不过实验上只测到一个距价带顶约 0.35eV 的受主能级。

深能级杂质对半导体导电类型的影响不如浅能级杂质重要，但它们却是载流子的复合中心或陷阱，对半导体的光电性质有较大影响。

7.2.2 Ⅲ-Ⅴ族化合物中的杂质

杂质在Ⅲ-Ⅴ族化合物中的情况比在锗、硅中复杂。目前，对它们所引入的局域能级仍不完全清楚。下面以 GaAs 为例作简要说明。

（1）Ⅱ族元素如铍、镁、锌、镉进入 GaAs 晶体后，通常取代镓原子而成为替位式杂质。这类杂质的价电子比镓少一个，所以有获得一个电子以完成共价键的倾向，因而是受主杂质，表 7.2.3 列出了这些受主杂质的电离能。通常可以通过掺入锌或镉来获得 p 型的 GaAs 材料。

表 7.2.3　GaAs 中的受主电离能　（单位：eV）

杂　质	铍	镁	锌	镉
电离能	0.030	0.030	0.024	0.021

（2）Ⅵ族元素如氧、硫、硒、碲等，通常取代砷原子而成为替位式杂质。由于Ⅵ族元素比砷原子多一个电子，所以可以向导带发出这个多余的电子。Ⅵ族元素成为 GaAs 晶体中的施主杂质。除氧的局域能级是深施主能级外，其他杂质均为浅能级杂质。表 7.2.4 列出了这些施主的电离能，通常可以通过掺入硒或碲而获得 n 型 GaAs 材料。

表 7.2.4　GaAs 中的施主电离能　（单位：eV）

杂质	硫	硒	碲	氧
电离能	0.006	0.006	0.03	0.75

（3）Ⅳ族元素如碳、硅、锗、锡、铅等掺入 GaAs 晶体后，既可取代镓原子而成为施主杂质，又可取代砷原子而成为受主杂质。如 GaAs 中的 As 原子被锗取代后，其受主电离能为 0.03eV；若 Ga 原子被锗取代，则其施主电离能为 0.0016eV。所以，掺有此类杂质的 GaAs 是 n 型还是 p 型，取决于掺杂时的外界条件及杂质浓度。

7.2.3 杂质的补偿作用

在半导体中同时存在施主杂质及受主杂质的情况下，施主能级的电子可以落到受主能级的空状态上，使电子和空穴同时消失，半导体内电子和空穴的总数反而减少，这种现象就称作杂质的补偿作用。图 7.2.3 示出了这种作用。

当掺入的施主浓度 N_D 大于受主浓度 N_A 时，施主杂质上的电子中有 N_A 个落入了受主能级，但余下 $N_D - N_A$ 的个电子将被热激发到导带而成为导电电子。这时，半导体是 n 型的（图 7.2.3(b)）。若 $N_D < N_A$，则从施主能级落下的电子，不能填满受主能级，所以仍有 $N_A - N_D$ 个受主能级可以接受从价带跃迁来的电子。这样，半导体就是 p 型的

(图7.2.3(a))。当 $N_A \approx N_D$ 时,这种材料中的杂质很多,但电子和空穴都很少,其电阻率很高,有时会被人误认为是高纯的本征半导体,实际上却是品质不好的材料,难以用来制造半导体器件。

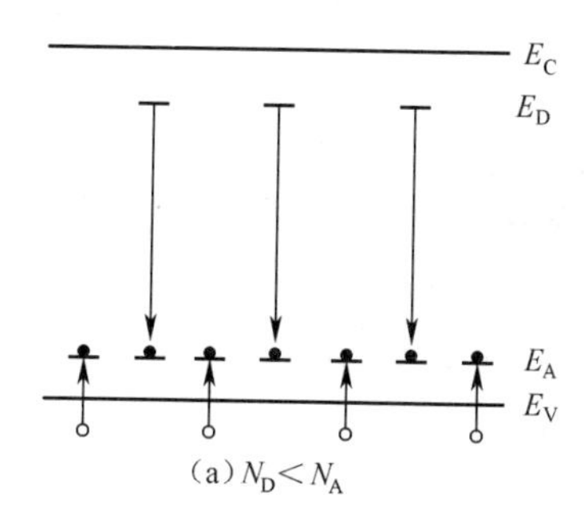

(a) $N_D < N_A$

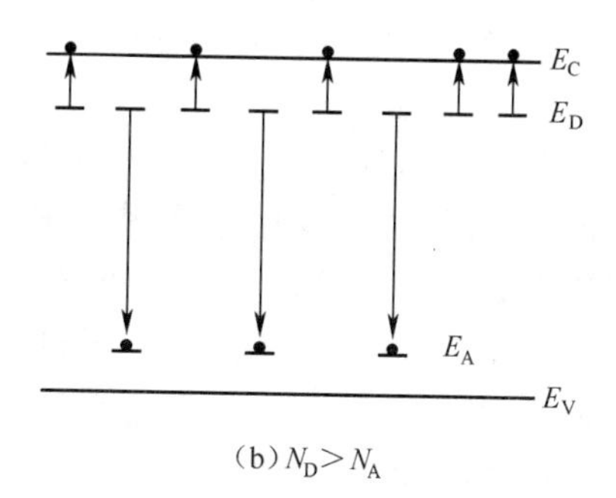

(b) $N_D > N_A$

图7.2.3　杂质的补偿作用

大多数半导体器件都是通过有控制地掺杂及杂质的补偿作用,在预定的区域获得所需的导电类型,从而制成符合要求的器件。

问题7.2.1　教材中说:"杂质的存在破坏了晶格的完整性,因而也破坏了晶格势场的周期性,这就有可能在禁带中出现电子能级"。请联系"酒店—住宿"例子,形象化地说明掺杂后的情况。

问题7.2.2　对于能带中电子的"扩展态"与禁带中的"束缚态",请说明这两个概念之间的关系。

问题7.2.3　杂质能级上的电子被激发到导带之后,为什么没有在杂质能级上留下空穴?之所以这样提问是因为:价带上的电子被激发到导带之后,价带顶会留下空穴。

问题7.2.4　(1)当半导体中杂质浓度很低(如在 10^{18}cm^{-3} 以下)时,杂质原子之间的相互作用很弱;已知硅中原子密度为 $5\times10^{22}\text{cm}^{-3}$,请根据这两个数据,具体说明杂质原子之间的相互作用很弱;(2)杂质原子孤立存在的概念非常重要,请问重要性何在?

问题7.2.5　(1)替代了硅原子的磷原子,与四周的硅原子形成4根共价键。请问这4根共价键与纯硅中的4根共价键性质差异大不大?为什么?(2)用五价的氮原子替代硅原子,以形成施主型半导体。这样操作可能出现什么新问题?

问题7.2.6　(1)施主能级低于导带底很容易理解,但它为什么一定高于价带顶呢?(2)施主除了提供一个巡游电子(及施主能级),它的其他4个电子与基质并不相同。请问这会影响半导体的整体能带结构与载流子分布吗?

问题7.2.7　(1)图7.2.1(b)中有许多表示施主能级的短线。请问它们为什么被画在同一高度上?在怎样的情况下,它们应该被画得高低不同?(2)图7.2.1(b)中,右侧的3根短线下面的记号⊕表示什么?

问题7.2.8　室温下,浅能级杂质几乎全部电离,请用计算结果证明这个结论。

问题7.2.9　对于表7.2.1,结合教材上的相关内容,请你自己提出几个问题,并给予回答。

问题7.2.10　教材中说:"深能级杂质对半导体导电类型的影响不如浅能级杂质重要",请问为什么?

问题 7.2.11 计算施主能级时,引入了介电常数,请问为什么?

问题 7.2.12 (1)从式(7.2.4)看出,有效质量只能大于零,即施主能级本身一定是负的,请问为什么?(2)有效质量大于零,且 $m^* < m$,这样的状态意味着什么?

问题 7.2.13 请根据你自己的理解,说明为什么受主能级:(1)高于价带顶;(2)而且是略高。

问题 7.2.14 用氧掺入 GaAs 中,氧的局域能级是深施主能级,请问:(1)深施主能级的极限是什么?(2)"局域能级"概念与什么概念对应?

问题 7.2.15 已知Ⅵ族元素 O 能够成为 GaAs 晶体中的施主杂质,请问:(1)O 在硅基质中能构成杂质能级吗?(2)如果可以,可能构成深杂质能级吗?(3)由于 O 与 Si 很容易形成 SiO_2,而 SiO_2 的晶体结构明显不同于硅的晶体结构,因此杂质 O 的掺入是否会改变硅的晶体结构(即金刚石结构)?

问题 7.2.16 请查阅资料以说明什么是深能级的陷阱作用?什么是深能级的复合中心作用?

7.3 平衡载流子

导体导带中的电子及价带中的空穴均能荷载电流,统称为载流子。在 n 型半导体中,电子浓度比空穴浓度大得多,故电子是 n 型半导体中的多数载流子,空穴则是少数载流子。由于电子带负(negative)电荷,所以称为 n 型半导体。在 p 型半导体中,情况正好相反,即空穴浓度比电子浓度大的多,所以空穴是 p 型半导体的多数载流子,而电子则是少数载流子。由于空穴带正(positive)电荷,所以称为 p 型半导体。

当温度一定而又不存在外界作用时,系统会处于热平衡状态。这种状态下半导体中的载流子称作平衡载流子。平衡状态下价带电子获得热量而跃迁到导带,成为导电电子,同时在价带产生空穴,这个过程称作本征激发。显然,本征激发产生的(导电)电子数与空穴数是相等的。

当半导体中掺有杂质时,由于杂质电离,电子从施主能级跃迁到导带成为导电电子,空穴从受主能级跃迁到价带(价带电子跃迁到受主能级)而形成空穴,这个过程称为杂质激发。除了有产生载流子的激发过程,还有电子与空穴复合而消失的过程,如导带电子重新落入价带或施主能级上,或禁带中的空穴重新被受主能级束缚。当半导体处于热平衡状态时,载流子的激发与复合达到了动态平衡,平衡载流子浓度因此不再变化。当温度改变时,会建立新的平衡态,载流子浓度会达到新的稳定数值。

7.3.1 本征半导体的载流子浓度

首先计算导带电子的浓度。能量在 $E \sim E+\mathrm{d}E$ 之间的电子数为

$$\mathrm{d}N = f(E)g(E)\mathrm{d}E \tag{7.3.1}$$

式中:$f(E)$ 为电子的分布函数;$g(E)$ 为态密度。

温度不太高时,导带中的电子很少,具体就是,对于导带中的任意能级 E,都有$f(E) \ll 1$,因此费米分布退化为玻耳兹曼分布。这一点可以从费米分布在 $E-E_F \gg k_B T$ 时的表达

式得到证实。这时 $e^{(E-E_F)/k_BT} \gg 1$,故

$$f(E) = \frac{1}{e^{(E-E_F)/k_BT}+1} \approx e^{E_F/k_BT}e^{-E/k_BT} = Ae^{-E/k_BT} \tag{7.3.2}$$

式(7.3.2)表明费米分布转化为玻耳兹曼分布。

半导体的导电电子都处于导带底附近,所以只要求出导带底附近的态密度 $g(E)$,代入 dN 的表达式中即可求得导带电子浓度。由于半导体导带底附近的等能面是旋转椭球面,态密度的表达式为

$$g(E) = 4\pi V\left(\frac{2m_n^*}{h^2}\right)^{3/2} E^{1/2} \tag{7.3.3}$$

其中

$$m_n^* = (m_1 m_2 m_3)^{1/3} = (m_t^2 m_l)^{1/3} \tag{7.3.4}$$

这里将导带底 E_c 取为能量的原点,即 $E_c = 0$。

如果考虑到存在 s 个极值,且能量原点不在 E_c 处时,式(7.3.3)可写为

$$g(E) = 4\pi V\left(\frac{2m_n^*}{h^2}\right)^{3/2} (E-E_c)^{1/2} \tag{7.3.5}$$

式中:$m_n^* = (s^2 m_t^2 m_l)^{1/3}$。

将式(7.3.2)及式(7.3.5)代入式(7.3.1),得

$$dN = 4\pi V\left(\frac{2m_n^*}{h^2}\right)^{3/2} e^{-(E-E_F)/k_BT}(E-E_c)^{1/2}dE \tag{7.3.6}$$

电子浓度 $dn = \frac{dN}{V}$ 可表示为

$$dn = 4\pi\left(\frac{2m_n^*}{h^2}\right)^{3/2} e^{-(E-E_F)/k_BT}(E-E_c)^{1/2}dE \tag{7.3.7}$$

于是,导带电子的平衡浓度 n_0 为

$$n_0 = \int_{E_c}^{E_c'} dn = 4\pi\left(\frac{2m_n^*}{h^2}\right)^{3/2}\int_{E_c}^{E_c'} e^{-(E-E_F)/k_BT}(E-E_c)^{1/2}dE \tag{7.3.8}$$

式中的积分上限 E_c' 是导带顶的能量;式中的指数函数可改写为

$$e^{-(E-E_F)/k_BT} = e^{-(E_c-E_F)/k_BT}e^{-(E-E_c)/k_BT} \tag{7.3.9}$$

并设 $x = \frac{E-E_c}{k_BT}$,于是 $dE = d(E-E_c) = k_BTdx$,式(7.3.8)就变成

$$n_0 = 4\pi\left(\frac{2m_n^*}{h^2}\right)^{3/2}(k_BT)^{3/2}e^{-(E_c-E_F)/k_BT}\int_0^{x'} x^{1/2}e^{-x}dx \tag{7.3.10}$$

式中:$x' = \frac{E_c'-E_c}{k_BT}$,被积函数 $x^{1/2}e^{-x}$ 随 x 增加而迅速下降。因此,将积分上限由 x' 换成 ∞ 后,对结果不会有很大的影响。这样,就可以利用积分公式

$$\int_0^{\infty} x^{1/2}e^{-x}dx = \frac{\sqrt{\pi}}{2} \tag{7.3.11}$$

得到平衡电子浓度 n_0 的表达式

$$n_0 = 2\left(\frac{2\pi m_n^* k_B T}{h^2}\right)^{3/2} e^{-(E_c-E_F)/k_BT} = N_c e^{-(E_c-E_F)/k_BT} \tag{7.3.12}$$

式中

$$N_c = 2\left(\frac{2\pi m_n^* k_B T}{h^2}\right)^{3/2} \tag{7.3.13}$$

称为导带有效态密度，它是温度的函数，其量纲为 cm^{-3}，即：个/cm^3。

由式(7.3.12)可以看出，平衡电子浓度随温度增加而迅速变大。

当有效质量等于自由电子质量时，式(7.3.13)变为

$$N_c = 2\left(\frac{2\pi m k_B}{h^2}\right)^{3/2} T^{3/2} = 4.82 \times 10^{15} T^{3/2} (cm^{-3})$$

价带中不被电子占据的空状态就是空穴，所以空穴的分布函数可由 $1 - f(E)$ 得到（其中 $f(E)$ 是电子分布函数）：

$$1 - f(E) = 1 - \frac{1}{e^{(E-E_F)/k_BT} + 1} = \frac{e^{(E-E_F)/k_BT}}{e^{(E-E_F)/k_BT} + 1} = \frac{1}{1 + e^{(E_F-E)/k_BT}} \approx e^{(E-E_F)/k_BT} \tag{7.3.14}$$

其中利用了如下关系：$E_F - E > E_F - E_v \gg k_BT$。这里的 E_v 是价带顶，而 E 则位于价带之中。

半导体价带顶附近的等能面可以看作球面，态密度可写成

$$g(E) = 4\pi V\left(\frac{2m_p^*}{h^2}\right)^{3/2} (E_v - E)^{1/2} \tag{7.3.15}$$

式中：m_p^* 为空穴的有效质量。

经过类似于推导 n_0 的步骤，可得到平衡空穴浓度 p_0 的表达式为

$$p_0 = 2\left(\frac{2\pi m_p^* k_B T}{h^2}\right)^{3/2} e^{(E_v-E_F)/k_BT} = N_v e^{(E_v-E_F)/k_BT} \tag{7.3.16}$$

式中

$$N_v = 2\left(\frac{2\pi m_p^* k_B T}{h^2}\right)^{3/2} \tag{7.3.17}$$

称为价带有效态密度。空穴浓度也随温度而迅速变化。

将式(7.3.12)与式(7.3.16)相乘，得

$$n_0 p_0 = N_c N_v e^{-(E_c-E_v)/k_BT} = N_c N_v e^{-E_g/k_BT} \tag{7.3.18}$$

式中：$E_g = E_c - E_v$ 为禁带宽度。

式(7.3.18)表明，在一定温度下，半导体导带中的电子浓度越大，价带空穴浓度就越小，反之，导带电子浓度越小，价带空穴浓度就越大。式(7.3.18)是所有平衡载流子的特性，它既适用于纯净的本征半导体，也适用于掺有杂质的半导体。需要特别注意的是，式(7.3.18)中并不包含杂质能级这样的参数，该式在温度一定时只与禁带宽度 E_g 有关。

对于本征半导体，由于

$$n_0 = p_0 \tag{7.3.19}$$

所以把它们统一记为 n_i，即 $n_0 = p_0 = n_i$。因此

$$n_0 p_0 = n_i^2 \tag{7.3.20}$$

或者表示成

$$n_i = n_0 = p_0 = \sqrt{N_c N_v}\, e^{-E_g/2k_B T} \tag{7.3.21}$$

本征半导体的简单能带、态密度与费米分布函数等见图7.3.1。

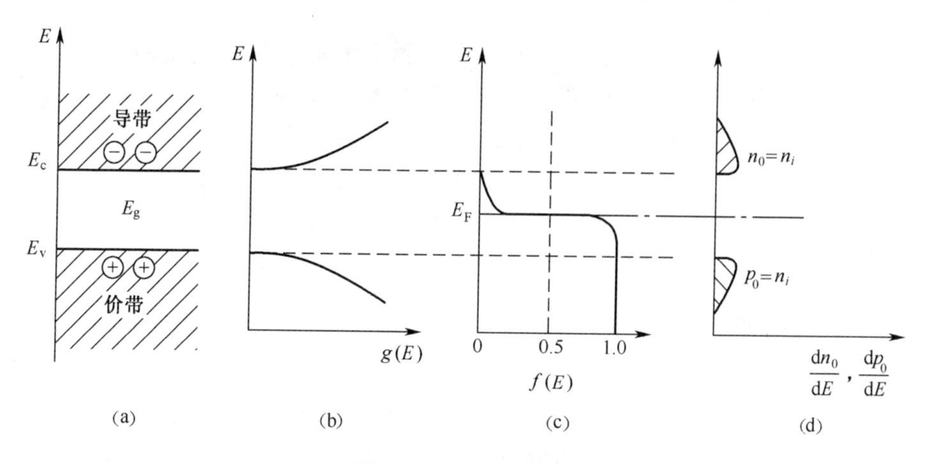

图7.3.1　本征半导体

问题7.3.1　热平衡条件下，半导体中的激发分为本征激发与杂质激发，请问：(1)这两种激发的共性是什么？(2)它们之间最主要的差异是什么？

问题7.3.2　请对比空穴概念与空位概念。

问题7.3.3　请证明 N_c 的量纲为：个/cm^3，即它与通常的浓度量纲相同。

问题7.3.4　在式(7.3.5)中，$m_n^* = (s^2 m_t^2 m_l)^{1/3}$，请对其中的 s 项做出解释。

问题7.3.5　半导体中载流子浓度的含义到底是什么？是导电电子浓度？空穴浓度？还是它们的加和？

问题7.3.6　在室温下，硅的 $n_i = 1.5 \times 10^{10} cm^{-3}$。(1)请计算硅晶体的(原子)数密度，即每立方厘米中有多少个硅原子，所需的参数自行查找；(2)将计算结果与 $1.5 \times 10^{10} cm^{-3}$ 对比，对比结果说明了什么？

问题7.3.7　本征载流子浓度为 n_i。请问实际的本征半导体导电过程中，参与导电的载流子是 n_i 还是 $2n_i$？

问题7.3.8　对于本征半导体，求解费米能级的思路是根据 $n_0 = p_0$，请从统计物理的角度分析这是为什么？

问题7.3.9　(1)请根据本征半导体 $n_0 = p_0$ 的特点，解出非绝对零度时的费米能级的具体表达式；(2)根据所得的式子可知，$\lim\limits_{T\to 0K} E_F = \frac{(E_c + E_v)}{2}$，请对此做概念解释；(3)根据所得的式子可知，费米能与温度有关，请根据热力学理论给予解释。

问题7.3.10　对于电子与空穴复合而消失的过程，其中一种是"禁带中的空穴重新被受主能级束缚"。请对此做进一步的解释。

问题7.3.11　对于导带中电子的数目，当态密度取连续函数时，基本表达式为

$$dN = f(E)g(E)dE \text{ 及 } N = \int_{E_c}^{E_c'} f(E)g(E)dE$$

请问当态密度为离散函数时,导带中电子数目 N 的表达式是什么?

问题 7.3.12 对于公式 $n_0 = \int_{E_c}^{E_c'} dn = 4\pi\left(\frac{2m_n^*}{h^2}\right)^{3/2}\int_{E_c}^{E_c'} e^{-(E-E_F)/k_BT}(E-E_c)^{1/2}dE$,其中的积分上限 E_c' 为导带的带顶,请问:(1)这个积分上限取导带宽度的1/2,即上限为 $(E_c'+E_c)/2$,这样是否可以?(2)这个积分上限取$+\infty$可以吗?

问题 7.3.13 教材中的电子费米能概念,始于金属自由电子。对于金属自由电子,非绝对零度下的费米能与绝对零度几乎一致(实际情况是略低一点点)。请问对于本征半导体,费米能几乎不随温度变化的结论是否仍然成立?为什么?

7.3.2 杂质半导体的载流子浓度

1. 杂质能级上的电子和空穴

实际半导体总是含有杂质的。杂质部分电离时,一些杂质能级上就有电子,如未电离的施主杂质或已电离的受主杂质的杂质能级上,都被电子所占据。电子占据杂质能级的概率不能用式(5.1.10)的费米分布表达式,因为杂质能级不同于能带中的能级,后者可以容纳自旋相反的两个电子。而对于施主杂质能级,或被一个有任意自旋方向的电子所占据,或不接受电子。可以证明,电子占据施主能级的概率为

$$f_D(E) = \frac{1}{1 + \frac{1}{g_D}e^{(E_D-E_F)/k_BT}} \tag{7.3.22}$$

空穴占据受主能级的概率为

$$f_A(E) = \frac{1}{1 + \frac{1}{g_A}e^{(E_F-E_A)/k_BT}} \tag{7.3.23}$$

式中:g_D 为施主能级的基态简并度,g_A 是受主能级的基态简并度,对锗、硅、砷化镓等材料,$g_D = 2$,$g_A = 4$。

由于施主浓度 N_D 和受主浓度 N_A 就是杂质的量子态密度,而电子和空穴占据杂质能级的概率分别为 $f_D(E)$ 和 $f_A(E)$,所以:

(1) 施主能级上的电子浓度 n_D 为

$$n_D = N_D f_D(E) = \frac{N_D}{1 + \frac{1}{g_D}e^{(E_D-E_F)/k_BT}} \tag{7.3.24}$$

这也是没有电离的施主浓度。

(2) 受主能级上的空穴浓度 p_A 为

$$p_A = N_A f_A(E) = \frac{N_A}{1 + \frac{1}{g_A}e^{(E_F-E_A)/k_BT}} \tag{7.3.25}$$

这也是没有电离的受主浓度。

（3）电离施主浓度 n_D^+ 为

$$n_D^+ = N_D - n_D = N_D[1 - f_D(E)] = \frac{N_D}{1 + g_D e^{-(E_D - E_F)/k_B T}} \tag{7.3.26}$$

（4）电离受主浓度 p_A^- 为

$$p_A^- = N_A - p_A = N_A[1 - f_A(E)] = \frac{N_A}{1 + g_A e^{-(E_F - E_A)/k_B T}} \tag{7.3.27}$$

从以上几个公式可以看出,杂质能级与费米能级的差异明显影响了电子和空穴占据杂质能级的情况。由式(7.3.24)和式(7.3.26)得知:当 $E_D - E_F \gg k_B T$ 时,$e^{(E_D - E_F)/k_B T} \gg 1$,因而 $n_D \approx 0$,同时 $n_D^+ \approx N_D$,即当费米能级远在 E_D 之下时,可以认为施主杂质几乎全部电离。反之,E_F 远在 E_D 之上时,施主杂质几乎没有电离。当 E_D 与 E_F 重合时,如取 $g_D = 2$, $n_D = 2N_D/3$ 而 $n_D^+ = N_D/3$,即施主杂质有1/3电离,还有2/3没有电离。同理,由式(7.3.25)及式(7.3.27)得知:当 E_F 远在 E_A 之上时,受主杂质几乎全部电离。当 E_F 远在 E_A 之下时,受主杂质基本上没有电离。当 E_F 等于 E_A 时,如取 $g_A = 4$,受主杂质有1/5电离,还有4/5没有电离。

2. n型半导体的载流子浓度

杂质半导体的情况比本征半导体复杂得多,下面以只含一种施主杂质的n型半导体为例,计算它的费米能级与载流子浓度。图7.3.2(a)为它的能带图,图7.3.2(b)、(c)、(d)还给出了 $g(E)$, $f(E)$, $\frac{dn_0}{dE}$ 和 $\frac{dp_0}{dE}$ 的图形。

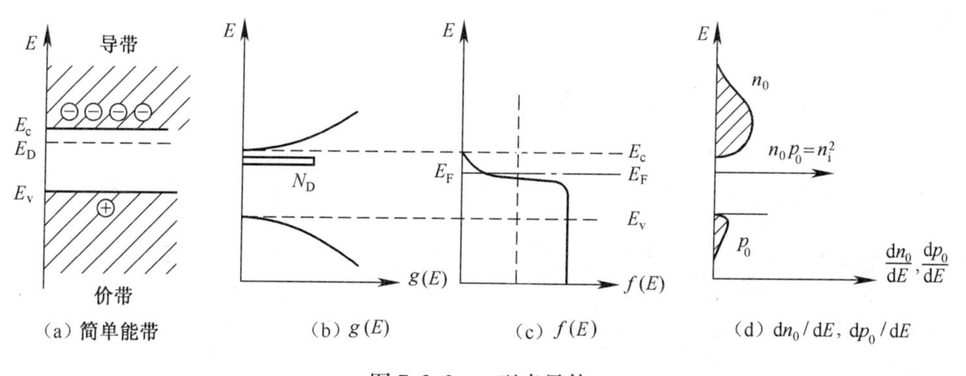

图7.3.2　n型半导体

由图可知,电中性条件为

$$n_0 = n_D^+ + p_0 \tag{7.3.28}$$

等式左边是单位体积中的负电荷数,实际上为导带中的电子浓度;等式右边是单位体积中的正电荷数,实际上是价带中的空穴浓度与电离施主浓度之和。将式(7.3.12)、式(7.3.16)和式(7.3.26)代入式(7.3.28)并取 $g_D = 2$,得

$$N_c e^{-(E_c - E_F)/k_B T} = N_v e^{-(E_F - E_v)/k_B T} + \frac{N_D}{1 + 2e^{-(E_D - E_F)/k_B T}} \tag{7.3.29}$$

上式中除 E_F 之外,其余各量均为已知,因而在一定温度下可以将 E_F 求出来。但是,通过式(7.3.29)求 E_F 的一般解析式比较困难,因此下面按不同温度范围分别讨论:

(1) 低温弱电离区。

当温度很低时,大部分施主杂质能级仍为电子所占据,只有很少量施主杂质发生电离,即少量的电子进入了导带,这种情况称为弱电离。从价带跃迁至导带的电子数就更少了,可以忽略不计。换言之,这一情况下导带中的电子全部由电离施主杂质所提供,即 $p_0=0$ 而 $n_0=n_D^+$,故

$$N_c e^{-(E_c-E_F)/k_BT}=\frac{N_D}{1+2e^{-(E_D-E_F)/k_BT}} \tag{7.3.30}$$

上式即为杂质电离时的电中性条件。因 n_D^+ 远小于 N_D,所以根据式(7.3.26),$e^{-(E_D-E_F)/k_BT}\gg 1$,则式(7.3.30)简化为

$$N_c e^{-(E_c-E_F)/k_BT}=\frac{1}{2}N_D e^{(E_D-E_F)/k_BT}$$

取对数后化简,得

$$E_F=\frac{E_c+E_D}{2}+\frac{k_BT}{2}\ln\frac{N_D}{2N_c} \tag{7.3.31}$$

式(7.3.31)就是低温弱电离区费米能级的表达式,它与温度、杂质浓度及杂质种类有关。因为 $N_c\propto T^{3/2}$,在低温极限时,$\lim\limits_{T\to 0K}(T\ln T)=0$,所以

$$\lim_{T\to 0K}E_F=\frac{E_c+E_D}{2} \tag{7.3.32}$$

式(7.3.32)说明,在低温极限时,费米能级位于导带底和施主能级的正中间。

将费米能级对温度求导,得

$$\frac{dE_F}{dT}=\frac{k_B}{2}\ln\left(\frac{N_D}{2N_c}\right)+\frac{k_BT}{2}\frac{d(-\ln 2N_c)}{dT}=\frac{k_B}{2}\left[\ln\left(\frac{N_D}{N_c}\right)-\frac{3}{2}\right]$$

因 $T\to 0K$ 时,$N_c\to 0$,故温度从 0K 上升时,dE_F/dT 开始为 $+\infty$,说明 E_F 上升很快。然而随着 N_c 的增大(T 升高),dE_F/dT 不断减小,说明 E_F 随 T 的升高而增大的速度变小了。当温度上升到使得 $N_c=\frac{N_D}{2}e^{-3/2}=0.11N_D$ 时,$dE_F/dT=0$,说明 E_F 达到了极值。显然,杂质含量越高,E_F 达到极值的温度也越高。当温度在再上升时,$(dE_F/dT)<0$,即 E_F 开始不断地下降,图 7.3.3 示意地表示了 n 型半导体在低温弱电离区时费米能级随温度的变化。

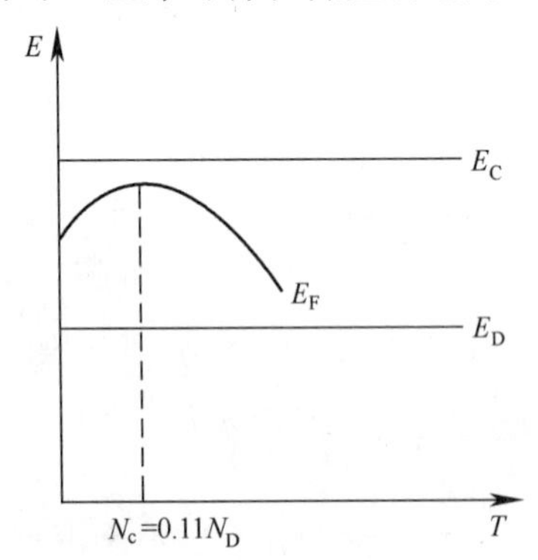

图 7.3.3 低温弱电离区 E_F 与 T 的关系

将式(7.3.31)代入式(7.3.12),得到低温弱电离区的电子浓度为

$$n_0 = \sqrt{\frac{N_D N_c}{2}} e^{-(E_c - E_D)/2k_B T} = \sqrt{\frac{N_D N_c}{2}} e^{-\Delta E_D/2k_B T} \tag{7.3.33}$$

式中: $\Delta E_D = E_c - E_D$ 为施主杂质电离能。

由于 $N_c \propto T^{3/2}$,所以在温度很低时,载流子浓度 $n_0 \propto T^{3/4} e^{-\Delta E_D/2k_B T}$,随着温度升高,n_0 成指数上升。由式(7.3.33),得

$$\ln n_0 = \frac{1}{2} \ln\left(\frac{N_D N_c}{2}\right) - \frac{\Delta E_D}{2k_B T}$$

在 $\ln n_0 \sim 1/T$ 图中,上式为一直线,斜率为 $\Delta E_D/2k_B$,因此可通过实验确定杂质电离能,从而得到杂质能级的位置。

(2) 中间电离区。

温度继续升高,当 $2N_c > N_D$ 后,式(7.3.31)中第二项为负值,这时 E_F 下降至 $(E_c + E_D)/2$ 以下。当温度升高到使 $E_D = E_F$ 时,则 $e^{(E_F - E_D)/k_B T} = 1$,施主杂质有 1/3 电离。

(3) 强电离区。

当温度升高至大部分杂质都电离时称为强电离。这时 $n_D^+ \approx N_D$,于是应有 $e^{(E_F - E_D)/k_B T} \ll 1$ 或 $E_D - E_F \gg k_B T$。因而费米能级 E_F 位于 E_D 之下。在强电离时,式(7.3.29)简化为

$$N_c e^{-(E_c - E_F)/k_B T} = N_D \tag{7.3.34}$$

解得费米能级 E_F 为

$$E_F = E_c + k_B T \ln \frac{N_D}{N_c} \tag{7.3.35}$$

可见,费米能级由温度及施主杂质浓度所决定。由于在一般掺杂浓度下 $N_c > N_D$,故式(7.3.35)中第二项是负的。在一定温度 T 时, N_D 越大, E_F 就越向导带方面靠近。而在 N_D 一定时,温度越高, E_F 就越向本征费米能级 E_i 方面靠近,如图 7.3.4 所示。

在施主杂质全部电离时,电子浓度 n_0 为

$$n_0 = N_D \tag{7.3.36}$$

这时,载流子浓度与温度无关。载流子浓度 n_0 等于杂质浓度的这一温度范围称为饱和区。下面估算室温下硅中施主杂质全部电离时的杂质浓度上限。

当 $E_D - E_F \gg k_B T$ 时,式(7.3.24)简化为

$$n_D \approx 2N_D e^{-(E_D - E_F)/k_B T} \tag{7.3.37}$$

将式(7.3.35)代入式(7.3.37),得

$$n_D \approx 2N_D \frac{N_D}{N_c} e^{\Delta E_D/k_B T} \tag{7.3.38}$$

令

$$D_- = \frac{2N_D}{N_c} e^{\Delta E_D/k_B T} \tag{7.3.39}$$

则

$$n_D \approx D_- N_D \tag{7.3.40}$$

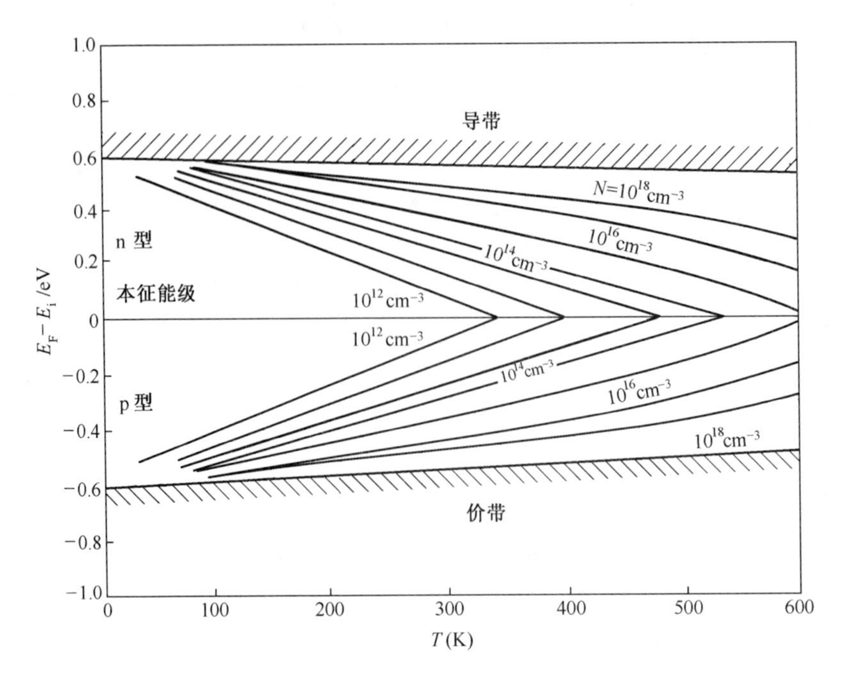

图 7.3.4 硅的费米能级与温度及杂质浓度的关系

因 N_D 是施主杂质浓度，n_D 是未电离的施主浓度，因此，D_- 应是未电离施主占施主杂质数的百分比。若施主全部电离的大约标准是90%的施主杂质电离了，那么 D_- 约为10%。由式(7.3.39)知，D_- 与温度、杂质浓度和杂质电离能都有关系。所以杂质达到全部电离的温度不仅决定于电离能，而且也和杂质浓度有关。杂质浓度越高，则达到全部电离的温度就越高。通常所说的室温下杂质全部电离，实际上忽略了杂质浓度的限制，当超过某一杂质浓度时，这一认识就不正确了。例如，掺磷的 n 型硅，室温时，$N_c = 2.8 \times 10^{19}\text{cm}^{-3}$，$\Delta E_D = 0.044\text{eV}$，$k_BT = 0.026\text{eV}$，代入式(7.3.39)得磷杂质全部电离的浓度上限 N_D 为

$$N_D = \frac{D_- N_c}{2} e^{-\Delta E_D/k_BT} = \frac{0.1 \times 2.8 \times 10^{19}}{2} \times \exp\left(-\frac{0.044}{0.026}\right) \approx 3 \times 10^{17}\text{cm}^{-3}$$

室温下硅的本征载流子浓度为 $1.02\times10^{10}\text{cm}^{-3}$，当杂质浓度比它至少大一个数量级时，才能保证以杂质电离为主。所以对于掺磷的硅，在室温下，磷浓度在 $10^{11} \sim 3\times10^{17}$ cm^{-3} 范围内，可认为硅是以杂质电离为主，而且处于杂质全部电离的饱和区。

由式(7.3.39)还可以确定杂质全部电离的温度。将式(7.3.13)的 N_c 代入并化简，得

$$\frac{\Delta E_D}{k_BT} = \frac{3}{2}\ln T + \ln\left[\frac{D_-}{N_D}\frac{(2\pi k_B m_n^*)^{3/2}}{h^3}\right] \tag{7.3.41}$$

利用上式，对不同的 ΔE_D 和 N_D，可以决定杂质基本上全部电离(90%)所需的温度。

(4) 过渡区。

当半导体处于饱和区和完全本征激发之间时，称为过渡区。这时导带中的电子一部分来源于全部电离的杂质，另一部分则由本征激发提供，价带也提供了一定量的电子。于

是电中性条件为

$$n_0 = N_D + p_0 \tag{7.3.42}$$

式中：n_0 为导带中电子浓度；p_0 为价带中电子浓度；N_D 为已全部电离的杂质浓度。

为了简化起见，利用本征激发时 $n_0 = p_0 = n_i$ 及 $E_F = E_i$ 的关系，将式(7.3.12)做如下处理：因为 $n_i = N_c e^{-(E_c - E_i)/k_B T}$，所以 $N_c = n_i e^{(E_c - E_i)/k_B T}$，代入式(7.3.12)，得

$$n_0 = n_i e^{-(E_i - E_F)/k_B T} \tag{7.3.43}$$

同理

$$p_0 = n_i e^{(E_i - E_F)/k_B T} \tag{7.3.44}$$

将式(7.3.43)及式(7.3.44)代入式(7.3.42)，得

$$N_D = n_i [e^{(E_F - E_i)/k_B T} - e^{-(E_F - E_i)/k_B T}] = 2n_i \mathrm{sh}\left(\frac{E_F - E_i}{k_B T}\right)$$

解之，得

$$E_F = E_i + k_B T \mathrm{arcsh}\left(\frac{N_D}{2n_i}\right) \tag{7.3.45}$$

在一定温度时，若已知 n_i 及 N_D，就能算出 $\mathrm{arcsh}[N_D/(2n_i)]$，从而算得 $(E_F - E_i)$。当 $N_D/2n_i$ 很小时，$E_F - E_i$ 也很小，即 E_F 接近于 E_i，半导体接近于本征激发情况；当 $N_D/2n_i$ 增大时，则 $E_F - E_i$ 也增大，向饱和区方向接近。

过渡区的载流子浓度 n_0 及 p_0 可计算如下：联立 $p_0 = n_0 - N_D$ 与 $n_0 p_0 = n_i^2$，消去 p_0，可得

$$n_0^2 - N_D n_0 - n_i^2 = 0 \tag{7.3.46}$$

解得

$$n_0 = \frac{N_D + (N_D^2 + 4n_i^2)^{1/2}}{2} = \frac{N_D}{2}\left[1 + \left(1 + \frac{4n_i^2}{N_D^2}\right)^{1/2}\right] \tag{7.3.47}$$

n_0 的另一根无用。再由 $n_0 p_0 = n_i^2$ 解得 p_0 为

$$p_0 = \frac{n_i^2}{n_0} = \left(\frac{2n_i^2}{N_D}\right)\left[1 + \left(1 + \frac{4n_i^2}{N_D^2}\right)^{1/2}\right]^{-1} \tag{7.3.48}$$

式(7.3.47)及式(7.3.48)就是过渡区载流子浓度公式。当 $N_D \gg n_i$ 时，则 $4n_i^2/N_D^2 \ll 1$，这时

$$\left(1 + \frac{4n_i^2}{N_D^2}\right)^{1/2} = 1 + \frac{1}{2}\frac{4n_i^2}{N_D^2} + \cdots$$

略去更高次项，将上述展开式代入式(7.3.47)，得

$$n_0 = N_D + \frac{n_i^2}{N_D} \tag{7.3.49}$$

而

$$p_0 = n_0 - N_D = \frac{n_i^2}{N_D} \tag{7.3.50}$$

比较以上两式，可见电子浓度比空穴浓度大得多，这时半导体在过渡区内更接近饱和区的一边。例如，室温时，硅的 $n_i = 1.02 \times 10^{10} \mathrm{cm}^{-3}$，若施主浓度 $N_D = 10^{16} \mathrm{cm}^{-3}$，则 p_0 约

为 $1.05\times10^4\text{cm}^{-3}$，而电子浓度 $n_0=N_\text{D}+n_i^2/N_\text{D}\approx N_\text{D}=10^{16}\text{cm}^{-3}$，电子浓度比空穴浓度大十几个数量级。这时，电子成为多数载流子，空穴成为少数载流子。后者的数量虽然很少，但它在半导体器件中的作用却极为重要。

当 $N_\text{D}\ll n_i$ 时，有

$$n_0=\frac{N_\text{D}}{2}\left[1+\left(1+\frac{4n_i^2}{N_\text{D}^2}\right)^{1/2}\right]=\frac{N_\text{D}}{2}+\frac{1}{2}\left[4n_i^2\left(1+\frac{N_\text{D}^2}{4n_i^2}\right)\right]^{1/2}=\frac{N_\text{D}}{2}+n_i\left(1+\frac{N_\text{D}^2}{4n_i^2}\right)^{1/2} \tag{7.3.51}$$

因 $N_\text{D}\ll n_i$ 时，$\dfrac{N_\text{D}^2}{4n_i^2}\ll1$，所以

$$n_0=\frac{N_\text{D}}{2}+n_i \tag{7.3.52}$$

$$p_0=-\frac{N_\text{D}}{2}+n_i \tag{7.3.53}$$

以上两式表明 n_0 和 p_0 数量相近，都趋于 n_i，这是过渡区内更接近于本征激发一边的情况。

（5）高温本征激发区。

继续升高温度，使本征激发产生的本征载流子数远多于杂质电离产生的载流子数，即 $n_0\gg N_\text{D}$，$p_0\gg N_\text{D}$。这时电中性条件是 $n_0=p_0$。这种情况与未掺杂的本征半导体情形一样，因此成为杂质半导体进入本征激发区。此时费米能级 E_F 接近禁带中线，而载流子浓度随温度升高而迅速增加。显然，杂质浓度越高，达到本征激发起主要作用的温度也越高。例如硅中施主浓度 $N_\text{D}<10^{10}\text{cm}^{-3}$ 时，在室温下已是本征激发起主要作用了（因室温下硅的本征载流子浓度为 $1.02\times10^{10}\text{cm}^{-3}$）。若 $N_\text{D}=10^{16}\text{cm}^{-3}$ 时，则本征激发起主要作用的温度高达 800K 以上。

图 7.3.5 是 n 型硅的电子浓度与温度的关系曲线。可见，在低温时，电子浓度随温度的升高而增加。温度升到 100K 时，杂质全部电离，温度高于 500K 后，本征激发开始起主要作用。所以温度在 100~500K 之间杂质全部电离，载流子浓度基本上就是杂质浓度。

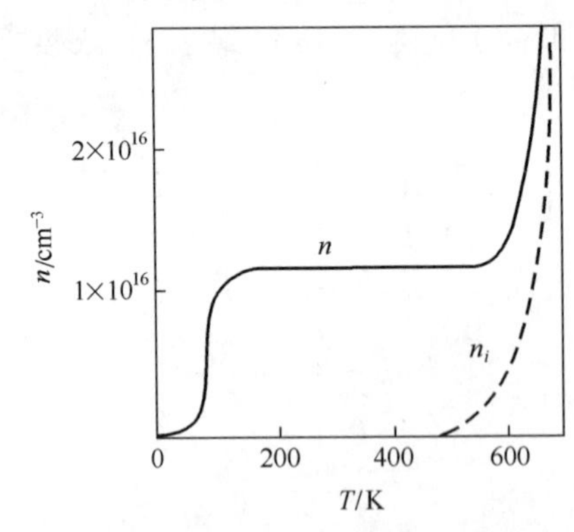

图 7.3.5　n 型硅的电子浓度与温度的关系

例 7.3.1　设 n 型硅的施主浓度分别为 $1.5\times10^{14}\text{cm}^{-3}$ 及 10^{12}cm^{-3}，试计算 500K 时电子和空穴浓度 n_0 和 p_0。已知硅的本征载流子浓度 $n_i=3.5\times10^{14}\text{cm}^{-3}$。

解　由上面提及的联立方程解得

$$n_0 = \frac{N_D + (N_D^2 + 4n_i^2)^{1/2}}{2}, \quad p_0 = \frac{n_i^2}{n_0}$$

代入 n_i 和 N_D 的值,得

当 $N_D = 1.5 \times 10^{14} \text{cm}^{-3}$ 时, $n_0 \approx 4.3 \times 10^{14} \text{cm}^{-3}$, $p_0 = 2.8 \times 10^{13} \text{cm}^{-3}$ 。可见杂质浓度与本征载流子浓度差不多相等时,电子和空穴数目差别不显著,杂质导电特性已不很明显。

当 $N_D = 10^{12} \text{cm}^{-3}$ 时, $n_0 \approx n_i = 3.5 \times 10^{14} \text{cm}^{-3}$, $p_0 = 3.5 \times 10^{14} \text{cm}^{-3}$,即 $n_0 = p_0$。这时掺杂浓度为 $N_D = 10^{12} \text{cm}^{-3}$ 的 n 型硅,在 500K 时已进入本征区。

3. 其他情况

1) p 型半导体的载流子浓度

对于只含一种受主杂质的 p 型半导体,进行类似的讨论,可以得到一系列公式(取 $g_A = 4$)。

低温弱电离区:

$$E_F = \frac{E_v + E_A}{2} - \frac{k_B T}{2} \ln \frac{N_A}{4N_v} \tag{7.3.54}$$

$$p_0 = \left(\frac{N_A N_v}{4}\right)^{1/2} e^{-\Delta E_A / 2k_B T} \tag{7.3.55}$$

强电离区(饱和区):

$$E_F = E_v - k_B T \ln \frac{N_A}{N_v} \tag{7.3.56}$$

$$p_0 = N_A \tag{7.3.57}$$

$$p_A = D_+ N_A \tag{7.3.58}$$

$$D_+ = \frac{4N_A}{N_v} e^{\Delta E_A / k_B T} \tag{7.3.59}$$

过渡区:

$$E_F = E_i - k_B T \, \text{arsh}^{-1} \frac{N_A}{2n_i} \tag{7.3.60}$$

$$p_0 = \frac{N_A}{2}\left[1 + \left(1 + \frac{4n_i^2}{N_A^2}\right)^{1/2}\right] \tag{7.3.61}$$

$$n_0 = \frac{2n_i^2}{N_A}\left[1 + \left(1 + \frac{4n_i^2}{N_A^2}\right)^{1/2}\right]^{-1} \tag{7.3.62}$$

式中: D_+ 为未电离受主杂质的百分数,其余符号均按前面规定。

图 7.3.6 是 p 型半导体的能带、$g(E)$ 、$f(E)$ 、$\frac{dn_0}{dE}$ 和 $\frac{dp_0}{dE}$ 的图。

2) 少数载流子浓度

n 型半导体中的电子和 p 型半导体中的空穴称为多数载流子(简称多子),它们和杂质浓度及温度之间的关系已经在上面分析过了。而 n 型半导体中的空穴和 p 型半导体中

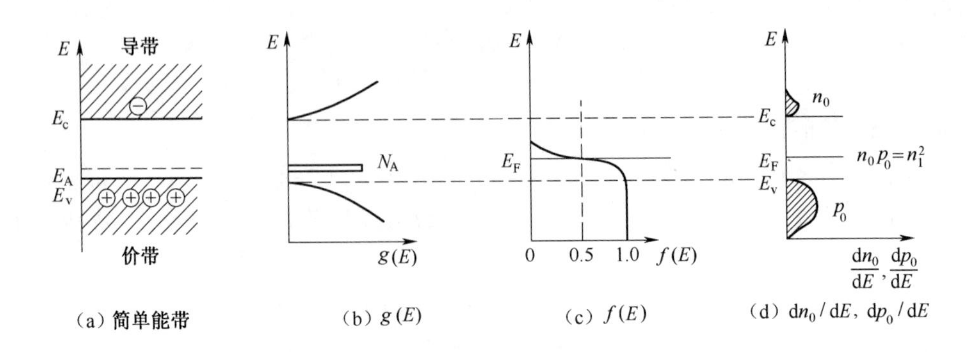

图 7.3.6 p 型半导体的能带、$g(E)$、$f(E)$、$\frac{dn_0}{dE}$和$\frac{dp_0}{dE}$

的电子称为少数载流子(简称少子)。下面给出在强电离情况下,少子浓度与杂质浓度及温度的关系。

(1) n 型半导体。

多子浓度 $n_{p0}=N_A$。由 $n_{n0}p_{n0}=n_i^2$ 关系,得到少子浓度 p_{n0} 为

$$p_{n0}=\frac{n_i^2}{N_D} \tag{7.3.63}$$

(2) p 型半导体。

多子浓度 $p_{p0}=N_A$。少子浓度 n_{p0} 为

$$n_{p0}=\frac{n_i^2}{N_A} \tag{7.3.64}$$

从式(7.3.63)和式(7.3.64)中看到,少子浓度和本征载流子浓度 n_i 的平方成正比,而和多子浓度成反比。因为多子浓度在饱和区的温度范围内是不变的,而本征载流子浓度 $n_i^2 \propto T^3 e^{E_g/k_BT}$,所以少子浓度将随着温度的升高而迅速增大。利用式(7.3.63)和式(7.3.64),以及式(7.3.21)所展示的 n_i 与 T 的关系,可以得到少子浓度与杂质浓度及温度的关系。

问题 7.3.14 请证明式(7.3.18)既适用于本征半导体,也适用于杂质半导体。提示:根据统计物理知识直接证明。

问题 7.3.15 电子占据施主能级的概率表达式(7.3.22)中,没有包含 E_c,而 E_c 明显影响 $f_D(E)$,因为当 $E_c \gg E_D$ 时,施主能级中的电子无法激发到导带中(常温下),请你解释这个问题。

问题 7.3.16 教材中说:若半导体中施主的浓度 N_D 远大于受主的浓度 N_A,室温下的电子浓度为 $n_0 \approx N_D$。请问 $n_0 \approx N_D$ 的成立为什么要求 $N_D \gg N_A$?

问题 7.3.17 教材中说:施主浓度 N_D 和受主浓度 N_A 就是杂质的量子态密度,请对此给予解释。

问题 7.3.18 对比式(7.3.22)与式(5.1.10)不难看出,可比条件下式(7.3.22)得到的数值更大,请对此给予解释。

问题 7.3.19 低温弱电离区要求 $e^{-(E_D-E_F)/k_BT} \gg 1$,因此 $E_F - E_D > 0$,请对此给予物理概念解释。

问题 7.3.20 (1)图 7.3.3 表明,n 型半导体在低温弱电离区时费米能级随温度先上升后下降;而根据物理化学,费米能 E_F (化学势 μ)随温度应该单调下降,因为 $\frac{\partial \mu}{\partial T} = - S$,而电子系统的熵应该总是正的,请解释这里的问题;(2)与低温弱电离不同,高温强电离时 $\frac{\partial \mu}{\partial T} < 0$ 确实成立,请问这又是为什么?

问题 7.3.21 高温强电离时, $n_D^+ \approx N_D$ 很容易理解,请问此时 $e^{(E_F-E_D)/k_BT} \ll 1$(或 $E_D - E_F \gg k_BT$)的要求从何而来?

问题 7.3.22 式(7.3.34)来源于式(7.3.29),但忽略了其中的空穴项,请问为什么?

问题 7.3.23 对于强电离区,教材中估算了室温时硅中施主杂质达到全部电离时的杂质浓度上限。为什么电离问题与杂质浓度有关?要知道电离就是杂质本身发生的事情。

问题 7.3.24 对 n 型半导体载流子浓度的 5 种情况:(1)前 4 种情况下的费米能都是杂质浓度 N_D 的函数,请根据热力学理论给予解释;(2)第 5 种情况下(高温本征激发区),费米能仍然是 N_D 的函数吗?

问题 7.3.25 (1)一般的半导体器件中,载流子主要来源于杂质电离,而将本征激发忽略不计,请问为什么?(2)GaAs 禁带宽度比 Si 大,因此 GaAs 掺杂后的工作温度高达 720K(而 Si 掺杂后仅为 520K,Ge 则只有 370K),因此,GaAs 掺杂后适于制作大功率器件。请问大功率器件与高的工作温度有什么关系?

问题 7.3.26 在式(7.3.29)中,代入了式(7.3.12)等,但它们是在没有掺杂的情况下推导出来的,请问为什么掺杂之后仍然可以使用这些公式?

问题 7.3.27 若锗中施主电离能 $\Delta E_D = 0.01\text{eV}$,施主杂质浓度分别为 $N_D = 10^{14}\text{cm}^{-3}$ 及 $N_D = 10^{17}\text{cm}^{-3}$,请分别计算以下温度:(1)99%电离;(2)90%电离;(3)50%电离。

问题 7.3.28 计算含有施主杂质浓度 $N_D = 9 \times 10^{15}\text{cm}^{-3}$ 及受主杂质浓度 $1.1 \times 10^{16}\text{cm}^{-3}$ 的硅在 300K 时的电子和空穴浓度,以及费米能级的位置。

问题 7.3.29 室温下锗的本征载流子浓度为 $2.33 \times 10^{13}\text{cm}^{-3}$。为了使锗中载流子确实来源于本征激发,即半导体中杂质的激发作用确实可以忽略,请问通过计算来确定锗中杂质含量的上限。提示:计算所需的锗的原子密度必须首先确定。

7.4 非平衡载流子

对于热平衡状态下的半导体,电子及空穴浓度总是服从

$$n_0 p_0 = n_i^2 \tag{7.4.1}$$

当有外界作用时,半导体就处于非平衡状态,这时,电子浓度 n 及空穴浓度 p 就不服从式(7.4.1)了。例如,以光子能量 $hv > E_g$ 的光束照射半导体,价带电子吸收了光子能

量而跃迁到导带,同时在价带中留下空穴。于是,导带电子的浓度就由 n_0 变成 n,其中 $n = n_0 + \Delta n$;空穴浓度由 p_0 变成 p,且 $p = p_0 + \Delta p, \Delta p = \Delta n$。显然,$n > n_0, p > p_0$。比平衡状态时多出来的那部分载流子,称为非平衡载流子,其浓度就是 $\Delta n = \Delta p$。

非平衡载流子的产生称作注入。例如,由于光照产生非平衡载流子,称作非平衡载流子的光注入。当注入的非平衡载流子浓度远小于平衡的多数载流子浓度时,称作小注入。在小注入的情况下,非平衡载流子浓度可大于平衡的少子浓度。例如电阻率为 1Ω·cm 的 n 型硅,$n_0 \approx 5.5 \times 10^{15}\text{cm}^{-3}$,$p_0 \approx 3.1 \times 10^4\text{cm}^{-3}$。当注入的非平衡载流子浓度为 $\Delta n = \Delta p = 10^{10}\text{cm}^{-3}$ 时,由于 $\Delta n \ll n_0$,因此属于小注入;但是,此时却有 $\Delta n = \Delta p > p_0$。可见,非平衡载流子对多子的影响往往可以忽略,而对于少子却有重要影响。因此,人们关注的是非平衡少数载流子问题。为了简便,以后讨论的非平衡载流子,实际上指非平衡少子。

非平衡载流子由外界作用产生,因此外界作用消失后,半导体会恢复到平衡状态,多余的载流子也将消失,即非平衡的电子要落入价带中的能量空状态中去,使得非平衡载流子因为复合而消失。实验表明,外界作用撤销后,半导体的平衡恢复是逐渐的,因此

$$\frac{\mathrm{d}(\Delta n)}{\mathrm{d}t} = -\frac{\Delta n}{\tau} \tag{7.4.2}$$

式中:$\frac{\Delta n}{\tau}$ 为单位时间、单位体积中非平衡载流子复合的数目,称作非平衡载流子的复合率。

式(7.4.2)的解为

$$\Delta n = (\Delta n)_0 \mathrm{e}^{-t/\tau} \tag{7.4.3}$$

式中:$(\Delta n)_0$ 为外界作用刚撤销时($t = 0$)非平衡载流子的浓度;τ 为非平衡载流子的寿命,它表征非平衡载流子的平均存在时间,τ 的大小与所含的杂质、缺陷有关。深能级的存在,起到促进非平衡载流子复合的作用,因而被称作复合中心,它是决定 τ 的最重要因素。

均匀半导体内的平衡载流子浓度处处相同,而非平衡载流子浓度却是位置的函数。例如,以均匀光束照射半导体表面,光子在表面内很薄的一层中被吸收,并产生非平衡载流子,而体内则不存在非平衡载流子。半导体的表面与体内因此存在载流子浓度梯度,其方向是由体内指向表面的。这个浓度梯度使非平衡载流子向体内扩散,而且边扩散边复合。在稳定的光照下,半导体内将建立起非平衡载流子浓度的稳定分布。图 7.4.1 就是这种分布的示意图。

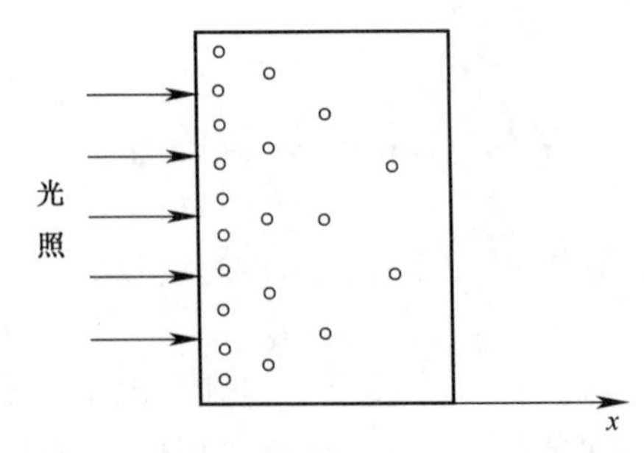

图 7.4.1 光注入非平衡载流子的分布

浓度梯度与扩散紧密相连,因此扩散是非平衡载流子的主要运动形式。下面以n型半导体内的少数载流子为例,研究非平衡少子的扩散规律。

如图7.4.1所示,空穴沿x正向扩散。单位时间内通过垂直于x的单位面积的空穴数称作空穴扩散流密度,以j_p表示。显然,j_p与浓度梯度$\frac{d\Delta p}{dx}$的关系,服从扩散定律,即

$$j_p = -D_p\frac{d\Delta p(x)}{dx} \tag{7.4.4}$$

式中:D_p为空穴的扩散系数(cm^2/s)。

式(7.4.4)中的负号表明扩散流j_p的方向与浓度梯度$\frac{d\Delta p}{dx}$的方向相反。

当非平衡空穴浓度存在稳定分布时,单位时间、单位体积中空穴的积累数与消失数是相等的。空穴的积累来自通过空穴扩散而流入该单位体积,数值为$-\frac{dj_p}{dx}$;空穴因复合而消失的数目,就是复合率$\frac{\Delta p}{\tau_p}$,于是可以建立起空穴的稳态扩散方程为

$$-\frac{dj_p}{dx} = \frac{\Delta p}{\tau_p} \tag{7.4.5}$$

以式(7.4.4)代入式(7.4.5)的左边,得

$$D_p\frac{d^2\Delta p(x)}{dx^2} = \frac{\Delta p(x)}{\tau_p} \tag{7.4.6}$$

式(7.4.6)就是非平衡少子(空穴)的一维稳态扩散方程。其解可以这样得到:设该样品足够厚,当非平衡空穴还没有到达另一端时就已几乎全部复合了,即$x\to\infty$时,$\Delta p = 0$。这时方程的解为

$$\Delta p(x) = Ae^{-x/L_p} \tag{7.4.7}$$

式中:$L_p = \sqrt{D_p\tau_p}$为空穴的扩散长度;A为待定常数,将$x=0$, $\Delta p = (\Delta p)_0$代入式(7.4.7),可以求得$A = (\Delta p)_0$,于是

$$\Delta p(x) = (\Delta p)_0e^{-x/L_p} \tag{7.4.8}$$

式(7.4.8)表明,非平衡空穴浓度从光照面开始,向体内按指数规律递减。当$x = L_p$时,$(\Delta p)_{L_p} = \frac{(\Delta p)_0}{e}$,这表明扩散长度$L_p$是非平衡空穴浓度降至表面处浓度的$1/e$的距离,所以,$L_p$可以表征非平衡空穴扩散进入半导体内的平均深度。

以式(7.4.7)代入式(7.4.4),即得到空穴扩散流密度的表达式为

$$j_p = (\Delta p)_0\frac{D_p}{L_p}e^{-x/L_p} \tag{7.4.9}$$

在表面处,有

$$j_p = (\Delta p)_0\frac{D_p}{L_p} \tag{7.4.10}$$

同理,可得到p型半导体内非平衡电子浓度的表达式为

$$\Delta n(x) = (\Delta n)_0e^{-x/L_e} \tag{7.4.11}$$

其中：$L_e = \sqrt{D_e \tau_e}$ 为电子的扩散长度。

电子的扩散流密度为

$$j_e = (\Delta n)_0 \frac{D_e}{L_e} e^{-x/L_e} \tag{7.4.12}$$

在 $x=0$ 处，有

$$j_e = (\Delta n)_0 \frac{D_e}{L_e} \tag{7.4.13}$$

在光照半导体的同时，在 x 方向上加上电场 E，这样，非平衡空穴除了扩散外，还将沿电场方向作漂移运动。定义漂移率 $\mu = \frac{|v|}{|E|}$，以表征空穴在电场作用下漂移运动的快慢。实验和理论都证明，载流子的扩散系数 D 与迁移率 μ 之间存在爱因斯坦关系（也称能斯特-爱因斯坦方程）

$$\frac{D}{\mu} = \frac{k_B T}{e} \tag{7.4.14}$$

这个关系对于平衡及非平衡的载流子都适用，同时，它既适用于空穴，也适用于电子。

问题 7.4.1 在物理化学的动力学中，有类似于式(7.4.2)的方程，请问该方程的含义是什么？

问题 7.4.2 式(7.4.3)中的 $(\Delta n)_0$ 是常数，请问它为什么不随着外界的持续作用而不断增大？

问题 7.4.3 教材中说："非平衡载流子的寿命与所含的杂质、缺陷有关；其中深能级的存在起到促进非平衡载流子复合的作用，深能级是决定寿命的最重要因素"，请问：(1)深能级是一种晶体缺陷吗？(2)为什么深能级对非平衡载流子的寿命影响最大？

问题 7.4.4 除了光注入，非平衡载流子还可能在哪些外界作用下产生？

问题 7.4.5 对于光注入，请问 $\Delta n = \Delta p$ 成立吗？为什么？

问题 7.4.6 教材中说："均匀半导体内的平衡载流子浓度处处相同，而非平衡载流子浓度却是位置的函数"，请问：(1)为什么强调均匀？(2)在只有热作用而没有其他外场作用的条件下，均匀半导体内部的不同区域是否会出现载流子浓度不均匀的现象？

问题 7.4.7 (1)在光注入的条件下，请写出非平衡载流子的浓度梯度的单位；(2)本问题与半导体是 n 型还是 p 型有无关系？

问题 7.4.8 教材中说："在稳定的光照下，半导体内将建立起非平衡载流子浓度的稳定分布"，请问稳定的光照指什么？

问题 7.4.9 教材中说："在光照半导体的同时，在 x 方向上加上电场 E，这样，非平衡空穴除做扩散运动外，还将沿电场方向做漂移运动"，请问 x 方向上加上电场 E 后，为什么不产生由于电场作用而导致的空穴扩散？

问题 7.4.10 在原子扩散问题中，原子浓度的空间分布可以呈现稳态；而在稳定的光照下，半导体内也会建立起非平衡载流子浓度的稳定（空间）分布，请指出这两种情况的相同点和差异。

问题 7.4.11 在原子扩散中，空位扩散概念是置换原子扩散的另一种描述。对于非平衡载流子的扩散，电子扩散与空穴扩散这两个概念之间的关系，与空位扩散与置换原子扩散之间的关系有什么相同之处？有什么差异？

问题 7.4.12 查阅资料以说明什么是准费米能，请对所查阅的资料做简要的总结。

问题 7.4.13 查阅资料以说明什么是非平衡载流子的直接复合与间接复合。

问题 7.4.14 (1)查阅资料以给出能斯特-爱因斯坦方程(即式(7.4.14))的推导过程；(2)指出该方程是建立哪两个相互平衡的过程之上的？

问题 7.4.15 电子扩散与电子漂移的驱动力是不同的，请分别指出这两个驱动力是什么？

7.5 p-n 结

将受主(或施主)掺入 n 型(或 p 型)半导体晶片内，使其一部分区域成为 p 型(或 n 型)导电类型，在 p 型与 n 型区域的界面附近就形成了 p-n 结。所以，p-n 结是指在同一半导体晶片内 p 型导电区与 n 型导电区相接的界面区域。

将杂质掺入半导体内的典型方法有合金法与扩散法两种。合金法是将一个含有所需杂质的小球(如铝球)放在半导体晶片上(如 n 型硅片)，在真空中将它们一起加热至小球熔化，杂质即以合金的形式掺入到半导体晶片内，冷却后小球下面就形成一个与半导体导电类型相反的(如 p 型)区域，得到了所需的 p-n 结。用合金法制得的 p-n 结称为合金结。在理想的合金结中，n 区的施主及 p 区的受主都是均匀分布的，在 n 区与 p 区的交界处发生突变，如图 7.5.1(a)所示。因此，理想合金结称作突变结。扩散法是将半导体晶片暴露于高浓度杂质源中(杂质的类型与晶片原有的杂质相反)，在高温下，杂质通过扩散而进入半导体晶片内，形成 p-n 结。扩散法能精确地控制结的位置，其杂质分布如图 7.5.1(b)所示。扩散结也称缓变(渐变)结。下面以突变结为例讨论 p-n 结的特性。

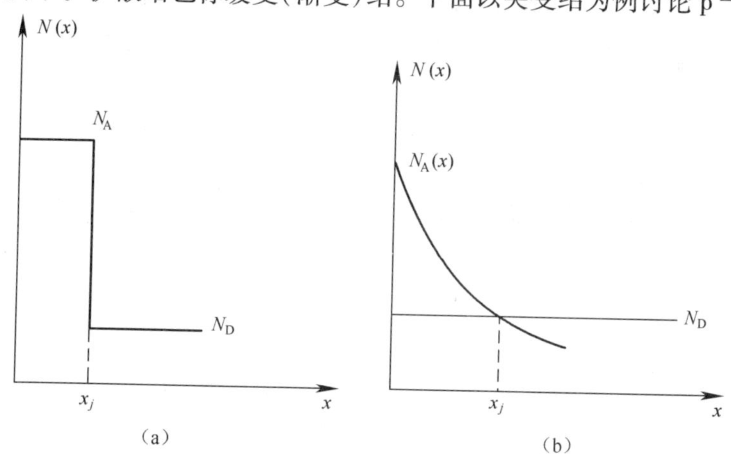

图 7.5.1 p-n 结中的杂质分布

7.5.1 平衡 p-n 结的性质

平衡 p-n 结的性质指无外电压时 p-n 结的性质。可从刚形成的 p-n 结开始研究。

p－n结的n区，多数载流子是电子，其浓度远大于p区电子（少子）浓度；同样，p区中的空穴浓度远比n区大。因此，p－n结两侧存在浓度差，导致n区电子向p区扩散，并在n区留下带正电的电离施主，如图7.5.2所示。同样，p区空穴扩散到n区，留下带负电的电离受主。由于施主和受主占据正常格点的位置，所以离化杂质的电荷是不会移动的，它们所在的区域称为空间电荷区。空间电荷的存在，必然产生电场，其方向由n区指向p区，称作内建电场。在内建电场的作用下，载流子作漂移运动，其运动方向与扩散方向相反，如图7.5.2所示。

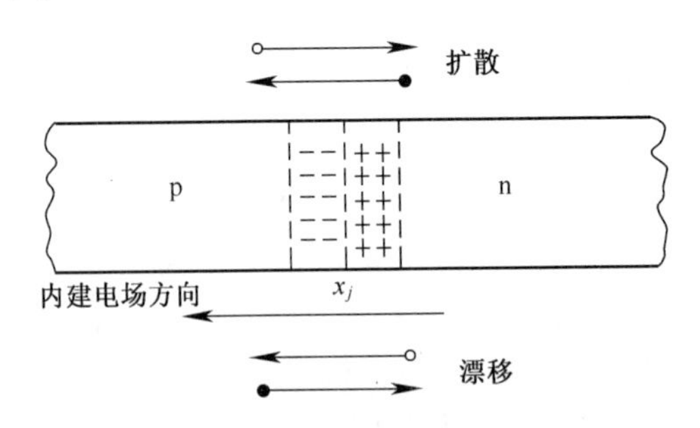

图7.5.2 p－n结中载流子的扩散与漂移运动

显然，内建电场阻止载流子扩散。当载流子的漂移与扩散到达动态平衡时，扩散电流与漂移电流大小相等，方向相反，通过p－n结的总电流为零。这时，空间电荷的总数量Q_0、空间电荷区的宽度W_0是确定的，而内建电场强度的空间分布保持不变。内建电场的存在，表明p－n结的两侧存在电势差，称作接触电势差或内建电势，记作V_D。由于内建电场方向是由n区指向p区的，所以n区的电势高于p区，因此n区的电子势能比p区的低eV_D。这样，p－n结的能带就要发生弯曲，如图7.5.3所示。

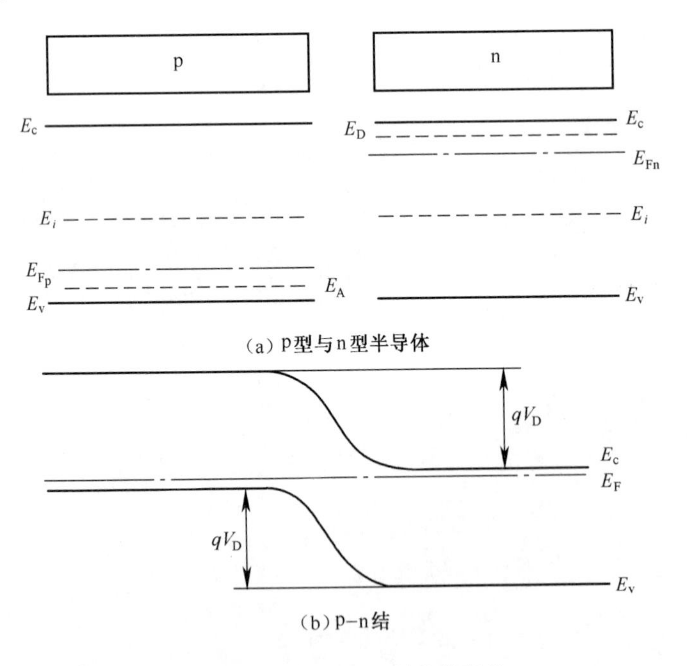

图7.5.3 平衡p－n结能带结构

由于p－n结处于平衡状态，所以费米能级E_F在整个p－n结中保持不变。能带弯曲的区域称作势垒区（通常就是空间电荷区）。p区与n区电子势能之差为eV_D（其数值大于零），称作势垒高度。由图7.5.3，得

$$eV_D = E_{Fn} - E_{Fp}$$

根据本征半导体费米能的特性，即$E_F = (E_c + E_v)/2 = E_i$，可以得到n区及p区的平衡电子浓度$n_{n0}$及$n_{p0}$

$$n_{n0} = N_c e^{-[(E_c)_n - E_F]/k_B T} = N_c e^{-[(E_c)_n - E_i]/k_B T} \tag{7.5.1}$$

$$n_{p0} = N_c e^{-[(E_c)_p - E_F]/k_B T} = N_c e^{-[(E_c)_p - E_i]/k_B T} \tag{7.5.2}$$

于是

$$\frac{n_{n0}}{n_{p0}} = e^{[(E_c)_p - (E_c)_n]/k_B T} = e^{eV_D/k_B T} \tag{7.5.3}$$

由于$eV_D > 0$，所以$n_{n0} > n_{p0}$。上式表明，p区与n区电子浓度的关系，服从玻耳兹曼分布，即

$$n_{p0} = n_{n0} e^{-eV_D/k_B T} \tag{7.5.4}$$

对于n区与p区的平衡空穴浓度也有类似的关系式。

由式（7.5.3），得到p－n结的接触电势差V_D为

$$V_D = \frac{k_B T}{e} \ln \frac{n_{n0}}{n_{p0}} \tag{7.5.5}$$

由于n_{p0}是p区的少数载流子浓度，根据$n_0 p_0 = n_i^2$，可得到$n_{p0} p_{p0} = n_i^2$。于是$n_{p0} = \frac{n_i^2}{p_{p0}}$，以此式代入$V_D$的表示式中，得

$$V_D = \frac{k_B T}{e} \ln\left(\frac{n_{n0} p_{p0}}{n_i^2}\right) \tag{7.5.6}$$

在一般温度下，杂质已全部电离，$n_{n0} = N_D$，$p_{p0} = N_A$，式（7.5.6）可改写成

$$V_D = \frac{k_B T}{e} \ln \frac{N_D N_A}{n_i^2} \tag{7.5.7}$$

式中：N_D为n区的施主浓度；N_A为p区的受主浓度。

式（7.5.7）表明，p－n结两侧的接触电势差V_D是温度的函数。在一定的温度下，掺杂浓度越高，V_D越大；材料的禁带宽度越大，n_i越小，则V_D越大。例如，硅和锗的p－n结中，都掺有$N_D = 10^{15}\text{cm}^{-3}$及$N_A = 10^{17}\text{cm}^{-3}$的杂质，但由于$(E_g)_{Si} > (E_g)_{Ge}$，所以，硅p－n结的$V_D = 0.7\text{V}$，大于锗p－n结的$V_D = 0.32\text{V}$。

通过求解势垒区中的泊松方程$\frac{d^2 V}{dx^2} = -\frac{\rho}{\varepsilon\varepsilon_0}$，即可得到平衡p－n结的势垒宽度$W_0$及内建电场$E_i$，在这里不作介绍了，有兴趣的读者可参看有关半导体物理的教材。

问题7.5.1　(1)平衡p－n结中的内建电场与电化学中的哪一种内电场最为相似？为什么？(2)请全面对比p－n结中的内建电场与电极双电层中的内电场。

问题7.5.2　对于突变结，内建电场靠空间电荷区建立（图7.5.2）。请问此内建电场

存在的空间区域是什么?

问题 7.5.3 请将 p-n 节中的扩散问题,与原子扩散中的扩散偶问题作对比,指出它们之间的相同之处。

问题 7.5.4 p-n 结中既有载流子的扩散,又有载流子的反向漂移,请问 p-n 结中是否存在能斯特-爱因斯坦方程?

问题 7.5.5 内建电场的电场强度与哪些因素有关?

问题 7.5.6 教材中说:"由于 p-n 结处于平衡状态,所以费米能级 E_F 在整个 p-n 结中保持一定值"。(1)请问这句话基于物理化学的什么原理?(2)类似的情况在物理化学的哪一部分见过?

问题 7.5.7 请对公式 $eV_D = E_{Fn} - E_{Fp}$ 作出解释。

问题 7.5.8 n_{n0} 与 n_0 都涉及平衡概念,请问它们有什么差异?

问题 7.5.9 上面讨论的 p-n 结中,n 区内部是否是均匀的? p 区内部是否是均匀的?

问题 7.5.10 在一般温度下,杂质已全部电离,因此 $n_{n0} = N_D$, $p_{p0} = N_A$,请问为什么?

问题 7.5.11 请总结 7.5.1 节,指出本节的基本思路。

问题 7.5.12 有外电场时,热平衡条件下才存在的公式 $n_0p_0 = n_i^2$,是否仍然存在?

问题 7.5.13 (1)查阅资料以说明什么是耗尽层?耗尽层与势垒区、空间电荷区是同一个区域吗?(2)解释为什么耗尽层中电阻特别大?

问题 7.5.14 在电化学中,有类似式(7.5.5)的公式。请问电化学中的那个式子反映了怎样的物理含义?

7.5.2 p-n 结的电流—电压特性

当 p-n 结的 p 区与电源的正极相接,n 区与负极相接时,p-n 结处于外加正向偏压下。由于 p-n 结的势垒区(空间电荷区)中载流子很少,电阻很大,所以可认为外加电压 $V_0 > 0$ 全部落在这个区域内。V_0 在势垒区中的电场与内建电场 $E_内$ 的方向相反,如图 7.5.4(a)所示。所以,正向偏压下 p-n 结势垒区内的总电场 E 小于 $E_内$;空间电荷区中的电荷 Q 小于 Q_0;势垒宽度 W 小于 W_0。由于势垒总电场减弱,因此,载流子的漂移电流也减弱,使得扩散流大于漂移流,因而有净扩散流流过 p-n 结。净扩散流由两部分组成。一部分是 n 区电子向 p 区扩散,在进入 p 区边界 pp′时,使那里的电子浓度 $(n)_{pp'} > n_{P0}$,即 p 区边界上出现了非平衡载

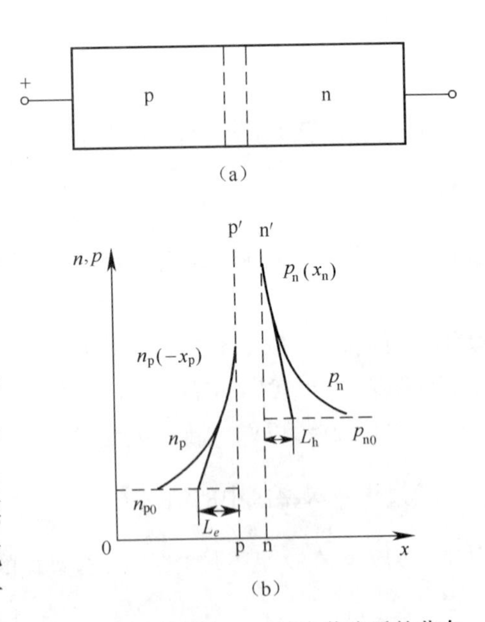

图 7.5.4 正偏下 p-n 结中载流子的分布

流子。这个现象称为 p-n 结的 n 区向 p 区注入电子。注入到 p 区的电子将边扩散边复

合，经过 L_e 距离后就几乎全部复合了。当外加偏压 $V_0>0$ 不变时，电子在 p 区的浓度 n_P 将有一个稳定的分布（图 7.5.4(b)），流过 p－n 结的电子扩散电流也就恒定了。当 V_0 发生变化时，电子扩散电流也随之变化。另一部分扩散电流
是由于 p 区向 n 区注入空穴而形成的。

当 p－n 结的 p 区接负，n 区接正时，p－n 结处于反向偏置。假定外加负偏压 $-|V_0|$ 也全部落在势垒区，由于外加负偏压在势垒区的电场与内建电场 $E_{内}$ 同向，所以，势垒区的总电场得到加强。势垒高度增至 $e(V_D+|V_0|)$，势垒宽度 $W>W_0$。势垒区的强电场将 n 区边界 nn′处的空穴驱向 p 区，将 p 区边界 pp′处的电子驱向 n 区。当边界处的少数载流子被势垒区的强电场拉走后，内部的少数载流子就会通过扩散运动而达到边界；随后又被强电场拉走，内部的少数载流子又来补充。这种现象称作少数载流子的抽取（或吸取）。当外加反偏 $-|V_0|$ 不变时，被电场抽取的少子与扩散过来补充的少子达到了动态平衡，使少数载流子浓度的分布也达到稳定（图 7.5.5），并形成反偏下的少数载流子的扩散电流，其方向与正偏下多子的扩散电流方向相反。当外加反向偏压足够大时，可将 nn′及 pp′处的少子抽光，使得：$(n)_{pp'}=(p)_{nn'}=0$。这时，反偏再加大，也不能改变少子浓度的分布，方向电流也不随外加方向偏压而变。反向电流达到了饱和。

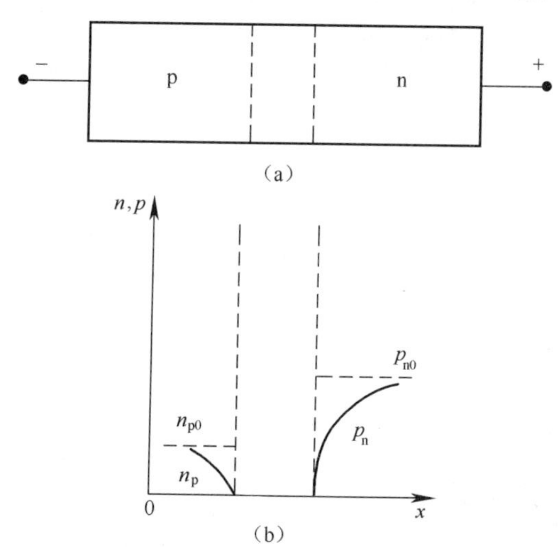

图 7.5.5　反偏下 p－n 结载流子的分布

由上面的分析可知，不论外加正偏压还是负偏压，流过 p－n 结的总电流 I 都等于 pp′处的电子扩散电流加上 nn′处的空穴扩散电流。这些扩散电流都是由于非平衡载流子的扩散而形成的。利用式(7.4.9)及式(7.4.12)，可以得到流过 p－n 结的电流密度 j 的表达式为

$$j=ej_p|_{nn'}+ej_e|_{pp'}=(\Delta p)_{nn'}\frac{eD_p}{L_p}+(\Delta n)_{pp'}\frac{eD_e}{L_e} \tag{7.5.8}$$

其中：$(\Delta p)_{nn'}=(p_n)_{nn'}-p_{n0}$，$(\Delta n)_{pp'}=(n_p)_{pp'}-n_{p0}$。

在平衡 p－n 结两侧的载流子浓度服从式(7.5.5)。若假定在有外加电压时，载流子仍服从由式(7.5.5)表述的玻耳兹曼关系，那么

$$(n_p)_{pp'}=n_{n0}e^{-e(V_D-V_0)/k_BT}=n_{p0}e^{eV_0/k_BT} \tag{7.5.9}$$

$$(p_{\mathrm{n}})_{\mathrm{nn'}} = p_{\mathrm{p0}}\mathrm{e}^{-e(V_{\mathrm{D}}-V_0)/k_{\mathrm{B}}T} = p_{\mathrm{n0}}\mathrm{e}^{eV_0/k_{\mathrm{B}}T} \tag{7.5.10}$$

其中：V_0 在正偏时取正值（$V_0>0$），在反偏时取负值（$V_0<0$）。

以上述结果代入 $(\Delta p)_{\mathrm{nn'}}$ 及 $(\Delta n)_{\mathrm{pp'}}$ 中，得

$$(\Delta p)_{\mathrm{nn'}} = p_{\mathrm{n0}}\mathrm{e}^{eV_0/k_{\mathrm{B}}T} - p_{\mathrm{n0}} = p_{\mathrm{n0}}(\mathrm{e}^{eV_0/k_{\mathrm{B}}T} - 1) \tag{7.5.11}$$

$$(\Delta n)_{\mathrm{pp'}} = n_{\mathrm{p0}}(\mathrm{e}^{eV_0/k_{\mathrm{B}}T} - 1) \tag{7.5.12}$$

以此代入 j 的表达式(7.5.8)，得

$$j = e\left(\frac{D_{\mathrm{p}}}{L_{\mathrm{p}}}p_{\mathrm{n0}} + \frac{D_{\mathrm{e}}}{L_{\mathrm{e}}}n_{\mathrm{p0}}\right)(\mathrm{e}^{eV_0/k_{\mathrm{B}}T} - 1) = j_0(\mathrm{e}^{eV_0/k_{\mathrm{B}}T} - 1) \tag{7.5.13}$$

其中：$j_0 = e\left(\frac{D_{\mathrm{p}}}{L_{\mathrm{p}}}p_{\mathrm{n0}} + \frac{D_{\mathrm{e}}}{L_{\mathrm{e}}}n_{\mathrm{p0}}\right)$ 为反向饱和电流密度。

当 p－n 结上加正向偏置时，$V_0 > 0$，式(7.5.13)中的指数项 $\mathrm{e}^{eV_0/k_{\mathrm{B}}T} \gg 1$，因此

$$j \approx j_0\mathrm{e}^{eV_0/k_{\mathrm{B}}T} \tag{7.5.14}$$

表明正向电流随外加电压增加而指数上升。

当 $V_0 < 0$ 时，指数 $\mathrm{e}^{eV_0/k_{\mathrm{B}}T} \ll 1$，$j \approx -j_0$，说明反向电流很快就达到饱和值。图 7.5.6 给出了 p－n 结的 I—V 特性曲线，这种电流—电压特性表明 p－n 结具有单向导电性，因而可制成检波二极管及整流二极管。

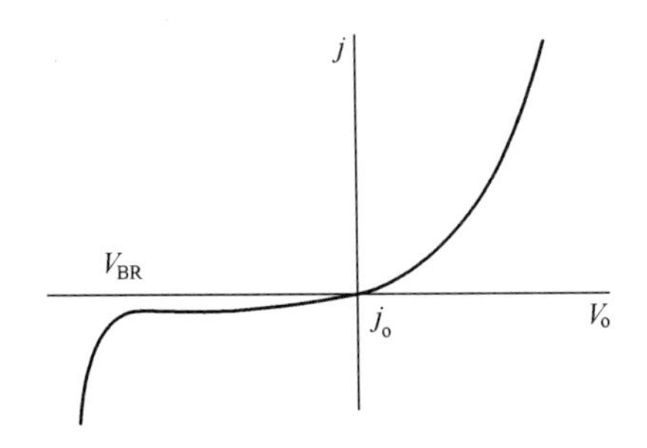

图 7.5.6　p－n 结的 I—V 特性

7.5.3　p－n 结的击穿

若反偏电压增加至某一定值 V_{BR} 时，反向电流突然无限地增长，如图 7.5.6 所示。这种现象称作 p－n 结的击穿，发生击穿时的电压 V_{BR} 称作击穿电压。目前认为主要的击穿机理有 3 种：

1. 雪崩击穿

当 p－n 结上的反偏电压很高时，势垒区中的电场就很强，使进入势垒区的载流子加速而获得很大的动能。当这些具有高能量的载流子与势垒区中的晶格原子发生碰撞时，其能量就会传给价带电子，使之跃迁到导带而成为传导电子，并在价带中留下了自由空穴。这些新产生的电子—空穴对及原来的载流子，均受强电场的作用而加速，并得到很大的动能，又与晶格原子碰撞而产生新的电子—空穴对。如此继续不断，就会使势垒区的载流子大量增加，使反向电流随之大增，于是发生了 p－n 结击穿。上述载流子的"繁殖"过程如图 7.5.7 所示，这种"繁殖"方式称作载流子的倍增效应。由倍增效应引起的 p－n 结击穿称作雪崩击穿。对于锗和硅，击穿电压大于 $6E_{\mathrm{g}}/e$ 时，其击穿机理就是雪崩击穿。

2. 隧道击穿

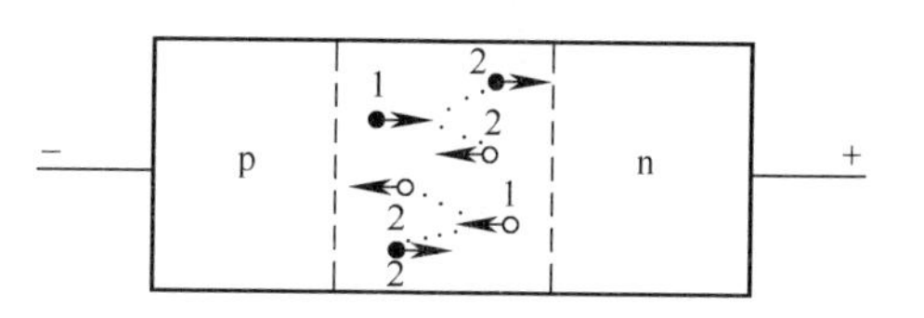

图 7.5.7 载流子的倍增效应

如果外加的反偏电压使 n 区导带底比 p 区价带顶还低,如图 7.5.8 所示。这时,价带中 A 点的电子能量与导带中 B 点的电子能量相同,只因它们之间隔着禁带,在一般情况下,A 点处的电子不会跑到 B 点处。当反偏增高到某一定值 V_{BR} 时,由于势垒增高而使两点 A、B 之间的距离缩短到隧道效应的概率较大,使电子有一定的概率穿过禁带而从价带跃迁到导带,使导带电子及价带空穴同时增多、p−n 结的反向电流大增而发生击穿。锗和硅的 p−n 结击穿电压小于 $4E_g/e$ 时的击穿就是隧道效应引起的。击穿电压在 $(4\sim6)E_g/e$之间时,雪崩击穿与隧道击穿并存。

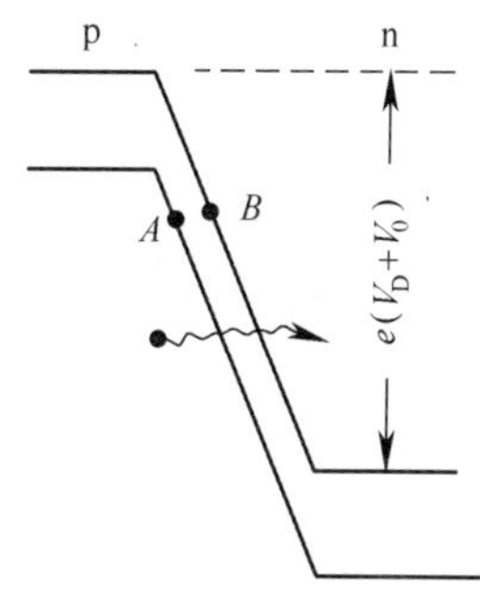

图 7.5.8 隧道击穿

3. 热电击穿

这是禁带较窄的半导体(如锗)p−n 结击穿的主要机制。p−n 结的反向饱和电流 j_0 为

$$j_0 = e\left(\frac{D_p}{L_p}p_{n0} + \frac{D_e}{L_e}n_{p0}\right) \tag{7.5.15}$$

而 $p_{n0} = \dfrac{n_i^2}{n_{n0}}$ 及 $n_{p0} = \dfrac{n_i^2}{p_{p0}}$,这样,$j_0$ 就可写为

$$j_0 = en_i^2\left(\frac{D_p}{L_p n_{n0}} + \frac{D_e}{L_e p_{p0}}\right) \tag{7.5.16}$$

式(7.5.16)表明:反向饱和电流 j_0 与本征载流子浓度的平方 n_i^2 成正比。n_i 则由禁带宽度 E_g 及温度所确定。当反偏增大时,反向电流耗损的功率也增大,并产生大量热能,若不能及时将热能传递出去,p−n 结的温度就会升高。温度升高就会导致 n_i 增大,从而使反向饱和电流增大,结果又产生大量热能。如此反复循环,最后,由于j_0 大增而使 p−n 结击穿。

p−n 结的击穿虽然限制了二极管的使用,但也可以利用这个现象制成稳压二极管。

7.5.4 p−n 结的光生伏特效应

如果用 $h\nu > E_g$ 的光垂直照射 p−n 结面时,会在光照面与暗面之间产生电压,这个效应就称光生伏特效应。

如果 p−n 结位置靠近表面,入射的光子就可进入到 p−n 结区域。如果在距离势垒区边界约一个扩散长度的范围内,产生非平衡载流子,这些载流子就可以通过扩散运动而到达势垒区边界,然后被势垒区的强电场作用而穿过 p−n 结,形成光生电流(图 7.5.9),这个电流的方向与 p−n 结反向电流的方向一致。在断路的情况下,p−n 结的光照面将累积负电荷,暗面将累积正电荷,从而在两面之间产生一定的光致电压(这就是光生伏特效应)。如果将 p−n 结与外电路接通,就会有电流流过外电路。如果光照不停止,电流就将不断地流过外电路,向负载输出一定的功率。这时的 p−n 结就如同一个电池一样。因此,可以利用 p−n 结的光生伏特效应制成光电池(太阳能电池)。

p−n 结还有其他的一些特性,都可用来制成相应的二极管。例如,利用 p−n 结的电

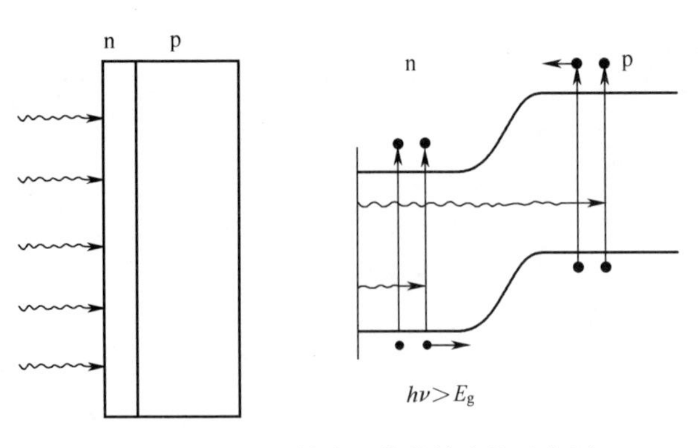

图 7.5.9　p－n 结光生伏特效应的示意图

容效应，制成变容二极管；利用 p－n 结中多子的隧道效应制成隧道二极管；利用 p－n 结的注入效应制成发光二极管；还有 p－n 结激光器、磁二极管、开关二极管等，都说明 p－n 结在半导体器件中的重要作用。

问题 7.5.15　教材中说："正向偏压下 p－n 结势垒区内的总电场 E 小于 $E_{内}$；空间电荷区中的电荷 Q 小于 Q_0"，这两个结论是有隐性前提的，请问是什么？

问题 7.5.16　图 7.5.6 反映了 p－n 结的单向导电性，请结合图形对此给予解释。

问题 7.5.17　请总结 7.5.2 节。

问题 7.5.18　雪崩击穿机制为什么不适于施加正向偏压的情况？

问题 7.5.19　请用一句话概括光生伏特效应。

第8章　固体磁性

8.1　原子磁性

带电体的运动会产生磁场。固体磁性来源于固体中各种带电粒子(电子与核子)的自旋运动和轨道运动。

8.1.1　轨道磁矩、自旋磁矩与原子磁矩

原子的磁性主要是原子中电子的轨道磁矩与自旋磁矩的贡献。尽管原子核也有磁矩,但只有电子磁矩的几千分之一,故往往忽略不计。

根据原子物理学,由于电子绕原子核运动,使电子具有一定的轨道角动量 $\boldsymbol{l}$。又由于电子携带电荷 $-e$,故形成环电流。此环电流产生轨道磁矩 $\boldsymbol{\mu}_1$ 为

$$\boldsymbol{\mu}_1 = \frac{-e}{2m}\boldsymbol{l} \tag{8.1.1}$$

式中:m 为电子质量;普适常数 $-e/2m$ 为电子轨道运动的旋磁比。

电子还具有自旋角动量 $\boldsymbol{s}$,实验表明,与之相联系的自旋磁矩 $\boldsymbol{\mu}_s$ 为

$$\boldsymbol{\mu}_s = \frac{-e}{m}\boldsymbol{s} = g_s\left(-\frac{e}{2m}\right)\boldsymbol{s} \quad (g_s = 2) \tag{8.1.2}$$

显然,电子自旋运动的旋磁比为 $-e/m$,是轨道运动旋磁比的2倍。

对于实际的原子,它可以有多个电子。这时由于电子—电子之间的库仑作用(表现为电子轨道运动之间的耦合)及轨道运动与自旋运动之间的耦合,单个电子的角动量是不守恒的,但原子的总角动量 $\boldsymbol{J}$ 是守恒的(注意:角动量守恒是物理学的3个基本守恒定律之一)。原子的磁矩 $\boldsymbol{\mu}_J$ 与原子总角动量 $\boldsymbol{J}$ 之间仍有比例关系,即

$$\boldsymbol{\mu}_J = g_J\left(\frac{-e}{2m}\right)\boldsymbol{J} \tag{8.1.3}$$

式中:g_J 为朗德因子,或 g 因子。

对于不太重的元素,电子间的库仑作用大于电子间的轨道—自旋作用,因而可认为各电子轨道角动量先耦合成总的轨道角动量 $\boldsymbol{L}$,各自旋角动量也耦合成为一个总自旋角动量 $\boldsymbol{S}$,然后 $\boldsymbol{L}$ 与 $\boldsymbol{S}$ 再合成为总角动量 $\boldsymbol{J}$,即

$$\boldsymbol{L} = \sum_i \boldsymbol{l}_i, \quad \boldsymbol{S} = \sum_i \boldsymbol{s}_i, \quad \boldsymbol{J} = \boldsymbol{L} + \boldsymbol{S} \tag{8.1.4}$$

$$\boldsymbol{\mu}_J = \boldsymbol{\mu}_L + \boldsymbol{\mu}_S$$

这种耦合方式称为 $\boldsymbol{L}-\boldsymbol{S}$ 耦合,此时容易算出 g 因子。将式(8.1.3)两边点乘 $\boldsymbol{J}$,得到

$$g_J = \frac{\boldsymbol{\mu}_J \cdot \boldsymbol{J}}{-\frac{e}{2m}\boldsymbol{J}^2} = \frac{\left(-\frac{e}{2m}\boldsymbol{L} - \frac{e}{m}\boldsymbol{S}\right) \cdot \boldsymbol{J}}{-\frac{e}{2m}\boldsymbol{J}^2} = \frac{(\boldsymbol{J} + \boldsymbol{S}) \cdot \boldsymbol{J}}{\boldsymbol{J}^2} = 1 + \frac{\boldsymbol{S} \cdot \boldsymbol{J}}{\boldsymbol{J}^2} \tag{8.1.5}$$

由于

$$\boldsymbol{L}^2 = (\boldsymbol{J} - \boldsymbol{S})^2 = \boldsymbol{J}^2 + \boldsymbol{S}^2 - 2\boldsymbol{J} \cdot \boldsymbol{S} \tag{8.1.6}$$

故可由之求出 $\boldsymbol{S} \cdot \boldsymbol{J}$,代入式(8.1.5)得出

$$g_J = 1 + \frac{\boldsymbol{J}^2 + \boldsymbol{S}^2 - \boldsymbol{L}^2}{2\boldsymbol{J}^2} \tag{8.1.7}$$

考虑到角动量是量子化的,因此

$$\boldsymbol{J}^2 = J(J+1)\hbar^2, \quad \boldsymbol{L}^2 = L(L+1)\hbar^2, \quad \boldsymbol{S}^2 = S(S+1)\hbar^2 \tag{8.1.8}$$

J 、S 、L 分别为原子角动量、自旋角动量和轨道角动量的量子数。所以

$$g_J = 1 + \frac{J(J+1) + S(S+1) - L(L+1)}{2J(J+1)} \tag{8.1.9}$$

知道了 g 因子,原子磁矩的大小如下:

$$|\boldsymbol{\mu}_J| = \left|g\left(-\frac{e}{2m}\right)\boldsymbol{J}\right| = g\sqrt{J(J+1)}\ \frac{e\hbar}{2m} = g\sqrt{J(J+1)}\mu_B = p\mu_B \tag{8.1.10}$$

其中:$\mu_B = e\hbar/2m = 9.274 \times 10^{-24}$ J/T,是玻尔磁子,它是磁矩的最小变化单位,因此磁矩是量子化的;$p = g\sqrt{J(J+1)}$ 为原子(或离子)的有效玻尔磁子数。由上述几个公式知道,如果 $L=0$,则 $J=S$, $g_J = g_s = 2$, $|\mu_J| = 2\sqrt{S(S+1)}\mu_B$,完全是自旋磁矩的贡献;如果 $S=0$,则 $J=L$, $g_J = 1$, $|\boldsymbol{\mu}_J| = \sqrt{L(L+1)}\mu_B$,完全是轨道磁矩的贡献。

由量子力学知道,有确定角动量量子数 J 的原子,其能量是 $2J+1$ 重简并的。这是因为对应的磁量子数 M_J 还可有 $2J+1$ 个不同取值,标志不同的状态:

$$M_J = -J, -J+1, \cdots, J-1, J \tag{8.1.11}$$

当有外磁场时,这些能级简并的量子态将发生能级分裂,简并消除。所以,应当用 L 、S 、J 、M_J 四个量子数标志一个多电子原子(或离子)的电子状态,记作 $|J,M_J,L,S\rangle$ 。

8.1.2 洪特定则

为了计算原子或离子的有效玻尔磁子数,就必须知道 3 个量子数: S 、L 和 J 。洪特根据对原子光谱的分析,建立了确定原子或离子基态量子数的规则,即洪特定则(1927 年):

(1) 原子或离子基态, S 取泡利原理允许的最大值。

(2) 在上述前提下, L 取泡利原理允许的最大值。

(3) 如果支壳层电子不到半满,则 $J=|L-S|$;如等于或超过半满,则 $J=L+S$。

由于满支壳层中每条轨道都有自旋相反的两个电子,故总角动量为零,对原子磁矩无贡献。所以,我们只考虑原子(或离子)的不满支壳层。原子或离子的基态一般用一个符号表示: $^{2S+1}L_J$,其中 L 代表 s、p、d、f、…,分别表示轨道角动量 $L=0$、1、2、3、4、…的情况;J 是数字,即总角动量量子数;$2S+1$ 也是数字,其意义是自旋引起的多重态数。

例 8.1.1 Dy^{3+}(稀土元素镝的三价离子)的电子组态为 $4s^24p^64d^{10}4f^95s^25p^6$。4f 支

壳层不满,其轨道角动量量子数 $l=3$,磁量子数 $m_l=3,2,1,0,-1,-2,-3$,这 7 条轨道可容纳 14 个电子。欲使 S 最大,应使 9 个电子在量子化方向(设为 z 轴)的自旋分量之和达到最大值(因为总自旋为 S 的态,z 分量最大值为 $S\hbar$)。在不违背泡利不相容原理的条件下,显然应使 7 个电子自旋方向相同(↑),而另外 2 个电子自旋方向相反(↓),于是自旋角动量 z 分量的最大值为 $(7-2)\hbar/2=(5/2)\hbar$,表明 $S=5/2$。欲使 L 最大而又不违背泡利原理,应使 7 个自旋(↑)的电子分别占据 7 条轨道,而 2 个自旋(↓)电子再分别占据 m_l 最大的 $m_l=3$、2 两条轨道。于是轨道角动量 z 分量最大值为 $3\hbar+2\hbar=5\hbar$,表明 $L=5$。由于电子数(9 个)超过半满,故 $J=L+S=15/2$。因此,Dy^{3+}的基态为 $^6H_{15/2}$ $(J=15/2, L=5, S=5/2)$。由式(8.1.9)和式(8.1.10)可算出有效玻尔磁子数为 $p=10.63$。

例 8.1.2　C 原子的电子组态为 $1s^22s^22p^2$,2p 支壳层不满,$l=1$,$m_l=1,0,-1$,这 3 条轨道可容纳 6 个电子。欲使 S 最大,可使两个电子自旋平行,故 $S=1$。欲使 L 最大而又不违背泡利原理,两个电子应分别占据 $m_l=1$, 0 的轨道,因而 $L=1$。由于电子数不到半满,所以 $J=|L-S|=0$,基态为 $^3P_0$。由此例可知,支壳层不满的原子也可能总磁矩为零。但是,支壳层不满的原子或离子大多数都具有不为零的总磁矩。

表 8.1.1 是磁性研究中最常遇到的铁族离子的电子组态、由洪特定则算出的基态(可看出量子数 L、S、J)及有效玻尔磁子数 p。由表 8.1.1 可见,对于铁族离子,按 $p=g_J\sqrt{J(J+1)}$ 算出的结果与实验值相差甚远,然而按照 $p'=2\sqrt{S(S+1)}$ 算出的结果与实验值符合较好。产生这种现象的原因是:洪特定则是对孤立原子或离子的情况作出的,而表中的 $p_{实验}$ 是对含上述离子的晶体测量出来的,故不能由此推断洪德定则失效。例如,对于稀土离子,按 $p=g_J\sqrt{J(J+1)}$ 计算出的结果就与实验值基本吻合。

表 8.1.1　铁族离子的电子组态、基态及有效玻尔磁子数

离子	电子组态	基态	$p=g_J\sqrt{J(J+1)}$	$p'=2\sqrt{S(S+1)}$	$p_{实验}$
Ti^{3+}, V^{4+}	$3d^1$	$^2D\ 3/2$	1.55	1.73	1.8
V^{3+}	$3d^2$	$^3F_2$	1.63	2.83	2.8
Cr^{3+}	$3d^3$	$^4F_{3/2}$	0.77	3.87	3.8
Mn^{3+}, Cr^{2+}	$3d^4$	$^5D_0$	0	4.90	4.9
Fe^{3+}, Mn^{2+}	$3d^5$	$^6S_{5/2}$	5.92	5.92	5.9
Fe^{2+}	$3d^6$	$^5D_4$	6.70	4.90	5.4
Co^{2+}	$3d^7$	$^4F_{9/2}$	6.63	3.87	4.8
Ni^{2+}	$3d^8$	$^3F_4$	5.59	2.83	3.2
Cu^+	$3d^9$	$^2D_{5/2}$	3.55	1.73	1.9

8.1.3　磁场中的原子(离子)拉摩进动

现在讨论原子与磁场的相互作用问题,这里涉及原子固有的磁矩在磁场中的取向能及所有原子都具有的感生磁矩问题。

根据经典力学,一个在轨道上作回转运动的电子,放在磁场中后将会像一个在重力场中的旋转陀螺一样,产生旋进运动,如图 8.1.1 所示。磁场对磁矩产生力矩

$$\boldsymbol{\tau}=\boldsymbol{\mu}_L\times\boldsymbol{B} \tag{8.1.12}$$

该力矩使轨道角动量发生变化

$$\frac{\mathrm{d}\boldsymbol{L}}{\mathrm{d}t}=\boldsymbol{\tau}=\boldsymbol{\mu}_L\times\boldsymbol{B} \tag{8.1.13}$$

将$\boldsymbol{\mu}_L=-(e/2m)\boldsymbol{L}$代入式(8.1.13),得

$$\frac{\mathrm{d}\boldsymbol{\mu}_L}{\mathrm{d}t}=-\frac{e}{2m}\boldsymbol{\mu}_L\times\boldsymbol{B} \tag{8.1.14}$$

它表明$\boldsymbol{\mu}_L$和$\boldsymbol{L}$均围绕$\boldsymbol{B}$的方向按右手螺旋法则的方向旋进,称为拉摩进动。

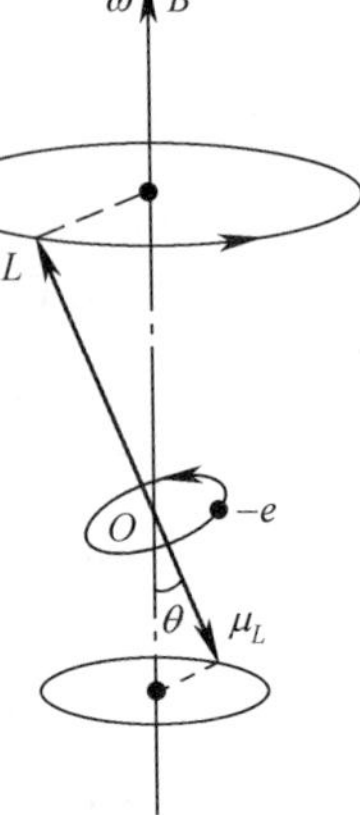

图 8.1.1 拉摩进动

不难求出,旋进角频率为

$$\omega_L=\frac{\left|\frac{\mathrm{d}\boldsymbol{\mu}_L}{\mathrm{d}t}\right|}{\mu_L\sin\theta}=\frac{eB}{2m} \tag{8.1.15}$$

式中:ω_L为拉摩进动角频率(注意:自由电子在磁场中的回转频率为$\omega=eB/m$,二者是不同的)。ω_L与θ角无关。

将式(8.1.15)表示为矢量式,即

$$\boldsymbol{\omega}_L=\frac{e}{2m}\boldsymbol{B} \tag{8.1.16}$$

式(8.1.14)可改写为

$$\frac{\mathrm{d}\boldsymbol{\mu}_L}{\mathrm{d}t}=\boldsymbol{\omega}_L\times\boldsymbol{\mu}_L \tag{8.1.17}$$

电子的拉摩进动是叠加在原有轨道运动之上的,使轨道运动的动能发生一定变化。由图8.1.1可以看出,该动能变化是和$\boldsymbol{\mu}_L$的取向有关的:当$\boldsymbol{B}$、$\boldsymbol{\mu}_L$夹角$\varphi>90°$时($\varphi=\pi-\theta$),进动方向与电子轨道运动方向相同,电子动能增加;当$\varphi<90°$时,进动方向与电子轨道运动方向相反,电子动能减小。这种情况可以等效地用磁矩在磁场中的取向势能描述,即

$$E_L=-\boldsymbol{\mu}_L\cdot\boldsymbol{B}=\frac{e}{2m}\boldsymbol{L}\cdot\boldsymbol{B}=\frac{e}{2m}m_l\hbar B=m_l\mu_{\mathrm{B}}B \tag{8.1.18}$$

磁量子数m_l描述了磁矩在磁场中取向的量子化。无磁场时能量简并的$2l+1$个态(m_l有$2l+1$个取值,l为轨道角动量量子数),在磁场中分裂为$2l+1$等间距的能级,间距为$\mu_{\mathrm{B}}B$,这就是塞曼分裂。我们将在下一部分用量子力学严格导出该结论。

对于电子自旋,由于旋磁比不同,可得出取向能(塞曼能)为

$$E_s=-\boldsymbol{\mu}_s\cdot\boldsymbol{B}=2m_s\mu_{\mathrm{B}}B \tag{8.1.19}$$

其中:m_s为自旋磁子数($m_s=\frac{1}{2}$或$-\frac{1}{2}$),反映自旋取向。当既考虑轨道磁矩又考虑自旋磁矩时,取向能为(参见式(8.1.3))

$$E_J=-\boldsymbol{\mu}_J\cdot\boldsymbol{B}=g\mu_{\mathrm{B}}M_JB \tag{8.1.20}$$

其中:M_J为总角动量J的磁量子数,可取值由式(8.1.11)给出。

磁矩在磁场中的取向能是顺磁性的根源,这将在8.3节讨论。

由图 8. 1. 1 还可看出,由于拉摩进动,产生附加的环电流为

$$I = \frac{-e\omega_L}{2\pi} = \frac{-e^2B}{4\pi m} \tag{8.1.21}$$

电子进动轨道半径的均方值为

$$\overline{\rho^2} = \overline{x^2} + \overline{y^2} \tag{8.1.22}$$

而轨道面积

$$\overline{A} = \pi\overline{\rho^2} \tag{8.1.23}$$

所以由拉摩进动产生的附加磁矩(感生磁矩)为

$$\boldsymbol{\mu}_{感} = \boldsymbol{I}\overline{\boldsymbol{A}} = -\frac{e^2}{4\mathrm{m}}(\overline{x^2} + \overline{y^2})\boldsymbol{B} \tag{8.1.24}$$

负号表明感生磁矩的方向是与外磁场 $\boldsymbol{B}$ 相反的。感生磁矩是逆磁性的根源。

8.1.4　原子磁性的量子力学解释

下面用量子力学方法推导出原子中轨道电子的磁矩在磁场中的取向能及轨道电子的感生磁矩。设原子中只有一个电子(其质量用 m 表示),并暂不考虑自旋,则在磁场中的哈密顿量为

$$\hat{H} = \frac{1}{2m}(-\mathrm{i}\hbar\nabla + e\boldsymbol{A})^2 + V(\boldsymbol{r}) \tag{8.1.25}$$

式中:$\boldsymbol{A}$ 为磁场矢势(也称磁矢势,它与静电场中的电势概念相似,只不过电势是标量),满足$\nabla\times\boldsymbol{A} = \boldsymbol{B}$。若设 $\boldsymbol{B}$ 沿 z 方向,则有

$$A_x = -\frac{1}{2}yB,\ A_y = -\frac{1}{2}xB,\ A_z = 0 \tag{8.1.26}$$

将其代入式(8. 1. 25),得

$$\hat{H} = -\frac{\hbar^2}{2m}\nabla^2 + V(\boldsymbol{r}) - \frac{eB}{2m}\mathrm{i}\hbar\left(x\frac{\partial}{\partial y} - y\frac{\partial}{\partial x}\right) + \frac{e^2B^2}{8m}(x^2 + y^2) = \hat{H}_0 + \hat{H}^{(1)} + \hat{H}^{(2)} \tag{8.1.27}$$

其中

$$\hat{H}_0 = -\frac{\hbar^2}{2m}\nabla^2 + V(\boldsymbol{r}) \tag{8.1.28}$$

是孤立原子(无磁场)时的电子哈密顿量;而 $\hat{H}^{(1)}$ 为

$$\hat{H}^{(1)} = \frac{eB}{2m}(-\mathrm{i}\hbar)\left(x\frac{\partial}{\partial y} - y\frac{\partial}{\partial x}\right) = \frac{eB}{2m}(x\hat{p}_y - y\hat{p}_x) = \frac{eB}{2m}\hat{L}_z \tag{8.1.29}$$

对应磁矩在磁场中的取向能; $\hat{H}^{(2)}$ 为

$$\hat{H}^{(2)} = \frac{e^2B^2}{8m}(x^2 + y^2) \tag{8.1.30}$$

对应产生感生磁矩的能量。利用微扰论,可求出电子能量的一级修正为

$$E_1 = E_1(1) + E_1(2) = \langle j|\ \hat{H}^{(1)}\ |j\rangle + \langle j|\ \hat{H}^{(2)}\ |j\rangle \tag{8.1.31}$$

式(8.1.31)表明,电子能量的一级修正由两项构成,其中 $|j\rangle$ 为 $\hat{H}_0$ 的本征态,j 代表量子数 n、l、m_l(其中 m_l 为磁量子数,为了不与电子质量 m 混淆,故使用符号 m_l)。

将式(8.1.29)代入式(8.1.31),得

$$E_1(1)=\frac{eB}{2m}\langle j|\hat{L}_z|j\rangle=\frac{eB}{2m}\langle n,l,m_l|\hat{L}_z|n,l,m_l\rangle=m_l\mu_B B \tag{8.1.32}$$

它正是式(8.1.18)的磁矩取向能。$-\dfrac{\partial E_1(1)}{\partial B}=m_l\mu_B$ 就是固有轨道磁矩的 z 分量。电子能量一级修正的第二项为

$$E_1(2)=\langle j|\hat{H}^{(2)}|j\rangle=\frac{e^2B^2}{8m}\langle j|(x^2+y^2)|j\rangle=\frac{e^2B^2}{8m}(\overline{x^2}+\overline{y^2}) \tag{8.1.33}$$

由于 $-\dfrac{\partial E_1(2)}{\partial B}$ 代表磁场感生出的磁矩,将其记为 μ_z',则有

$$\mu_z'=-\frac{\partial E_1(2)}{\partial B}=-\frac{e^2B}{8m}(\overline{x^2}+\overline{y^2}) \tag{8.1.34}$$

显然,这种感生磁矩总是负的,即它总是与外磁场反向。实际上,原子中不止一个电子,因此式(8.1.34)应扩充为对各电子求和。不难看出,求和后的总感生磁矩仍与外磁场 **B** 反向,这正是逆磁性的根源。

问题 8.1.1 原子核对原子磁性的影响可以忽略,请问核外电子中,哪些电子对原子磁性的影响也可以完全忽略?

问题 8.1.2 根据洪特定则分别求三价铷离子和三价钐离子的基态离子磁矩。

问题 8.1.3 请用文字总结逆磁性产生的原因。

问题 8.1.4 在轨道为圆形的前提下,证明轨道磁矩为 $\boldsymbol{\mu}_l=\dfrac{-e}{2m}\boldsymbol{l}$。

问题 8.1.5 举出原子中轨道角动量等于零的实际例子。

问题 8.1.6 将"轨道—自旋互作用"写成"自旋—轨道互作用"可以吗?

问题 8.1.7 原子中不同壳层的电子对于逆磁性的贡献是否相同?

问题 8.1.8 请证明式(8.1.32)和式(8.1.33)。

提示:$\langle j|\hat{L}_z|j\rangle=\langle n,l,m_l|\hat{L}_z|n,l,m_l\rangle=\int_V\psi^*_{n,l,m_l}\hat{L}_z\psi_{n,l,m_l}\mathrm{d}\tau$

8.2 固体磁性与逆磁体

8.2.1 固体磁性分类

在第 8.1 节中,具有不满支壳层的原子一般具有固有磁矩,在外磁场中有取向能;满支壳层原子则无磁矩。另外,电子的轨道运动在磁场中会由于拉摩进动而产生感生磁矩。当原子结合成固体时,原子的状态会进一步变化。因此,由于元素不同或晶体结构不同,

不同固体物质会表现出很不相同的磁性。

固体磁性在宏观上以磁化率来描述,它反映了外加磁场在固体内引起磁化强度 $\boldsymbol{M}$(单位体积内的磁矩之和)的大小。我们考虑各向同性材料,则磁化率χ 定义为

$$\boldsymbol{M} = \chi \boldsymbol{H} \text{ 或 } \chi = \boldsymbol{M}/\boldsymbol{H} = \mu_0 \boldsymbol{M}/\boldsymbol{B}_0 \tag{8.2.1}$$

式中:$\boldsymbol{H}$ 为外磁场强度;$\boldsymbol{B}_0 = \mu_0 \boldsymbol{H}$ 为真空中磁感应强度;μ_0 为真空磁导率($\mu_0 = 4\pi \times 10^{-7}$ H/m)。

在介质中,磁感应强度为

$$\boldsymbol{B} = \mu_0(\boldsymbol{H} + \boldsymbol{M}) = \mu_0(1 + \chi)\boldsymbol{H} = \mu\mu_0 \boldsymbol{H} = \mu \boldsymbol{B}_0 \tag{8.2.2}$$

式中:$\mu = 1 + \chi$ 为材料的相对磁导率。

按照磁化率χ 的不同情况,固体物质主要可分为以下几类:

(1) 逆磁体:χ 是负值,绝对值很小(χ 约10^{-5}),并且几乎不随温度变化。

(2) 顺磁体:χ 是正值,数值很小, 与温度成反比

$$\chi = \frac{\mu_0 C}{T} \tag{8.2.3}$$

式(8.2.3)称为居里定律,其中 C 为常数(居里常数)。

(3) 铁磁体:χ 是大的正数,并且在某一临界温度 T_f (铁磁居里温度)以下材料在无外磁场存在时也会发生自发磁化(相当于$\chi \to \infty$);在 T_f 以上则满足居里-外斯定律

$$\chi = \frac{\mu_0 C}{T - T_p} \tag{8.2.4}$$

式中:T_p 为顺磁居里温度,T_p 比 T_f 稍大。

(4) 反铁磁体:χ 为小的正值,与 T 的关系较为复杂:在某个临界温度 T_N(尼尔温度)以下,χ 随 T 的下降而下降;在 T_N 以上,χ 随 T 上升而下降,满足关系式

$$\chi = \frac{\mu_0 C}{T + \theta} \tag{8.2.5}$$

式中: θ 为正值。

(5) 亚铁磁体:宏观性质上与铁磁体很相似但微观机制与铁磁体是不同的。

图 8.2.1 给出了这几类磁性物质的磁化率与温度的关系及磁矩排布状态示意图。

固体材料之所以具有上述不同的磁性,是由构成材料的原子是否具有固有磁矩及磁矩之间是否有较强相互作用所决定的。不含顺磁离子(具有固有磁矩的离子)的固体称为一般固体,包括大部分金属、半导体、离子晶体。它们是由饱和电子结构的离子实及载流子所构成。一般固体往往呈现微弱的逆磁性(由感生磁矩引起)或顺磁性(由载流子引起)。含有顺磁离子的固体,是磁学着重研究的磁性材料。当磁矩间相距较远(稀磁状态)、相互作用可以忽略时,我们以单个磁矩的行为作为基础研究其磁性,能够很好地说明顺磁性。当磁矩间的距离很近时,磁矩间的相互作用(直接的、间接的、等效的磁矩互作用)很强,会导致铁磁性、反铁磁性、亚铁磁性等,这些必须在集体运动的基础上加以研究。

8.2.2　固体的逆磁性与逆磁体

逆磁性又称抗磁性,在物质中普遍存在。已知原子或离子中的一个电子在磁场中产生的感生磁矩是

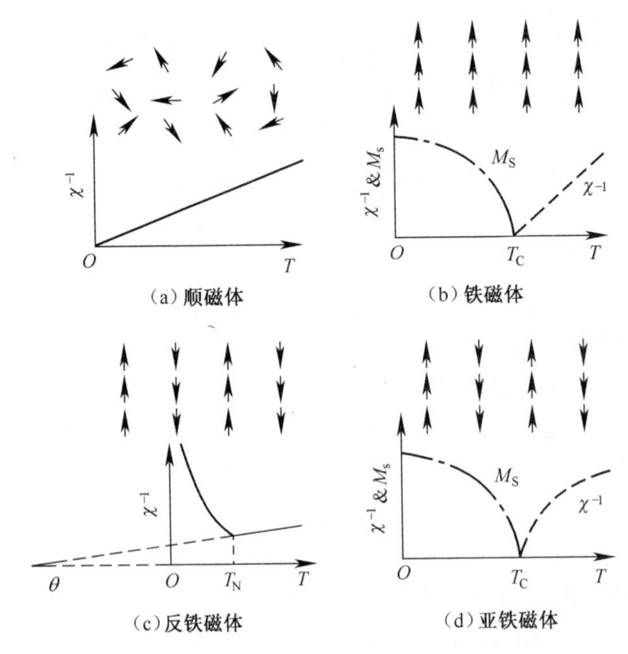

图 8.2.1 几类磁性材料的磁化率χ($\chi^{-1}\sim T$ 曲线)及磁矩取向状态示意图

$$\boldsymbol{\mu}_j = -\frac{e^2}{4m}\boldsymbol{B}_0(\overline{x^2}+\overline{y^2}) \tag{8.2.6}$$

如果固体单位体积中有 n 个原子,每个原子有 z 个电子,则感生磁化强度为

$$\boldsymbol{M} = -\frac{ne^2}{4m}\boldsymbol{B}_0\sum_{j=1}^{z}(\overline{x_j^2}+\overline{y_j^2}) \tag{8.2.7}$$

故逆磁磁化率为

$$\chi_{逆} = \frac{\mu_0\boldsymbol{M}}{\boldsymbol{B}_0} = -\frac{ne^2\mu_0}{4m}\sum_{j=1}^{z}(\overline{x_j^2}+\overline{y_j^2}) \tag{8.2.8}$$

这种逆磁性对各种物质是共同的,它实际上就是电磁学中楞次定律的体现。但是,如果原子或离子有不满支壳层引起的固有磁矩,则会引起顺磁性或铁磁性等,其效应一般比逆磁性要强得多,因而逆磁性将被掩盖。所以,只是无固有磁矩的原子或离子(一般具有满支壳层电子结构或饱和电子结构)构成的材料才会显出明显的逆磁性。这种物质称为逆磁物质或逆磁体。

对于逆磁物质,由于电子支壳层是满的,故电子的分布可看作是球对称的,所以

$$\overline{x_j^2} = \overline{y_j^2} = \overline{z_j^2} = \frac{1}{3}\overline{r_j^2} \tag{8.2.9}$$

如令

$$\overline{r^2} = \frac{1}{z}\sum_{j=1}^{z}\overline{r_j^2} \tag{8.2.10}$$

则逆磁磁化率表达式(8.2.8)可简化为

$$\chi_{逆} = -\frac{ne^2\mu_0 z}{6m}\overline{r^2} \tag{8.2.11}$$

实用上还常常采用摩尔磁化率$\chi_{摩尔}$，它是每摩尔物质的磁矩之和与磁场强度之比。

大多数绝缘体（共价晶体、离子晶体等）及很多金属是逆磁性的。这些材料中不含具有未满 3d、4f 支壳层的过渡族及稀土族离子，所有原子或离子的电子结构都是饱和的。必须指出，虽然很多元素原子外电子支壳层不满，孤立原子是有固有磁矩的，但形成固体后原子的电子态发生变化，变成了饱和电子结构。所以，逆磁物质是很普遍的。表 8.2.1 是一些原子及离子的摩尔逆磁磁化率的实验值及由量子力学算出的理论值，二者符合较好，并且与由式（8.2.11）估算出的数值相一致。显然，$\chi_{逆}$随原子序数 Z 的增大而增大，这是由于原子的电子数增多所致。

表 8.2.1　一些物质的摩尔逆磁磁化率$\chi_{逆}$　（单位：cm^3/mol）

物　质	F^-	Cl^-	Br^-	Na^+	K^+	Rb^+	He	Ne	Ar	Kr	Xe
实验值$\times 10^{-6}$	-9.4	-24.2	-34.5	-6.1	-14.6	-22.0	-1.9	-7.2	-19.4	-28	-43
理论值$\times 10^{-6}$	-8.1	-25.2	-39.2	-4.1	-14.1	-25.1					

问题 8.2.1　什么叫“不满支壳层的原子”？请举例说明。

问题 8.2.2　逆磁体磁化率χ是负值，其微观机制是很清楚的，请问为什么逆磁体磁化率几乎不随温度变化？

问题 8.2.3　在 8.2.1 节中，讨论了固体磁化问题，请从研究对象、外部作用、内在变化、最终结果等角度，说明固体磁化问题。

问题 8.2.4　逆磁磁化率公式（8.2.8）是对所有电子求和的。而原子中总有属于同一轨道的自旋相反的电子（氢原子除外），请问这样的自旋相反的电子在式（8.2.8）的求和中会相互抵消吗？

问题 8.2.5　（1）磁矩在磁场中的取向势能定义为 $E_L = -\boldsymbol{\mu}_L \cdot \boldsymbol{B}$，请从系统能量的角度解释该式，特别是其中的负号；（2）物理化学指出，顺磁物质等温磁化会放热，请给予解释。

问题 8.2.6　（1）式（8.2.6）中使用的是 $\boldsymbol{B}_0$，而不是 $\boldsymbol{B}$，请问为什么？（2）式（8.1.33）中却是 B。假如不考虑矢量的因素，请问为什么是 B，而不是 B_0？

问题 8.2.7　请根据逆磁性产生的原理，说明逆磁磁化率的数值一定很小。

问题 8.2.8　（1）什么是“具有固有磁矩的离子”？请举例说明；（2）顺磁性与固有磁矩离子是什么关系？

问题 8.2.9　（1）石墨中存在固有磁矩吗？（2）石墨是抗磁体吗？

问题 8.2.10　资料表明：金属的逆磁性总是小于其离子的逆磁性，请问为什么？

问题 8.2.11　8.2.2 节的逆磁性理论是针对所谓的“芯电子”，即局域在原子核附近的电子，请问：（1）与“芯电子”概念对应的是什么电子？请举例说明；（2）与“芯电子”对应的电子的抗磁性，显然不能再用上面的理论了，请问为什么？

8.3　导电电子的磁性

习惯上将能够导电的电子分为两类：金属中的导电电子称为自由电子；半导体中的导

电电子称为传导电子。

金属中的离子实及半导体的基本电子结构都是饱和的,因而应具有逆磁性。但是,由于导电电子的存在,还需考虑它们对磁性的贡献。导电电子对磁性的贡献一般是顺磁性的,而且其顺磁磁化率与逆磁磁化率为同量级,因而会削弱材料的逆磁性,甚至可使之变为弱顺磁性物质。例如,铜、金、汞、水等物质是逆磁性的($\chi < 0$),而铝、锰、钨等金属是弱顺磁性的($\chi > 0$)。它们的磁化率数值都在 10^{-5} 左右,很微弱。电子分布状态服从费米分布。当电子浓度较大时,称电子为高度简并的;而当电子浓度很小时,可以忽略泡利原理的影响,即认为电子是非简并的 。所以,金属中的自由电子与半导体中的传导电子的顺磁性处理方法并不相同,所得结果也不相同。

8.3.1 半导体中传导电子的顺磁性

传导电子的顺磁性是由其自旋磁矩在磁场中的取向所引起的。电子具有自旋磁矩 $\mu_s = -(e/m)\boldsymbol{s}$,因而在外磁场 $\boldsymbol{B}$(设为 z 方向)中有取向能

$$E_s = -\boldsymbol{\mu}_s \cdot \boldsymbol{B} = (e/m)\boldsymbol{S} \cdot \boldsymbol{B} = 2m_s\mu_B B \tag{8.3.1}$$

当 $m_s = -\dfrac{1}{2}$ 和 $\dfrac{1}{2}$ 时,$\boldsymbol{\mu}_s$ 分别与 $\boldsymbol{B}$ 平行和反平行,其 z 分量分别为 μ_B 和 $-\mu_B$,因而 E_s 分别为 $-\mu_B B$ 和 $\mu_B B$。这表明 $\boldsymbol{\mu}_s$ 取向不同引起能量的差异。在一定温度下,不同能量状态出现的概率由统计规律支配。

半导体中电子浓度很小,可认为是非简并的,服从玻耳兹曼分布。能量为 E_i 态的概率正比于 e^{-E_i/k_BT},因而电子的平均磁矩(z 分量)为

$$\bar{\mu}_z = \frac{\mu_B e^{-(-\mu_B B)/k_BT} - \mu_B e^{-\mu_B B/k_BT}}{e^{-(-\mu_B B)/k_BT} + e^{-\mu_B B/k_BT}} = \mu_B \tanh\left(\frac{\mu_B B}{k_BT}\right) \tag{8.3.2}$$

此式表明出现沿磁场方向的平均磁矩,为顺磁性。一般实验条件下,$\mu_B B \ll k_BT$(如 $B \approx 1\text{T}$(这是很大的数值了),$T \approx 100\text{K}$ 时,$\mu_B B \approx 9 \times 10^{-24}\text{J}$,$k_BT \approx 10^{-21}\text{J}$),所以

$$\bar{\mu}_z \approx \mu_B \cdot \left(\frac{\mu_B B}{k_BT}\right) = \frac{\mu_B^2 B}{k_BT} \tag{8.3.3}$$

顺磁磁化率为(参见式(8.2.1))

$$\chi_p = \frac{n\mu_0\mu_B^2}{k_BT} \tag{8.3.4}$$

式中:n 为电子浓度。

$\chi \sim T$ 关系服从居里定律。因为电子浓度 n 很小,故 χ_p 数值很小。

8.3.2 金属中自由电子的泡利顺磁性

金属中传导电子浓度很高,是高度简并的,在泡利原理的支配下做费米分布。实验发现,金属中自由电子的顺磁磁化率比由式(8.3.4)算出的结果小得多,并且基本上与温度无关,这可以用高度简并的费米电子气模型加以很好地解释。

由于费米电子气受泡利不相容原理限制,前面的玻耳兹曼统计不再适用。泡利最早讨论了这个问题,$T = 0\text{K}$ 时,若无磁场,则电子能量与自旋无关,电子由能量最低的态往

上排,直至费米面 E_{F}^{0},每个波矢 $\boldsymbol{k}$ 所对应的两个自旋态分别被自旋向上和向下的两个电子占据,因而自旋磁矩向上和向下的电子数目是相等的,故不表现出磁性(图 8.3.1(a))。加上磁场后,自旋磁矩向上(与 $\boldsymbol{B}$ 同向)的电子能量全部降低 $\mu_{\mathrm{B}}B$;自旋磁矩向下(与 $\boldsymbol{B}$ 相反)的电子能量全部升高了 $\mu_{\mathrm{B}}B$(图 8.3.1(b))。然而,在热力学平衡情况,电子必先填充能量较低的态,因而费米面附近一部分自旋磁矩与 $\boldsymbol{B}$ 反平行的电子将改变自旋磁矩的方向转向与 $\boldsymbol{B}$ 平行,占据图中右侧上方的较低位置空能级,直至两部分的最高能量相等。这样,系统能量降至最低,达到平衡(图 8.3.1(c))。

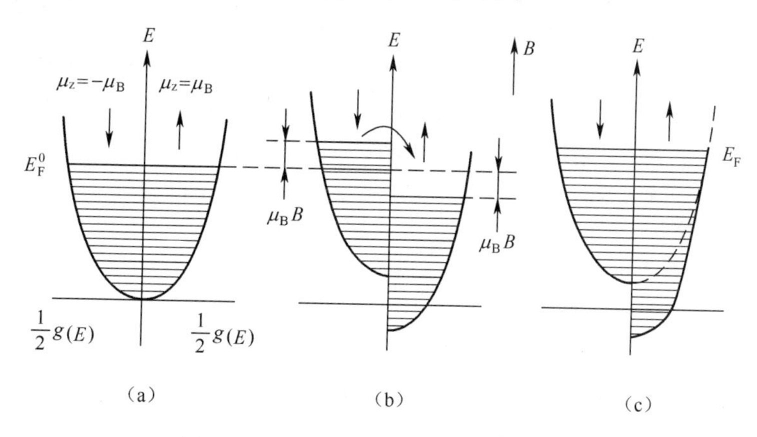

图 8.3.1　传导电子的泡利顺磁性分析

图中 $\frac{1}{2}g(E)$ 是一种自旋取向的电子能态密度,注意 $\mu_{\mathrm{B}}B \ll E_{\mathrm{F}}^{0}$(图中为了便于观看而夸大了),实际上只是费米面附近很小范围内的电子自旋取向发生变动,在这个小范围内的能态密度 $\frac{1}{2}g(E)$ 均可用 $\frac{1}{2}g(E_{\mathrm{F}}^{0})$ 代替。于是,由图 8.3.1 看出,自旋转向的电子数为

$$n = \frac{1}{2}g(E_{\mathrm{F}}^{0}) \cdot \mu_{\mathrm{B}}B \tag{8.3.5}$$

达到平衡后自旋磁矩与 $\boldsymbol{B}$ 平行的电子数比自旋磁矩与 $\boldsymbol{B}$ 反平行的电子数多,因而产生的总磁矩为

$$M_z = 2n\mu_{\mathrm{B}} = g(E_{\mathrm{F}}^{0})\mu_{\mathrm{B}}^{2}B \tag{8.3.6}$$

从而泡利顺磁磁化率为

$$\chi_{\mathrm{p}} = \frac{\mu_0 M_z}{B} = \mu_0\mu_{\mathrm{B}}^{2}g(E_{\mathrm{F}}^{0}) \tag{8.3.7}$$

将金属自由电子气的 $g(E_{\mathrm{F}}^{0}) = 3N/2E_{\mathrm{F}}^{0}$ (N 为自由电子总数)代入式(8.3.7),得

$$\chi_{\mathrm{p}} = \frac{3}{2}N\mu_0\frac{\mu_{\mathrm{B}}^{2}}{E_{\mathrm{F}}^{0}} \tag{8.3.8}$$

若将 N 理解为自由电子浓度,则式(8.3.8)即为单位体积的磁化率。将此结果与式(8.3.4)相比,并注意 $k_{\mathrm{B}}T \ll E_{\mathrm{F}}^{0}$,可知由于泡利原理的限制,金属中单个自由电子的顺磁性贡献远小于非简并情况下单个传导电子的贡献。

$T \neq 0\mathrm{K}$ 时,电子在费米面附近的分布有一个过渡层(能量范围大致为 $k_{\mathrm{B}}T$)。可以证明,在此情况下式(8.3.8)仍能成立,修正项的相对大小只有 $(k_BT/E_F^0)^2$ 的量级(室温下约为 10^{-4})。这种情况也可直观地看出来:加磁场后出现的净磁矩可以看作是由图8.3.1(c)中虚线下方部分的电子给出的。考虑到 $\mu_BB \ll E_F^0$,$k_BT \ll E_F^0$,这部分电子的数目实际上受费米面附近由温度引起的电子过渡分布影响极小,因而 χ_p 基本上与 $T=0K$ 时一样。这样,就能用泡利的理论很好地解释了金属自由电子顺磁磁化率比经典估算值小得多以及与温度无关的事实。这个结果也可解释为什么费米面上能态密度 $g(E_F)$ 很大的过渡金属具有较大的泡利顺磁磁化率的事实。

在有外磁场时,导电电子还会作回旋运动,与拉摩进动的效果相似,也应表现出逆磁性。但是按经典电磁学的分析,给出不正确结果。朗道首先用量子力学研究了导电电子的轨道运动对逆磁性的贡献,现在称为朗道逆磁性。他发现磁场中的导电电子在垂直于磁场的平面内的回旋运动的能量是量子化的(朗道能级)。利用近自由电子近似可以证明,导电电子的逆磁磁化率(轨道运动引起)与顺磁磁化率(自旋运动引起)之比大约为 $\frac{1}{3}\left(\frac{m}{m^*}\right)^2$,即导电电子的总磁化率为

$$\chi_{传} = \chi_{顺}\left[1 - \frac{1}{3}\left(\frac{m}{m^*}\right)^2\right] \tag{8.3.9}$$

式中:m,m^* 分别为自由电子的质量和晶体中电子的有效质量。

通常,m^* 与 m 相差不大,因而自由电子对磁性的总贡献是顺磁性的。但是在有些半导体中,$m^* \ll m$,造成传导电子的总效果是逆磁性的,称为反常逆磁性。另外,金属中自由电子的泡利顺磁性及朗道逆磁性都只涉及费米面附近的电子,与费米面形状密切相关。对于铋、锑、锡等具有复杂费米面的金属,近自由电子近似并不成立,因而式(8.3.9)也难于成立。事实上,在这几种金属中观察到了反常逆磁性。

综上所述,我们看到,固体中导电电子同时存在着顺磁性与逆磁性,分别来源于电子的自旋运动与轨道运动。不同材料这两方面贡献的相对大小是不同的。再考虑到离子实的逆磁性,可知对无固有磁矩的原子或离子构成的固体材料,其磁性由上述三部分构成(它们的数量级相近),净效应是顺磁性还是逆磁性不易直观判断,需做仔细分析或实验测量。表8.3.1给出了室温下几种一价和二价金属的磁化率。

表8.3.1 室温下几种一价和二价金属的磁化率

元素	实验值$\chi_{总}$ ($\times10^{-6}$)	$\chi_{离子实}$ ($\times10^{-6}$)	实验值($\times10^{-6}$) $\chi_{电子}=\chi_{总}-\chi_{离子实}$	理论值($\times10^{-6}$) $\chi_{电子}=\chi_{自旋}-\chi_{轨道}$
K	0.47	−0.31	0.76	0.35
Rb	0.33	−0.46	0.79	0.33
Cu	−0.76	−2.0	1.24	0.65
Ag	−2.1	−3.0	0.9	0.60
Mg	0.95	−0.22	1.2	0.65
Ca	1.7	−0.43	2.1	0.5

问题8.3.1 教材中说:"载流子的顺磁性是由电子的自旋磁矩在磁场中的取向所引起的"。请问为什么不涉及轨道磁矩而只与自旋磁矩有关?

问题 8.3.2　电子有自旋磁矩,请问空穴有类似的概念吗?

问题 8.3.3　磁化强度 $\boldsymbol{M}$ 与磁感应强度 $\boldsymbol{B}$ 是两个不同的物理量。研究物质磁性(如磁化率)时,总是与磁化强度 $\boldsymbol{M}$ 相联系;而研究磁性物质的能量问题时,总是与磁感应强度 $\boldsymbol{B}$ 相联系,请问为什么?

问题 8.3.4　式(8.3.2)的依据是什么?

问题 8.3.5　教材中说:"电子自旋磁矩 $\boldsymbol{\mu}_s = -(e/m)\boldsymbol{s}$,因而在外磁场 $\boldsymbol{B}$(设为 z 方向)中有取向能",请问:(1)为什么有能量效应?(2)为什么称为取向能?

问题 8.3.6　教材中说:"加上磁场后,自旋磁矩向上(与 $\boldsymbol{B}$ 同向)的电子能量全部降低 $\mu_B B$",请问:所说的电子包括处于带底的、基本无法被热激活的电子吗?

问题 8.3.7　"一般实验条件下,$\mu_B B \ll k_B T(T \approx 100K)$",请问这个关系说明了什么问题?

问题 8.3.8　图 8.3.1(c)是热力学平衡的结果,请问:(1)此时的热力学平衡与通常意义的热力学平衡有什么差异?(2)此时的系统与环境之间有热交换吗?

问题 8.3.9　已知泡利顺磁磁化率为 $\chi_p = \mu_0 M_z/B = \mu_0 \mu_B^2 g(E_F^0) > 0$。请用文字简要说明 $\chi_p > 0$ 的根本原因。

问题 8.3.10　(1)请用文字解释 $\frac{1}{2}g(E_F^0)$ 的含义;(2)请进一步说明公式 $n = \frac{1}{2}g(E_F^0) \cdot \mu_B B$;(3)传导电子的泡利顺磁磁化(见图 8.3.1),请问该过程系统能量增加还是减少?为什么?

问题 8.3.11　对于自由电子,请证明公式 $g(E_F^0) = 3N/2E_F^0$。

问题 8.3.12　载流子的顺磁磁化率为 $\chi_p = n\mu_0\mu_B^2/k_B T$,它与温度有关;而自由电子的泡利顺磁磁化率为 $\chi_p = \mu_0\mu_B^2 g(E_F^0)$,它与温度无关(即使 $T>0K$,该式仍然基本成立),请问这两种磁化率与温度的关系为什么不同?

问题 8.3.13　$T>0K$ 时的自由电子泡利顺磁磁化率,与 $T=0K$ 时几乎没有差异。教材中尽管对此做了解释,但还不够清晰。请你根据自己的理解,对此做出更为清晰的解释。

问题 8.3.14　对于不同的金属,泡利顺磁磁化率大小不同的主要原因是什么?

问题 8.3.15　晶体分为金属、半导体和绝缘体,晶体中中的电子分为芯电子(局域化的、只绕自己的核运动的电子)和导电电子。(1)为什么 3 种情况下芯电子都不提供顺磁性?(2)请对比室温下金属与半导体的导电电子的顺磁磁化率,并解释大小不同的原因;(3)对于过渡族金属,请设法比较芯电子与导电电子的逆磁磁化率的大小。

8.4　磁性离子固体的顺磁性

如果构成某种物质的原子或离子具有固有磁矩(磁性离子),则由于在磁场中有取向能的缘故,物质将表现出较强顺磁性。本节中只考虑磁性离子相距较远、互相作用可以忽略的情况,因而可以在单个磁性离子在磁场中的行为的基础上加以讨论。

居里 1895 年发现大量气体、液体和固体的顺磁性可以近似地用经验公式

$$\chi = \frac{\mu_0 C}{T} \tag{8.4.1}$$

描述，这就是居里定律。不符合居里定律的情况，往往可以在相当宽的温度范围内用居里-外斯定律描述，即

$$\chi = \frac{\mu_0 C}{T + \Delta} \tag{8.4.2}$$

式中：Δ 为一常数，可正可负。

8.4.1 顺磁性的统计理论

郎之万 1905 年首先根据磁矩在磁场中的取向能，利用经典统计得到了居里定律。

磁性原子或离子间相互无作用，加上磁场后，不同取向的磁矩具有不同能量，即

$$\Delta E = -\boldsymbol{\mu} \cdot \boldsymbol{B} = -\mu B \cos\theta \tag{8.4.3}$$

式中：θ 为 $\boldsymbol{\mu}$、$\boldsymbol{B}$ 间夹角。

根据玻耳兹曼统计，在一定温度下不同能量的状态各有一定的概率，从而可得到在磁场中的平均磁矩为

$$\bar{\mu}_z = \frac{\int_0^{2\pi} \mathrm{d}\varphi \int_0^{\pi} \mathrm{e}^{-(-\mu B\cos\theta)/k_B T}(\mu\cos\theta)\sin\theta \mathrm{d}\theta}{\int_0^{2\pi} \mathrm{d}\varphi \int_0^{\pi} \mathrm{e}^{-(-\mu B\cos\theta)/k_B T}\sin\theta \mathrm{d}\theta} \tag{8.4.4}$$

计算结果为

$$\bar{\mu}_z = \mu L\left(\frac{\mu B}{k_B T}\right) \tag{8.4.5}$$

其中：$L(x)$ 为郎之万函数，有

$$L(x) = \coth x - \frac{1}{x} \tag{8.4.6}$$

当 $x = \mu B/k_B T \gg 1$ 时（低温且强磁场），$L(x) \to 1$，从而 $\bar{\mu}_z \to \mu$，表明强磁场和极低温度下磁矩将趋向于完全沿磁场方向排列，达到顺磁饱和。但在通常条件下（例如 B 约为 1 特斯拉，T 约几度以上），$x = \mu B/k_B T \ll 1$，由郎之万函数的高温近似，得

$$\bar{\mu}_z = \mu\left(\frac{1}{x} + \frac{x}{3} - \frac{x^3}{45} \cdots - \frac{1}{x}\right) \approx \frac{\mu^2 B}{3k_B T} \tag{8.4.7}$$

因而 1mol 物质的磁矩之和为

$$N_0 \bar{\mu}_z = \frac{N_0 \mu_0 \mu^2}{3k_B T} H \tag{8.4.8}$$

式中：N_0 为阿伏加德罗常数（6.02×10^{23}）；$\boldsymbol{H}$ 为磁场强度，$\mu_0 \boldsymbol{H} = \boldsymbol{B}$。

这说明摩尔顺磁磁化率为

$$\chi_{摩尔} = \frac{N_0 \mu_0 \mu^2}{3k_B T} \tag{8.4.9}$$

式（8.4.9）解释了居里定律，居里常数为

$$C = \frac{N_0\mu^2}{3k_B} \tag{8.4.10}$$

但是,考虑到量子化效应,$\boldsymbol{\mu}$ 不能任意取向,而只能在量子化方向上(参见式(8.1.3)),注意,$J_z = M_J\hbar,\ e\hbar/2m = \mu_B$),因而,有

$$\mu_z = -g_J\mu_B M_J \tag{8.4.11}$$

其中:$M_J = -J, -J+1, \cdots, J-1, J$,是磁量子数;取向能当然也是量子化的:

$$\Delta E = -\boldsymbol{\mu}\cdot\boldsymbol{B} = -\mu_z B = g_J M_J \mu_B B \tag{8.4.12}$$

因而对不同磁矩取向的平均就归结为对 $2J+1$ 个分裂能级求统计平均。由于磁矩是局域的,不受泡利原理限制,故可用玻尔兹曼统计。于是

$$\overline{\mu_z} = \frac{\sum_{M_J=-J}^{J}(-g_J\mu_B M_J)\mathrm{e}^{-g_J M_J\mu_B B/k_B T}}{\sum_{M_J=-J}^{J}\mathrm{e}^{-g_J M_J\mu_B B/k_B T}} \tag{8.4.13}$$

令

$$y = \frac{g_J\mu_B JB}{k_B T} \tag{8.4.14}$$

式(8.4.13)可改写为

$$\overline{\mu_z} = \frac{g_J\mu_B J\sum_{M_J=-J}^{J}\left(-\frac{M_J}{J}\right)\mathrm{e}^{-y(M_J/J)}}{\sum_{M_J=-J}^{J}\mathrm{e}^{-y(M_J/J)}} = g_J\mu_B J\frac{\partial}{\partial y}\left[\ln\sum_{M_J=-J}^{J}\mathrm{e}^{-y(M_J/J)}\right] \tag{8.4.15}$$

式中取和可由等比级数求和公式求出,因而

$$\begin{aligned}\overline{\mu_z} &= g_J\mu_B J\frac{\partial}{\partial y}\left[\ln\frac{\mathrm{e}^{y} - \mathrm{e}^{-(J+1)y/J}}{1-\mathrm{e}^{-y/J}}\right]\\ &= g_J\mu_B J\frac{\partial}{\partial y}\left[\ln\frac{\mathrm{e}^{(2J+1)y/2J} - \mathrm{e}^{-(2J+1)y/2J}}{\mathrm{e}^{y/2J}-\mathrm{e}^{-y/2J}}\right]\\ &= g_J\mu_B JB_J(y)\end{aligned} \tag{8.4.16}$$

其中

$$B_J(y) = \frac{2J+1}{2J}\coth\left(\frac{2J+1}{2J}y\right) - \frac{1}{2J}\coth\frac{y}{2J} \tag{8.4.17}$$

称为布里渊函数。

当 $y=\frac{g_J\mu_B JB}{k_B T}\ll 1$ 时(常温和一般磁场条件下满足此式),有

$$B_J(y) \approx \frac{1}{3}\frac{J+1}{J}y\ (y\ll 1) \tag{8.4.18}$$

因而

$$\overline{\mu_z} \approx \frac{g_J^2 J(J+1)\mu_B^2 B}{3k_B T} = \frac{\mu_J^2}{3k_B T}B \tag{8.4.19}$$

于是摩尔磁化率为

$$\chi_{摩尔} = \frac{N_0\mu_0\mu_J^2}{3k_B T} \tag{8.4.20}$$

符合居里定律,居里常数为

$$C = \frac{N_0\mu_J^2}{3k_B} \tag{8.4.21}$$

实际上,人们常常用实测的居里常数值按此式确定磁性离子的固有磁矩 μ_J。我们看到,上述结果与经典结果是完全一样的。这是很自然的,因为 $y \ll 1$ 的条件就意味着量子化效应不显著,过渡到经典情况。

当 $y = g_J\mu_B JB/k_B T \gg 1$ 时(极低温、强磁场),$B_J(y) \to 1$,因此

$$\bar{\mu}_z \to (\bar{\mu}_z)_{饱和} = g_J\mu_B J \quad (g_J\mu_B JB \gg k_B T) \tag{8.4.22}$$

磁化达到饱和状态,不能进一步增加。但是,$g_J\mu_B J$ 只是固有磁矩 μ_J 在磁场方向的最大投影,而不是 μ_J 本身,二者并不相等(注意 $\mu_J = g_J\sqrt{J(J+1)}\mu_B$),因此

$$(\bar{\mu})_{饱和}/\mu_J = \sqrt{J/(J+1)} \tag{8.4.23}$$

当 J 很大时,此比值近似等于 1,与经典结果一致;当 J 较小时,此比值比 1 小得多,显示出量子化效应与经典期待值的差异。图 8.4.1 所示为 $\bar{\mu}_z/\mu_J$ 随 $\mu_J B/k_B T$ 的变化曲线。

$$\frac{\bar{\mu}_z}{\mu_J} = \sqrt{\frac{J}{J+1}} B_J\left(\sqrt{\frac{J}{J+1}} \cdot \frac{\mu_J B}{k_B T}\right) \tag{8.4.24}$$

可以清楚地看到,高温低场强下量子化结果与经典结果一致;低温高场强下二者有差异,且 J 值越小差别越大。

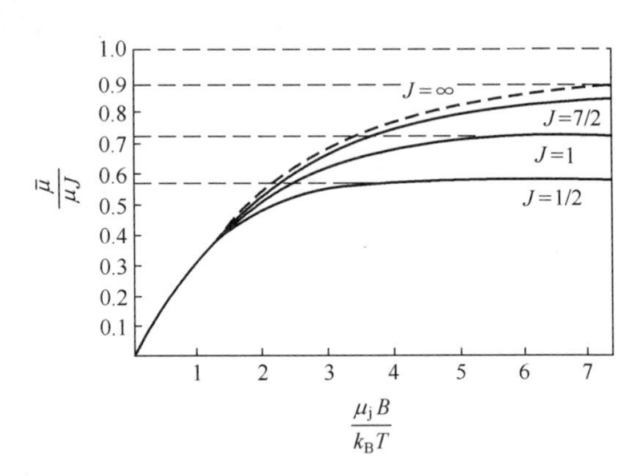

图 8.4.1 $\bar{\mu}_z/\mu_J$ 随 $\mu_J B/k_B T$ 的变化曲线

上述量子化考虑所得结果式(8.4.16)得到实验证实。另外,请注意前面讲的半导体中载流子的顺磁性结果实际上就是本节式(8.4.13)~式(8.4.21)中 $J = 1/2$ 的情况。

8.4.2 关于顺磁盐的讨论

前已提及,一般具有磁矩的原子形成固体时,由于电子状态会发生变化,往往失去原有磁矩。但是,内部 3d 支壳层不满的过渡族(铁族)元素和 4f 支壳层不满的稀土族元素结合为固体时,它们的固有磁矩能保留下来。因此,包括这两类磁性离子的固体就构成了主要的磁性材料,是磁学研究的主要对象。

一类重要的、既有理论意义又有重大实用价值的顺磁材料是所谓的顺磁盐,即含有上述磁性离子的盐类。由于磁性离子处于稀释状态,相互作用可略,故符合本节上面用统计理论描述的情况,在磁场中表现为顺磁性。实验表明,稀土离子的磁化率在大多数情况下与上述理论基本相符,由居里常数 C 的实测值按式(8.4.21)推算出的离子有效磁矩 μ_J 与根据洪特定则算出的 $g_J\sqrt{J(J+1)}\mu_B$ 很接近。

然而,过渡族(铁族)元素的顺磁盐的实验结果表明,由 C 的实测值算出的离子有效磁矩 μ_J 与根据洪特定则算出的 $g_J\sqrt{J(J+1)}\times\mu_B$ 完全不符,但在大多数情况下却与根据洪特定则算出的 $2\sqrt{S(S+1)}\times\mu_B$ 很接近(注意,电子自旋磁矩的 g 因子等于2,S 为离子的总自旋量子数),见表8.1.1。这表明顺磁盐中铁族离子磁矩只有电子自旋的贡献,而无轨道运动的贡献。也就是说,晶体中铁族离子的磁矩不同于自由铁族离子的磁矩。在晶体中铁族离子失去全部轨道磁矩的情况称为"轨道淬灭"。图8.4.2是几种顺磁盐中磁性离子的平均磁矩随 B/T 变化的实验结果与理论曲线。在计算中已考虑了铁族离子在盐中的轨道淬灭,两者符合得相当好。

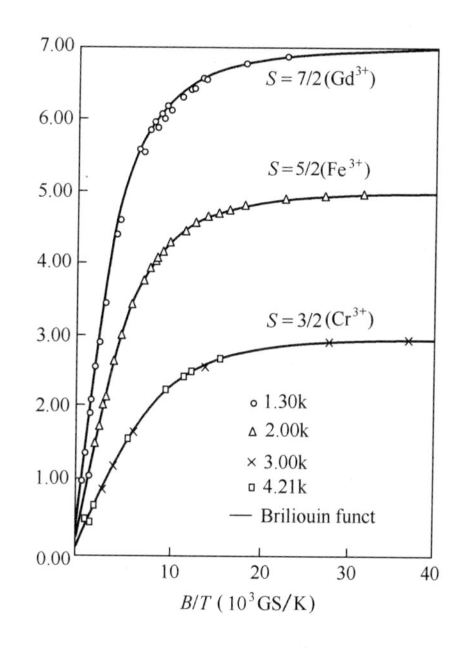

图8.4.2 某些顺磁盐中磁性离子平均磁矩与 B/T 的关系

关于铁族离子在顺磁盐中发生轨道淬灭的原因,可以这样理解:与孤立离子不同,晶体中的离子处于晶格中其他离子所产生的强非均匀电场(晶场)之中,从而其电子状态发生变化。铁族离子的不满支壳层是3d,比较靠外,受晶场影响较大,结果是破坏了原来的(自由离子的)轨道—自旋耦合情况($L-S$ 耦合)。原来轨道运动的 $2L+1$ 个简并在晶场下发生能级分裂,即晶场劈裂,导致了轨道淬灭($\bar{L}_z=0$, $\bar{\mu}_{Lz}=0$)。对于稀土族离子,由于未满支壳层是4f,处于内层,且 $L-S$ 耦合作用更强,故不易受晶场影响。所以晶体中稀土离子的状态与自由离子情况相差不大,洪特定则的结果对晶体中的稀土离子仍然适用,故理论结果与实验相符。

顺磁盐的磁化率与温度的关系,由于多种因素的影响,特别是因为交换作用的存在(参见本章第5、6、7节),并不完全符合居里定律,但在相当宽的温区内符合式(8.4.2)表述的居里-外斯定律。Δ 一般很小,可能为正值,也可能为负值。这实际上意味着这些顺磁盐在很低温度下进入铁磁态、反铁磁态或亚铁磁态(参见后面诸节)。磁化率的实验研究可以为我们提供离子在晶体势场作用下磁性状态的信息,应用顺磁共振技术可以更深入地研究晶场中磁性离子的状态。顺磁盐在低温技术及微波量子放大器方面有广泛应用。

晶体中的杂质和缺陷往往也含有未配对电子,它们的自旋也会提供一定的顺磁性。因此,研究其顺磁性质还可以为我们了解晶体中杂质、缺陷的电子结构提供依据。

问题8.4.1 教材中说:物质的原子或离子含有固有磁矩时,将表现出较强顺磁性。请问这里"较强"是相对谁而言的?为什么较强?

问题8.4.2 与式(8.4.4)类似的公式是什么?

问题8.4.3 (1)式(8.4.5)在低温且强磁场的情况下,会有 $\bar{\mu}_z\to\mu$,请给予解释;(2)式(8.4.5)在高温下会得出什么结果?为什么?

问题8.4.4 考虑了量子化效应的顺磁磁矩,在磁化达到饱和状态时,(1)能否说饱和状态就是平衡状态？为什么？(2)请具体描述此时的顺磁磁矩的状况。

问题 8.4.5 式(8.4.5)中,郎之万函数的自变量 x 由分子、分母两部分组成,即 $x=\dfrac{\mu B}{k_B T}$,请对此给予物理化学解释。

问题 8.4.6 (1)能否说"顺磁盐大都处于稀释状态"？(2)如果可以,请问为什么？

问题 8.4.7 教材中指出:"当 $y=\dfrac{g_J\mu_B JB}{k_B T}\ll 1$ 时,量子化效应不显著,过渡到经典情况"。请问为什么说此时量子化效应不显著？

问题 8.4.8 请根据统计物理知识,解释式(8.4.4),提示:参考式(8.3.2)。

问题 8.4.9 从图 8.4.1 不难看出,当 $\mu_J B/k_B T\to 0$ 时,$\overline{\mu_z}/\mu_J\to 0$,请给予解释。

问题 8.4.10 (1)式(8.4.13)与之前的哪一个公式最为相似？(2)请指出这两个相似但不同的公式的差异是什么？

问题 8.4.11 在 8.3.1 节中,利用了经典统计和量子统计两种方法,请问:(1)这两种方法在 $y\gg 1$ 的极低温、强磁场条件下,得到的结论是否一致？为什么？(2) 这两种方法在 $y\ll 1$ 的条件下,得到的结论是否一致？为什么？

问题 8.4.12 教材中说:半导体载流子的顺磁磁化率由式(8.4.13)~式(8.4.21)中 $J=1/2$ 的情况给出,请问为什么？

问题 8.4.13 教材中说:"内部 3d 支壳层不满的过渡族(铁族)元素结合为固体时,固有磁矩会保留下来"。(1)请解释为什么？(2)请举一个"支壳层不满但结合为固体时没有固有磁矩"的例子。

问题 8.4.14 单个铁族离子中,磁矩既有自旋的贡献,也有轨道的贡献,请以 Fe^{2+} 为例,具体说明轨道对于磁矩的贡献。

问题 8.4.15 请查阅文献,以说明电子顺磁共振的原理。

问题 8.4.16 晶体中,铁族离子导致的轨道淬灭,与"原来轨道运动的 $2L+1$ 个简并在晶场下发生能级分裂"有关,请对此做进一步的解释。

问题 8.4.17 教材中说:晶体中的杂质和缺陷往往也含有未配对电子。请给出实际的例子。

8.5 铁磁性与唯象理论

在上一节关于顺磁性的讨论中,我们假定了固有磁矩间是相互独立的。但是,在不少具有固有磁矩的原子或离子构成的固体中,磁矩之间直接、间接的作用无法忽略。正是这种相互作用(磁矩间的合作效应或集体效应)导致了铁磁、反铁磁、亚铁磁等现象。下面讨论铁磁现象及其唯象的分子场理论。

人们早就发现,铁、钴、镍等金属及其某些合金在没有外磁场时也有宏观磁性,表明它们会发生自发磁化;即使宏观上显不出磁性,但只要加上微弱的外磁场就会产生很大的磁化强度。例如,对于硅钢软磁材料,在 10^{-2} Gs① 磁场下就可使之接近饱和磁化(而同样的

① $1\text{Gs}=10^{-4}\text{T}$。

磁场只能使顺磁物质的磁化强度达到饱和磁化强度的十亿分之一)。这种强磁性物质被称为铁磁体。进一步研究表明,铁磁体有一临界温度 T_f,当 $T>T_f$ 时表现顺磁性,满足居里-外斯定律,即

$$\chi=\frac{\mu_0 C}{T-T_p} \tag{8.5.1}$$

T_p 比 T_f 稍大。当 $T\to T_f$ 时,$\chi\to\infty$,T_f 称为铁磁转变温度或铁磁居里温度,T_p 称为顺磁居里温度。$T<T_f$ 时,铁磁体发生前述宏观磁化现象,且温度越低,自发磁化强度越大,直至饱和,永磁体的磁场就是材料的自发磁化产生的。图 8.5.1 是铁磁体磁化率曲线(通常画成$\chi^{-1}\sim T$ 曲线),表 8.5.1 是常见的一些铁磁物质的居里温度 T_f 及饱和磁化强度 $M_s(0)$ 。

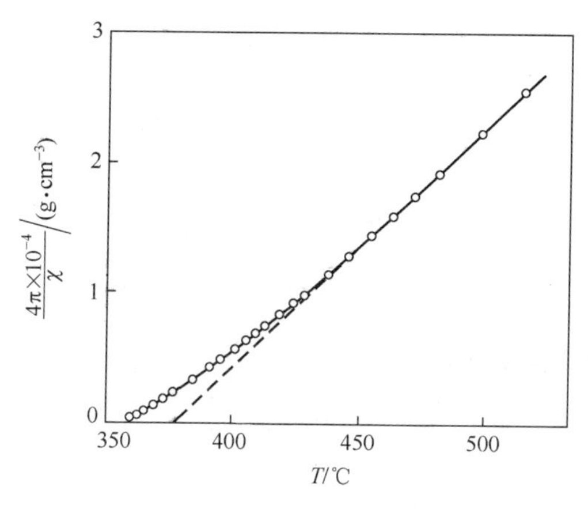

图 8.5.1 镍的磁化率曲线(T_f 以上,ρ 为密度)

表 8.5.1 某些铁磁体的居里温度 T_f 及饱和磁化强度 $M_s(0)$

物质	T_f/K	$\mu_0 M_s(0)$ /T	物质	T_f/K	$\mu_0 M_s(0)$ /T
Fe	1043	2.20	Cu_2MnAl	630	0.912
Co	1394	1.82	Cu_2MnIn	500	0.770
Ni	631	0.641	EuO	77	2.40
Gd	293	2.49	EuS	1.65	1.49
Dy	85	3.77	MnAs	318	1.09
$CrBr_3$	37	0.339	MnBi	670	0.848
Au_2MnAl	200	0.406	$GdCl_3$	2.2	0.691

铁磁体的另一特征是在外磁场中的磁化过程是不可逆的,即有磁滞效应。

外斯在 20 世纪初对上述铁磁现象提出了几点基本假设:①铁磁体中含有许多小区域,称为磁畴,磁畴内有自发磁化。不同磁畴内自发磁化方向不同,因而一般宏观上不显示出磁性,但在外场下各磁畴的自发磁化方向趋于相同,显示出强磁性。②磁畴内的自发磁化表明磁矩之间有强的互作用驱使各磁矩趋向平行排列,这种互作用可用磁畴内存在分子场或内磁场来等效描述。后来的研究证实了外斯关于磁畴的假设。分子场假说在唯象的意义上也是正确的,但其根源是在量子力学出现后才被认识的。

8.5.1 自发磁化的外斯分子理论

外斯设想,一个磁畴内的自发磁化可以用“分子场”或“内磁场”引起磁化来解释。他认为分子场应和磁化强度成正比,记作 $\lambda \boldsymbol{M}$, λ 称为唯象系数,因而作用于原子磁矩上的有效场为

$$\boldsymbol{B}_{\text{eff}} = \boldsymbol{B}_0 + \lambda \boldsymbol{M} \tag{8.5.2}$$

式中:$\boldsymbol{B}_0$ 为外磁场。

设单位体积内磁性原子数为 n,原子的总角动量量子数为 J,则按上节的讨论,磁化强度 M 应满足

$$\begin{cases} M = ng_J\mu_B JB_J(y) \\ y = \dfrac{g_J\mu_B J(B_0 + \lambda M)}{k_B T} \end{cases} \tag{8.5.3}$$

式中: $B_J(y)$ 为布里渊函数。

这是关于 M 的自洽方程,消去 y 即可得到任意 B_0 所对应的 M。为了讨论自发磁化,令式中 $B_0 = 0$,就得到自发磁化 $M_s(T)$ 满足的方程为

$$M_s = ng_J\mu_B JB_J\left(\frac{g_J\mu_B J\lambda}{k_B T}M_s\right) \tag{8.5.4}$$

解上式可得 $M_s(T)$,但通常多采用图解法求解,令

$$x = \frac{g_J\mu_B J\lambda M}{k_B T} \tag{8.5.5}$$

则有

$$\begin{cases} M = ng_J\mu_B JB_J(x) \\ M = \dfrac{k_B T}{g_J\mu_B J\lambda}x \end{cases} \tag{8.5.6}$$

以 x 为自变量画出这两个函数的曲线,其交点即为所求的 M_s,见图 8.5.2(a)。在函数中 T 为参量,对不同的 T 可求出不同的 M_s,从而可得到自发磁化强度关系曲线,见图 8.5.2(b)。不难看出, $T \to 0$ 时,式(8.5.6)中的直线趋于水平,故 $M_s = M_s(0) \approx ng_J\mu_B J$;T 升高时,直线斜率加大,直线与式(8.5.6)中的曲线的交点 M_s 下降;当 T 升至某一临界温度 T_f 时直线与曲线相切于 $M_s = 0$,表明 M_s 降至零; $T > T_f$ 时二曲线仅有交点 $M_s = 0$,无自发磁化发生。

这样,外斯的分子场理论很自然地解释了自发磁化的发生,而且可求出铁磁转变温度 T_f 与唯象系数 λ 的关系。按上面的分析, $T = T_f$ 时图 8.5.2(a)中的曲线与直线相切于 $x = 0$,即在 $T = T_f$ 时二者在 $x = 0$ 点斜率相等。注意布里渊函数的高温近似式(8.4.18),式(8.5.6)还可写为

$$M = ng_J\mu_B J\frac{J + 1}{3J}x \tag{8.5.7}$$

所以应当有

$$\frac{1}{3}ng_J\mu_B(J + 1) = \frac{k_B T}{g_J\mu_B J\lambda} \tag{8.5.8}$$

于是

$$k_B T_f = \frac{1}{3} n g_J^2 J(J+1) \mu_B^2 \lambda = \frac{1}{3} n \mu_J^2 \lambda \tag{8.5.9}$$

此式表明 $T_f \propto \lambda$，其物理解释是明显的：λ 反映分子场的强弱，即磁矩之间互作用的强弱。当磁矩相互作用强烈时，需要强烈的热运动（能量 ~ $k_B T$）才能破坏磁矩之间平行排列的倾向。

如将上面求出的 $M_s(T)$ ~ T 函数关系用约化磁化强度 $M_s(T)/M_s(0)$ 与约化温度 T/T_f 表示，则将具有普适函数的性质，函数形式仅和角动量量子数 J 有关。实验测量结果表明，对于铁、钴、镍，自发磁化强度 $M_s(T)/M_s(0)$ ~ T/T_f 关系曲线均和 $J=1/2$ 的理论曲线基本相符，但在低温区符合不甚好，表明分子场理论的局限性。

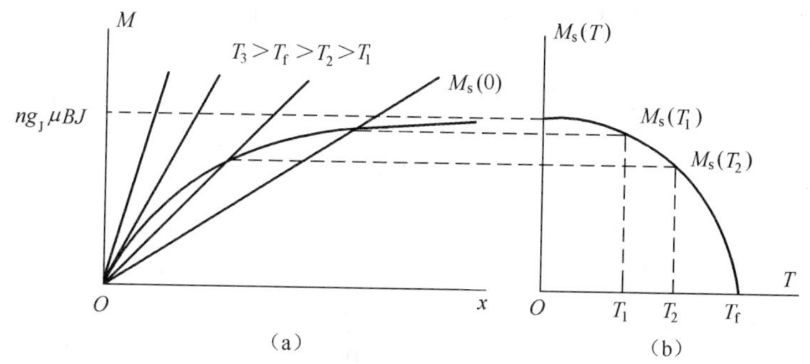

图 8.5.2 自发磁化强度 $M_s(T)$ 的图解求法

8.5.2 高温顺磁性的分子场解释

外斯分子场理论对铁磁体的高温顺磁性也能给予适当的解释。$T>T_f$ 时无自发磁化，必须加外场 $\boldsymbol{B}_0$ 才能产生磁化。下面由式(8.5.3)出发进行讨论。当 T 很高时，可认为

$$y = \frac{g_J \mu_B J}{k_B T}(B_0 + \lambda M) \ll 1 \tag{8.5.10}$$

再应用布里渊函数的高温近似式(8.4.18)，可将式(8.5.3)写成

$$M = n g_J \mu_B J\left(\frac{J+1}{3J}\right) y = n g_J \mu_B J\left(\frac{J+1}{3J}\right) \frac{g_J \mu_B J}{k_B T}(B_0 + \lambda M) = \frac{n\mu_J^2}{3k_B T}(B_0 + \lambda M) \tag{8.5.11}$$

由式(8.5.9)，有

$$\lambda = \frac{3k_B T}{n\mu_J^2} \tag{8.5.12}$$

代入式(8.5.11)，得

$$M = \frac{n\mu_J^2}{3k_B T} B_0 + \frac{T_f}{T} M \tag{8.5.13}$$

从而求出

$$M = \frac{n\mu_J^2}{3k_B (T - T_f)} B_0 \tag{8.5.14}$$

因而铁磁体高温磁化率为

$$\chi = \frac{M}{H} = \frac{\mu_0 M}{B_0} = \frac{\mu_0 C}{T - T_f} \tag{8.5.15}$$

其中

$$C = \frac{n\mu_J^2}{3k_B} \tag{8.5.16}$$

这样就基本说明了铁磁体高温顺磁性的居里-外斯定律(参见式(8.5.1))。但应注意,按着外斯理论,并无 T_p、T_f 的区别,这不符合实际,再次说明分子场理论的局限性。

8.5.3 磁畴与技术磁化

外斯提出铁磁体内存在自发磁化的假说,即磁畴的概念,以说明铁磁体的宏观磁化特征。现在,利用磁粉实验,已可在显微镜下观察到平滑铁磁体表面的磁畴壁图形。铁磁体的磁畴结构对铁磁体的宏观磁化等方面有着极重要的作用。

铁磁体分区磁化的原因主要是静磁能、畴壁能、各向异性能三者间的相互竞争。一方面,磁畴分割越细小,穿出铁磁体的磁场越弱,从而静磁能越小(图 8.5.3);另一方面,磁畴壁(布洛赫壁)两侧磁矩方向不同,因而互作用能为正,即具有正的畴壁能,磁畴分割越细小,畴壁总面积越大,总畴壁能也越大。从降低系统能量的角度来看,上述两种倾向是相互对抗的,因此磁畴既不能分的太小,也不能分的太大,而是必然处于某个能使总能量尽量低的状态。另外,每种晶体都有其易磁化方向(例如铁的易磁化方向在立方轴方向),磁畴内自发磁化一般趋向于沿易磁化方向以降低能量。当磁化方向不在易磁化方向时,将会引起附加的各向异性能。于是,畴壁的厚度也受到两方面因素的制约:一方面,畴壁较厚时磁矩的转向可以是缓慢过渡的,相邻磁矩接近同方向,因而使畴壁能降低;另一方面,畴壁内的磁矩不可能在易磁化方向,畴壁越厚,由于磁化的各向异性导致的附加能量也越大。故畴壁的厚度将维持在某一适中的数值,一般为原子间距的几百倍。磁畴结构还与杂质、缺陷的分布有密切关系,其原因是显而易见的。可见,铁磁体的磁畴结构是受多方面因素制约的,是很复杂的 ,最终结果是使系统的能量尽可能降低。

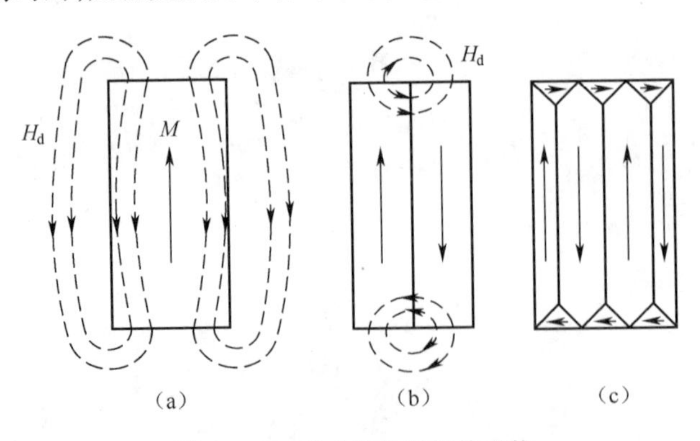

图 8.5.3 磁畴的分割与静磁能

铁磁体在外磁场下的宏观磁化,常称为技术磁化,以别于磁畴内的自发磁化。技术磁化具有不可逆性,也具有磁滞效应。图 8.5.4 所示为一个典型的磁化曲线(磁滞回线),箭头表明磁化路径。H_c 是矫顽力,M_s 为饱和磁化强度,M_r 为剩余磁化强度(剩磁)。

技术磁化是以磁畴的自发磁化为基础的。在外磁场的作用下,磁畴结构及磁畴内磁

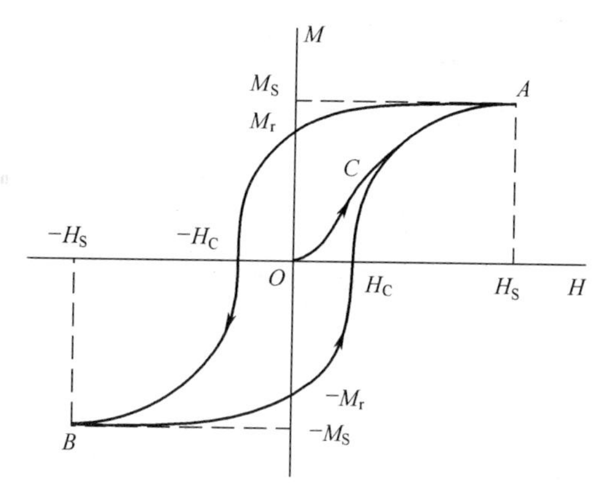

图 8.5.4 铁磁体的技术磁化曲线(磁滞回线)

矩取向发生变化,导致各磁畴的磁化不再相互抵消而产生一个在外场方向的宏观磁化强度。这个过程有两种不同机制:①畴壁移动。施加外场后,畴壁发生移动,以使自发磁化方向与外场基本一致的磁畴体积扩大,而自发磁化与外场方向相反的磁畴体积缩小,产生宏观磁化。②畴磁化转动。磁畴内自发磁化方向在外场作用下偏离原来的易磁化方向而转向外场方向。图 8.5.5 给出了这两种机制的示意图。

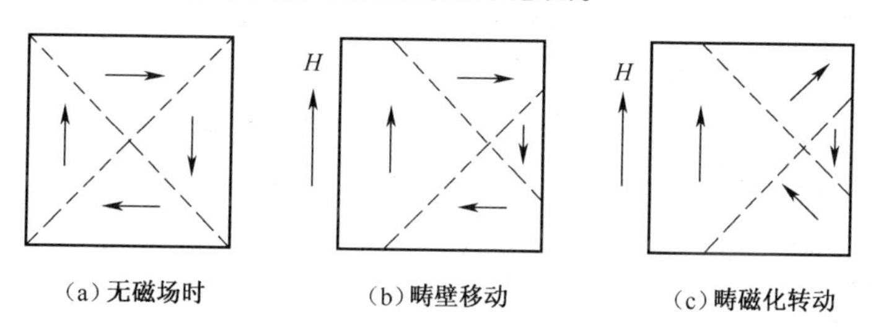

图 8.5.5 铁磁体的技术磁化曲线(磁滞回线)

经过对磁化过程的显微观察及各种实验的分析研究,现已清楚,技术磁化过程大致可分为 3 个不同阶段:当磁场较弱时,磁化的主要原因是畴壁的可逆移动,宏观磁化随磁场增长较缓(见图 8.5.4 中的 $O-C-A$ 线);当磁场增强,畴壁的可逆移动逐渐转化为大幅度的不可逆移动,使宏观磁化急剧上升;磁场再增强,磁化曲线的上升又变缓,直至饱和,这时的主要机制是畴磁化转动。

为什么畴壁移动会有可逆与不可逆两种情况呢? 这主要因为晶体中的杂质、缺陷、内应力及合金中的沉淀相等因素造成的不均匀性制约着畴壁的移动。不均匀性使畴壁在不同位置具有不同能量。无磁场时,畴壁一般处在能量的局域极小处("能谷")。加弱磁场后,畴壁会在平衡位置附近做小的移动,去掉磁场后当然可以复原,这就是可逆磁化。但是,弱场的效果不足以使畴壁越过附近的能量极大处("能峰")。只有当磁场足够强,使得顺向磁畴的增大造成的能量下降足以抵偿畴壁能的局域极大时,畴壁才能跨越"能峰"到达另一侧的"能谷",造成宏观磁化的阶跃式急剧增大,这就是畴壁的不可逆移动阶段(显然,此时若将磁场稍作减小,畴壁是不会复原的)。

从上面的分析中可以看到,矫顽力是与能使畴壁移动越过能量局域峰值的磁场强度相联系的,即为能使大约一半体积的磁畴反向(使宏观磁化强度为零)的磁场强度。因而,铁磁材料的矫顽力与材料的不均匀性直接联系着。材料的不均匀性越强,矫顽力越大,反之则越小。人们正是有意识地利用这一点制造所需要的硬磁材料(高矫顽力)和软磁材料(低矫顽力)。增强不均匀性的方法有引入杂质、通过一定工艺过程使晶格畸变、在合金中沉淀第二相,等等;减小不均匀性的方法有提高纯度、高温退火消除内应力与缺陷等等。永磁铁是典型的硬磁材料,矫顽力大、剩磁很高;变压器及电机的硅钢片芯则是典型的软磁材料,具有很高的磁导率和很小的矫顽力。

问题 8.5.1 饱和磁化强度为 $M_s = M_s(0) \approx ng_J\mu_B J$。(1)请对该式做解释;(2)为什么称为饱和?

问题 8.5.2 "静磁能"与磁畴的大小有关。有人对此做出如下解释:"这是因为静磁能定义为 $U_m = \int_V \frac{1}{2}\boldsymbol{B} \cdot \boldsymbol{H}\mathrm{d}V$,所以体积 V 越大,静磁能越大。请问你是如何看待这个解释的?

问题 8.5.3 每种晶体都有其易磁化方向,请对易磁化方向的起因做出大致的解释。

问题 8.5.4 畴壁厚度一方面受磁矩转向的缓慢程度影响;另一方面如教材所说:"畴壁内的磁矩不可能在易磁化方向,畴壁越厚,由于磁化的各向异性导致的附加能量也越大"。关于第二个方面,其他资料的解释是:"如果畴壁太厚,沿非最优方向排列的自旋数目增多,使各向异性能增加"。你认为哪一种解释更好?为什么?

问题 8.5.5 (1)畴壁能总是正的。请根据界面能的一般理论解释之。(2)磁畴壁两侧磁矩不同方向,因而互作用能为正,即具有正的畴壁能,请问为什么?

问题 8.5.6 铁、钴、镍等金属会自发磁化。而从能量的角度讲,顺磁物质磁化之后,系统能量是下降的,请问顺磁物质为什么不能自发磁化?提示:铁、钴、镍中,磁化率最小的 Ni 的 $\chi = 150$。

问题 8.5.7 请问在怎样的条件下,自发磁化的磁矩之间才能实现百分之百的同向平行排列?为什么?

问题 8.5.8 对于外斯分子场理论,假定磁化过程是在等温等容条件下进行的。请根据物理化学的赫姆霍兹函数判据,解释自发磁化产生的原因。

问题 8.5.9 外斯分子场理论最为核心的思想是什么?

问题 8.5.10 铁磁体在临界温度 T_f 以上时满足居里-外斯定律,即式(8.5.1)。请问铁磁体在临界温度 T_f 以下时,磁化率与温度是什么关系?

问题 8.5.11 教材中说:"铁磁体的另一特征是在外磁场中的磁化过程是不可逆的"。(1)请用热力学理论解释为什么不可逆?(2)请问顺磁物质在外磁场中的磁化过程是可逆的吗?为什么?

问题 8.5.12 引入约化磁化强度 $M_s(T)/M_s(0)$ 与约化温度 T/T_f 后,出现了普适函数概念,请问普适函数到底是什么意思?

问题 8.5.13 请根据教材中的信息,估计磁畴的大致尺寸。

问题 8.5.14 (1)请将磁滞回线与物理化学中的 p—V 循环曲线作对比,指出它们之间的共同特点;(2)参考物理化学,说明磁滞回线的矫顽力 H_c 为什么称为一种力?这样提问是因为 H_c 明明是磁场强度,而不是力。

问题 8.5.15 (1)铁磁体磁滞回线的“滞后”有什么含义?(2)你认为顺磁物质的 H—B 曲线相对于铁磁体有什么特点?

问题 8.5.16 铁磁体磁滞回线的面积具有能量量纲。(1)请对磁滞回线对应的循环过程应用热力学第一定律;(2)磁滞回线的面积正比于循环过程释放的热量,请问面积正比于释放热量的磁滞回线是 B—H 曲线还是 M—H 曲线?为什么?

问题 8.5.17 教材中说:“加弱磁场后,畴壁会在平衡位置附近作小的移动,去掉磁场后当然可以复原,这就是可逆磁化”。请问类似的情况在“物理化学”或“材料科学基础”中见过吗?

问题 8.5.18 教材中说:“当磁场足够强,使得顺向磁畴的增大造成的能量下降足以抵偿畴壁能的局域极大时,畴壁才能跨越‘能峰’到达另一侧的‘能谷’”。请画图解释之。

问题 8.5.19 铁磁体达到饱和磁化强度时,相应的磁畴处于什么状态?

问题 8.5.20 (1)在8.3.1节中,提到外磁场 $\boldsymbol{B}$,电子的自旋磁矩 $\boldsymbol{\mu}_s=-(e/m)\boldsymbol{s}$ 在 $\boldsymbol{B}$ 中的取向能为 $E_s=-\boldsymbol{\mu}_s\cdot\boldsymbol{B}$;在8.5.1节中,也提到外磁场,但其含义是 $\boldsymbol{B}_0$,且 $\boldsymbol{B}_{\text{eff}}=\boldsymbol{B}_0+\lambda\boldsymbol{M}$。请问8.3.1节中的外磁场 $\boldsymbol{B}$,到底有什么含义?(2)如果磁滞回线为 B—H 曲线,请问其中的 B 是(1)中的 $\boldsymbol{B}$ 还是 $\boldsymbol{B}_0$?

问题 8.5.21 电动机中的铁芯,需用低矫顽力的软磁材料制作;永久性磁铁需用高矫顽力的磁铁制作,请问为什么?

问题 8.5.22 什么是单畴晶粒?晶界与畴壁是什么关系?为什么同一晶粒中磁化方向不是相同就是相反?

8.6 铁磁性与交换作用

外斯关于铁磁性的分子场理论是一种唯象理论,对所谓分子场的本质并没有加以说明。按照外斯理论,分子场的大小为 λM。我们以饱和磁化强度 $ng_J\mu_BJ$ 代替 M,并由式(8.5.13),根据 T_f 的实测值可算出分子场强度

$$\lambda M=\frac{3k_BT_f}{g_J(J+1)\mu_B}\text{ 约}10^3\text{T} \tag{8.6.1}$$

这是个极大的数值,远远大于外加磁场。如此强的内场是如何产生的呢?无论如何是不能用磁矩之间的直接互作用解释的(根据电磁学,邻近磁矩产生的场大约只有0.1T)。直到量子力学建立之后,人们才认识到铁磁性的根源是电子系统的交换作用,其本质是泡利不相容原理制约下的电子间库仑作用。

8.6.1 交换作用

在第1章中介绍过氢分子能量的计算。两个氢原子结合到一起时,由于电子系(2个电子)总波函数是反对称的,故可能有两种情况发生:

(1) 单重态。系统波函数为

$$\psi_{\text{I}}=\varphi_s(\boldsymbol{r}_1,\boldsymbol{r}_2)\chi_A(1,2) \tag{8.6.2}$$

即空间波函数 φ 是对称的(下标s表示对称),而自旋波函数 χ 是反对称的(下标A表示

反对称)。这个双电子波函数是单重态,总自旋量子数 $S_{总}=0$。

(2) 三重态。系统波函数为

$$\psi_{Ⅲ}=\varphi_A(\boldsymbol{r}_1,\boldsymbol{r}_2)\chi_s(1,2) \tag{8.6.3}$$

即空间波函数是反对称的,而自旋波函数是对称的。这个双电子波函数是三重态(因为有3个对称自旋波函数),总自旋量子数为 $S_{总}=1$, $m_s=1,0,-1$。

将哈密顿算符在这两个态上求平均后得到 $\psi_Ⅰ$、$\psi_Ⅲ$ 对应的系统能量分别近似等于

$$E_Ⅰ=2E_H+K+J \tag{8.6.4}$$

$$E_Ⅲ=2E_H+K-J \tag{8.6.5}$$

式中: E_H 为氢原子基态能;K 和 J 分别为

$$K=\int\varphi_a^*(\boldsymbol{r}_1)\varphi_b^*(\boldsymbol{r}_2)\hat{H}\varphi_a(\boldsymbol{r}_1)\varphi_b(\boldsymbol{r}_2)\mathrm{d}\tau_1\mathrm{d}\tau_2 \tag{8.6.6}$$

$$J=\int\varphi_a^*(\boldsymbol{r}_1)\varphi_b^*(\boldsymbol{r}_2)\hat{H}\varphi_a(\boldsymbol{r}_2)\varphi_b(\boldsymbol{r}_1)\mathrm{d}\tau_1\mathrm{d}\tau_2 \tag{8.6.7}$$

式中: $\hat{H}$ 为两原子间的库仑势能算符;a,b 为原子核标号;1,2 为电子标号。

K 的含义是电子1的分布为 $|\varphi_a(\boldsymbol{r}_1)|^2$、电子2的分布为 $|\varphi_b(\boldsymbol{r}_2)|^2$ 条件下的库仑能; $\pm J$ 的含义则是在Ⅰ、Ⅲ两种状态下电子1、2在 φ_a、φ_b 两个波函数之间交换位置所引起的交换分布条件下的互作用能,即交换能。J 称为交换积分。交换能纯属量子效应,是波函数具有对称性的必然结果,无法找到相应的经典量。

在氢分子中,$J<0$,因而单重态能量低,可组成稳定氢分子;三重态能量高于两个独立氢原子能量,不能组成分子。两个氢原子体系的总能量与自旋波函数状态有关,即与两个电子的自旋状态有关。与自旋状态有关的这部分能量(交换能) E_{ex} 为

$$E_{ex}=\pm J\ (+为单重态,-为三重态) \tag{8.6.8}$$

在单重态, $S_{总}=0$,总自旋角动量, $\hbar\boldsymbol{S}_{总}=0$, $\boldsymbol{S}_{总}^2=0$;(注意,根据习惯,在讨论海森堡模型时,我们用 $\boldsymbol{S}$ 表示自旋算符,而自旋角动量则是 $\hbar\boldsymbol{S}$,与前面用 $\boldsymbol{S}$ 表示自旋角动量不同)。在三重态, $S_{总}=1$,总自旋角动量是 $|\hbar\boldsymbol{S}_{总}|=\sqrt{S_{总}(S_{总}+1)}\hbar=\sqrt{2}\hbar$, $\boldsymbol{S}_{总}^2=S_{总}(S_{总}+1)=2$。所以,在两种情况下,式(8.6.8)可统一表述为

$$E_{ex}=J(1-\boldsymbol{S}_{总}^2) \tag{8.6.9}$$

由于自旋算符满足

$$\begin{aligned}\boldsymbol{S}_{总}^2&=(\boldsymbol{S}_1+\boldsymbol{S}_2)^2=\boldsymbol{S}_1^2+\boldsymbol{S}_2^2+2\boldsymbol{S}_1\cdot\boldsymbol{S}_2\\&=\frac{1}{2}\times\left(\frac{1}{2}+1\right)\times2+2\boldsymbol{S}_1\cdot\boldsymbol{S}_2=\frac{3}{2}+2\boldsymbol{S}_1\cdot\boldsymbol{S}_2\end{aligned} \tag{8.6.10}$$

所以式(8.6.9)可改写为

$$E_{ex}=J\left(-\frac{1}{2}-2\boldsymbol{S}_1\cdot\boldsymbol{S}_2\right) \tag{8.6.11}$$

略去常数项部分(相当于改变能量零点),则与自旋有关的交换能所对应的哈密顿算符为

$$H_{ex}=-2J\boldsymbol{S}_1\cdot\boldsymbol{S}_2 \tag{8.6.12}$$

于是,交换能就写成了自旋之间直接互作用的形式。由于自旋磁矩 $\boldsymbol{\mu}_s=-\frac{e}{m}(\hbar\boldsymbol{S})$,因此这也就是自旋磁矩间直接互作用的形式。但这只是形式上的,实质则是静电性的、库仑势

的交换作用,而不是直接的磁作用!

海森堡首先指出(1928年),如果交换积分 $J>0$,则自旋平行的状态($S_{总}=1$)将是能量最低的状态。他认为铁磁体磁畴内的自旋自发平行排列的趋势就来源于相邻原子的电子间交换积分 J 为正值,从而交换能 $E_{ex}<0$。可以证明,如果原子间距较大,则即使每个原子不止一个电子(它们根据洪特定则组成总自旋 $\boldsymbol{S}_i$),原子间电子交换作用仍可近似写成式(8.6.12)的形式,即

$$H_{12}=-2J_{12}\boldsymbol{S}_1\cdot\boldsymbol{S}_2 \tag{8.6.13}$$

系统的与交换作用有关的哈密顿量则为

$$H=-\sum_{i,j\neq i}J_{i,j}\boldsymbol{S}_i\cdot\boldsymbol{S}_j \tag{8.6.14}$$

去掉系数2是因为此式中的求和对每对原子都取了两次。这就是铁磁系统的海森堡模型(d电子直接交换模型)。实用上,式(8.6.14)还可进一步简化:由于交换作用是短程力,可只计及最邻近作用;再设 $J_{i,j}$ 是各向同性的,均为常数 J,则式(8.6.14)可写为

$$H=-J\sum_l\sum_\delta\boldsymbol{S}_l\cdot\boldsymbol{S}_{l+\delta} \tag{8.6.15}$$

式中:l 为格点,δ 为最近邻。

当 $J>0$ 时,系统基态应是自旋平行的铁磁态。可由此式求出外斯分子场理论中的常数 λ,进而得到铁磁转变温度与交换积分 J 的关系。式(8.6.15)可近似写作

$$H=-J\sum_l\boldsymbol{S}_l\cdot\left(\sum_\delta\boldsymbol{S}_{l+\delta}\right)=-J\sum_l\boldsymbol{S}_l\cdot z\langle\boldsymbol{S}\rangle \tag{8.6.16}$$

其中:$\langle\boldsymbol{S}\rangle$ 为平均值;z 为最邻近原子数。

设 n 为单位体积原子数,则

$$\boldsymbol{M}=n\langle\boldsymbol{\mu}_s\rangle=-\frac{e}{m}n\langle\hbar\boldsymbol{S}\rangle \tag{8.6.17}$$

代入式(8.6.16),得

$$H=\frac{mJz}{ne\hbar^2}\sum_l(\hbar\boldsymbol{S}_l)\cdot\boldsymbol{M} \tag{8.6.18}$$

另一方面,按分子场观点(分子场为 $\lambda\boldsymbol{M}$),得

$$H=-\sum_l(\boldsymbol{\mu}_s)_l\cdot(\lambda\boldsymbol{M})=\frac{e}{m}\lambda\sum_l(\hbar\boldsymbol{S}_l)\cdot\boldsymbol{M} \tag{8.6.19}$$

与式(8.6.18)对比,可知

$$\lambda=\frac{m^2Jz}{ne^2\hbar^2} \tag{8.6.20}$$

将此式代入式(8.5.9),得到铁磁转变温度 T_f 与交换积分 J 的关系(注意 μ_J^2 现在为 $\mu_s^2=g_s^2S(S+1)\mu_B^2=4S(S+1)e^2\hbar^2/4m^2$)

$$k_BT_f=\frac{1}{3}S(S+1)zJ \tag{8.6.21}$$

这表明 k_BT_f 和 J 有同等量级。根据量子力学计算所得 J 值确实和 k_BT_f 同量级(T_f 约 10^3K,k_BT_f 约等于 J 约等于0.1eV)。这样,由量子力学交换能的概念就自然解释了铁磁态内何以会有10^3T这样强的等效内场及很高的转变温度这个经典疑难问题。

需要指出，虽然海森堡模型正确地指出了铁磁性的根源是电子间的交换作用，但是海森堡模型本身实际上是局域电子的直接交换模型，只能适用于绝缘铁磁材料。对于既有3d电子又有4s传导电子的铁、钴、镍等主要金属铁磁材料，定量的结论与实验结果相差很大。例如，由J的计算值算出的T_f比实验值小得多；按海森堡模型，$T=0$K时每个原子对铁磁性有贡献的定域磁矩应是μ_B的整数倍，而实验发现Fe为$2.22\mu_B$、Co为$1.72\mu_B$、Ni为$0.606\mu_B$，这说明3d电子直接交换作用的物理图像是成问题的。在海森堡之后，很多人提出了修改模型，如齐纳提出了d-s电子间接交换作用，斯通纳、斯莱特等提出了巡游电子模型（自发磁化的能带模型），等等。这些理论的基本思想是要考虑4s电子与3d电子的互作用及3d电子不是完全局域的而是有传导电子的成分。不同模型可在某些方面改进铁磁性理论，但至今尚未形成统一的严格理论。

8.6.2 自旋波与磁振子

前面提到，按照分子场理论（平均场理论）求得的铁磁体低温磁化强度$M(T)\sim T$关系与实际不符。由式(8.5.6)、式(8.6.21)可求出

$$\Delta M = M(0) - M(T) \approx M(0)\frac{1}{S}e^{-3T_f/(S+1)T} \tag{8.6.22}$$

ΔM随$T\to 0$而指数式趋于零。然而实测表明ΔM趋于零的速度没有这么快，是与$T^{3/2}$成正比的（参见图8.6.1），即

$$\frac{\Delta M_{实测}}{M(0)} = AT^{3/2} \tag{8.6.23}$$

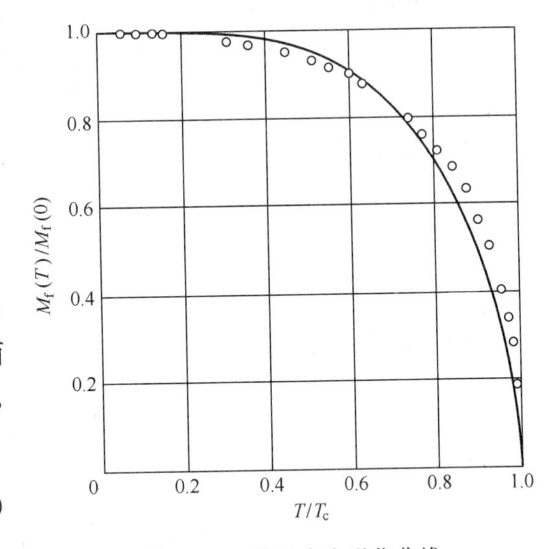

图8.6.1 镍的自发磁化曲线

平均场结果在定量上失效的原因在于它把一个多体问题简化为一个单体问题，这就抹煞了自旋间的关联和可能引起的全体自旋的集体运动。

绝缘铁磁的海森堡模型（式(8.6.15)）实质上反映了自旋间的动力学关系：一个自旋受其他自旋的影响而发生转向时，其他自旋同时也受到这个自旋转向引起的作用。如能严格求解海森堡模型，则其结果必然反映出这种动力学关联效应，优于平均场的结果。迄今为止，三维海森堡模型的普遍严格解尚未找到。然而，在低温下系统只有低激发态，我们可将海森堡模型的近似解求出，这就是自旋波。自旋波的物理图像是这样的：系统处于基态时，所有自旋都平行。如果由于热激发或光照使某一个自旋反向，则由于自旋间的关联（交换作用），相邻自旋可能反向而原来反向的自旋又反向复原。这样，自旋的取向便在晶格中传播，形成一种波动，即自旋波。自旋波的能量量子称为磁振子（类似于声子）。图8.6.2是自旋波的经典图像。下面我们就来求这个解。

把自旋$\boldsymbol{S}$作为经典矢量处理，其角动量是$\hbar\boldsymbol{S}$。下面考虑$\hbar\boldsymbol{S}$的运动方程。由式(8.6.13)可知与$\boldsymbol{S}_m$有关的交换能是

（a）侧视图

（b）俯视图

图 8.6.2 自旋波的经典图象：自旋矢量在圆锥面上进动，相邻格点自旋方向有相同的相位差

$$H_m = -2J\boldsymbol{S}_m \cdot \sum_{\delta} \boldsymbol{S}_{m+\delta} = -2J|\boldsymbol{S}_m| \cdot \left|\sum_{\delta} \boldsymbol{S}_{m+\delta}\right| \cos\theta \tag{8.6.24}$$

因而该自旋受到的力矩为

$$\tau = \left|-\frac{\partial H_m}{\partial \theta}\right| = -2J|\boldsymbol{S}_m| \cdot \left|\sum_{\delta} \boldsymbol{S}_{m+\delta}\right| \sin\theta \tag{8.6.25}$$

由式(8.6.24)看出，该力矩的方向是使 $\boldsymbol{S}_m$ 趋向 $\sum_{\delta} \boldsymbol{S}_{m+\delta}$ 的方向，使二者夹角 θ 减小，因而 $\boldsymbol{S}_m$、$\sum_{\delta} \boldsymbol{S}_{m+\delta}$ 与 $\boldsymbol{\tau}$ 的方向间满足右手螺旋法则，所以写成矢量式即为

$$\boldsymbol{\tau} = 2J\boldsymbol{S}_m \times \sum_{\delta} \boldsymbol{S}_{m+\delta} \tag{8.6.26}$$

于是根据力学原理(角动量的时间变化率=力矩)，有

$$\frac{\mathrm{d}(\hbar \boldsymbol{S}_m)}{\mathrm{d}t} = 2J\boldsymbol{S}_m \times \sum_{\delta} \boldsymbol{S}_{m+\delta} \tag{8.6.27}$$

写成分量式即为

$$\begin{cases} \dfrac{\mathrm{d}(\hbar S_m^x)}{\mathrm{d}t} = 2J\left(S_m^y \sum_{\delta} S_{m+\delta}^z - S_m^z \sum_{\delta} S_{m+\delta}^y\right) \\ \dfrac{\mathrm{d}(\hbar S_m^y)}{\mathrm{d}t} = 2J\left(S_m^z \sum_{\delta} S_{m+\delta}^x - S_m^x \sum_{\delta} S_{m+\delta}^z\right) \\ \dfrac{\mathrm{d}(\hbar S_m^z)}{\mathrm{d}t} = 2J\left(S_m^x \sum_{\delta} S_{m+\delta}^y - S_m^y \sum_{\delta} S_{m+\delta}^x\right) \end{cases} \tag{8.6.28}$$

这是非线性方程组，难于求解。但在低温下，自旋接近于相互平行(设为 z 方向)，即 S^z 接近饱和值 S(自旋量子数)，因而可令 $S^z \approx S$，并可略去 S^x、S^y 的相乘项(高级小量)，于是得到线性化的近似方程：

$$\begin{cases} \dfrac{\mathrm{d}S_m^x}{\mathrm{d}t} = \dfrac{2JS}{\hbar}\left(zS_m^y - \sum_{\delta} S_{m+\delta}^y\right) \\ \dfrac{\mathrm{d}S_m^y}{\mathrm{d}t} = \dfrac{2JS}{\hbar}\left(\sum_{\delta} S_{m+\delta}^x - zS_m^x\right) \\ \dfrac{\mathrm{d}S_m^z}{\mathrm{d}t} \approx 0 \end{cases} \tag{8.6.29}$$

其中 z 为格点 m 的最近邻格点数(配位数)。下面可采用求格波解的类似方法，设波动解为

$$\begin{cases} S_m^x = A\mathrm{e}^{\mathrm{i}(\boldsymbol{k}\cdot\boldsymbol{m}-\omega t)} \\ S_m^y = B\mathrm{e}^{\mathrm{i}(\boldsymbol{k}\cdot\boldsymbol{m}-\omega t)} \end{cases} \tag{8.6.30}$$

代入式(8.6.29)的1、2式,得

$$\begin{cases} -\mathrm{i}\omega A = \dfrac{2JS}{\hbar}\left(z - \sum\limits_{\delta}\mathrm{e}^{\mathrm{i}\boldsymbol{k}\cdot\boldsymbol{\delta}}\right)B \\ -\mathrm{i}\omega B = -\dfrac{2JS}{\hbar}\left(z - \sum\limits_{\delta}\mathrm{e}^{\mathrm{i}\boldsymbol{k}\cdot\boldsymbol{\delta}}\right)A \end{cases} \tag{8.6.31}$$

这是 A、B 的线性齐次方程组。根据 A、B 有非零解的条件(系数行列式为零),可求出

$$\hbar\omega(\boldsymbol{k}) = 2JSz(1 - r_{\boldsymbol{k}}) \tag{8.6.32}$$

其中

$$r_{\boldsymbol{k}} = \frac{1}{z}\sum_{\delta}\mathrm{e}^{\mathrm{i}\boldsymbol{k}\cdot\boldsymbol{\delta}} \tag{8.6.33}$$

这样就求出了自旋波的色散关系式(8.6.32)。只要 ω、$\boldsymbol{k}$ 满足这个关系式,则所设波动解即为系统的真实解。根据与引入声子类似的考虑,自旋波的激发是量子化的,称为磁振子,其能量量子即为 $\hbar\omega(\boldsymbol{k})$ 。激发一个磁振子相当于一个1/2自旋的反转。式(8.6.30)所表示的自旋波即如图8.6.2所示。可以看到,相邻自旋方向不是相反,而是仅仅偏转一定角度,也就是说,所有自旋共同分担了某一个自旋的反向,这样可以构成比单个自旋反向所需能量低得多的激发态。

在低温下,只有低能量(小波矢 $\boldsymbol{k}$)自旋波被激发,因而可取长波近似 $|\boldsymbol{k}\cdot\boldsymbol{\delta}|\ll 1$,从而式(8.6.32)可简化为

$$\hbar\omega_k \approx 2JSz\left\{1 - \frac{1}{z}\sum_{\boldsymbol{\delta}}\left[1 + \mathrm{i}\boldsymbol{k}\cdot\boldsymbol{\delta} + \frac{1}{2}(\mathrm{i}\boldsymbol{k}\cdot\boldsymbol{\delta})^2\right]\right\} = JS\sum_{\delta}(\boldsymbol{k}\cdot\boldsymbol{\delta})^2 \tag{8.6.34}$$

计算中利用了最近邻格位的对称性。对于立方晶体(sc、bcc 和 fcc 晶格),可以证明

$$\sum_{\boldsymbol{\delta}}(\boldsymbol{k}\cdot\boldsymbol{\delta})^2 = 2a^2k^2 \tag{8.6.35}$$

式中:a 为晶格常数(单胞边长)。

于是

$$\hbar\omega_{\boldsymbol{k}} = 2JSa^2k^2 \tag{8.6.36}$$

可知在长波限情况,$\hbar\omega_{\boldsymbol{k}} \propto k^2$,这与声子的情况($\hbar\omega_{\boldsymbol{k}} \propto k$)是不一样的。

由自旋波的低温激发谱式,就可求出铁磁系统的低温磁化强度及磁热容等。与声子类似,磁振子也是玻色子,因而在给定温度 T 的情况下,波矢为 $\boldsymbol{k}$ 的磁振子数目为

$$\bar{n}_{\boldsymbol{k}} = \frac{1}{\mathrm{e}^{\hbar\omega_{\boldsymbol{k}}/k_{\mathrm{B}}T} - 1} \tag{8.6.37}$$

自旋波总能量为

$$E = \sum_{\boldsymbol{k}}\bar{n}_{\boldsymbol{k}}\hbar\omega_{\boldsymbol{k}} = \int_0^{\omega_{\max}}\frac{\hbar\omega_{\boldsymbol{k}}}{\mathrm{e}^{\hbar\omega\boldsymbol{k}/k_{\mathrm{B}}T} - 1}g(\omega_{\boldsymbol{k}})\mathrm{d}\omega_{\boldsymbol{k}} \tag{8.6.38}$$

式中:$g(\omega)$ 为态密度,$\omega_{\max}$ 为最大波矢对应的频率。

由于低温下 $\hbar\omega_{\max} \gg k_{\mathrm{B}}T$,所以 $\omega_{\max}$ 可用 ∞ 代替而对结果无影响。注意自旋波

$\omega \propto k^2$，和自由电子色散关系相似，因而直接可看出

$$g(\omega) = G\sqrt{\omega} \tag{8.6.39}$$

其中 G 为与 ω 无关的常数。将式(8.6.39)代入式(8.6.38)，令 $x = \dfrac{\hbar\omega}{k_B T}$，容易算出

$$E = CT^{5/2} \tag{8.6.40}$$

其中 C 为与 T 无关的常数。于是磁能引起的热容量(低温下)为

$$C_m = \frac{\partial E}{\partial T} = \frac{5}{2} C T^{3/2} \propto T^{3/2} \tag{8.6.41}$$

低温磁化强度 $M(T)$ 与饱和值 $M(0)$ 之差应正比于磁振子的平均数(因为每个磁振子相当于一个 1/2 自旋反转)

$$\Delta M = M(0) - M(T) \propto \sum_{k} \bar{n}_{k} = \int_0^{\omega_{\max}} \frac{g(\omega)}{e^{\hbar\omega_k / k_B T} - 1} d\omega \tag{8.6.42}$$

用上述完全类似方法立即可以看出 $\Delta M \propto T^{3/2}$。仔细计算结果为

$$\Delta M = M(0) - M(T) \approx 0.0587 M(0) \left(\frac{k_B T}{J}\right)^{3/2} \tag{8.6.43}$$

这就是铁磁体低温磁化的布洛赫 $T^{3/2}$ 定律。式(8.6.41)与式(8.6.43)的结果与绝缘铁磁体的实测结果相符，说明在低温下自旋波理论由于考虑了自旋间的关联运动而比外斯的平均场理论优越。

问题 8.6.1　查阅资料以说明什么是对称函数？什么是反对称函数？

问题 8.6.2　请进一步解释什么是“双电子波函数的总自旋量子数”？

问题 8.6.3　请写出两原子间的库仑势能算符 $\hat{H}$ 的具体表达式。

问题 8.6.4　第 8.6.1 节中关于双电子系统的波函数分析，与第 1 章中 H_2 问题的波函数分析的主要差别是什么？

问题 8.6.5　请对比式(8.6.7)与式(1.6.18)，指出它们之间的共性与差异，并给予解释。

问题 8.6.6　(1)请解释公式 $H_{ex} = -2J\boldsymbol{S}_1 \cdot \boldsymbol{S}_2$ 的含义；(2)在 8.6.1 节中，你认为最重要的公式是哪一个？为什么？

问题 8.6.7　根据海森堡理论，铁磁体的磁交换能约为 0.1eV。请将此数据与氢分子的结合能做对比。

问题 8.6.8　海森堡理论为什么不涉及轨道磁矩？

8.7　反铁磁性与亚铁磁性

前面提到铁磁性的原因是相邻原子的电子间有正的交换积分 J，从而使电子自旋平行时系统能量达到最小。事实上，二电子间的交换积分值对磁性离子间的距离是很敏感的，取正值只是较特殊情况，在很多情况下 J 为负值。由式(8.6.13)可知，$J<0$ 意味着能量低的稳定状态应是相邻磁性离子的电子自旋取向相反。在铁磁性的交换作用机制提出

后,尼尔 1932 年提出了这种可能性,并用分子场理论研究了这种情况。现在已知,磁化性质比较特殊的反铁磁体和亚铁磁体的磁性质就是以磁矩的反平行排列为基础的,这已被中子散射实验所证实(中子具有磁矩,可与晶体中的磁矩发生相互作用,因而可用于研究晶体中的磁矩分布状况)。

自旋的反平行相间排列,也是一种集体效应。因而与铁磁性相似,也存在一个特征转变温度 T_N(尼尔温度),在 $T < T_N$ 时上述情况才会发生。可以认为,有序的磁矩是分布在两个相似的、穿插在一起的子晶格上。在每个子晶格上,磁矩是平行的,但两个晶格的磁矩取向恰好相反。如果两子晶格上的磁矩数值相等,则宏观上恰好相互抵消,晶格总磁矩为零,无自发宏观磁化发生,这就是反铁磁情况。如果两个子晶格上的磁矩数值不等,则 $T < T_N$ 而发生两个子晶格的磁矩反平行排列时,两子格的磁矩不能完全相互抵消,因而表现为宏观上有一定自发磁化,这就是亚铁磁性情况。(参见图 8.7.1)

在过渡族金属中,Cr 和 α-Mn 是反铁磁性的,尼尔温度分别为 475K 和 100K。由 Ce(铈)到 Eu(铕)的轻稀土金属在低温下是反铁磁性的(T_N 为 10~87K);Gd(钆)为铁磁性的;而 Tb(铽)以上的重稀土金属则显示出复杂的磁性质。在化合物中,显示反铁磁性的物质很多。凡是高温显示顺磁性的化合物,在足够低的温度下大都呈现反铁磁性。

图 8.7.1 是反铁磁晶体 MnF_2 的自旋结构图。Mn^{2+} 离子的分布为体心四角结构,相当于两个简单四角子格子套构而成。两个子格子上的 Mn^{2+} 离子磁矩取向相反。图 8.7.2 是 MnF_2 晶体的磁化率—温度曲线。

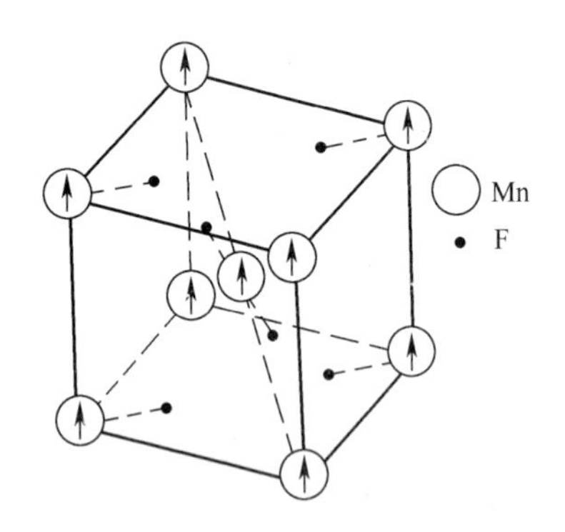

图 8.7.1 反铁磁体 MnF_2 的自旋结构

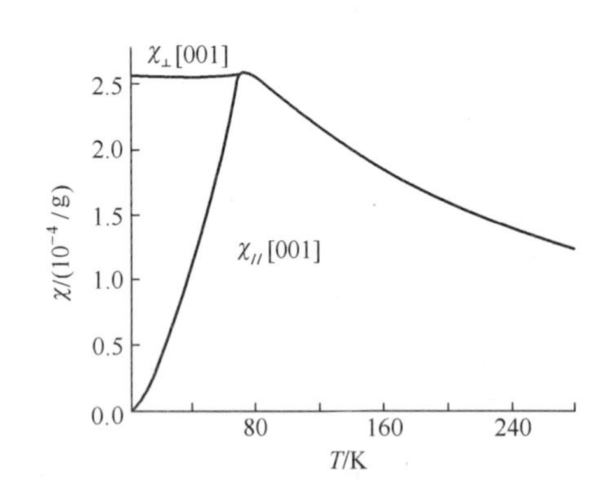

图 8.7.2 MnF_2 的磁化率与温度的关系

反铁磁材料,$T>T_N$ 时磁化率满足

$$\chi = \frac{\mu_0 C}{T + \theta} \tag{8.7.1}$$

T_N, C, θ 均与具体物质有关。$T < T_N$ 时呈现顺磁性,但一般磁化率随 T 下降而下降(当磁场方向平行于子格子磁矩取向时),这与 T_N 之上的顺磁性特征(χ 随 T 上升而下降)大不一样。这是因为磁矩的反平行倾向起着抵制磁化率增加的作用,且温度越低这种效果越强。反铁磁体的磁化率在尼尔温度仅为一尖点(峰值),并不发散,这与铁磁体的磁化率在 T_f 发散的情况很不一样。

尼尔采用外斯分子场理论,将反铁磁体中的磁离子分布结构分解为磁矩取向相反的两个子格加以分析,得到了反铁磁体的高温顺磁磁化率公式(8.7.1)以及尼尔温度 T_N、参

数 θ 与唯象耦合系数之间的关系，也能说明 $T < T_N$ 时磁化率$\chi_\perp$ 和$\chi_{//}$ 的温度特征。对此我们不再加以详述。

前已提及，反铁磁性的根源也是交换作用，但对于具体物质，其表现形式可能较复杂。例如，克拉默斯和安德森先后用超交换作用解释了 MnO 的反铁磁性：不同子格而相邻的两个 Mn^{2+} 离子之间是靠 O^{2-} 离子的 2p 电子的中介作用而成为磁矩反向的。（O^{2-} 离子的 p_x（或 p_y、p_z）态上的两个自旋相反的电子分别与相邻 Mn^{2+} 离子的 3d 电子有交换作用，且交换积分为正，从而使它们的自旋分布平行。于是，两个 Mn^{2+} 离子的自旋成为反平行的。）不同反铁磁体的具体交换机制不完全相同。

至于亚铁磁体，其物理机制与反铁磁体很相近，然而由于两个子格子上的磁矩数值不等，因而在某一特征温度以下便表现出宏观自发磁化。亚铁磁体的宏观磁化性质与铁磁体很相近。天然的磁铁矿（Fe_3O_4）是人们认识和应用最早的一种亚铁磁体，晶体中有 Fe^{2+}和Fe^{3+}两种磁性离子。最初人们根据其宏观磁化性质把它看作铁磁体（认为Fe^{2+}和 Fe^{3+} 自旋平行），但每个（Fe_3O_4）单元的有效玻尔磁子数的计算值与实测值差距很大，当认为Fe^{2+}与Fe^{3+}离子的自旋反平行时，上述矛盾可得到解决。中子衍射实验证实了这一设想。

后来，人们发现Fe_3O_4 中的Fe^{3+}离子被Mn^{2+}、Co^{2+}、Ni^{2+}、Cu^{2+}、Mg^{2+}、$Zn^{2+}$$Cd^{2+}$等离子取代后（$A^2Fe_2^{3+}O_4^{2-}$）也具有亚铁磁性。这类材料被统称为铁氧磁体，简称铁氧体。铁氧体的自发磁化强度相当大，磁化的温度特征与铁磁体很相近，这种性质可以在分子场理论的基础上加以解释。与一般金属铁磁体不同的是：铁氧体具有很高的电阻率（从磁铁矿 $5\times10^{-3}\Omega\cdot cm$ 的到铁镍铁氧体的$10^{11}\Omega\cdot cm$），故又称作磁性半导体。由于这个特点，铁氧体可作为高频磁性材料，以降低涡流损耗。铁氧体为电子技术、微波技术、计算机等方面提供了一系列有重要作用的新元件，铁氧体的晶格结构较复杂，我们不再讨论。

反铁磁体和亚铁磁体的低温性质，也可以在自旋波理论的基础上加以研究。结果表明：对于反铁磁体，有两支能量简并的自旋波，磁振子能量正比于波矢，即

$$\hbar\omega_{\boldsymbol{k}} \propto k \tag{8.7.2}$$

磁热容

$$C_m \propto T^3 \tag{8.7.3}$$

这与铁磁体的情况不同，而与波矢情况相似。

对于亚铁磁体，有两支能量非简并的自旋波。磁振子能量正比于 k^2，磁热容 $C_m \propto T^{3/2}$，低温自发磁化强度 $M(T)$ 对饱和值 $M(0)$ 的偏离 $\Delta M \propto T^{3/2}$，这些均与铁磁体情况定性相同。

问题 8.7.1　对于固体磁性一章，请列举 2~3 个你认为最重要的概念。

附录　基本物理常数表

量	符　号	数　　值	单　　位
真空中光速	c, c_0	299 792 458	$m \cdot s^{-1}$
磁常数(真空磁导率)	μ_0	$4\pi \times 10^{-7} = 12.566\ 370\ 614 \cdots \times 10^{-7}$	$N \cdot A^{-2}$
电常数 $1/\mu_0 c^2$	ε_0	$8.854\ 187\ 817 \cdots \times 10^{-12}$	$F \cdot m^{-1}$
牛顿引力常数	G	$6.673(10) \times 10^{-11}$	$m^3/kg^{-1} \cdot s^{-2}$
普朗克常数	h	$6.626\ 068\ 76(52) \times 10^{-34}$	$J \cdot s$
$h/2\pi$	$\hbar$	$1.054\ 571\ 596(82) \times 10^{-34}$	$J \cdot s$
基本电荷	e	$1.602\ 176\ 462(63) \times 10^{-19}$	C
磁通量子 $h/2e$	Φ_0	$2.067\ 833\ 636(81) \times 10^{-15}$	Wb
电导量子 $2e^2/h$	G_0	$7.748\ 091\ 696(28) \times 10^{5}$	S
电子质量	m_e	$9.109\ 381\ 88(72) \times 10^{-31}$	kg
质子质量	m_p	$1.672\ 621\ 58(13) \times 10^{27}$	kg
质子—电子质量比	m_p/m_e	1 836.152 667 5(39)	
精细结构常数	α	$7.297\ 352\ 533(27) \times 10^{-3}$	
精细结构常数倒数	α^{-1}	137.035 999 76(50)	
里德伯常数	R_∞	10 973 731.568 549(83)	m^{-1}
阿伏加德罗常数	N_A, L	$6.022\ 141\ 99(47) \times 10^{23}$	mol^{-1}
法拉第常数 N_{Ae}	F	96 485.341 5(39)	$C \cdot mol^{-1}$
摩尔气体常数	R	8.314 472(15)	$J \cdot mol^{-1} K^{-1}$
玻耳兹曼常数 R/N_A	k_B	$1.380\ 650\ 3(24) \times 10^{23}$	$J \cdot K^{-1}$
斯特藩-玻耳兹曼常数	σ	$5.670\ 400(40) \times 10^{-8}$	$W/m^{-2} \cdot K^{-4}$
$(\pi^2/60) k_B^4/\hbar^3 c^2$		可与 SI 单位一起采用的非 SI 单位	
电子伏:(e/C)J	eV	$1.602\ 176\ 462(63) \times 10^{-19}$	J

参 考 文 献

[1] 黄昆．固体物理学．北京:高等教育出版社,2009.
[2] 陆栋．固体物理学．上海:上海科学技术出版社,2003.
[3] 林宗涵．热力学与统计物理学．北京:北京大学出版社,2007.
[4] 基泰尔．C. 固体物理导论．第8版．北京:化学工业出版社,2005.
[5] 方俊鑫．固体物理学．上海:上海科学技术出版社,1981.
[6] 阎守胜．固体物理基础．北京:北京大学出版社,2003.
[7] 黄昆．半导体物理学．北京:科学出版社,1958.
[8] 谢希德．固体物理学．上海:上海科学技术出版社,1958.
[9] 徐婉棠．固体物理学．北京:北京师范大学出版社,1991.
[10] 胡安．固体物理学．北京:高等教育出版社,2005.
[11] 韦丹．固体物理．北京:清华大学出版社,2003.
[12] 蔡伯壎．固体物理基础．北京:高等教育出版社,1990.
[13] 刘恩科．半导体物理学．7版．北京:电子工业出版社,2008.
[14] 叶良修．半导体物理学．2版．北京:高等教育出版社,2007.
[15] Donald A Neamen. 半导体物理与器件．3版．赵毅强,等译．北京:电子工业出版社,2005.
[16] 尹鸿钧．量子力学．合肥:中国科学技术大学出版社,1999.
[17] 曾谨言．量子力学:卷一．北京:科学出版社,2000.
[18] 金松寿．量子化学基础及其应用．北京:科学技术出版社,1980.
[19] 徐光宪．物质结构．2版．北京:高等教育出版社,1987.
[20] 杨福家．原子物理学．4版．北京:高等教育出版社,2008.
[21] 许顺生．金属X射线学．上海:上海科学技术出版社,1962.
[22] 黄胜涛．固体X射线学(一)．北京:高等教育出版社,1999.
[23] 高执隶．统计热力学导论．北京:北京大学出版社,2004.

后　记

随着本书的出版，代序中所提的“三基”系列教材的第三部业已完成；同时，也完成了我们的一个夙愿，因为材料物理基础作为内部讲义已经有15年了。

15年来的教学实践，使我们不断加深对课程的理解，积累了比较丰富的教学经验，逐步形成了本教材的如下特色：

1. 体系结构较为新颖

材料物理基础实际上是针对材料专业的固体物理学。因此，我们在体系结构方面做了以下调整：

（1）删除了固体物理学中的晶体学（部分）、扩散、位错、相图等已经在“材料科学基础”课程中讲过的内容。这样做的好处是，材料物理基础的知识体系主要是在电子的层次上，从而与“材料科学基础”课程着眼于原子层次形成鲜明对比。

（2）补充了量子力学与统计物理学的部分知识。由于材料专业学生没有开设这两门课程，因此相关知识必须补充，否则材料物理基础的内容无法深入理解。我们用整整一章较为系统地介绍了量子力学的薛定谔方程、算符理论、微扰理论等内容；用一节的篇幅介绍了统计物理学的基本概念与方法。教学实践表明，这种做法有效弥补了材料专业学生的知识缺陷，且总课时增加不多。

（3）保留固体物理学的核心内容。对晶格振动、热学性质、金属电子论、能带理论、半导体和磁性等固体物理学核心内容，我们都完整地保留下来，有些内容（如晶体X射线衍射和能带理论）还略有加强。这样做的目的是，让材料专业学生系统完整地掌握固体物理学的思想与方法，而不是抽去其精髓。

2. 知识理解有所创新

知识本身尽管是客观的，但对知识的认识却各有不同。通过长期的教学实践和不断的思考，我们在下列问题上形成了独特的认识，进而加深了学生对相关概念的理解。鉴于固体物理学知识比较深奥，因此澄清概念、加深理解至关重要。

（1）定态波函数。

电子波中的电子当然是运动的，但在定态背景下却可以将其理解为静止的，而且以“分数”的方式静止存在，这是密度函数隐含的意思。在X射线衍射问题中，我们借助静止“分数”电子概念，介绍原子散射因子，取得了较好的效果。

（2）微扰理论的形象化。

微扰理论是通过众多公式表达的，而工科学生往往缺乏有从公式背后理解物理概念的能力。因此，我们在介绍微扰理论时，通过“酒店—住宿”的例子，形象化地展示这部分知识，使数学公式与形象化的图像建立起有机联系，使微扰理论的两个基本思想能够为学生清晰地认识。

(3) 倒易空间概念。

倒易空间是固体物理学公认的难点之一,特别是正倒间的转换更是容易混淆。为此,我们从数学的角度给出了空间的一般定义(就是集合),将正倒空间都纳入总空间概念,使原本处于“对立”状态的正空间与倒空间概念,统一在数学含义的总空间之下。

(4) 波矢的地位与作用。

对于波而言,波矢概念无论怎么强调都不过分,波矢在整个固体物理学中几乎无处不在。因此,我们在开始介绍波时,就专门做了阐述,特别是将波矢与粒子的位矢进行了概念对比。强化波矢概念使学生在学习晶格振动与能带理论时,始终关注波矢,因此抓住了问题的关键。

(5) 干涉的层次性。

晶体 X 射线衍射(干涉)问题中,干涉现象是分层次的。首先是一个原子内同一个电子在不同空间位置间的干涉,以及不同电子间的干涉,因此产生原子散射因子概念;其次是晶体中不同原子间的干涉。按着原子内与原子间的层次关系介绍晶体 X 射线衍射问题,使学生思路清晰、理解便利。

(6) 拉格朗日乘数法系数的概念分析。

统计物理学中,运用拉格朗日乘数法确定最可几分布,其中涉及两个系数 α 与 β,它们对于统计分布至关重要。明确这两个系数的来龙去脉,特别是它们分别对应着不同的守恒条件,对于确定半导体中无处不在的费米能(化学势)有指导意义。同时,由于系数 α 源于粒子数守恒并与化学势直接相关,因此在声子统计问题中,通过概念分析就能知道此时的玻色—爱因斯坦统计分布函数中的化学势为零,进而从新的角度认识爱因斯坦热容理论。

(7) 半导体的能带—能级转换。

理论上讲,量子力学中的能量都应该是离散形式的能级,这是量子概念使然。但在很多情况下,由于能级间隔太小,也可以把分立的能级看成连续的能带。这样一来,就产生离散与连续之间的转换问题。在半导体的导带底与价带顶中,实际上就存在将连续能带处理成单个能级的问题。明确了这一点,将使问题变得非常简单,因为此时已将关于能带的费米统计转换为分立能级的费米统计,而导带有效态密度 N_c 与价带有效态密度 N_v 的本质恰恰是相应能级的简并度。

3. 大量的概念性习题

不会读书与不善于提问是中学应试教育的必然结果,也是大学生学习状况的真实写照。鉴于此,我们在“三基”系列教材的每一部中,都设置了大量指向概念认识与理解的习题,一部分习题甚至是开放性的。应该指出,经典的固体物理学教材中也有不少习题,但它们大都是计算题或证明题。对于工科学生,由于数学、物理知识的欠缺,直接计算与证明是很困难的,他们面临的更为基本的任务是搞清楚概念的来龙去脉,明确概念的深刻内涵,强化与已有概念的联系,而这些都离不开概念的深入思考与讨论。

教学实践表明,设置大量概念性习题是非常必要的,这样能极大地促进学生的概念认识,强化同学间的课后讨论,最终形成良好的学习氛围。

鉴于编者的学科背景、学术水平等方面的问题,加之《材料物理基础》本身难度很大,其中错误实难避免。我们恳请读者批评指正,特别是提出建设性意见。